"十三五"高等职业教育核心课程规划教材·机电大类

数控机床

主编 陶 静
参编 刘 清 梁盈富
刘艳申 张飞鹏
主审 王彦宏

西安交通大学出版社
XI'AN JIAOTONG UNIVERSITY PRESS

内 容 简 介

本书是根据企业的工作岗位和工作任务开发设计的。以工作任务即职业活动导向为主线，完全遵循职业能力实训过程设计任务，充分体现岗位的需求。理论学习为工作实践奠定坚实基础；工作实践不仅能巩固所学理论知识，而且能学会诸如团结协作等社会知识。项目课程实施考虑观念、技术、资源、能力等因素。本书注重解决数控机床结构的实际问题，本着“应用为主，理论够用”的原则，着力于激发学生的学习兴趣，力争做到图文并茂、通俗易懂、易教易学。

本书主要内容包括金属切削机床的认知、普通车床结构认知与拆装、普通铣床结构认知与拆装、数控车床拆装与调试、数控铣床拆装与调试、加工中心拆装与调试、特种加工机床的认知和高速加工机床与多轴数控机床的认知等。

本书可作为高职高专院校机械类专业学生的教材或参考书，也可以作为企业工程技术人员的参考书。

图书在版编目(CIP)数据

数控机床/陶静主编．—西安：西安交通大学出版社，2018.7
ISBN 978-7-5693-0798-6

Ⅰ.①数… Ⅱ.①陶… Ⅲ.①数控机床
Ⅳ.①TG659

中国版本图书馆 CIP 数据核字(2018)第 178818 号

书　　名 数控机床
主　　编 陶　静
参　　编 刘　清　梁盈富　刘艳申　张飞鹏
主　　审 王彦宏
责任编辑 李　佳

出版发行 西安交通大学出版社
(西安市兴庆南路 1 号　邮政编码 710048)
网　　址 http://www.xjtupress.com
电　　话 (029)82668357　82667874(发行中心)
(029)82668315(总编办)
传　　真 (029)82668280
印　　刷 西安日报社印务中心

开　　本 787mm×1092mm　1/16　**印张** 16.375　**字数** 409 千字
版次印次 2019 年 5 月第 1 版　2019 年 5 月第 1 次印刷
书　　号 ISBN 978-7-5693-0798-6
定　　价 48.00 元

读者购书、书店添货，如发现印装质量问题，请与本社发行中心联系、调换。
订购热线：(029)82665248　(029)82665249
投稿 QQ：850905347

前　言

本书是在当今职教界“工学结合”改革的浪潮中诞生的，体现了职业教育课程的特点，即职业性、应用性、实践性。编者以工作实践即职业活动导向为主线，完全遵循职业能力实训过程设计任务，充分体现岗位的需求。理论学习为工作实践奠定坚实基础；工作实践不仅能巩固所学理论知识，而且能学会许多社会实践经验。项目课程实施考虑观念、技术、资源、能力等因素。

本书具有以下特点：

1. 构建了基于工作过程，融入职业标准，以职业能力为核心，以真实工作项目为载体，以真实工作场地、数控机床装调与维修实验室和数控仿真实验室等为教学环境的理论实践一体化教学模式。

2. 按六步法工作过程进行行动导向的教学，教学类型从开放型、开放创新型，学生能动性逐渐加强，实现了“学生为主体，教师为主导”的教学模式。

3. 内容的编排逻辑性强，符合认知规律，循序渐进，教学的可实施性强；对工作过程知识的阐述十分细致，图文并茂、通俗易懂、易教易学。

4. 学习任务来源于工作任务，但高于工作任务，融实践训练、工作过程知识学习为一体。着力培养学生的自主学习能力，每个任务采用合适的教学方法，实现真正的“教学一体化”。

本书可作为高职高专院校相关专业的教材和参考。

全书共分八个项目，每个项目有若干个任务。每个项目有学习目标、工作任务、教学评价、学后感言、思考与练习。项目一由陕西工业职业技术学院刘清编写，项目二至项目五由陕西工业职业技术学院陶静编写，项目六由陕西工业职业技术学院梁盈富编写，项目七由陕西工业职业技术学院王彦宏编写，项目八由陕西工业职业技术学院张飞鹏编写。本书由陕西工业职业技术学院王彦宏担任主审。

本书配套在线课程网址：www. zhihuishu. com。

限于编者水平和经验有限，书中难免存在不妥或疏漏之处，恳请读者批评指正！

编　者

2018 年 5 月

目　录

项目一　金属切削机床的认知

【学习目标】

(一)知识目标

(1)熟识金属切削机床的产生、发展过程以及发展趋势；

(2)了解通用机床的分类；

(3)了解形成加工表面时所需的运动；

(4)掌握机床型号的编制方法；

(5)掌握机床的传动系统与运动的调整计算方法；

(6)掌握数控机床的组成、工作原理；

(7)掌握数控机床的分类。

(二)技能目标

(1)能够依据机床型号，正确判定其类型、规格大小，合理选用机床；

(2)能够正确分析机床传动路线；

(3)能够计算各轴的转速。

【工作任务】

任务1.1　金属切削机床的认知

任务1.2　机床传动的认知

任务1.1　金属切削机床的认知

【知识准备】

1.1.1　机械加工设备在我国国民经济中的地位

在国民经济各部门和人民的日常生活中使用着各种机器设备、仪器工具。这些机器、机械、仪表和工具大部分是由一定形状和尺寸的金属零件所组成，生产这些零件并将它们装配成机器、机械、仪器和工具的工业称为机械制造工业。在机械零件的制造过程中，采用铸造、锻压、焊接、冲压等制造方法，可以获得低精度零件。对于尺寸精度和表面质量要求较高的零件，主要依靠切削加工的方法获得，尤其是加工精密零件时，需经过多道工序的切削加工才能完成。因此，机械加工设备是机械制造业的主要加工设备，在一般机器制造厂中，金属切削机床所担负的加工工作量，占机器总制造工作量的40%～60%。

金属切削机床是指采用切削的方法，切除金属毛坯(或半成品)的多余金属，使之成为符合零件图样要求的形状、尺寸精度和表面质量的机器。金属切削机床的技术性能直接影响机械产品质量和制造的经济性，进而决定着国民经济的发展水平。如果没有金属切削机床的发展，如果不具备品种繁多、结构完善和性能精良的各种金属切削机床，现代社会目前所达到的高度物质文明将是不可想象的。所以，金属切削机床是机械制造设备中的主要设备。

机械制造业担负着为国民经济建设提供各种技术装备的重要任务，这就要求机床制造业必须为各机械制造厂提供现代化的机床装备。一个国家机床工业的技术水平及机床的拥有量，在一定程度上标志着这个国家的工业和能力。所以，机床制造业在国民经济发展中又起着重大的作用。

1.1.2 金属切削机床的发展概况

1. 金属切削机床的产生

早在18世纪中叶，就出现了现代机床的雏形。早期的机床采用蒸汽机作为动力，加工精度不高，如最早的气缸镗床的加工精度约为1mm。19世纪至20世纪初，机床的驱动源由蒸汽机改为电机，并一直延续至今。金属切削机床的出现，推动了社会生产力的发展，而工业的发展及不断涌现的科学技术成果又使机床工业本身得以不断发展。

2. 数控机床的产生和发展

数控机床就是为了解决单件、小批量，特别是高精度、复杂型面零件加工的自动化并保证质量要求而产生的。1947年美国PARSONS公司为了精确制造直升机旋翼、桨叶和框架，开始探讨用三坐标曲线数据控制机床运动，并进行实验加工飞机零件。1948年，在研制加工直升机叶片轮廓检验用样板的机床时，首先提出了应用电子计算机控制机床来加工样板曲线的设想。后来受美国空军委托，帕森斯公司与麻省理工学院（MIT）伺服机构研究所合作进行研制工作。1952年麻省理工学院伺服机构研究所用实验室制造的控制装置与辛辛那提（Cincinnati Hydrotel）公司的立式铣床成功地实现了三轴联动数控运动，实现控制铣刀连续空间曲面加工，它综合应用了电子计算机、自动控制、伺服驱动、精密检测与新型机械结构等多方面的技术成果，是一种新型的机床，可用于加工复杂曲面零件。该铣床的研制成功是机械制造行业中的一次技术革命，使机械制造业的发展进入了一个崭新的阶段，揭开了数控加工技术的序幕。

1952年试制成功的第一台三坐标立式数控铣床，经过改进并开展自动编程技术的研究，于1955年进入实用阶段，这对于加工复杂曲面和促进美国飞机制造业的发展起了重要作用。

美国诞生了第一台数控机床后，传统机床产生了质的变化。近半个世纪以来，数控机床经历了两个阶段和六代的发展。

(1)硬线数控阶段(1952—1970年)　早期计算机的运算速度低，这对当时的科学计算和数据处理影响还不大，但不能适应机床实时控制的要求。人们不得不采用数字逻辑电路制成一台机床专用计算机作为数控系统，被称为硬件连接数控（HARD－WIRED NC)，简称为数控（NC)。随着元器件的发展，这个阶段历经了三代，即1952年开始第一代数控系统——电子管、继电器、模拟电路元件；1959年开始第二代数控系统——晶体管数字电路元件；1965年开始第三代数控系统——小规模集成电路。

(2)计算机数控（CNC)阶段(1970—现在)　直到1970年，通用小型计算机业已出现并成批生产，其运算速度比五六十年代有了大幅度的提高，这比逻辑电路专用计算机成本低、可靠性高。于是将它移植过来作为数控系统的核心部件，从此进入了计算机数控（CNC）阶段。1971 年，美国 Intel 公司在世界上第一次将计算机的两个最核心的部件——运算器和控制器，采用大规模集成电路技术集成在一块芯片上，称之为微处理器（MICRO - PROCESSOR），又称中央处理单元（简称 CPU）。1974 年，微处理器被应用于数控系统。这是因为小型计算机功能太强，控制一台机床能力有多余，但不如采用微处理器经济合理，而且当时的小型计算机可靠性也不理想。虽然早期的微处理器速度和功能都还不够高，但可以通过多处理器结构来解决。

因为微处理器是通用计算机的核心部件，故仍称为计算机数控。到了 1990 年，PC 机（个人计算机，国内习惯称微机）的性能已发展到很高的阶段，可满足作为数控系统核心部件的要求，而且 PC 机生产量很大，价格便宜，可靠性高。数控系统从此进入了基于 PC 的阶段。

总之，计算机数控阶段也经历了三代，即 1970 年第四代——小型计算机；1974 年第五代——微处理器；1990 年第六代——基于 PC（PC - BASED）。

3. 我国数控机床的发展情况

1958 年我国开始研制数控机床，1975 年又研制出第一台加工中心。目前，在数控技术领域，我国同先进国家之间还存在不小的差距，但这种差距正在缩小。数控技术的应用也从机床控制拓展到其他控制设备，如数控电火花线切割机床、数控测量机和工业机器人等。

1.1.3　金属切削机床的分类与编号

1. 机床的分类

按照机床的加工方式，使用的刀具及其用途，将机床分为 11 类：车床、钻床、镗床、磨床、齿轮加工机床、螺纹加工机床、铣床、刨插床、拉床、锯床和其他机床。

按照工艺范围的宽窄（万能程度），机床可分为：通用（万能）机床、专门化机床和专用机床。通用机床的加工范围较广，可加工多种零件的不同工序。常见的有卧式车床、万能升降台铣床、卧式铣镗机床等。专门化机床用于加工不同尺寸的一类或几类零件的某一道（或几道）特定工序，如曲轴车床、凸轮轴车床、精密丝杠车床等。专用机床是为某一特定零件的特定工序所设计的，其工艺范围最窄。

按照加工精度不同可分为：普通精度级、精密级和高精密级 3 种精度等级的机床。

按照自动化程度的不同可分为：手动、机动、半自动和自动机床。

按照机床的质量和尺寸不同可分为：仪表机床、中型机床、大型机床（质量达到 10t）、重型机床（质量在 30t 以上）、超重型机床（质量在 100t 以上）。

2. 机床型号的编制方法

机床型号是机床产品的代号，用以简明地表示机床的类型、主要技术参数、性能和结构特点等。下面介绍的是我国 1997 年颁布的标准 GB/T16768—1997 中《金属机械机床型号编制方法》的部分内容。

（1）型号表示方法　通用机床的型号由基本部分和辅助部分组成。基本部分统一管理，辅助部分由生产厂家自定。型号的构成如下：

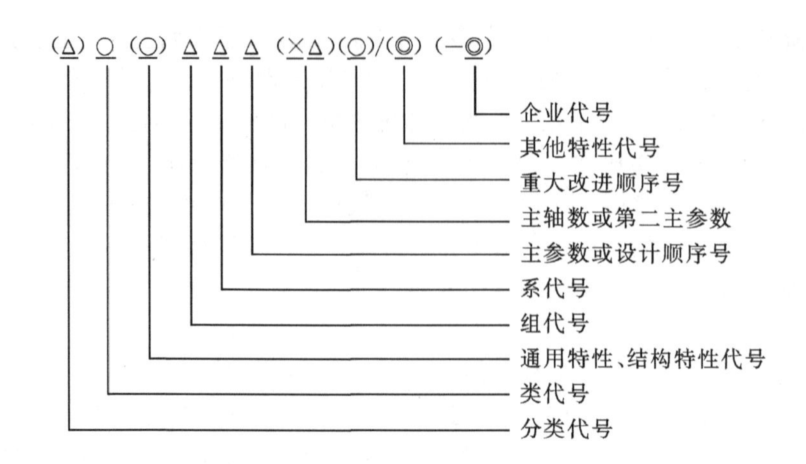

其中：

①有“( )”的代号或数字，当无内容时可不表示，若有内容则不带括号。

②有“○”符号者，为大写的汉语拼音字母。

③有“△”符号者，为阿拉伯数字。

④有“◎”符号者，为大写的汉语拼音字母或阿拉伯数字，或者两者兼而有之。

(2)机床的类别代号　机床的类代号是用机床名称的汉语拼音的第一个大写字母表示。必要时，每一类又可分为若干分类。分类代号用阿拉伯数字表示，置于类别代号之前，居型号首位。但第一分类不予表示，如磨床类的三个分类应表示为 M、2M、3M。机床的类别及分类代号见表 1－1。

表 1－1　机床的类别及分类代号

类别	车床	钻床	镗床	磨床			齿轮加工机床	螺纹加工机床	铣床	刨床	拉床	锯床	其他机床
代号	C	Z	T	M	2M	3M	Y	S	X	B	L	G	Q
参考拼音	车	钻	镗	磨	二磨	三磨	牙	丝	铣	刨	拉	割	其

(3)通用特性代号、结构特性代号　这两种特性代号用大写的汉语拼音字母表示，位于类代号之后。

通用特性代号有统一的规定含义，它在各类机床的型号中表示的意义相同。当某类型机床除有普通型外，还有表 1－2 所列的通用特性时，则在类代号之后加通用特性代号予以区分。如 CM6132 型精密卧式车床型号中的“M”表示通用特性为“精密”。若某类型机床仅有某种通用特性，而无普通形式，则通用特性不予表示，如 C1312 型单轴转塔自动车床。

表 1－2　通用特性代号

通用特性	高精度	精密	自动	半自动	数控	加工中心(自动换刀)	仿形	轻型	加重型	柔性加工单元	数显	高速
代号	G	M	Z	B	K	H	F	Q	C	R	X	S
读音	高	密	自	半	控	换	仿	轻	重	柔	显	速

对主参数相同而结构、性能不同的机床，在型号中加结构特性代号予以区分。它在型号中没有统一的含义。结构特性代号用汉语拼音字母表示，排在类代号之后，如 CA6140 型卧式车床型号中的“A”为结构特性代号，表示 CA6140 型卧式车床在结构上有别于 C6140 型卧式车床。当型号中有通用特性代号时，结构特性代号应排在通用特性代号之后。

为避免混淆，通用特性代号除了已用的字母和 I、O 两个字母不能用作结构特性代号，可用作结构代号的字母有：A、D、E、L、N、P、T、Y，当单个字母不够用时，可将两个字母结合起来使用，如 AD、AE 等，或 DA、EA 等。

(4)机床组、系的划分及其代号　每类机床划分为 10 个组，每个组又划分为 10 个系(系列)。在同类机床中，主要布局和使用范围基本相同的机床，即为同一组；在同一组机床中，其主参数相同，主要结构及布局形式相同的机床为同一系。

机床的组用一位阿拉伯数字表示，位于类代号或通用特性代号、结构特性代号之后。机床的系用一位阿拉伯数字表示，位于组代号之后。例如，CA6140 型卧式车床型号中的“6”说明它属于车床类 6 组，型号中的“1”说明它属于 6 组中的 1 系。通用机床组、系代号见附录 A、B。

(5)主参数、主轴数和第二主参数的表示方法　机床主参数代表机床规格大小，用折算值表示，位于系代号之后。当折算数值大于 1 时，取整数，前面不加“0”；当折算数值小于 1 时，则以主参数值表示，并在前面加“0”。某些通用机床，当其无法用一个主参数表示时，则在型号中用设计顺序号表示。

机床的主轴数应以实际数值列入型号，置于主参数之后，用乘号“×”分开。如最大棒料直径为 50mm 的六轴棒料自动车床，其型号表示为：C2150×6。

第二主参数(多轴机床的主轴数除外)一般不予表示，当机床的最大工件长度、最大切削长度、工作台面长度、最大跨距等以长度单位表示的第二主参数的变化，将引起机床结构、性能发生较大变化时，为了区分，可将第二主参数列入型号的后部，并用乘号“×”分开，读作“乘”。凡属长度(包括跨距、行程等)的，采用“1/100”的折算系数；凡属直径、深度、宽度的，则采用“1/10”的折算系数；如以厚度、模数作为第二主参数的，则以实际数值列入型号。

(6)机床的重大改进顺序号　当机床的结构、性能有更高的要求，并需按新产品重新设计、试制和鉴定时，才按改进的先后顺序选用 A、B、C 等汉语拼音字母(但 I、O 两字母不得选用)，加在型号基本部分的尾部，以区别原机床型号。如 CG6125B 型号中的“B”表示 CG6125 型高精度卧式车床的第二次重大改进。

重大改进设计不同于完全的新设计，它是在原有机床的基础上进行改进设计，因此，重大改进后的产品与原型号的产品是一种取代关系。

(7)其他特性代号　其他特性代号主要是反映各类机床的特性。如对数控机床，可用它来反映不同控制系统；对于加工中心，可用来反映控制系统、自动交换主轴头、自动交换工作台等；对于一般机床，可以反映同一型号机床的变型等。它一般置于辅助部分之首，其中同一型号机床的变型代号，一般应放在其他特性代号的首位。

(8)企业代号及其表示方法　企业代号包括机床生产厂家及机床研究单位代号，置于辅助部分尾部，用“/”分开。若辅助部分仅有企业代号，可不加“/”。如 THM6363/JCS 中的/JCS。

现举例如下：

如 CM6132 型精密卧式车床，型号中代号及数字含义是：

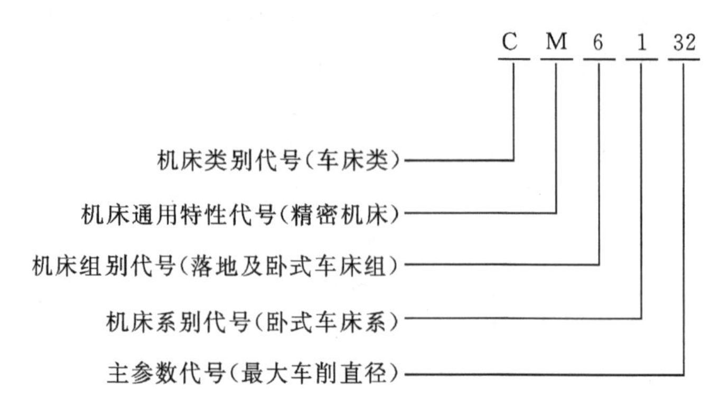

又如 T4163B 型坐标镗床，型号中代号及数字含义为：

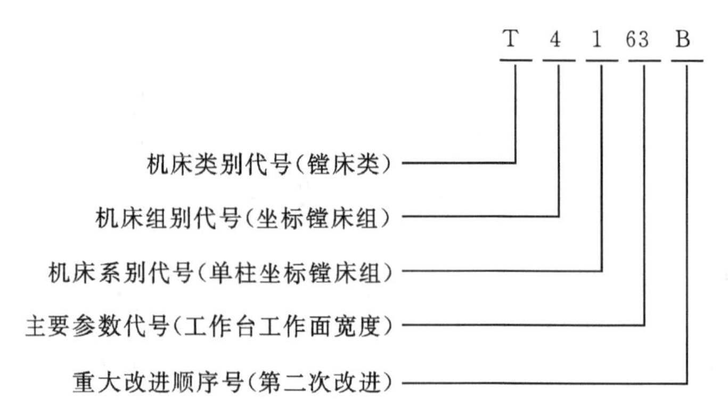

1.1.4 数控机床概述

1. 数控机床的组成

数控机床是利用数控技术，准确地按照事先编制好的程序，自动加工出所需工件的机电一体化设备。在现代机械制造中，特别是在航空、造船、国防、汽车模具及计算机工业中得到广泛应用。数控机床通常是由程序载体、CNC 装置、伺服系统、检测与反馈装置、辅助装置、机床本体组成的，如图 1-1 所示。

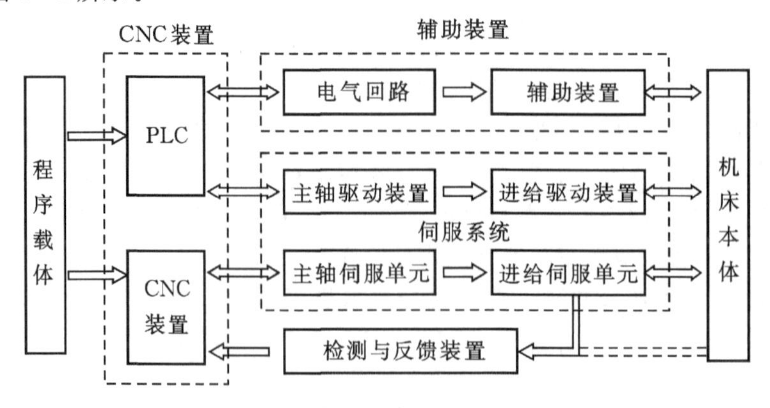

图 1-1 数控机床的组成框图

(1)程序载体　程序载体是用于存取零件加工程序的装置。可将加工程序以特殊的格式和代码存储在载体上,常用的有磁盘、磁带、硬盘和闪存卡等。

(2)CNC装置(又称计算机数控装置)　CNC装置是CNC系统的核心,主要包括微处理器(CPU)、存储器、局部总线、外围逻辑电路和输入/输出控制等。CNC装置接收的是输入装置送来的脉冲信号,信号经过数控装置的系统软件或逻辑电路进行编译、运算和逻辑处理后,输出各种信号和指令,控制机床的各部分,使其进行规定的、有序的动作。

(3)伺服系统　伺服系统的作用是把来自数控装置的运动指令进行放大处理,驱动机床移动部件的运动,使工作台和主轴按规定的轨迹运动,加工出符合要求的产品。它的伺服精度和动态响应是影响数控机床加工精度、表面质量和生产率的重要因素之一。

(4)检测与反馈装置　检测与反馈装置有利于提高数控机床加工精度。它的作用是:将机床导轨和主轴移动的位移量、移动速度等参数检测出来,通过模数转换变成数字信号,并反馈到数控装置中,数控装置根据反馈回来的信息进行判断并发出相应的指令,纠正所产生的误差。

(5)辅助装置　辅助装置是把计算机送来的辅助控制指令经机床接口转换成强电信号,用来控制主轴电动机起停、冷却液的开关及工作台的转位和换刀等动作。辅助装置主要包括自动换刀装置ATC(Automatic Tool Changer)、自动交换工作台机构APC(Automatic Pallet Changer)、工件夹紧放松机构、回转工作台、液压控制系统、润滑装置、切削液装置、排屑装置、过载和保护装置等。

(6)机床本体　数控机床的本体指其机械结构实体,由主传动系统、进给传动机构、工作台、床身以及立柱等部分组成。

2. 数控机床的工作原理

数控机床的工作原理是将零件加工信息用代码化的数字信息记录在程序载体上,然后送入数控系统,经过译码、运算控制机床的刀具与工件的相对运动,从而加工出形状、尺寸与精度符合要求的零件。

3. 数控机床的分类

由于制造业中零件的形状多种多样,而且精度要求高,因此,根据零件的功能和结构需要各种类型的数控机床来适应加工的需要。

(1)按工艺用途分类　金属切削类数控机床:主要有数控车床、数控铣床、数控钻床、数控镗床、数控磨床和加工中心等。

金属成型类数控机床:主要有数控折弯机、数控弯管机和数控转头压力机等。

数控特种加工机床:主要有数控电火花线切割机床、数控电火花成型机床、数控冲床和数控激光切割机床等。

其他类型数控机床:主要有数控三坐标测量机等。

(2)按运动轨迹分类　点位控制数控机床:点位控制数控机床的特点是在刀具相对于工件移动过程中,不进行切削加工,它对运动的轨迹没有严格要求,只要实现一点到另一点坐标位置的准确移动,几个坐标轴之间的运动没有任何联系。如图1-2(a)所示为点位控制数控机床加工示意图。

具有点位控制功能的机床主要有数控钻床、数控铣床、数控冲床等。随着数控技术的发展和数控系统价格的降低,单纯用于点位控制的数控系统已不多见。

直线控制数控机床:直线控制数控机床不仅要求具有准确的定位功能,还要求从一点到另一点按直线运动进行切削加工,刀具相对于工件移动的轨迹是平行机床各坐标轴的直线或两轴同时移动构成45°的斜线。如图1-2(b)所示为直线控制数控机床加工示意图。直线控制功能的机床主要有比较简单的数控车床、数控铣床、加工中心和数控磨床等。这种机床的数控系统也称为直线控制数控系统。

轮廓控制数控机床:轮廓控制数控机床能够对两个或两个以上的坐标轴进行连续的切削加工控制,它不仅能控制机床移动部件的起点和终点坐标,而且能按需要严格控制刀具移动的轨迹,以加工出任意斜线、圆弧、抛物线及其他函数关系的曲线或曲面。如图1-2(c)所示为轮廓控制数控机床加工示意图。属于这类机床的有数控车床、数控铣床、数控磨床、数控电火花线切割机床和加工中心等。

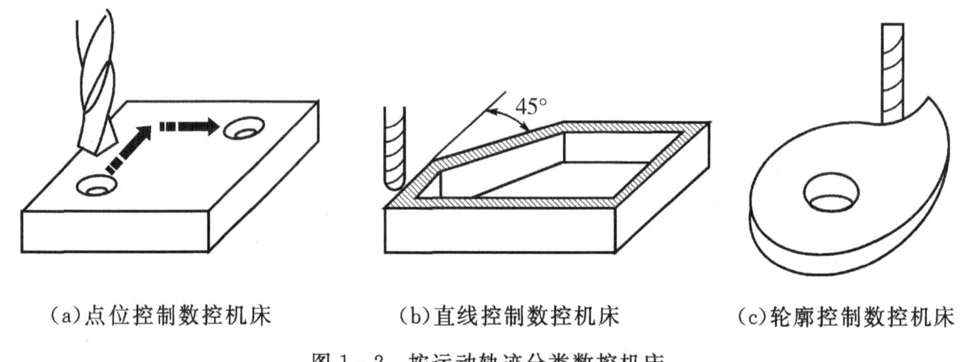

(a)点位控制数控机床　(b)直线控制数控机床　(c)轮廓控制数控机床

图1-2　按运动轨迹分类数控机床

(3)根据所控制的联动坐标轴数不同,数控机床又可以分为下面几种形式。

二轴联动:主要用于数控车床加工旋转曲面或数控铣床加工曲线柱面。如图1-3所示。

二轴半联动:主要用于三轴以上机床的控制,其中两根轴可以联动,而另外一根轴可以做周期性进给。如图1-4所示为采用这种方式用行切法加工三维空间曲面。

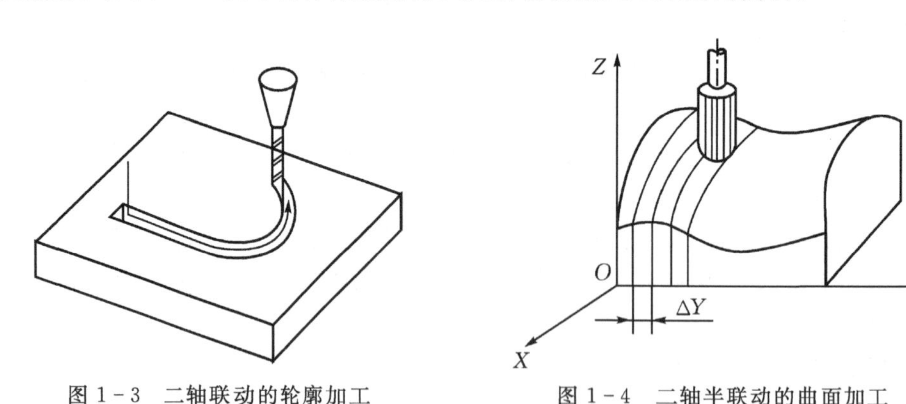

图1-3　二轴联动的轮廓加工　　图1-4　二轴半联动的曲面加工

三轴联动:一般分为两类,一类就是X、Y、Z三个直线坐标轴联动,比较多的用于数控铣床、加工中心等,如图1-5所示用球头铣刀铣切三维空间曲面。另一类是除了同时控制X、Y、Z中两个直线坐标外,还同时控制围绕其中某一直线坐标轴旋转的旋转坐标轴。如车削加工中心,它除了纵向(Z轴)、横向(X轴)两个直线坐标轴联动外,还需同时控制围绕Z轴旋转的主轴(C 轴)联动。

四轴联动:同时控制 X、Y、Z 三个直线坐标轴与某一旋转坐标轴联动,如图 1-6 所示为同时控制 X、Y、Z 三个直线坐标轴与一个工作台回转轴联动的数控机床。

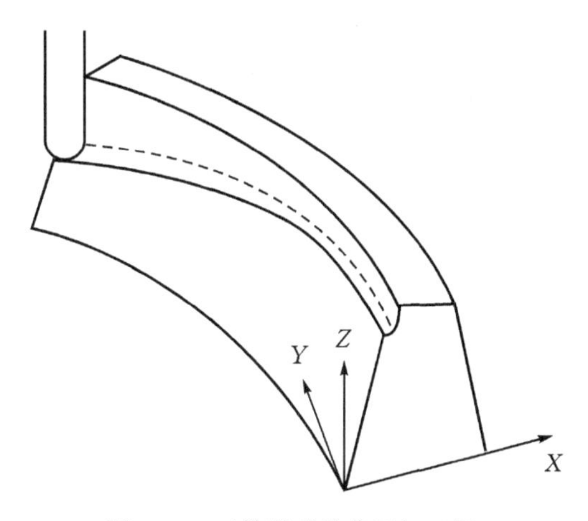

图 1-5　三轴联动的曲面加工图

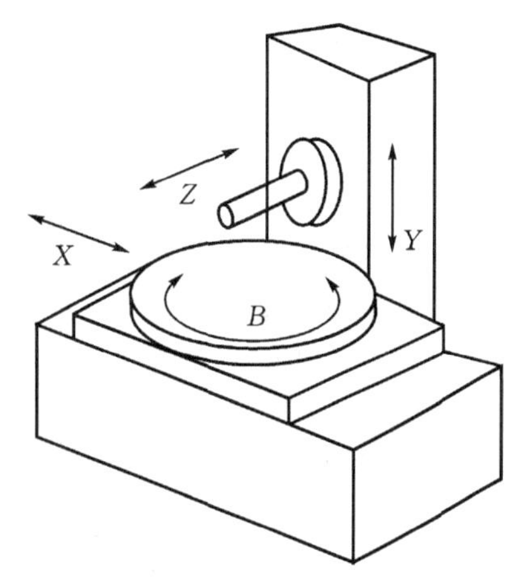

图 1-6　四轴联动的数控机床

五轴联动:除同时控制 X、Y、Z 三个坐标轴联动外,还同时控制围绕这些直线坐标轴旋转的 A、B、C 坐标轴中的两个坐标轴,形成同时控制五个轴联动,这时刀具可以被定在空间的任意方向。如图 1-7 所示五轴联动的数控机床。比如控制刀具同时绕 X 轴和 Y 轴两个方向摆动,使得刀具在其切削点上始终保持与被加工的轮廓曲面成法线方向,以保证被加工曲面的光滑性,提高其加工精度和加工效率,减小被加工表面的粗糙度。

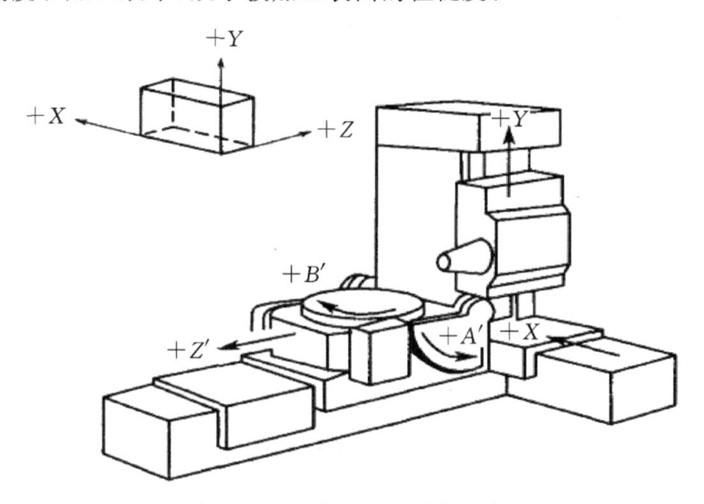

图 1-7　五轴联动的数控机床

(4)按伺服控制方式分类　开环控制数控机床:开环控制数控机床结构简单,没有测量反馈装置,数控装置发出的指令信号流是单向的,所以不存在系统稳定性问题。因为无位置反馈,所以精度不高,其精度主要取决于伺服驱动系统的性能。

开环控制数控机床的工作原理如图 1-8 所示。开环控制数控机床是将控制机床工作台或刀架运动的位移距离、位移速度、位移方向和位移轨迹等参量通过输入装置输入 CNC 装置,CNC 装置根据这些参量指令计算出进给脉冲序列,然后对脉冲单元进行功率放大,形成驱动装置的控制信号。最后,由驱动装置驱动工作台或刀架按所要求的速度、轨迹、方向和移动距离,加工出形状、尺寸与精度符合要求的零件。

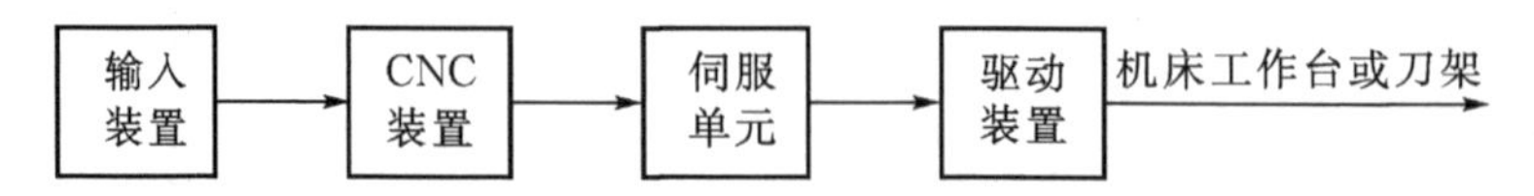

图 1-8　开环控制数控机床工作原理框图

半闭环控制数控机床:半闭环控制数控机床工作原理如图 1-9 所示,由伺服电机采样旋转角度而不是检测工作台的实际位置。因此,丝杠的螺距误差和齿轮或同步带轮等引起的误差难以消除。半闭环控制数控系统环路内不包括或只包括少量机械传动环节,因此控制性能稳定。而机械传动环节的误差,大部分可用误差补偿的方法消除,因而仍可获得满意的精度。目前,大部分数控机床采用半闭环控制。

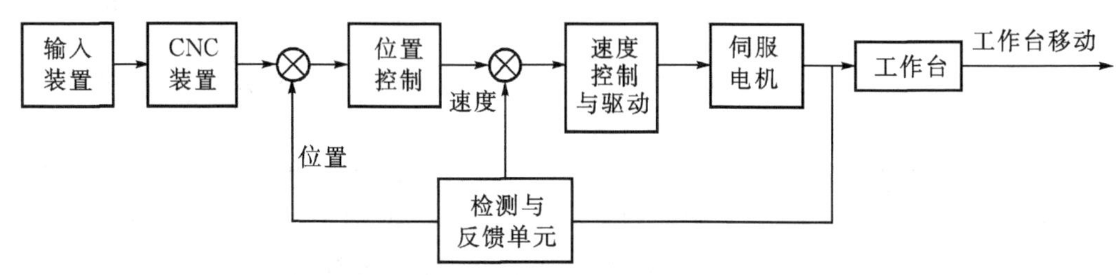

图 1-9　半闭环控制数控机床工作原理框图

全闭环控制数控机床:全闭环控制数控机床工作原理如图 1-10 所示,采样点从机床的运动部件上直接引出,通过采样工作台运动部件的实际位置,即对实际位置进行检测,可以消除整个传动环节的误差和间隙,因而具有很高的位置控制精度。但是由于位置环内的许多机械环节的摩擦特性、刚性和间隙都是非线性的,故障容易造成系统的不稳定,造成调试困难。这类系统主要用于精度要求很高的镗铣床、超精车床和螺纹车床等。

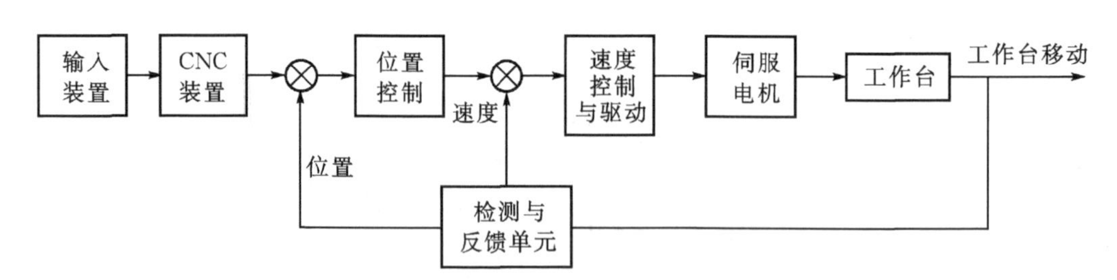

图 1-10　全闭环控制数控机床工作原理框图

混合闭环控制数控机床:混合闭环方式采用半闭环与全闭环结合的方式,如图 1-11 所示。它利用半闭环所能达到的高位置增益,从而获得了较高的速度与良好的动态特性。它又利用全闭环补偿半闭环无法修正的传动误差,从而提高了系统的精度。混合闭环方式适用于重型、超重型数控机床,因为这些机床的移动部件很重,设计时提高刚性较困难。

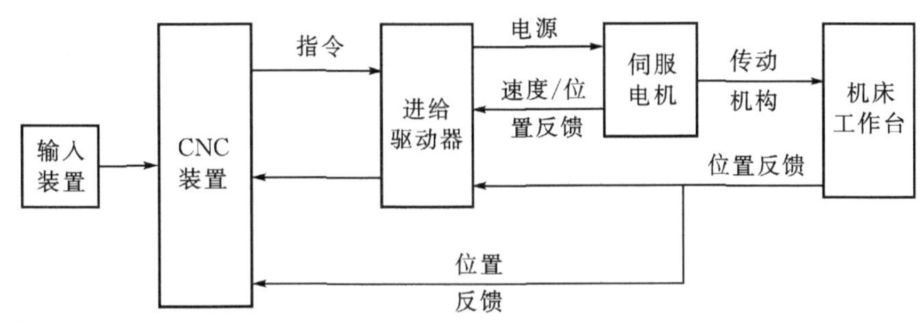

图 1-11　混合闭环控制数控机床工作原理框图

(5)按功能水平分类　经济型数控机床:经济型数控机床是指采用步进电动机驱动的开环控制的数控机床。这种机床一般精度较低、价格便宜、功能简单,适用于自动化程度要求不高的场合。

全功能型数控机床:全功能型数控机床的功能齐全、价格较贵。适用于加工复杂的零件。

精密型数控机床:精密型数控机床采用闭环控制,它不仅具有全功能型数控机床的全部功能,而且机械系统的动态响应较快,适用于精密和超精密加工。

1.1.5　数控机床的主要性能指标及功能

1. 数控机床的主要技术指标

1)主要规格尺寸

数控车床主要有床身与刀架最大回转直径、最大车削长度、最大车削直径等;数控铣床主要有工作台、工作台 T 形槽、工作台行程等规格尺寸。

2)主轴系统

数控机床主轴采用直流或交流电动机驱动,具有较宽的调速范围和较高的回转精度,主轴本身刚度与抗震性能比较好。现在数控机床主轴普遍达到 5000～10000r/min,甚至更高的转速,这对提高加工质量和各种小孔加工极为有利;主轴可以通过操作面板上的转速倍率选择开关改变转速;在加工端面时主轴具有恒线速度切削功能。

3)进给系统

包括进给速度范围、快移速度、运动分辨率、定位精度和螺距范围等主要技术参数。

4)刀具系统

数控车床包括刀架工位数、工具孔直径、刀杆尺寸、换刀时间、重复定位精度各项内容。加工中心刀库容量与换刀时间直接影响其生产率,通常中小型加工中心的刀库容量为 16～60 支,大型加工中心可达 100 支以上。换刀时间是指自动换刀系统将主轴上的刀具与刀库刀具进行交换所需要的时间,换刀一般可在 5～20s 的时间内完成,现在最快的已经在 1s 以内。

5)电气

包括主电动机、伺服电动机规格型号和功率等。

6)冷却系统

包括冷却箱容量、冷却泵输出量等。

7)外形尺寸

表示为长×宽×高。

8)机床重量

即机床的实际重量。

2. 数控机床的主要功能

1)控制轴数与联动轴数

控制轴数说明数控系统最多可以控制多少坐标轴,其中包括移动轴和回转轴。联动轴数是数控系统按加工要求控制同时运动的坐标轴数。

2)插补功能

插补功能是指数控机床能够实现的线型能力,如直线、圆弧、螺旋线、抛物线、正弦曲线等。机床插补功能越强,说明其能够加工的轮廓种类越多。

3)进给功能

包括快速进给、切削进给、手动连续进给、点动进给、进给率修调、自动加减速功能等。

4)主轴功能

可实现恒转速、恒线速、定向停止即转速修调。恒线速即主轴自动变速,使刀具对工件切削点的线速度保持不变。主轴定向停止即换刀、精镗后退刀前,主轴在其轴向准确定位。

5)刀具功能

指刀具的自动选择和自动换刀。

6)刀具补偿

包括刀具位置补偿、半径补偿和长度补偿功能。

7)机械误差补偿

指系统可自动补偿机械传动部件因间隙产生的误差。

8)操作功能

数控机床通常有单程序段的执行和跳段执行、图形模拟、机械锁住、试运行、暂停和急停等功能,有的还有软件操作功能。

9)程序管理功能

指对加工程序的检索、编制、修改、插入、删除、更名、锁住、在线编辑即后台编辑以及程序编辑、程序存储通信等。

10)图形显示功能

利用监视器(CRT)进行二维或三维,单色或彩色,图形可缩放,坐标可旋转的刀具轨迹动态显示。

11)辅助编程功能

如固定循环、镜像、图形缩放、子程序、宏程序、坐标旋转、极坐标等功能,可减少手工编程的工作量和难度,特别适合三维复杂零件和大型工件。

12)自诊断报警功能

是指数控系统对其软、硬件故障的自我诊断能力,该功能用于监视整个加工过程是否正常,并及时报警。

13)通信与通信协议

数控系统都配有 RS232C 和 DNC 接口,为进行高速传输设有缓冲区。高档数控系统还可以与 MAP 相连,能够适应 FMS、CⅠMS 的要求。

根据使用要求的不同,对性能指标和功能的考虑也会多种多样,因此选择数控系统时应根据实际需要决策，只有将各种功能进行有机地组合，才能满足不同用户的要求。

【任务实施】(表 1－3)

表 1－3　任务实施表

内　容	方法	媒体	教学阶段
通过引导文引入学习情境，学习有关金属切削机床专业知识	引导文法； 自主学习法	金属切削机床、教材、PPT、网络	明确任务
学生观察机床结构并记录其型号，理解其功用及时填写实训报告单 教师巡视并解答疑问	小组合作法、 头脑风暴法	金属切削机床、PPT、网络	实施任务
小组讨论、汇报 自我评价和总结	小组合作法、 头脑风暴法	计算机 实训任务书	学生汇报展示
教师进行点评，总结本学习情境的学习效果	小组合作法、 头脑风暴法	PPT	总结
清理工具和场地	小组合作法	机床	清扫实训中心

【实训任务书】

1. 写出本次实训学习体会或收获，记录学习问题。
2. 记录机加工训练中心所有机床型号，并回答其型号含义，观察机床内部结构。
3. 填写表 1－4。(表中有些部分省略)

表 1－4　金属切削机床结构观察及型号认知实训

<table>
<tr><td colspan="5">1. 本次实训所观察的金属切削机床设备名称：________、________、________
金属切削机床设备型号：________、________、________</td></tr>
<tr><td colspan="5">2. 描述所观察机床型号中代号及数字的含义</td></tr>
<tr><td colspan="2">观察的设备</td><td>含义</td><td>观察的设备</td><td>含义</td></tr>
<tr><td colspan="2">①</td><td></td><td>④</td><td></td></tr>
<tr><td colspan="2">②</td><td></td><td>⑤</td><td></td></tr>
<tr><td colspan="2">③</td><td></td><td>⑥</td><td></td></tr>
<tr><td colspan="5">3. 简述所观察机床的组成部分及各部分的主要功能</td></tr>
<tr><td rowspan="2">序号</td><td colspan="2">观察的设备 1</td><td colspan="2">观察的设备 2</td></tr>
<tr><td>机床的观察部分</td><td>该部分的主要功能</td><td>机床的观察部分</td><td>该部分的主要功能</td></tr>
<tr><td>①</td><td></td><td></td><td></td><td></td></tr>
<tr><td>②</td><td></td><td></td><td></td><td></td></tr>
<tr><td>③</td><td></td><td></td><td></td><td></td></tr>
<tr><td colspan="5">4. 小结</td></tr>
</table>

任务 1.2 机床传动的认知

【知识准备】

1.2.1 机床的运动

机床的运动就是使刀具按一定规律切除毛坯上多余金属，使工件获得一定几何形状、尺寸精度、位置精度和表面质量的一系列运动。

机床的运动按其功用不同可分为表面成形运动和辅助运动，下面以车削加工中的运动为例，介绍机床的运动。

1. 表面成形运动

切削加工时，刀具和工件必须做一定的相对运动，以切除毛坯上多余金属，形成一定形状、尺寸和质量的表面，从而获得所需的机械零件。刀具与工件之间这种形成加工表面的运动叫作表面成形运动，简称为成形运动。如图 1－12(a)所示，车削圆柱表面时，工件的旋转运动 n 和车刀平行于工件轴线方向的运动 f 就是机床的成形运动；车削端面(图 1－12(b))时，其表面成形运动为工件的旋转运动 n 和车刀垂直工件轴线方向的运动 f。

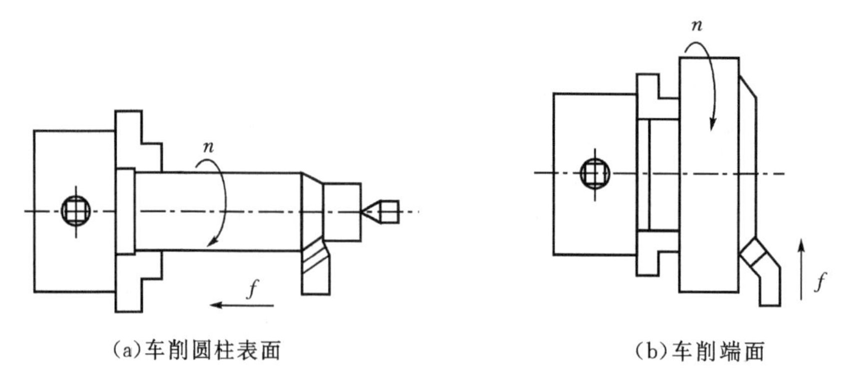

(a)车削圆柱表面　　(b)车削端面

图 1－12　表面成形运动

成形运动按切削过程中所起的作用，分为主运动和进给运动。主运动是切除工件上的被切削层，使之转变为切削的最基本运动，如车削时工件的旋转运动；进给运动是不断地把被切削层投入切削，以逐渐切出整个工件表面的运动，如车削时刀具平行于工件轴线方向及垂直于工件轴线方向的运动都属于进给运动。主运动的速度最高，消耗的功率最大，进给运动速度最低，消耗功率也较小。任何一种机床，通常只有一个主运动，但进给运动可能有一个或多个，也可能没有。

2. 辅助运动

机床的辅助运动是指机床上除表面成形运动以外，机床上其他所需的运动。其作用是实现机床的各种辅助动作。如刀具相对工件的横向切入运动；刀具趋近和退出工件的运动；工件和刀具的装夹、松开、转位及工件的分度等运动。这些运动为表面成形创造了条件，但与表面成形过程没有直接关系。

1.2.2　机床的传动形式

1. 机床传动的组成

为获得加工过程中所需的各种运动，机床应具备执行件、动力源和和传动装置三个部分。

1）执行件

执行件是直接执行机床运动的部件，如刀架、主轴、工作台等。工件或刀具装夹于执行件上，并由其带动，按正确的运动轨迹完成一定的运动。

2）动力源

动力源是给执行件提供运动和动力的装置，最常见的是交流异步电动机、直流电动机、步进电动机等。

3）传动装置

传动装置是把动力源的运动和动力传递至执行件，并使其获得一定速度和方向的装置。传动装置还可将两个执行件联系起来，使执行件间具有一定的相对运动关系。

传动装置一般有机械、液压、电气、气压等形式。

2. 机床的传动链和传动原理图

在机床上，为了得到所需的运动，需要通过一系列的传动件把执行件和动力源，或把执行件和执行件连接起来，这种连接称为传动联系。构成一个传动联系的按一定规律排列的一系列传动件，称为传动链。传动链包含两类传动机构：一种为定比传动机构；另一种为换置机构，即变速或换向机构。

1）定比传动副

定比传动副包括齿轮副、蜗杆副、丝杠螺母副和带传动等。它们的共同特点是传动比固定不变，而齿轮齿条副和丝杠螺母副还可将旋转运动转变为直线运动。

2）换置机构

换置机构是根据加工要求可以变换传动比和传动方向的传动机构，如交换齿轮变速机构、滑移齿轮变速、换向机构，离合器换向机构等，统称为换置机构。

（1）滑移齿轮变速机构　如图1－13(a)所示，轴Ⅰ上安装有三个轴向固定的齿轮 z_1、z_2 和 z_3，由 z'_1、z'_2 和 z'_3 组成的三联滑移齿轮块，通过花键与轴Ⅱ连接。当齿轮块分别滑移至左、中、右三个啮合位置时，使传动比不同的齿轮副 z_1/z'_1、z_2/z'_2、z_3/z'_3 依次啮合。因而，当轴Ⅰ的转速不变时，轴Ⅱ可得到三级不同的转速。除三联滑移齿轮块变速外，常用的还有双联滑移齿轮块变速。滑移齿轮变速机构结构紧凑，传动效率高，传动力大，变速比较方便(但不能在运转中变速)，在机床中得到广泛应用。

（2）离合器变速机构　如图1－13(b)所示，齿轮 z_1 和 z_2 固定安装于主动轴Ⅰ上，并分别与空套在轴Ⅱ上的齿轮 z'_1 和 z'_2 保持啮合。端面齿离合器 M 通过花键与轴Ⅱ相连接。离合器 M 向左或向右移动时，可分别与齿轮 z'_1 或 z'_2 的端面齿相啮合，从而将 z'_1 或 z'_2 的运动传给轴Ⅱ。由于 z_1/z'_1 和 z_2/z'_2 的传动比不同，因而在轴Ⅰ转速不变时，可使轴Ⅱ得到两种不同的转速。离合器变速机构变速方便，变速时，齿轮无需移动，适用于斜齿轮传动，传动平稳。另外，如将端面齿离合器换成摩擦片离合器，则可使变速组在运转过程中变速。但这种变速的各对齿轮经常处于啮合状态，磨损较大，传动效率低。它主要用于重型机床、采用斜齿圆柱齿轮传动的变速组(端面齿离合器)以及自动、半自动机床(摩擦片式离合器)中。

(3)交换齿轮变速组　该机构通过更换两轴间齿轮副的齿轮齿数，改变其传动比，而达到变速的目的。图 1－13(c)为采用一对交换挂轮的变速机构。在轴Ⅰ、Ⅱ上分别装有一个可装卸更换的齿轮 A 和 B，根据不同传动比，选择并装上一定齿数的齿轮，就可变速。应注意的是，因为轴Ⅰ、Ⅱ的中心距是固定不变的，故在模数不变的情况下，齿轮 A 和 B 齿数和应保持一致。

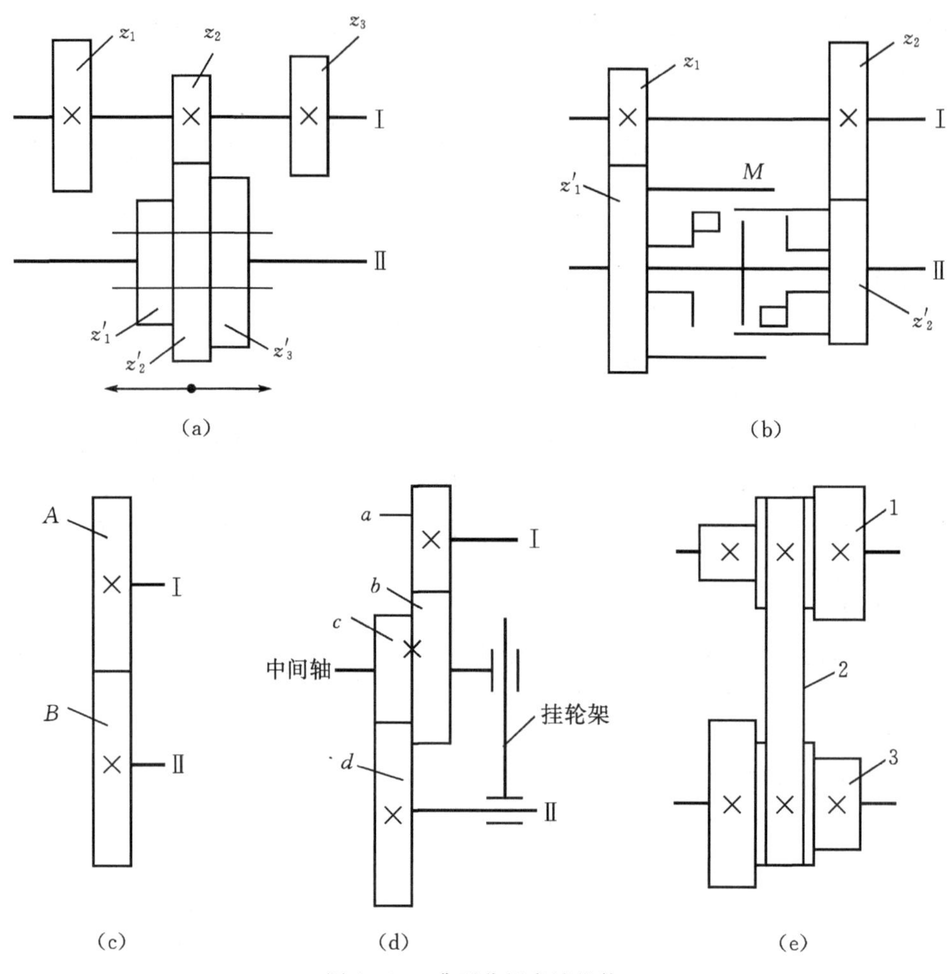

图 1－13　典型分级变速机构

图 1－13(d)为两对配换挂轮的变速机构。在固定轴Ⅰ、Ⅱ上分别装有齿轮 a 和 d，齿轮 b 和 c 安装在可通过挂轮架调整位置的中间轴上。中间轴在交换挂轮架上可做径向位置调整移动，并用螺栓紧固在任何径向位置上。交换齿轮 a 用键与主动轴Ⅰ相连，交换齿轮 d 用键与从动轴Ⅱ相连，而 b、c 交换齿轮通过一个套筒空套在中间轴上。当调整中间轴的径向位置使 c、d 交换齿轮正确啮合之后，则可摆动交换挂轮架使 b 轮与 a 轮也处于正确的啮合位置。因此，改变不同齿数的交换齿轮，则能起到变速的作用。

配置挂轮变速机构，结构简单紧凑，但变速调整费时，主要用于不需要经常变速的自动、半自动机床。采用挂轮架结构时，由于中间轴刚性较差，只适合于进给运动，但采用挂轮变速，可获得精确传动比，并能缩短传动链，减少传动误差，故常用于要求传动比准确的场合，如齿轮加工机床、丝杠车床等。

(4)带轮变速机构　如图 1-13(e)所示，在传动轴Ⅰ和Ⅱ上，分别装有塔形带轮 1 和 3。当轴Ⅰ转速一定时，只要改变传动带 2 的位置，就可得三种不同带轮直径比，从而使轴Ⅱ得到三种不同转速。

带轮变速机构通常采用平带或 V 带传动，其特点是结构简单，运转平稳，但变速不方便，尺寸较大，传动比不准，主要用于台钻、内圆磨床等一些小型、高速的机床，也用于某些简式机床。

(5)滑移齿轮换向机构　如图 1-14(a)所示，轴Ⅰ上装有一齿数相同的($z_1=z'_1$)双联齿轮，轴Ⅱ上装有一花键连接的单联滑移齿轮 z_2，中间轴上装有一空套齿轮 z_0。当滑移齿轮 z_2 处于图示位置时，轴Ⅰ的运动经 z_0 传给齿轮 z_2，使轴Ⅱ的转动方向与轴Ⅰ相同；当滑移齿轮 z_2 向左移动与轴Ⅰ上的 z'_1 齿轮直接啮合时，则轴Ⅰ的运动经 z_2 齿轮传给轴Ⅱ，使轴Ⅱ的转动方向与轴Ⅰ相反。这种换向机构刚度好，多用于主运动中。

(6)圆锥齿轮换向机构　如图 1-14(b)所示，主动轴Ⅰ的固定圆锥齿轮 z_1 与空套在从动轴Ⅱ上的圆锥齿轮 z_2、z_3 保持啮合。利用花键与轴Ⅱ相连接的离合器 M 两端都有齿爪，离合器向左或向右移动，就可分别与 z_3 或 z_2 的端面啮合，从而使轴Ⅱ的转向改变。这种换向机构的刚性稍差，多用于进给运动或其他辅助运动中。

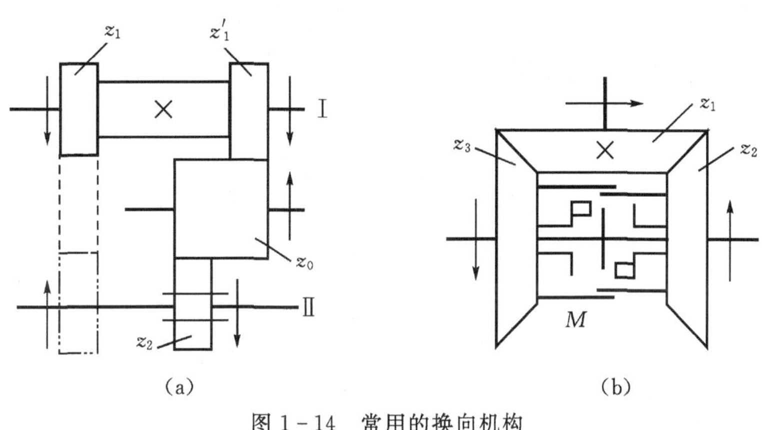

图 1-14　常用的换向机构

M—离合器

1.2.3　机床的传动系统与运动的调整计算

1. 机床的传动系统

机床在完成某种加工内容时，为了获得所需要的运动，需要由一系列的传动元件使动力源和执行件，或使两个执行件之间保持一定的传动联系。使执行件与运动源或使两个有关执行件保持确定运动联系的一系列按一定规律排列的传动元件构成了传动链。一条传动链由该链的两端件及两端件之间的一系列传动机构所构成。

通常，机床有几种运动，就相应有几条传动链，例如，卧式车床需要有主运动、纵向机构进给运动、横向机动进给运动及车螺纹运动，相应就有主运动传动链、纵向进给传动链、横向进给传动链及车螺纹传动链等。实现一台机床所有运动的传动链就组成了该机床的传动系统。用规定的简单符号表示机床传动系统的图形，称为机床的传动系统图，如图 1-15 所示。机床系统图具体表示了各传动链的传动元件的结构类型以及做调整计算所需的主要运动参数。

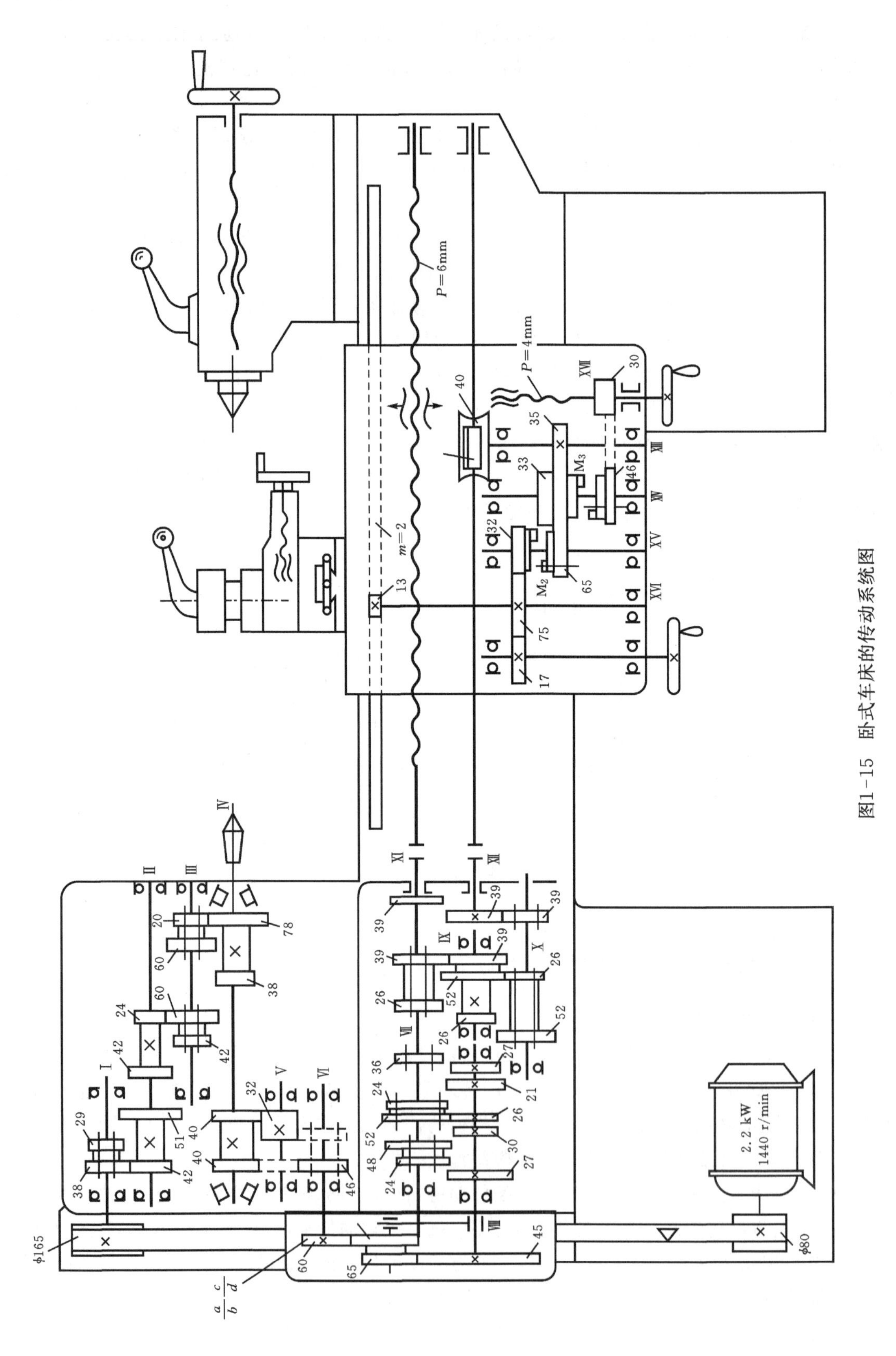

图1-15 卧式车床的传动系统图

分析传动系统图的一般方法是：①根据主运动、进给运动和辅助运动确定有几条传动链；②分析各传动链所联系的两个端件；③按照运动传递或联系顺序，从一个端件向另一端件依次分析各传动轴之间的传动结构和运动传递关系，以查明该传动链的传动路线及变速、换向、接通和断开的工作原理；④对传动链中的机构作具体分析和运动计算。

从图 1－15 所示的卧式车床传动系统图可看出，该机床可实现主传动、纵向进给运动、横向进给运动、车螺纹时的纵向进给运动等四个运动，因此有四条传动链，分别是：主运动传动链、纵向进给运动传动链、横向进给运动传动链、车螺纹传动链。下面以主运动传动链为例进行分析。

主运动由 2.2 kW、1440 r/min 的电动机驱动，经带传动 $\varphi 80/\varphi 165$ 将运动传至轴Ⅰ，然后经Ⅰ—Ⅱ轴间、Ⅱ—Ⅲ轴间和Ⅲ—Ⅳ轴间的三组双联滑移齿轮变速组，使主轴获得 2×2×2＝8 级转速。

主运动的传动路线表达式为

$$\underset{\substack{1440\mathrm{r/min} \\ 2.2\mathrm{kW}}}{\text{电动机}}-\frac{\varphi 80}{\varphi 165}-\mathrm{I}-\left|\begin{matrix}\frac{29}{51} \\ \frac{38}{42}\end{matrix}\right|-\mathrm{II}-\left|\begin{matrix}\frac{24}{60} \\ \frac{42}{42}\end{matrix}\right|-\mathrm{III}-\left|\begin{matrix}\frac{20}{78} \\ \frac{60}{38}\end{matrix}\right|-\mathrm{IV}\text{（主轴）} \tag{1-1}$$

2. 转速分布图

转速分布图表示的是主轴转速如何从电动机传出经各轴传到主轴，传动过程中各变速组的传动比如何组合。图 1－16 是图 1－15 卧式车床的主运动转速分布图。由转速分布图可以得到的基本内容如下：

(1)转速图 1－16 中一组等距的垂直平行线代表变速系统中从电动机轴到主轴的各根轴，各轴排列次序应符号传动顺序。竖线上端以“电动机”表明电动机轴，以罗马数字标明其他各轴。

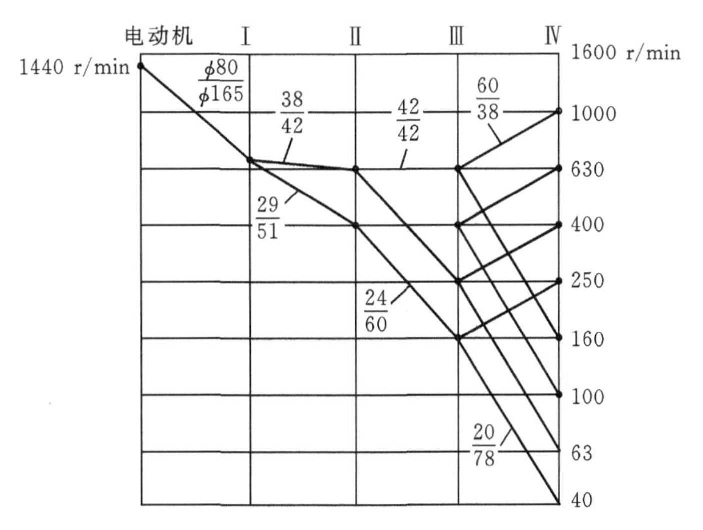

图 1－16　转速分布图

(2)距离相等的横向平行线表示变速系统由低至高依次排列的各级转速，在每根线段右端标出该级转速的数值。由于主轴的转速数列按等比数列排列，为绘制和分析线图方便，代表转速值的纵向坐标采用对数坐标。这样，使得代表任意相邻转速的横向平行线的间距都是相等的。

(3)代表各传动轴的平行竖线上的小圆点代表各轴所能获得的转速。圆点数为该轴具有的转速级数;圆点位置表明了各级转速的数值。例如,轴Ⅱ上有两个圆点,表示轴Ⅱ有二级转速,其转速分别为 630r/min 和 400r/min;轴Ⅲ上有四个圆点,表示轴Ⅲ具有四种不同转速,分别为 630r/min、400r/min、250r/min 和 160r/min。

(4)两轴间转速点之间的连线,表示两轴间的传动副,相互平行的连线表示同一传动副。因此,两轴间互不平行的连线数表示了两轴间的传动副数。例如轴Ⅰ-Ⅱ间有两条互不平行的连线,表示轴Ⅰ-Ⅱ间有两对传动副,分别为$\frac{38}{42}$和$\frac{29}{51}$。连线的倾斜程度表明了传动副的传动比大小。自左往右向上倾斜,表明传动比大于 1,称为升速传动,如轴Ⅲ-Ⅳ间的$\frac{60}{38}$传动副;自左往右向下倾斜,表明传动比小于 1,称为降速传动,如Ⅰ-Ⅱ间$\frac{29}{51}$传动副;水平连线表示传动比为1∶1,如轴Ⅱ-Ⅲ间的$\frac{42}{42}$传动副。

(5)转速图上还表明了运动传递路线,在图 1-16 中可看除主轴的最高转速 1000r/min 是由电动机经带轮副$\frac{\varphi 80}{\varphi 165}$经轴Ⅰ-Ⅱ间齿轮副$\frac{38}{42}$、轴Ⅱ-Ⅲ间齿轮副$\frac{42}{42}$、轴Ⅲ-Ⅳ间齿轮副$\frac{60}{38}$,依次传递而得到的。

综上所述,转速图清楚地表示了变速系统中传动轴数量,各轴及轴上传动元件的转速级数、转速大小及其传动路线。另外还须指出,转速图不仅有助于了解、分析机床的变速系统,而且是设计变速系统的一种重要工具。

3. 机床运动的调整计算

机床运动的调整计算有两类:一种是根据机床传动系统内传动件的运动参数,计算某一执行件的运动速度或位移量;另一种是根据两执行件间应保持的运动的关系,确定相应传动链内换置机构(一般为挂轮机构)的传动比,以便对其进行调整。

现以前页图 1-15 卧式车床主运动为例进行计算。主运动传动链的传动路线见传动路线表达式(1-1)。

其传动链的换置计算步骤为:

(1)找首端件和末端件　电动机—主轴。

(2)确定计算位移

$$n_{电动机}(\mathrm{r/min})-n_{主轴}(\mathrm{r/min})$$

(3)列运动平衡式　主运动的转速可应用下列运动平衡式的通式来计算

$$n_{主}=n_0\times(1-\varepsilon)\times\frac{D_1}{D_2}\times\frac{z_{Ⅰ-Ⅱ}}{z'_{Ⅰ-Ⅱ}}\times\frac{z_{Ⅱ-Ⅲ}}{z'_{Ⅱ-Ⅲ}}\times\frac{z_{Ⅲ-Ⅳ}}{z'_{Ⅲ-Ⅳ}} \tag{1-2}$$

式中,$n_{主}$ 是主轴转速(r/min);n_0 是电动机转速(r/min);z、z'分别表示主动和从动齿轮的齿数,齿数下标表示主动和从动传动轴的轴号;D_1、D_2 分别表示主动和从动带轮的直径;ε 表示 V 带的滑动系数,$\varepsilon=0.02$。

(4)计算主轴转速　将带轮直径、主动、从动齿轮的齿数及电动机的转速代入式(1-2)中,可得 8 种转速。其中最小、最大转速分别为

$$n_{\min}=1440\times(1-0.02)\times\frac{80}{165}\times\frac{29}{51}\times\frac{24}{60}\times\frac{20}{78}\mathrm{r/min}$$

$$\approx 40\text{r/min}$$

$$n_{\max}=1440\times(1-0.02)\times\frac{80}{165}\times\frac{38}{42}\times\frac{42}{42}\times\frac{60}{38}\text{r/min}$$

$$\approx 977\text{r/min}$$

例　根据图 1-17 所示传动系统，试计算：

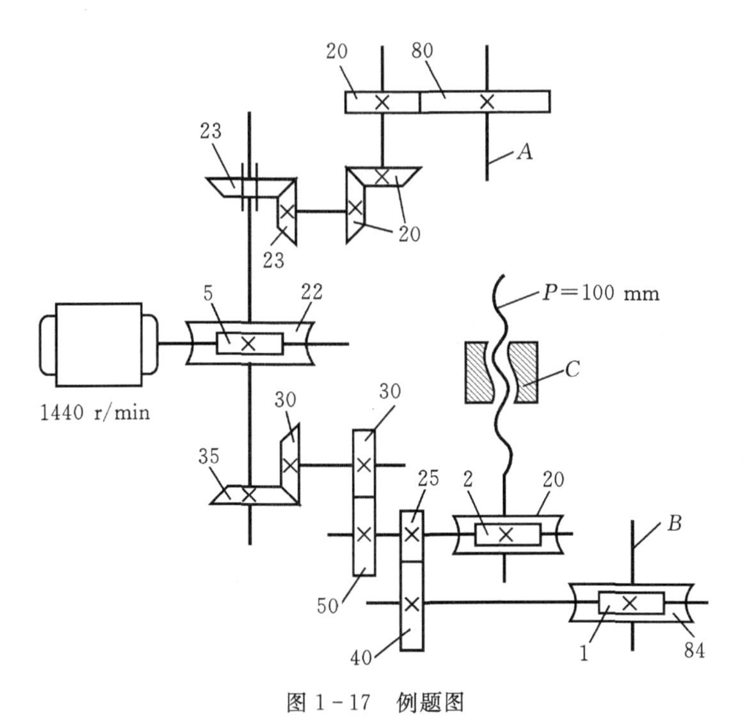

图 1-17　例题图

1)轴 A 的转速；

2)轴 A 转 1 转时，轴 B 转过的转数；

3)轴 B 转 1 转时，螺母 C 移动的距离。

解　传动路线分析：

运动由 1440r/min 的电动机传出，分两条路线传至轴 A、轴 B 和螺母 C。其中：一条传动路线为：经蜗杆副$\frac{5}{22}$、齿轮副$\frac{23}{23}$、$\frac{20}{20}$、$\frac{20}{80}$传至轴 A。另一条传动路线是经 蜗杆副蜗杆副$\frac{5}{22}$、齿轮副$\frac{35}{30}$、$\frac{30}{50}$和蜗杆副$\frac{2}{20}$传至丝杠，以带动螺母 C 移动，或经蜗杆副$\frac{5}{22}$、齿轮副$\frac{35}{30}$、$\frac{30}{50}$、$\frac{25}{40}$和蜗杆副$\frac{1}{84}$传至轴 B。其传动路线表达式如下：

$$\underset{1440\text{r/min}}{\text{电动机}}-\frac{5}{22}-\left|\begin{array}{l}\frac{23}{23}-\frac{20}{20}-\frac{20}{80}-\text{轴 }A\\ \frac{35}{30}-\frac{30}{50}-\left|\begin{array}{l}\frac{2}{20}-\text{丝杠(螺母 }C\text{)}\\ \frac{25}{40}-\frac{1}{84}-\text{轴 }B\end{array}\right.\end{array}\right.$$

1)计算轴 A 的转速

(1)找首端件和末端件:电动机—轴 A

(2)确定计算位移: $n_{电动机}$(r/min)——n_A(r/min)

(3)列运动平衡式:$n_A = n_{电动机} \times \frac{5}{22} \times \frac{23}{23} \times \frac{20}{20} \times \frac{20}{80}$

(4)轴 A 的转速为:$n_A = 1440 \times \frac{5}{22} \times \frac{23}{23} \times \frac{20}{20} \times \frac{20}{80}$r/min≈81.8r/min

2)计算轴 A 转 1 转时,轴 B 转过的转数

(1)找首端件和末端件:轴 A—轴 B

(2)确定计算位移:轴 A 转 1 转时—轴 B 的转速

(3)列运动平衡式:$n_B = n_A \times \frac{80}{20} \times \frac{20}{20} \times \frac{23}{23} \times \frac{35}{30} \times \frac{30}{50} \times \frac{25}{40} \times \frac{1}{84}$

(4)轴 B 的转速为:$n_B = 1 \times \frac{80}{20} \times \frac{20}{20} \times \frac{23}{23} \times \frac{35}{30} \times \frac{30}{50} \times \frac{25}{40} \times \frac{1}{84}$r/min≈0.021r/min

3)计算轴 B 转 1 转时,螺母 C 移动的距离

(1)找首端件和末端件:轴 B——螺母 C

(2)确定计算位移:

轴 B 转 1 转时—螺母 C 的移动距离 L_C(mm)

(3)列运动平衡式:$L_C = n_B \times \frac{84}{1} \times \frac{40}{25} \times \frac{2}{20} \times p$

(4)螺母 C 的移动距离为:$L_C = 1 \times \frac{84}{1} \times \frac{40}{25} \times \frac{2}{20} \times 10$mm=134.4mm

【任务实施】

任务实施见表 1-5。

表 1-5 任务实施表

内　容	方法	媒体	教学阶段
通过引导文引入学习情境,学习有关金属切削机床专业知识	引导文法; 自主学习法	金属切削机床、教材、PPT、网络	明确任务
学生观察机床结构并记录其型号,理解其功用及时填写实训报告单 教师巡视并解答疑问	小组合作法、 头脑风暴法	金属切削机床、PPT、网络	实施任务
小组讨论、汇报 自我评价和总结	小组合作法、 头脑风暴法	计算机 实训任务书	学生汇报展示
教师进行点评,总结本学习情境的学习效果	小组合作法、 头脑风暴法	PPT	总结
清理工具和场地	小组合作法	机床	清扫实训中心

【实训任务书】

1. 写出本次实训学习体会或收获,记录学习问题。

2. 分析机床的传动系统图。

3. 填写下表 1-6(表中有些部分省略)。

表 1-6　金属切削机床传动认知实训

<table>
<tr><td colspan="4">1. 本次实训所观察的金属切削机床设备名称：________、________、________
金属切削机床设备型号：________、________、________</td></tr>
<tr><td colspan="4">2. 分析所观察机床的传动系统图，列出传动路线表达式</td></tr>
<tr><td>观察的设备机床的传动系统图</td><td>表达式</td><td>观察的设备机床的传动系统图</td><td>表达式</td></tr>
<tr><td>图①</td><td></td><td>图③</td><td></td></tr>
<tr><td>图②</td><td></td><td>图④</td><td></td></tr>
<tr><td colspan="4">3. 绘制其转速分布图并计算其最高和最小转速</td></tr>
<tr><td>观察的设备机床的传动系统图</td><td>转速分布图</td><td>观察的设备机床的传动系统图</td><td>转速分布图</td></tr>
<tr><td>图①</td><td></td><td>图③</td><td></td></tr>
<tr><td>图②</td><td></td><td>图④</td><td></td></tr>
<tr><td colspan="4">4. 小结</td></tr>
</table>

【教学评价】(见附录 C)

【学后感言】

____

____

____

【思考与练习】

一、填空题

1. 金属切削机床的运动按其功用不同分为________运动和________运动。

2. 世界上第一台数控机床——三坐标联动立式数控铣床于 1952 年诞生于________国，所用的数控系统采用的是__________元件。

3. 数控机床按工艺用途分________、________和数控特种加工及其他类。

二、选择题

1. 在 CA6140 普通车床上，车削螺纹和机动进给分别采用丝杠和光杠传动其目的是(　　)。

   A. 提高车削螺纹传动链传动精度　B. 减少车削螺纹传动链中丝杠螺母副的磨损

   C. 提高传动效率　D. A、B、C 之和

2. 车削加工时，工件的旋转是(　　)。

   A. 主运动　B. 进给运动　C. 辅助运动　D. 连续运动

3. 数控系统所规定的最小设定单位就是(　　)。

   A. 数控机床的运动精度　B. 机床的加工精度

C. 脉冲当量　　　　　　　　　　　　D. 数控机床的传动精度

4. 机床型号的首位字母“Y”表示该机床是(　　)

A. 水压机　　B. 齿轮加工机床　　C. 压力机　　D. 螺纹加工机床

三、判断题

1. CA6140 中的 40 表示床身最大回转直径为 400mm。(　　)
2. 主轴转速分布图能表达传动路线、传动比、传动件布置的位置以及主轴变速范围。(　　)
3. 通用机床的型号由基本部分和辅助部分组成，基本部分统一管理，辅助部分由生产厂家自定。(　　)
4. 机床的组、系代号用两位阿拉伯数字表示。(　　)
5. 机床的类代号，用大写的汉语拼音字母表示。(　　)
6. 机床的主运动的特点是速度较低、消耗的动力较少。(　　)
7. 闭环伺服系统将直线位移检测装置安装在机床的工作台上。(　　)

四、问答题

1. 通用机床的型号包含哪些内容？
2. 说明下列机床型号的意义。

XK5032　　C2150×6　　TH65100　　MK1320E　　YK3180　　T4163B

3. 按运动轨迹可将数控机床分为几类？
4. 数控机床按工艺用途有哪些类型？各用于什么场合？
5. 简述数控机床时怎样产生的？其经历有哪几个阶段？
6. 简述数控机床的技术发展趋势。

五、计算题

1. 传动系统如图 1-18 所示，如要求工作台移动 L_I(单位为 mm)时，主轴转 1 转、试导出换置机构($\frac{a}{b}\frac{c}{d}$)的换置公式。

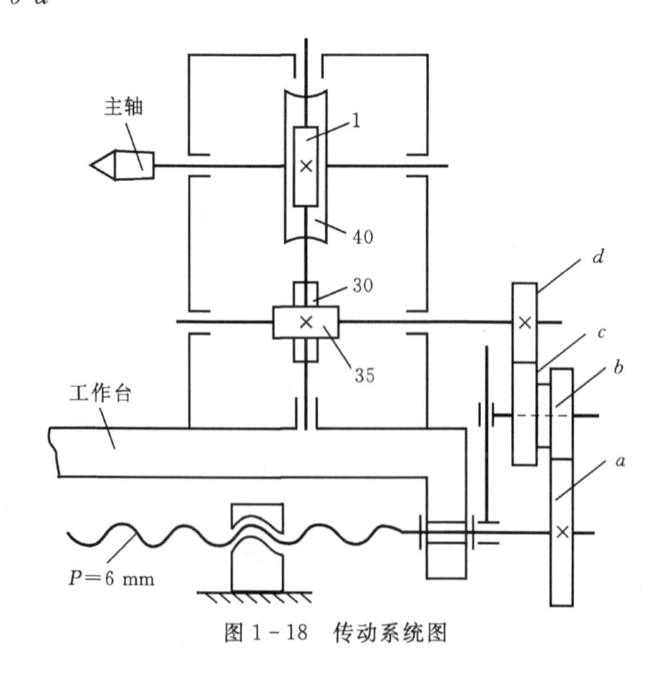

图 1-18　传动系统图

2. 有传动系统如图 1－19 所示，试计算：

(1)车刀的运动速度(m/min)；

(2)主轴转一周时，车刀移动的距离(mm/r)。

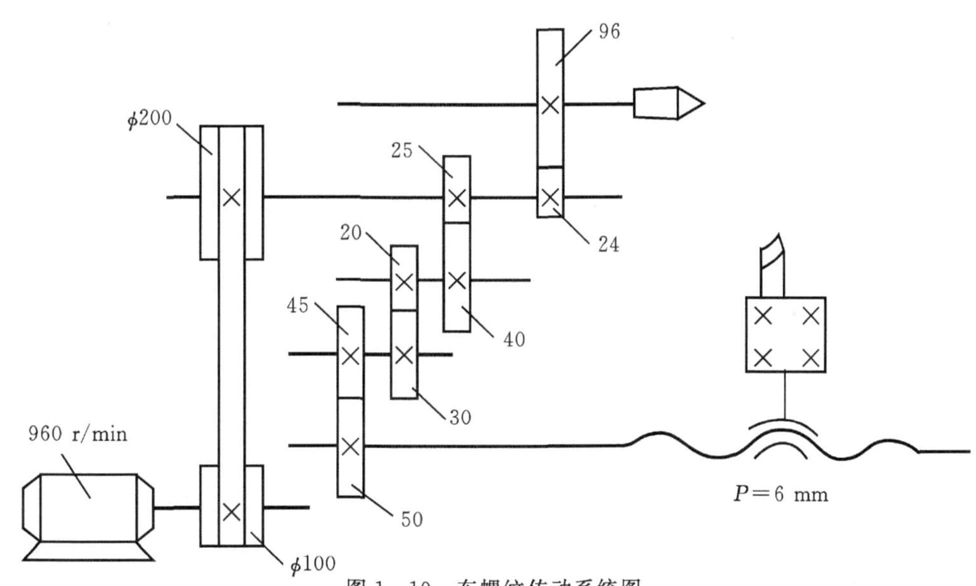

图 1－19　车螺纹传动系统图

3. 某立式钻床的主传动系统如图 1－20 所示，要求：

(1)列出传动路线表达式；

(2)列出传动链运动平衡式；

(3)计算主轴的最大和最小转速。

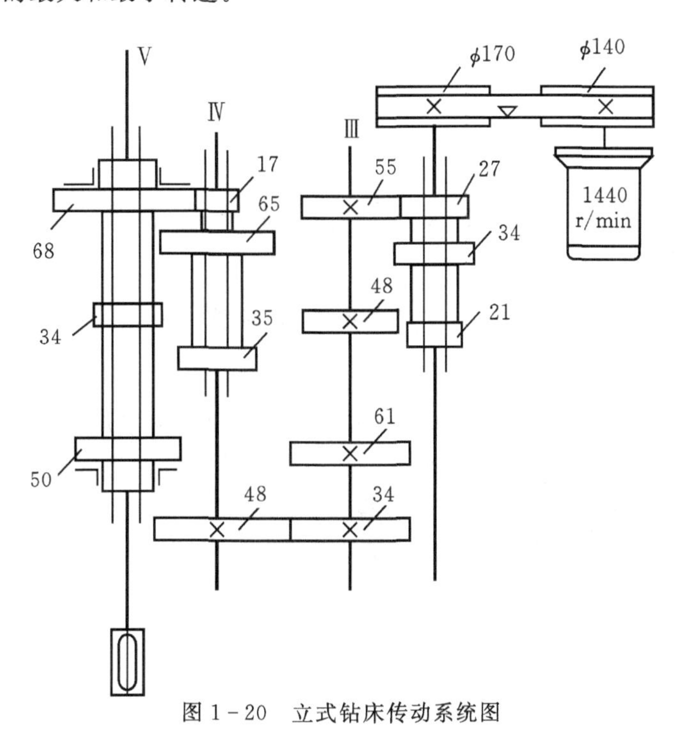

图 1－20　立式钻床传动系统图

项目二　普通车床结构认知与拆装

【学习目标】

(一)知识目标

(1)熟悉常用拆装工具。

(2)了解车床的用途、运动、分类。

(3)掌握普通车床的工艺范围。

(4)掌握CA6140型卧式车床的组成及功用。

(5)掌握CA6140车床的主运动传动链及其装置、进给运动传动链及其装置。

(二)技能目标

(1)能合理选择拆装工具。

(2)能制订合理的拆装方案。

(3)会对CA6140型卧式车床主轴部件进行拆装与测绘。

(4)会对CA6140型卧式车床滑板进行拆卸与测绘。

【工作任务】

任务2.1　CA6140型卧式车床主轴部件拆装

任务2.2　CA6140型卧式车床进给箱拆装

任务2.3　CA6140型卧式车床溜板箱拆装

【知识准备】

任务2.1　CA6140型卧式车床主轴部件拆装

2.1.1　CA6140型卧式车床的工艺范围与分类

1. 工艺范围

CA6140型卧式车床属普通精度级的车床，在机械制造类工厂中使用极为广泛。它的加工范围较广，常用于加工各种轴类、套筒类和盘类零件上的回转表面；还可以加工端面及米制、英制、模数制和径节制螺纹或非标准螺纹；使用孔加工刀具，如钻头、扩孔钻、铰刀等还可进行内孔的粗、精加工；以及切槽、滚花等。图2-1为车床上所能加工的各种典型表面。

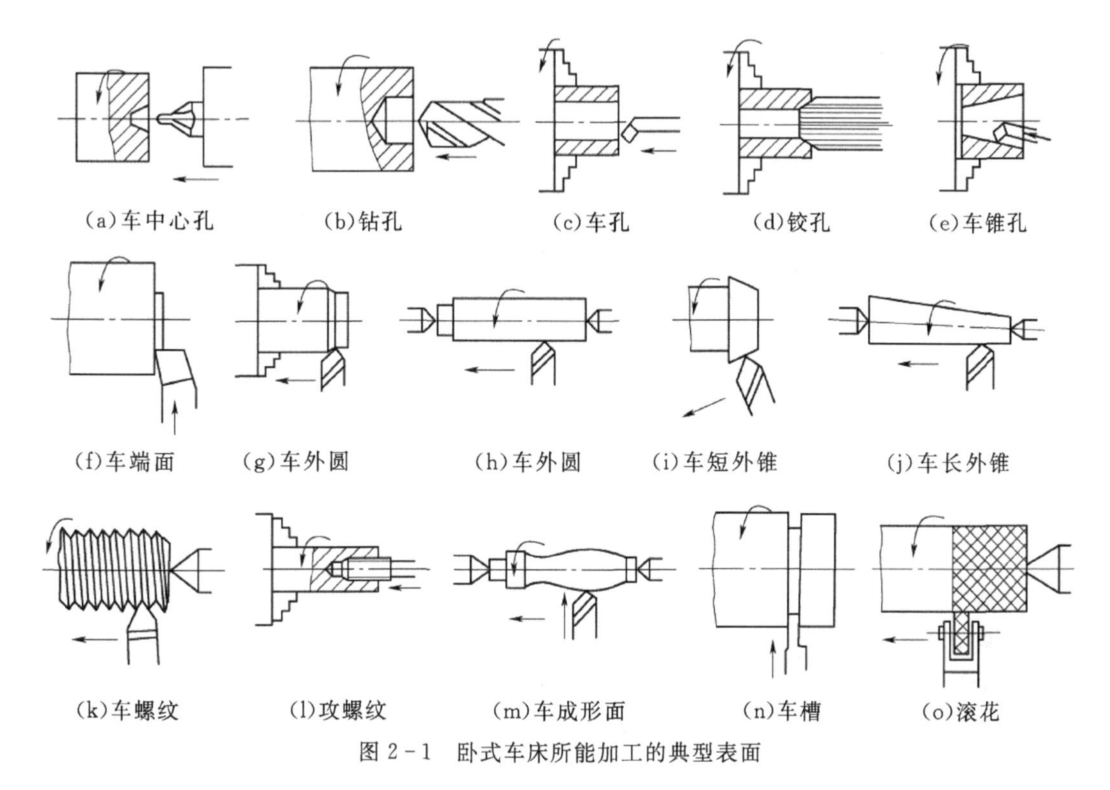
(a)车中心孔　(b)钻孔　(c)车孔　(d)铰孔　(e)车锥孔

(f)车端面　(g)车外圆　(h)车外圆　(i)车短外锥　(j)车长外锥

(k)车螺纹　(l)攻螺纹　(m)车成形面　(n)车槽　(o)滚花

图 2－1　卧式车床所能加工的典型表面

CA6140 型卧式车床的万能性较大，但结构较复杂而且自动化程度低，在加工形状比较复杂的工件时，换刀较麻烦，加工过程中的辅助时间较多，所以，适用于单件、小批生产及修理车间等。

2. 车床的分类

车床的种类很多，按其用途和结构的不同，主要可分为下列几类：

卧式车床、立式车床、转塔车床、多刀车床、仿形车床、单轴自动车床、多轴自动车床及多轴半自动化车床。

此外，还有各种特定车床，如凸轮轴车床、铲齿车床、曲轴车床、车轮车床等。

2.1.2　CA6140 型卧式车床的主要组成部件

CA6140 型卧式车床的主参数——床身上最大加工直径为 400mm，第二主参数——最大加工长度有 750mm、1000mm、1500mm、2000mm 四种。CA6140 型卧式车床的外形见图2－2。机床的主要组成部件及其功用如下。

1. 主轴箱

主轴箱 1 固定在床身 4 的左上端。其内装有主轴和变速、换向机构，由电动机经变速机构带动主轴旋转，实现主运动，并获得所需转速及转向。主轴前端可安装三爪自定心卡盘、四爪单动卡盘等通用夹具和专用夹具，用以装夹工件。

2. 进给箱

进给箱 10 固定在床身 4 的左端前侧。进给箱内装有进给运动的变速机构，用于改变机动进给的进给量或被加工螺纹的导程。

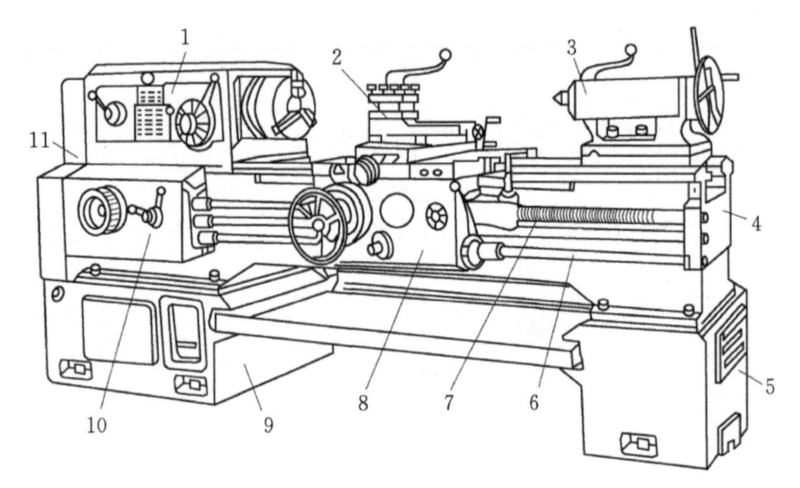

图 2-2 CA6140 型卧式车床的外形

1—主轴箱；2—刀架；3—尾座；4—床身；5—右床腿；6—光杠；7—丝杠；8—溜板箱；9—左床腿；10—进给箱；11—挂轮变速机构

3. 溜板箱

溜板箱 8 安装在刀架 2 部件的底部，可带动刀架一起作纵向运动。溜板箱的功用是将进给箱传来的运动传递给刀架，使刀架实现纵向进给、横向进给、快速运动，或车削螺纹。在溜板箱上装有各种操作手柄及按钮，可以方便地操作机床。

4. 刀架

刀架 2 安装在床身 4 的刀架导轨上，可沿导轨作纵向运动。刀架部件的功用是装夹车刀，实现纵向、横向或斜向进给。

5. 尾座

尾座 3 安装在床身 4 右端的尾座导轨上，可沿导轨纵向调整位置。它的功用是用后顶尖支承长工件，也可以安装钻头，铰刀等孔加工刀具进行孔加工。

6. 床身

床身 4 固定在左、右床腿 9 和 5 上，用以支承其他部件，并使它们保持准确的相对位置。

2.1.3 CA6140 型卧式车床传动系统

CA6140 型卧式车床的传动系统见图 2-3。整个传动系统由主运动传动链、车螺纹传动链、纵向进给传动链、横向进给传动链及快速空行程传动链组成。

1. 主运动传动链

主运动由主电动机(7.5kW，1450r/min)经 V 带传至主轴箱中的轴Ⅰ。为控制主轴的起动、停转及旋转方向的变换，在轴Ⅰ上安装有双向多片式摩擦离合器 M_1，且轴Ⅰ上装有齿数为 56、51 的双联空套齿轮和齿数为 50 的空套齿轮。M_1 的左、右两部分分别与空套在轴Ⅰ上的两个齿轮连在一起。当压紧 M_1 左部摩擦片时，轴Ⅰ的运动经 M_1 左部的摩擦片及齿轮副 $\frac{56}{38}$或$\frac{51}{43}$传给轴Ⅱ。当压紧 M_1 右部摩擦片时，轴Ⅰ的运动则通过齿轮 z_{50} 首先传给轴Ⅶ上的空套齿轮 z_{34}，再传给轴Ⅱ上的齿轮 z_{30}，使轴Ⅱ转动。由于从轴Ⅰ到轴Ⅱ经过空套在轴Ⅶ上的中间齿轮 z_{34}，所以轴Ⅱ的转向与压紧 M_1 左部摩擦片时的旋转方向相反。运动经 M_1 的左部传

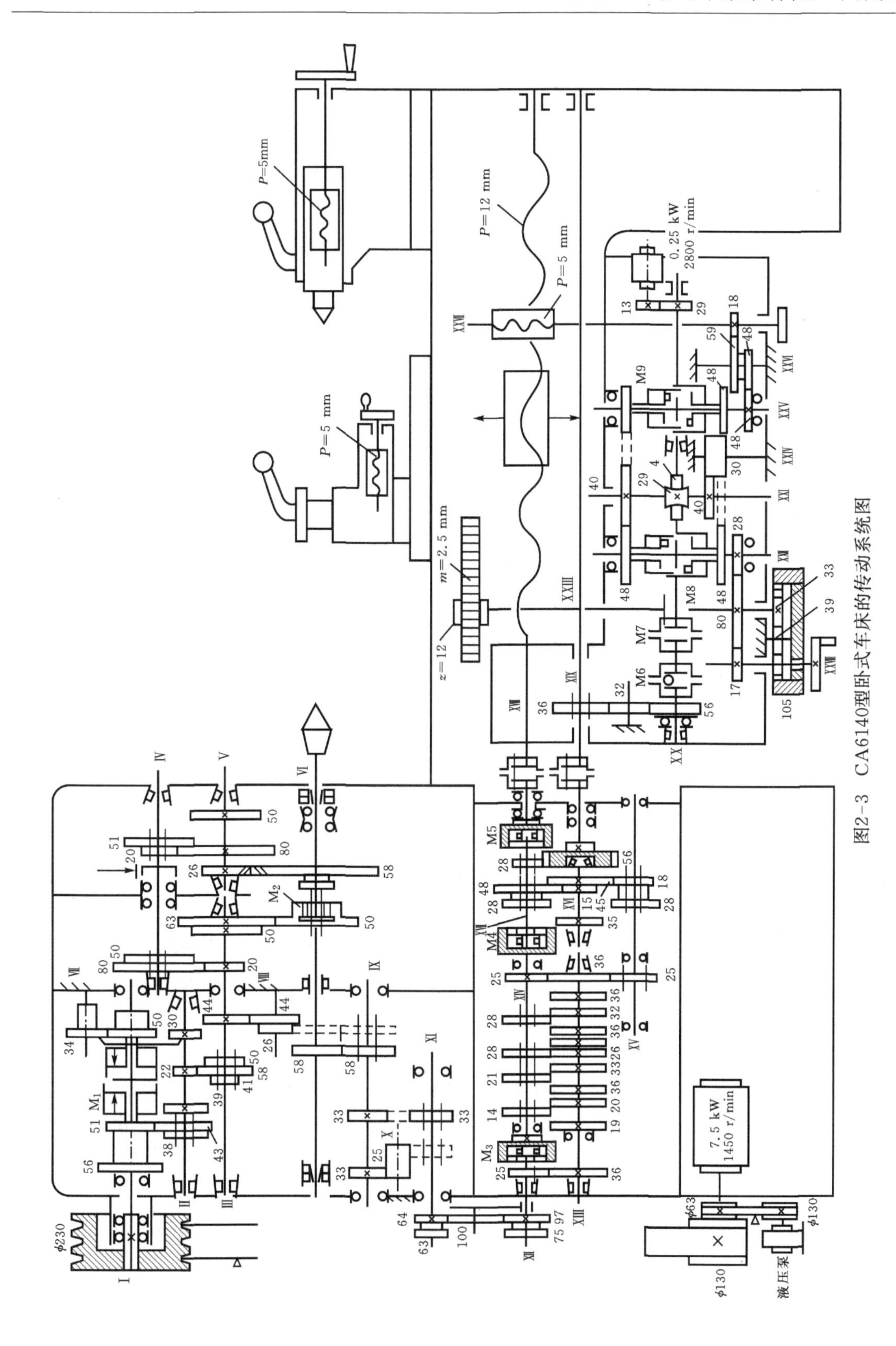

图2-3　CA6140型卧式车床的传动系统图

动时，使主轴正转；运动经 M_1 的右部传动，则使主轴反转。如果 M_1 处在中间位置，主轴则停止转动。轴Ⅱ的运动分别通过齿轮副$\frac{39}{41}$，$\frac{22}{58}$，$\frac{30}{50}$传给轴Ⅲ。运动从轴Ⅲ传到主轴（Ⅵ轴）可以有两种不同的传动路线：

①当主轴上的离合器 M_2 脱开并左移至使齿轮 z_{50} 与轴Ⅲ上的齿轮 z_{63} 相啮合时，轴Ⅲ的运动直接传给主轴，使主轴高速运转（$n_{主}=450\sim1400\text{r/min}$）。

②当主轴上的离合器 M_2 处于结合状态时（齿轮 z_{50} 移到右端），则轴Ⅲ的运动通过齿轮副$\frac{20}{80}$或$\frac{50}{50}$传给轴Ⅳ，再经过齿轮副$\frac{20}{80}$或$\frac{51}{50}$将运动传给轴Ⅴ。然后再经齿轮副$\frac{26}{58}$将运动传给主轴。这时，主轴中、低速运转（$n_{主}=10\sim500\text{r/min}$）。

(1)主运动传动路线表达式　为了便于说明及了解机床的传动路线，通常用传动路线表达式（传动结构式）来表示机床的传动路线，CA6140 型卧式车床的主传动路线表达式如下：

$$\underset{\substack{7.5\text{kW}\\1450\text{r/min}}}{\text{电动机}}-\frac{\varphi130}{\varphi230}-\text{Ⅰ}-\left|\begin{array}{l}M_1\ \text{左（正转）}-\left|\begin{array}{c}\frac{56}{38}\\\frac{51}{43}\end{array}\right|-\\M_1\ \text{右（反转）}-\frac{50}{34}-\text{Ⅶ}-\frac{34}{30}\end{array}\right|-\text{Ⅱ}-\left|\begin{array}{c}\frac{39}{41}\\\frac{30}{50}\\\frac{22}{58}\end{array}\right|-$$

$$-\text{Ⅲ}-\left|\begin{array}{l}\left|\begin{array}{c}\frac{20}{80}\\\frac{50}{50}\end{array}\right|-\text{Ⅳ}-\left|\begin{array}{c}\frac{20}{80}\\\frac{51}{50}\end{array}\right|-\text{Ⅴ}-\frac{26}{58}-M_2\text{（右移）}\\--------\frac{63}{50}-M_2\text{（左移）}----\end{array}\right|-\text{Ⅵ（主轴）}$$

(2)主轴转速数列和转速图　图 2-4 所示为 CA6140 型卧式车床主运动的转速图，从转速分布图可看出：

①整个变速系统有六根传动轴，四个变速组（A、B、C、D 组）。

②可以读出各齿轮副的传动比及传动轴的各级转速。图中纵平行线上，绘有一些圆点，它表示该轴有几级转速，例如在Ⅳ轴上有十二个小圆点，表示有十二级转速。

③可以清楚看出从电动机到主轴Ⅵ的各级转速的传动情况。例如主轴转速为 63r/min，是由电动机轴传出，经带传动$\frac{\varphi130}{\varphi230}$—轴Ⅰ—$\frac{51}{43}$—轴Ⅱ—$\frac{30}{50}$—轴Ⅲ—$\frac{50}{50}$—轴Ⅳ—$\frac{20}{80}$—轴Ⅴ—$\frac{26}{58}$—Ⅵ（主轴）。

(3)主轴转速级数及转速值　从机床传动系统图或传动路线表达式可以看出：主轴正转时，即 M_1 在左位且 M_2 在左位时，主轴可以得到 $2\times3=6$ 级传动路线（高速）；当 M_2 处于右端位置时，主轴可以得到 $2\times3\times2\times2=24$ 级传动路线（中、低速）。这样，主轴共得到 $6+24=30$ 级传动路线。

由于轴Ⅲ～Ⅴ实际上有两级传动比近似相等，所以只有三种不同的传动比：

$$u_1=\frac{20}{80}\times\frac{20}{80}=\frac{1}{16};\quad u_2=\frac{20}{80}\times\frac{51}{50}\approx\frac{1}{4};$$

$$u_3=\frac{50}{50}\times\frac{20}{80}=\frac{1}{4};\quad u_4=\frac{50}{50}\times\frac{51}{50}\approx1.$$

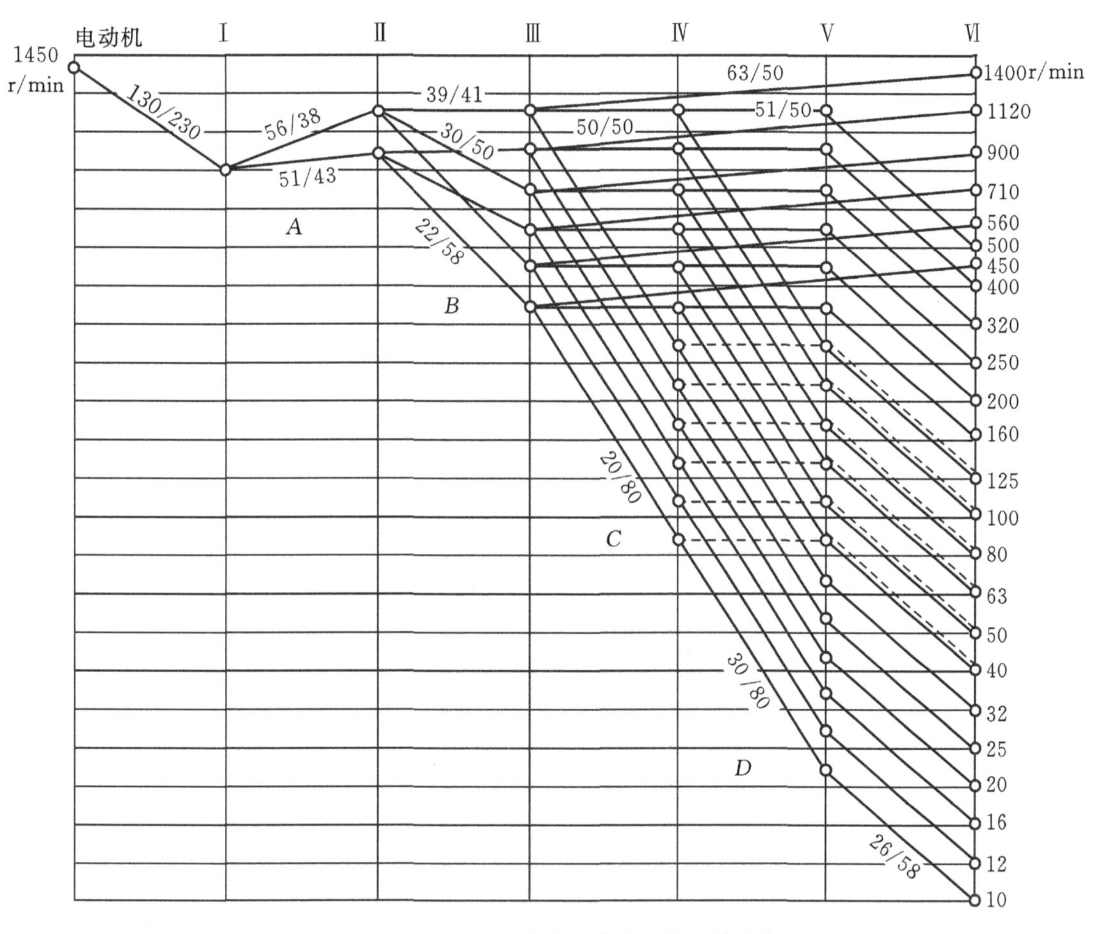

图 2-4　CA6140 型卧式车床主传动系统的转速分布图

式中，u_2 和 u_3 基本相同，所以当 M_2 在右端位置时，主轴只能得到 2×3×(2×2−1)＝18 级转速。此外，主轴还可由高速路线传动获得的 6 级转速，所以主轴共可获得 24 级转速。

同理，主轴反转的传动路线可以有 3×(1＋2×2)＝15 级，而主轴反转的转速级数却只有 3×[1＋(2×2−1)]＝12 级。

主轴的各级转速值可根据运动平衡方程式来计算：

$$n_{主}=n_{电}\times\frac{\varphi130}{\varphi230}\times(1-\varepsilon)\times\frac{z_{\text{I-II}}}{z'_{\text{I-II}}}\times\frac{z_{\text{II-III}}}{z'_{\text{II-III}}}\times\frac{z_{\text{III-VI}}}{z'_{\text{III-VI}}}$$

式中，$n_{主}$ 为主轴转速；$n_{电}$ 为主电动机转速，该电动机转速为 1450r/min；ε 为带传动滑动系统，近似取为 0.02；z 和 z' 分别为各轴间主动齿轮与从动齿轮的齿数(走低速传动路线时，$z_{\text{III-VI}}$ 为Ⅲ轴到Ⅵ轴的主动齿轮齿数的乘积，$z'_{\text{III-VI}}$ 为Ⅲ轴到Ⅵ轴的从动齿轮齿数的乘积)。

应用上述平衡式，可以计算出主轴正转时的 24 级转速为 10～1400r/min。同理，也可计算出主轴反转时的 12 级转速为 14～1580r/min。主轴反转通常不是用于切削，而是用于车削螺纹，车完一刀后，车刀沿螺旋线退回，所以转速高可以缩短辅助时间。

CA6140 型卧式车床的最高、最低转速分别为：

$$n_{\max}=1450\times0.98\times\frac{130}{230}\times\frac{56}{38}\times\frac{39}{41}\times\frac{63}{50}\approx1400\text{r/min}$$

$$n_{\min}=1450\times0.98\times\frac{130}{230}\times\frac{51}{43}\times\frac{20}{80}\times\frac{20}{80}\times\frac{26}{58}\approx10\text{r/min}$$

2. 车螺纹运动

CA6140 型卧式车床可车削公制、英制、模数制和径节制四种标准螺纹，也能车削大导程螺纹、非标准螺纹及较精密螺纹。它既可以车削右螺纹，也可以车削左螺纹。

车削螺纹时，主轴与刀架之间必须保持严格的传动比关系，即：主轴每转一转，刀架应均匀地移动 1 个工件导程 S。

由此可列出车削螺纹传动链的运动平衡方程式：

$$1_{(\text{主轴})}\times ut_{\text{丝}}=S=TK(\text{mm})$$

式中：u ——从主轴到丝杠之间全部传动副的总传动比；

$t_{\text{丝}}$——机床丝杠的导程（由于是单头螺纹，故导程等于螺距），$t_{\text{丝}}=12\text{mm}$；

T ——工件的螺距；

K ——工件的头数。

（1）车削公制螺纹

公制螺纹是我国常用的螺纹，在国家标准中已规定了标准螺距值（mm）如下：

1	1.25	1.5	1.75	2	2.25	2.5		
	(2.5)	3	3.5	4	4.5	5	5.5	6
		(6)	7	8	9	10	11	12
		(12)	14	16	18	20	22	24
		(24)	28	32	36	40	44	48
		(48)	56	72	72	80	88	96
		(96)	112	128	144	160	176	192

可以看出，公制标准螺纹螺距数列是按分段等差级数的规律排列的。即每一行为一段，每段都是等差数列。而每列又是公比为 2 的等比数列。CA6140 型卧式车床是由进给箱中的双轴滑移齿轮机构（或称基本传动组）实现等差数列的传动比，再由增倍组实现等比数列的传动比，将两传动组串联，就能获得各种不同螺距的螺纹。

车削公制螺纹时，进给箱中的离合器 M_3 和 M_4 脱开，M_5 接合（参见图 2－3）。此时，运动由主轴Ⅵ经齿轮副$\frac{58}{58}$，轴Ⅸ－Ⅺ间换向机构，挂轮$\frac{63}{100}\times\frac{100}{75}$，然后再经齿轮副$\frac{25}{36}$，轴ⅫⅠ－ⅩⅣ间滑移变速机构，齿轮副$\frac{25}{36}\times\frac{36}{25}$，轴ⅩⅤ－ⅩⅦ间的两组滑移齿轮变速机构及离合器 M_5 传至丝杠。丝杠通过开合螺母将运动传至溜板箱，带动刀架纵向进给。其传动路线的表达式如下：

$$\text{主轴Ⅵ}-\frac{58}{58}-\text{Ⅸ}-\left\{\begin{array}{c}-\frac{33}{33}-\\ \text{(右旋螺纹)}\\ \frac{33}{25}\times\frac{25}{33}\\ \text{(左旋螺纹)}\end{array}\right\}-\text{Ⅺ}-\frac{63}{100}\times\frac{100}{75}-\text{Ⅻ}-\frac{25}{36}-\text{ⅩⅢ}-u_{\text{ⅩⅢ-ⅩⅣ}}-$$

$$\text{ⅩⅣ}-\frac{25}{36}\times\frac{36}{25}-\text{ⅩⅤ}-u_{\text{ⅩⅤ-ⅩⅦ}}-\text{ⅩⅦ}-M_5-\text{ⅩⅧ(丝杠)}-\text{刀架}$$

根据上述两末端件之间的关系可列运动平衡方程式如下：

$$S=1_{转(主轴)}\times\frac{58}{58}\times\frac{33}{33}\times\frac{63}{100}\times\frac{100}{75}\times\frac{25}{36}\times u_{XIII-XIV}\times\frac{25}{36}\times\frac{36}{25}\times u_{XV-XVII}\times 12\text{mm}$$

化简后可得：

$$S=7u_{XIII-XIV}u_{XV-XVII}$$

上式中 $u_{XIII-XIV}$ 为轴XIII-XIV间滑移齿轮变速机构的传动比。该滑移齿轮变速机构由固定在轴XIII上八个齿轮及安装在轴XIV上四个单联滑移齿轮构成。每个滑移齿轮可分别与轴XIII上的两个固定齿轮相啮合，其啮合情况分别为：

$$u_1=\frac{26}{28}=\frac{6.5}{7};\quad u_5=\frac{19}{14}=\frac{9.5}{7};$$

$$u_2=\frac{28}{28}=\frac{7}{7};\quad u_6=\frac{20}{14}=\frac{10}{7};$$

$$u_3=\frac{32}{28}=\frac{8}{7};\quad u_7=\frac{33}{21}=\frac{11}{7};$$

$$u_4=\frac{36}{28}=\frac{9}{7};\quad u_8=\frac{36}{21}=\frac{12}{7}.$$

这些传动副的传动比近似成等差级数的规律排列，如果取上式只能够 $u_{XV-XVII}=1$，则机床可通过该滑移齿轮机构的不同传动比，加工出导程分别为(6.5mm)、7mm、8mm、9mm、(9.5mm)、10mm、11mm、12mm 的螺纹，其中除括号内的外，正好是表 2－1 中最后一行的螺距值。可见，该变速机构是获得各种螺纹的基本变速机构，通常称为基本螺距机构，或简称为基本组，其传动比以 $u_{基}$ 表示。

上式中 $u_{XV-XVII}$ 是轴XV－XVII间变速机构的传动比，其值按倍数排列，用来配合基本组，扩大车削螺纹的螺距值大小，故称该变速机构为增倍机构或增倍组。增倍组有四种不同的传动比，它们是：

$$u_{倍1}=\frac{18}{45}\times\frac{15}{48}=\frac{1}{8};\quad u_{倍3}=\frac{18}{45}\times\frac{35}{28}=\frac{1}{2};$$

$$u_{倍2}=\frac{28}{35}\times\frac{15}{48}=\frac{1}{4};\quad u_{倍4}=\frac{28}{35}\times\frac{35}{28}=1.$$

将上式中的 $u_{XIII-XIV}$ 以 $u_{基}$ 代替，$u_{XV-XVII}$ 以 $u_{倍}$ 代替，可得车公制螺纹的换置公式为：

$$S=7u_{基}u_{倍}(\text{mm})$$

将 $u_{基}$、$u_{倍}$ 的数值代入以上公式，可得 8×4=32 种导程值，其中符合标准的只有 20 种，见表 2－1。

表 2－1　CA6140 型卧式车床车削公制螺纹表

螺纹导程 S / $u_{基}$ / $u_{倍}$	$\frac{26}{28}=\frac{6.5}{7}$	$\frac{28}{28}=\frac{7}{7}$	$\frac{32}{28}=\frac{8}{7}$	$\frac{36}{28}=\frac{9}{7}$	$\frac{19}{14}=\frac{9.5}{7}$	$\frac{20}{14}=\frac{10}{7}$	$\frac{33}{21}=\frac{11}{7}$	$\frac{36}{21}=\frac{12}{7}$
$\frac{18}{45}\times\frac{15}{48}=\frac{1}{8}$	—	—	1	—	—	1.25	—	1.5
$\frac{28}{35}\times\frac{15}{48}=\frac{1}{4}$	—	1.75	2	2.25	—	2.5	—	3
$\frac{18}{45}\times\frac{35}{28}=\frac{1}{2}$	—	3.5	4	4.5	—	5	5.5	6
$\frac{28}{35}\times\frac{35}{28}=1$	—	7	8	9	—	10	11	12

(2)车削模数螺纹　模数螺纹主要用在公制蜗杆中。少数情况下，有些丝杠也是模数制的。它以模数 m 表示螺距和导程的大小。其表示为：

螺距　$T_m=\pi m(\text{mm})$

导程　$S_m=KT_m=K\pi m(\text{mm})$

国家标准中已规定了模数的标准值，它们也是分段的等差数列。CA6140 型卧式车床可加工 $m=0.25\sim48\text{mm}$ 的各种常用模数螺纹。

与加工公制螺纹相比较，模数螺纹的不同之处是在导程 $S_m=K\pi m(\text{mm})$ 中包含有特殊因子 π。因此，要求在进给传动链总传动比中应包含有特殊因子 π。此时，将挂轮换成 $\frac{64}{100}\times\frac{100}{97}$，其余部分的传动路线与车削公制螺纹时相同。其运动平衡式为：

$$S_m=K\pi m=1\text{转}_{(\text{主轴})}\times\frac{58}{58}\times\frac{33}{33}\times\frac{64}{100}\times\frac{100}{97}\times\frac{25}{36}\times u_{\text{基}}\times\frac{25}{36}\times\frac{36}{25}\times u_{\text{倍}}\times12$$

$$=\frac{64}{97}\times\frac{25}{36}\times u_{\text{基}}\times u_{\text{倍}}\times12\approx\frac{7\pi}{48}\times u_{\text{基}}\times u_{\text{倍}}\times12$$

$$=\frac{7\pi}{4}u_{\text{基}}\ u_{\text{倍}}(\text{mm})$$

由　$S_m=K\pi m=\frac{7\pi}{4}u_{\text{基}}\ u_{\text{倍}}(\text{mm})$

得　$m=\frac{7}{4K}u_{\text{基}}\ u_{\text{倍}}(\text{mm})$

改变 $u_{\text{基}}$ 和 $u_{\text{倍}}$，就可得到各种不同模数的螺纹。表 2－2 列出了当 $K=1$ 时，模数 m 与 $u_{\text{基}}$、$u_{\text{倍}}$ 的关系。

(3)车削英制螺纹　英制螺纹又称英寸制螺纹，是以每英寸长度上的扣(牙)数 a 来表示的。这种螺纹目前我国应用较少，部分管螺纹采用了英制螺纹。标准的螺纹扣数 a 值也是按分段的等差级数排列的。换算成公制的螺距时：

$T_a=\frac{1}{a}\text{in}=\frac{25.4}{a}(\text{mm})$，则导程为 $S_a=KT_a=\frac{25.4K}{a}(\text{mm})$。

表 2－2　CA6140 型卧式车床车削模数螺纹表

模数 m ／ $u_{\text{基}}$ ／ $u_{\text{倍}}$	$\frac{26}{28}=\frac{6.5}{7}$	$\frac{28}{28}=\frac{7}{7}$	$\frac{32}{28}=\frac{8}{7}$	$\frac{36}{28}=\frac{9}{7}$	$\frac{19}{14}=\frac{9.5}{7}$	$\frac{20}{14}=\frac{10}{7}$	$\frac{33}{21}=\frac{11}{7}$	$\frac{36}{21}=\frac{12}{7}$
$\frac{18}{45}\times\frac{15}{48}=\frac{1}{8}$	—	—	0.25	—	—	—	—	—
$\frac{28}{35}\times\frac{15}{48}=\frac{1}{4}$	—	—	0.5	—	—	—	—	—
$\frac{18}{45}\times\frac{35}{28}=\frac{1}{2}$	—	—	1	—	—	1.25	—	1.5
$\frac{28}{35}\times\frac{35}{28}=1$	—	1.75	2	2.25	—	2.5	2.75	3

可见与车削公制螺纹不同的是分母为分段的等差数列，并且有特殊因子 25.4。如要车削出各种英制螺纹，须对公制螺纹的传动路线做部分变动，使其：

①在传动链中传动副的传动比包含有特殊因子 25.4；

②基本组中传动副的主、从动关系改变，即将基本组中的主动轴与被动轴对调（即运动由轴ⅩⅣ传至轴ⅩⅢ）。

为此，将挂轮换为$\frac{63}{100}\times\frac{100}{75}$，并将进给箱中的离合器 M_3，M_5 接合，M_4 脱开。同时，ⅩⅤ轴左端的滑移齿轮 z_{25} 左移，与固定在ⅩⅢ轴上的齿轮 z_{36} 啮合，从而改变了基本组各齿轮副的主被动关系，满足了上述要求。加工英制螺纹的运动平衡式为：

$$
\begin{aligned}
S_a &= \frac{25.4K}{a} \\
&= 1\text{转}_{(\text{主轴})}\times\frac{58}{58}\times\frac{33}{33}\times\frac{63}{100}\times\frac{100}{75}\times\frac{1}{u_{\text{基}}}\times\frac{36}{25}\times u_{\text{倍}}\times 12 \\
&= \frac{4}{7}\times 25.4\,\frac{1}{u_{\text{基}}}u_{\text{倍}}\ \text{mm}
\end{aligned}
$$

$$
a=\frac{7}{4}\times\frac{u_{\text{基}}}{u_{\text{倍}}}K(\text{扣/英寸})
$$

当 $K=1$ 时，a 值和 $u_{\text{基}}$ 和 $u_{\text{倍}}$ 的关系如表 2-3 所示。

表 2-3　CA6140 型卧式车床车削英制螺纹每英寸扣数表

每英寸牙数 a / $u_{\text{基}}$ / $u_{\text{倍}}$	$\frac{26}{28}=\frac{6.5}{7}$	$\frac{28}{28}=\frac{7}{7}$	$\frac{32}{28}=\frac{8}{7}$	$\frac{36}{28}=\frac{9}{7}$	$\frac{19}{14}=\frac{9.5}{7}$	$\frac{20}{14}=\frac{10}{7}$	$\frac{33}{21}=\frac{11}{7}$	$\frac{36}{21}=\frac{12}{7}$
$\frac{18}{45}\times\frac{15}{48}=\frac{1}{8}$	—	14	16	18	19	20	—	24
$\frac{28}{35}\times\frac{15}{48}=\frac{1}{4}$	—	7	8	9	—	10	11	12
$\frac{18}{45}\times\frac{35}{28}=\frac{1}{2}$	$3\frac{1}{4}$	$3\frac{1}{2}$	4	$4\frac{1}{2}$	—	5	—	6
$\frac{28}{35}\times\frac{35}{28}=1$	—	—	2	—	—	—	—	3

（4）车削径节螺纹　径节螺纹是指英制蜗杆或径节制丝杠，它是用径节 DP（牙/英寸）来表示的。径节也是按分段等差数列的规律排列的。径节代表齿轮或蜗轮折算到每 1 英寸分度圆直径上的齿数。所以英制蜗杆的轴向齿矩（即径节螺纹的螺距）：

$$
T_{DP}=\frac{\pi}{DP}\text{英寸}=\frac{25.4\pi}{DP}(\text{mm})
$$

由此可知，与车削英制螺纹时不同的仅是包含有特殊因子 π。故此时挂轮应为$\frac{64}{100}\times\frac{100}{97}$，其余部分传动路线与车削英制螺纹时完全相同。

其运动平衡式为：

$$S_a = KT_{DP}$$
$$= 1\text{转}_{(主轴)} \times \frac{58}{58} \times \frac{33}{33} \times \frac{64}{100} \times \frac{100}{97} \times \frac{1}{u_{基}} \times \frac{36}{25} \times u_{倍} \times 12$$
$$= \frac{25.4\pi}{7} \frac{u_{倍}}{u_{基}} \text{ (mm)}$$

故
$$DP = 7K \frac{u_{基}}{u_{倍}} \text{(牙/英寸)}$$

当 $K=1$ 时，DP 值与 $u_{基}$、$u_{倍}$ 的关系见表 2-4。

表 2-4　CA6140 型卧式车床车削径节螺纹径节表

径节 DP ($u_{倍}$ \\ $u_{基}$)	$\frac{26}{28}=\frac{6.5}{7}$	$\frac{28}{28}=\frac{7}{7}$	$\frac{32}{28}=\frac{8}{7}$	$\frac{36}{28}=\frac{9}{7}$	$\frac{19}{14}=\frac{9.5}{7}$	$\frac{20}{14}=\frac{10}{7}$	$\frac{33}{21}=\frac{11}{7}$	$\frac{36}{21}=\frac{12}{7}$
$\frac{18}{45}\times\frac{15}{48}=\frac{1}{8}$	—	56	64	72	—	80	88	96
$\frac{28}{35}\times\frac{15}{48}=\frac{1}{4}$	—	28	32	36	—	40	44	48
$\frac{18}{45}\times\frac{35}{28}=\frac{1}{2}$	—	14	16	18	—	20	22	24
$\frac{28}{35}\times\frac{35}{28}=1$	—	7	8	9	—	10	11	12

由上可知，加工同一种类的螺纹，只是螺距的大小不同时，可通过变换基本组和增倍组的传动比实现。对于加工不同种类的螺纹，如在螺纹与蜗杆之间变换时，需变换挂轮齿数；在公制与英制之间变换时，则需通过移换机构改变基本组齿轮副的传动路线。

2.1.4　CA6140 型卧式车床主轴箱的结构

主轴箱的功用是支承主轴和传动其旋转，使其实现开动、停止、变速和换向等，并把进给运动从主轴传向进给系统，使进给系统实现换向和扩大螺距等。因此，主轴箱中通常包括有主轴部件、传动机构、开停与制动装置、操纵机构及润滑装置等。为了便于了解主轴箱内各传动件的传动关系，传动件的结构、形状、装配方式及其支承结构，常采用展开图的形式表示。图 2-5 为 CA6140 型卧式车床主轴箱的展开图。它基本上按主轴箱内各传动轴的传动顺序，沿其轴线取剖切面，展开绘制而成(见图 2-6)。展开图中有些有传动关系的轴在展开后被分开了，如轴Ⅲ和轴Ⅳ、轴Ⅳ和轴Ⅴ等，从而使有的齿轮副也被分开了，在读图时应予以注意。以下对主轴箱内主要部件的结构、工作原理及调整做一介绍。

1. 皮带轮卸荷装置

由电动机经 V 带传动使主轴箱的轴Ⅰ获得运动，为提高轴Ⅰ的运动平稳性，其上的带轮 1 采用了卸荷结构。图 2-5 所示中，箱体 4 上通过螺钉固定一法兰盘 3，带轮 1 用螺钉和定位销与花键套筒 2 连接并支承在法兰盘 3 内的两个深沟球轴承上，花键套筒 2 以它的内花键与轴Ⅰ相连。因此，带轮的运动可通过花键套筒 2 带动轴Ⅰ旋转，但带传动所产生的拉力经法兰盘 3 直接传给箱体，使轴Ⅰ不受 V 带拉力的作用，减少弯曲变形，提高传动平稳性。卸荷带轮装置特别适用于要求传动平稳的精密机床主轴上。

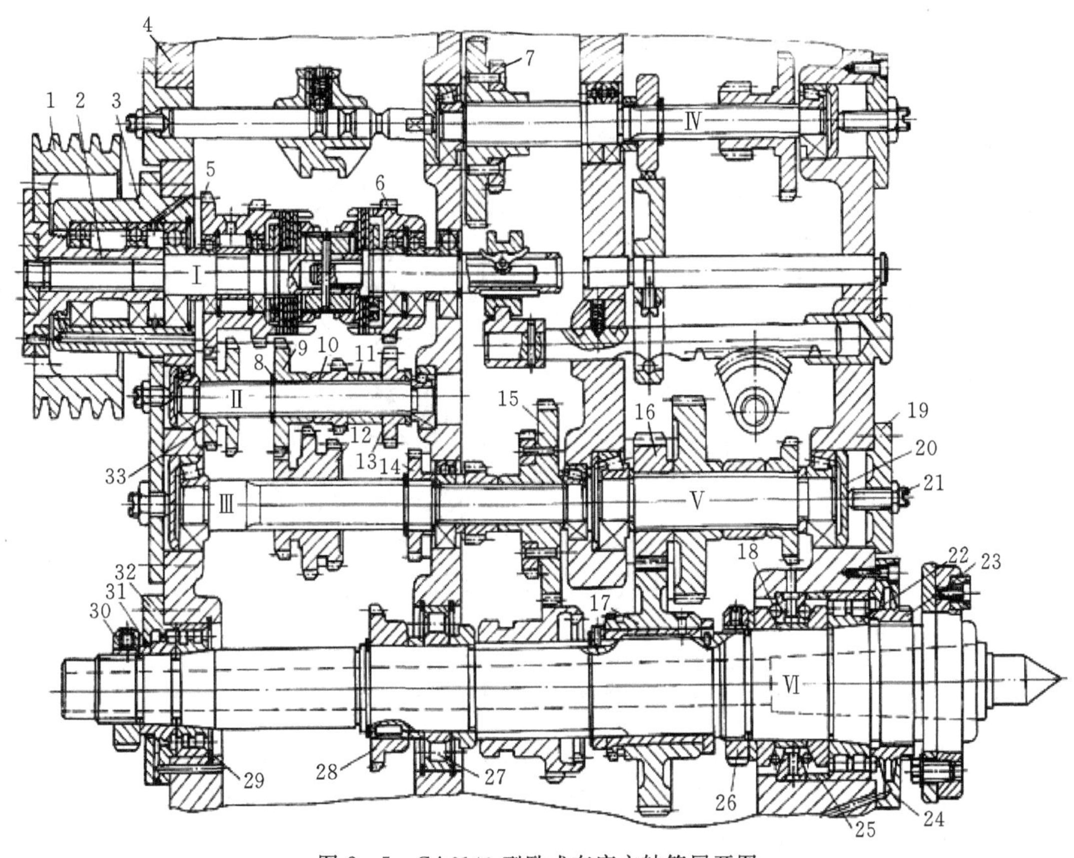

图 2-5 CA6140 型卧式车床主轴箱展开图

1—带轮；2—花键套；3—法兰；4—主轴箱体；5—双联空套齿轮；6—空套齿轮；7、33—双联滑移齿轮；8—半圆环；9、10、13、14、28—固定齿轮；11、25—隔套；12—三联滑移齿轮拨叉；15—双联固定齿轮；16、17—斜齿轮；18—双向推力角接触球轴承；19—盖板；20—轴承压盖；21—调整螺钉；22、29—双列圆柱滚子轴承；23、26、30—螺母；24、32—轴承端盖；27—圆柱滚子轴承；31—套筒

2. 主要部件

主轴部件主要由主轴、主轴支承及安装在主轴上的齿轮组成，如图 2-5 所示。主轴是外部有花键，内部空心的阶梯轴。主轴的内孔可通过长的棒料或用于通过气动、液压或电动夹紧装置机构。在拆卸主轴顶尖时，还可由孔穿过拆卸钢棒。主轴前端加工有莫氏 6 号锥度的锥孔，用于安装前顶尖。

主轴部件采用三支承结构，前后支承处分别装有 D3182121 和 E3182115 双列圆柱滚子轴承，中间支承为 E32216 圆柱滚子轴承。双列圆柱滚子轴承具有旋转精度高、刚度好、调整方便等优点，但只能承受径向载荷。前支承处还装有一个 60°角接触的双向推力角接触球轴承，用以承受左右两个方向的轴向力。轴承的间隙对主轴回转精度有较大影响，使用中由于磨损导致间隙增大时，应及时进行调整。调整前轴承时，先松开轴承右端螺母 23，再拧开左端螺母 26 上的紧定螺钉，然后拧动螺母 26，通过轴承 18 左、右内圈及垫圈，使轴承 22 的内圈相对主轴锥形轴颈右移。在锥面作用下，轴承内圈径向外涨，从而消除轴承间隙。后轴承的调整方法与前轴承类似，但一般情况下，只需调整前轴承即可。推力轴承的间隙由垫圈予以控制，如间隙增大，可通过磨削垫圈来进行调整。

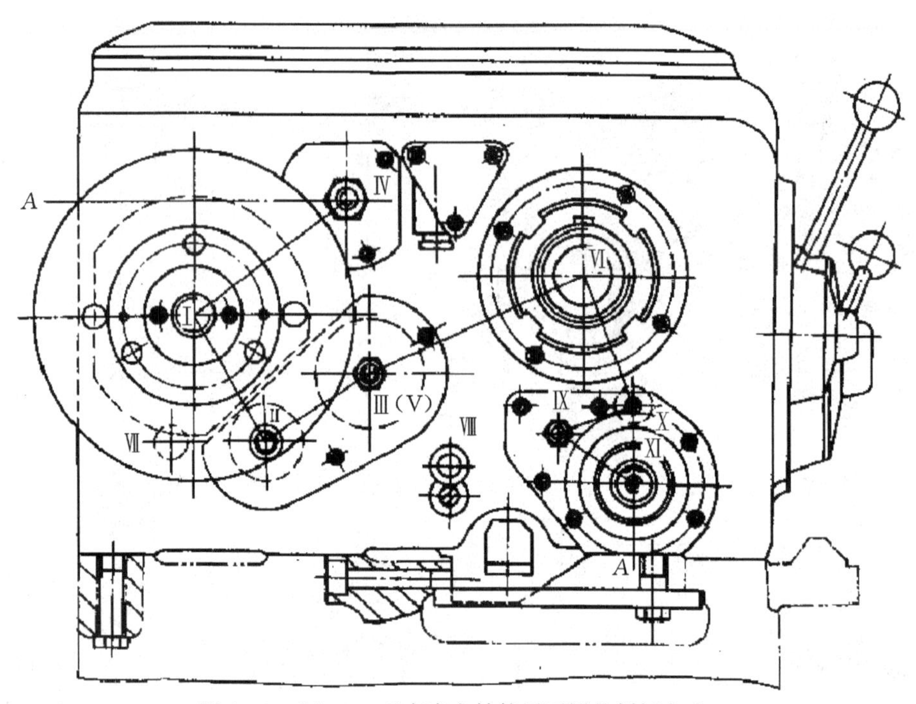

图 2-6　CA6140 型车床主轴箱展开图的剖切方式

由于采用三支承结构的箱体加工工艺性较差，前、中、后三个支承孔很难保证有较高的同轴度。主轴安装时，易产生变形，影响传动件精确啮合，工作时噪声及发热较大，所以目前有的 CA6140 型卧式车床的主轴部件采用二支承结构（如图 2-7 所示）。在二支承的主轴部件结构中，前支承仍采用 D3182121 双列圆柱滚子轴承，后支承采用 D46215 角接触球轴承，承受径向力及向右的轴向力；向左方向的轴向力则由后支承中 D8215 推力轴承承受。滑移齿轮 1（$z=50$）的套筒上加工有两个槽，左边槽为拨叉槽，右边燕尾槽中，均匀安装着四块平衡块（图中未显示），用以调整轴的平稳性。前支承 D3182121 轴承的左侧安装有减振套 2。该减振套与隔套 3 之间有 0.02～0.03mm 的间隙，在间隙中存有油膜，起到阻尼减振作用。

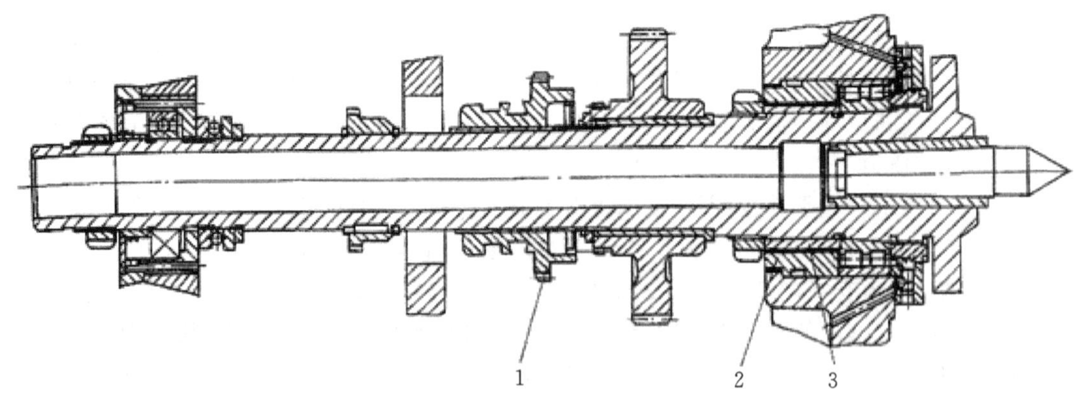

图 2-7　采用二支承结构的主要部件

1—滑移齿轮；2—减振套；3—隔套

主轴前端与卡盘或拨盘等夹具结合部分采用短锥法兰式结构（见图 2-8）。主轴 1 以前端短锥和轴肩端面作为定位面，通过四个螺栓将卡盘或拨盘固定在主轴前端，而由安装在轴肩端面的两圆柱形端面键 3 传递扭矩。安装时先把螺母 6 及螺栓 5 安装在卡盘座 4 上，然后将带螺母的螺栓从主轴轴肩和锁紧盘 2 的孔中穿过去，再将锁紧盘拧过一个角度，使四个螺栓进入锁紧盘圆弧槽较窄的部位，把螺母卡住。拧紧螺母 6 和螺钉 7 就可把卡盘紧固在轴端。短锥法兰式轴端结构具有定心精度高，轴端悬伸长度小，刚度好，安装方便等优点，应用较广泛。

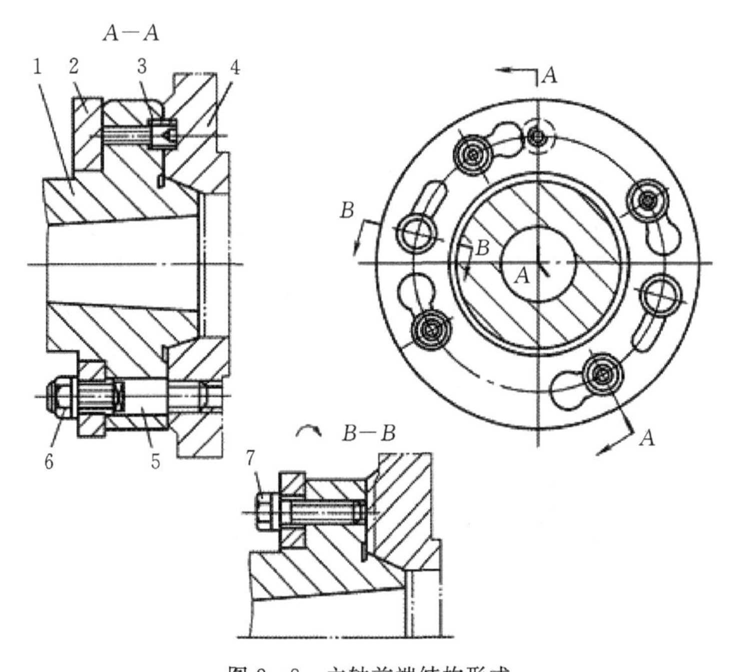

图 2-8　主轴前端结构形式

1—主轴；2—紧锁盘；3—端面键；4—卡盘座；5—螺柱；6—螺母；7—螺钉

3. 双向多片式摩擦离合器、制动器及其操纵机构

轴 Ⅰ 上装有双向式多片摩擦离合器，如图 2-9 所示，用以控制主轴的起动、停止及换向。

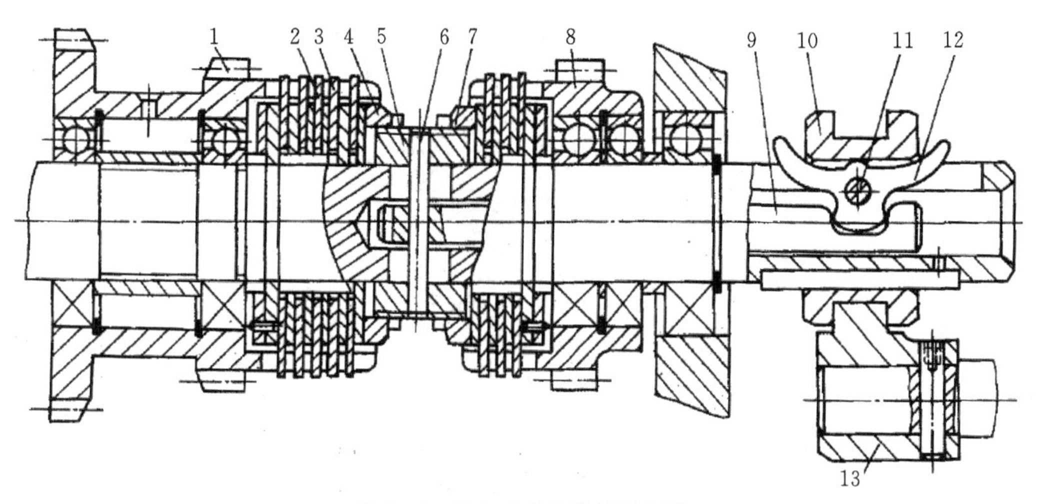

图 2-9　双向式多片摩擦离合器

1—双联空套齿轮；2—外摩擦片；3—内摩擦片；4、7—螺母；5—压套；6—长销；8—齿轮；9—拉杆；10—滑套；11—销轴；12—元宝形摆块；13—拨叉

轴Ⅰ右半部为空心轴，在其右端安装有可绕圆柱销 11 摆动的元宝形摆块 12。元宝形摆块下端弧形尾部卡在拉杆 9 的缺口槽内。当拨叉 13 由操纵机构控制，拨动滑套 10 右移时，摆块 12 绕顺时针摆动，其尾部拨动拉杆 9 向左移动。拉杆通过固定在其左端的长销 6，带动压套 5 和螺母 4 压紧左离合器的内、外摩擦片 2、3，从而将轴Ⅰ的运动传至空套其上的齿轮 1，使主轴得到正转。当滑套 10 向左移动时，元宝形摆块绕逆时针摆动，从而使拉杆 9 通过压套 5、螺母 7，使右离合器内外摩擦片压紧，并使轴Ⅰ运动传至齿轮 8，再经由安装在轴Ⅶ上中间轮 $z34$，将运动传至轴Ⅱ(参见图 2-3)，从而使主轴反向旋转。当滑套处于中间位置时，左右离合器的内外摩擦片均松开，主轴停转。

为了在摩擦离合器松开后，克服惯性作用，使主轴迅速制动，在主轴箱轴Ⅳ上装有制动装置，见图 2-10 所示。制动装置由通过花键与轴Ⅳ连接的制动轮 3、制动钢带 2、杠杆 7 以及调整装置等组成。制动带内侧固定一层铜丝石棉以增大制动摩擦力矩。制动带一端通过调节螺钉 1 与箱体 4 连接，另一端固定在杠杆上端。当杠杆 7 绕轴 6 逆时针摆动时，拉动制动带，使其包紧在制动轮上，并通过制动带与制动轮之间的摩擦力使主轴得到迅速制动。制动摩擦力距的大小可用调节装置中的螺钉 1 进行调整。

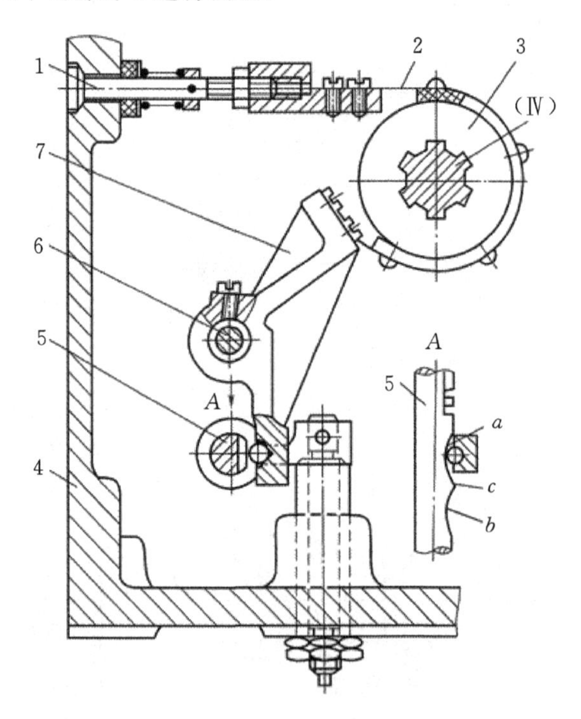

图 2-10 制动装置

1—调节螺钉；2—制动带；3—制动轮；4—箱体；5—齿条轴；
6—杠杆支承轴；7—杠杆

摩擦离合器和制动装置必须得到适当调整。如摩擦离合器中摩擦片间的间隙过大，压紧力不足，不能传递足够的摩擦力矩，会使摩擦片间发生相对打滑，这样会使摩擦片磨损加剧，导致主轴箱内温度升高，严重时会使主轴不能正常转动；如间隙过小，不能完全脱开，也会使摩擦片相对打滑和发热，而且还会使主轴制动不灵。

双向式多片摩擦器与制动装置采用同一操作机构控制以协调两机构的工作，如图2-11所示。当抬起或压下手柄3时，通过曲柄5、拉杆8、曲柄9及扇形齿轮11，使齿条轴12向右或向左移动，再通过羊角形摆块6、拉杆16使左边或右边离合器结合，从而使主轴正转或反转。此时杠杆7下端位于齿条轴圆弧形凹槽内，制动带处于松开状态。当操纵手柄3处于中间位置时，齿条轴12和滑套13也处于中间位置，摩擦离合器左、右摩擦片组都松开，主轴与运动源断开。这时，杠杆7下端被齿条轴两凹槽间凸起部分顶起，从而拉紧制动带，使主轴迅速制动。

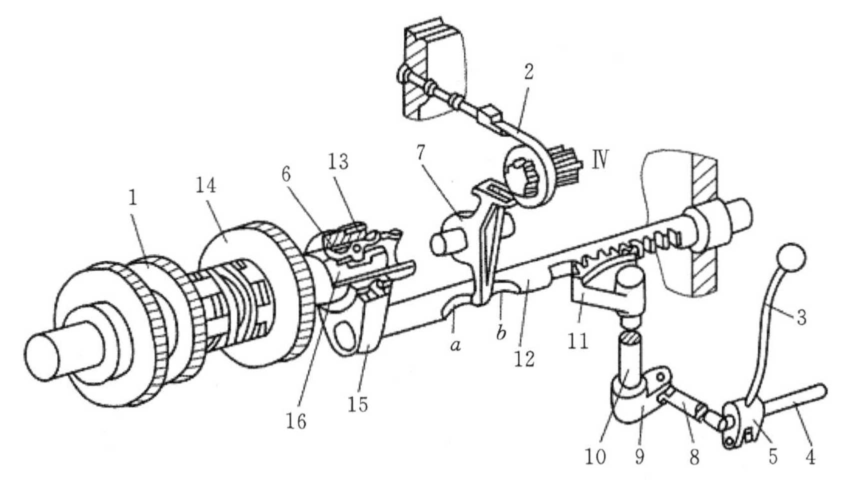

图2-11　摩擦离合器及制动装置的操纵机构

1—双联空套齿轮；2—制动带；3—手柄；4—操纵杆；5—曲柄；6—羊角形摆块；7—杠杆；8—拉杆；9—曲柄；10—轴；11—扇形齿轮；12—齿条轴；13—滑套；14—空套齿轮；15—拨叉；16—拉杆

4. 六级变速操纵机构

图2-12为CA6140型卧式车床主轴箱中变换Ⅱ轴上的双联滑移齿轮和Ⅲ轴上的三联滑移齿轮的工作位置，使Ⅲ轴获得六级变速的操纵机构示意图。转动手柄8通过链传动带动轴7上的曲柄5和盘形凸轮6转动，链传动的传动比为1∶1，即手柄轴和轴7同步转动。固定在曲柄5上的销子4上装有一滑块，它插在拨叉3的长槽中，因此，当曲柄带着销子4做圆周运动时，通过拨叉3使三联齿轮2沿轴Ⅲ左右移换，实现左、中、右位置的变换。盘形凸轮6端面上的封闭曲线槽是由不同半径的两段圆弧和过渡直线组成，每段圆弧的中心角稍大于120°，当凸轮转动时，曲线槽迫使杠杆10上的销子9带动杠杆10摆动，通过拨叉11使双联齿轮1沿轴Ⅱ改变左、右位置。

当顺序转动手柄8并每次转60°时，曲柄5上的销子4依次处于a、b、c、d、e、f六个位置，使三联滑移齿轮2由拨叉3拨动分别处于左、中、右、右、中、左六个工作位置，见图2-12(b)至图2-12(g)；同时，凸轮曲线槽使杠杆10上的销子9相应地处于a'、b'、c'、d'、e'、f'六个位置，使双联滑移齿轮1由拨叉11拨动分别处于左、左、左、右、右、右六个工作位置，见图2-12(b)至图2-12(g)。实现Ⅲ轴上六级变速，具体结合情况见表2-5。

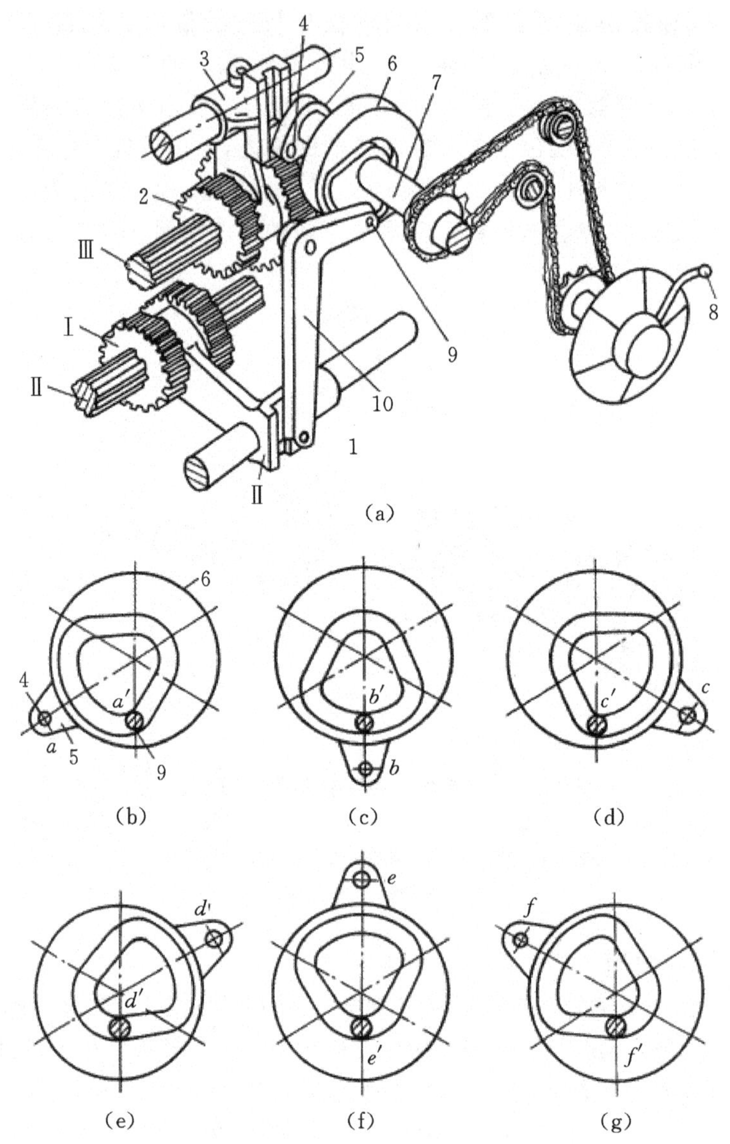

图 2-12　CA6140 型卧式车床主轴箱Ⅱ-Ⅲ轴变速操纵机构

1—双联滑移齿轮；2—三联滑移齿轮；3、11—拨叉；4、9—销子；5—曲柄；6—盘形凸轮；7—轴；8—手柄；10—杠杆

表 2-5　Ⅲ轴上六级变速的组合情况

曲柄 5 上的销子位置	a	b	c	d	e	f
三联滑移齿轮 2 位置	左	中	右	右	中	左
销子 9 的位置	a'	b'	c'	d'	e'	f'
双联滑移齿轮 1 位置	左	左	左	右	右	右
齿轮工作情况	$\frac{39}{41}\times\frac{56}{38}$	$\frac{22}{58}\times\frac{56}{38}$	$\frac{30}{50}\times\frac{56}{38}$	$\frac{30}{50}\times\frac{51}{43}$	$\frac{22}{58}\times\frac{51}{43}$	$\frac{39}{41}\times\frac{51}{43}$

【任务实施】

一、实施步骤

1. 设备和工具

设备:CA6140 型卧式车床主轴箱。

拆装工具:活动扳手、钩形扳手、内六角扳手、M16 圆头螺栓、内外挡圈钳、榔头、螺丝刀、销子冲、1.5 m 撬杠、拔销器、拉力器、三角刮刀、铜棒、垫铁、手锤。

检验工具:百分表、磁力表架、内径百分表、杠杆百分表、可调 V 形铁和 V 形铁各一块、7∶24检验棒、方箱、钢珠、检验车床、记录表。

辅助工具:润滑油、油布、铜皮、红丹粉、机床使用说明书。

清洗工具:毛刷、煤油。

2. 实训内容

(1)Ⅰ轴的拆装　主轴箱(见图 2-13)的拆装主要本着先拆的零件最后装配,后拆的零件先装配的原则,最后参照图纸和表 2-6 进行拆装。

图 2-13　主轴箱结构

Ⅰ轴的拆卸首先从主轴箱的左端开始。轴Ⅰ的左端有带轮,第一步用销子冲把锁紧螺母拆下,然后用内六角扳手把带轮上的端盖螺丝卸下,用手锤配合铜棒把端盖卸下,拆下带轮上的另一个锁紧螺母,使用撬杠把带轮卸下,然后用手锤配合铜棒把轴承套从主轴箱的右端向左端敲击,直到卸下为止,此时轴Ⅰ整体轴组即可一同卸到箱体外面。

(2)主轴的拆装　主轴的拆装应从两端的端盖开始,然后从箱体左侧向右侧拆卸,左侧箱体外有端盖和锁紧调整螺母,卸下后,把主轴上的卡簧松下退后,此时用手锤配合垫铁把主轴从左端向右端敲击,敲击的过程中,应注意随时调整卡簧的位置。

卸下主轴后,主轴上的零件应用铁棒穿上,并放在清洗液中清洗干净后才可以装配。如图 2-14 所示为主轴箱操纵手柄,右侧手柄是控制主轴高低速手柄,手柄向上逆时针转动,主轴高速旋转;手柄向下顺时针转动,主轴低速旋转。

CA6140 型卧式车床主轴的前端为短圆锥和法兰(见图 2-15),用于安装卡盘或拨盘。拨盘或卡盘座由主轴的短圆锥面定位。安装时，使装在拨盘或卡盘座上的 4 个双头螺柱及其螺母通过主轴法兰和环形锁紧盘的圆柱孔，然后将锁紧盘转过一个角度，使螺栓处于锁紧盘的沟槽内，拧紧螺钉和螺母。

图 2－14　主轴箱操纵手柄

图 2－15　主轴前端的短圆锥和法兰

(3)拆卸步骤见表 2－6。

3. 拆装的注意事项

(1)看懂结构再动手拆，并按先外后里、先易后难、先下后上顺序拆卸。

(2)先拆紧固件、连接件和限位件(顶丝、销钉、卡圆、衬套等)。

(3)拆前看清组合件的方向和位置排列等，以免装配时搞错。

(4)拆下的零件要有秩序的摆放整齐，做到键归槽、钉插孔、滚珠丝杠盒内装。

(5)注意安全，拆卸时要防止箱体倾倒或掉下，以免砸人。

(6)拆卸零件时，不准用手锤猛砸。当拆卸不下时，应分析原因搞清楚后再进行拆装。

(7)在扳动手柄观察传动时不要将手伸入传动件中，以防止挤伤。

二、教学组织实施建议(表 2－6)

表 2－6　教学组织实施

拆卸步骤	拆卸实施内容
1. 拆润滑机构和变速操纵机构	①松开各油管螺母 ②拆下过滤器 ③拆下单相油泵 ④拆下变速操纵机构
2. 拆卸Ⅰ轴	①放松正车摩擦片(减少压环元宝间摩擦) ②松开箱体轴承座固定螺钉 ③装上顶丝，用扳手上紧顶丝 ④拿住Ⅰ轴和轴承座
3. 拆卸Ⅱ轴	①先拆下压盖，后拆下轴上卡环 ②采用拔销器拆卸Ⅱ轴 ③取出Ⅱ轴零件与齿轮

续表

拆卸步骤	拆卸实施内容
4. 拆卸Ⅳ轴的拨叉轴	①松开拨叉固定螺母 ②用拔销器拔出定位销子 ③松开轴上固定螺钉 ④采用铜棒敲出拨叉轴 ⑤将拨叉和各零件拿出
5. 拆卸Ⅳ轴	①松开制动带 ②松开Ⅳ轴位于压盖上的螺钉，卸下调整螺母 ③用拔销器拔出前盖，再拆下后端端盖 ④拆卸Ⅳ轴左端拨叉机构紧固螺母，取出螺孔中定位钢珠和弹簧 ⑤用机械法垫上铜棒将拨叉轴和拨叉、轴承卸下（将零件套好放置） ⑥用卡环钳松开两端卡环 ⑦用机械法拆下Ⅳ轴，将各零件放置油槽中
6. 拆卸Ⅲ轴	采用拔销器直接取出Ⅲ轴，再取出各零件
7. 拆卸主轴（Ⅵ轴）	①拆下后盖，松下顶丝，拆下后螺母 ②拆下前法兰盘 ③在主轴前端装入拉力器，将轴上卡环取出后再将主轴上各零件一一取出放入油槽中
8. 拆卸Ⅴ轴	①拆下Ⅴ轴前端盖，再取出油盖 ②用机械法垫上铜棒并将Ⅴ轴从前端拆出 ③将Ⅴ轴放入油槽中
9. 拆卸正常螺距机构	①用销子冲拆下手柄上销子，拆下前手柄 ②用螺丝刀拆下后手柄顶丝，再拆下后手柄 ③取出箱体中的拨叉
10. 拆卸增大螺距机构	①用销子冲拆下手柄上销子，再拆下手柄 ②在主轴后端用机械法拆出手柄轴 ③抽出轴和拨叉并套好放置
11. 拆卸主轴变速机构	①拆下变速手柄冲子，用螺丝刀松开顶丝，拆下手柄 ②卸下变速盘上螺丝，拆下变速盘 ③拆下螺丝，取出压板，卸下顶端齿轮，套好零件放置
12. 拆卸Ⅶ轴	①将Ⅶ轴上挂轮箱盖及各齿轮拆下 ②用内六角扳手卸下固定螺钉，取下挂轮箱 ③拧松Ⅶ轴紧固螺钉 ④采用机械法垫上铜棒将Ⅶ轴取出 ⑤将Ⅶ轴及齿轮放置一起

续表

拆卸步骤	拆卸实施内容
13. 拆卸轴承外环	①拆下主轴后轴承，拧下螺丝取出法兰盘和后轴承 ②依次取出各轴承外环 注意：不要损伤各轴承孔
14. 分解Ⅰ轴	①将Ⅰ轴竖直放在木板上，利用惯性拆下尾座与轴承 ②用销子冲拆下元宝键上销子，取出元宝键和轴套 ③再用惯性法拆下另一端轴承，退出反车离合器、齿轮套和摩擦片 ④拆除花键一端轴套、双联齿轮套、锁片和正车摩擦片 ⑤松开正反车调整螺母，用冲子冲出销子取出拉杆，竖起轴用铜棒，取下滑套和调整螺母 注意：要将各零件各组摆放整齐，并将较小零件妥善保管，以避免丢失
15. 拆下主轴箱中其他零件	①拆下主轴拨叉和拨叉轴 ②拆下刹车带 ③拆下扇形齿轮 ④拆下轴前定位片和定位套 ⑤拆下离合器拨叉轴，拆下正反车换向齿轮

【实训任务书】(表 2-7)

表 2-7　CA6140 车床主轴部件实训

<table>
<tr><td>机床型号</td><td>学生姓名</td><td>实训地点</td><td>实训时间</td></tr>
<tr><td></td><td></td><td></td><td></td></tr>
<tr><td colspan="4">1. 本次实训的车床主轴部件典型机械结构名称：______、______、______、______、______、______。
2. 描述典型零部件的作用：
______。</td></tr>
<tr><td colspan="2">画出零部件简图并标注其名称</td><td colspan="2">叙述其工作原理和特点</td></tr>
<tr><td colspan="2"></td><td colspan="2"></td></tr>
<tr><td colspan="4">3. 拆卸(或安装调试步骤)</td></tr>
<tr><td colspan="4"></td></tr>
<tr><td>4. 使用工具、量具</td><td colspan="3"></td></tr>
<tr><td>5. 优化(或创新)</td><td colspan="3"></td></tr>
</table>

【知识拓展】

四方刀架的结构

如图 2-16 所示，方刀架安装在小滑板 1 上，用小滑板的圆柱凸台 d 定位。方刀架可转动间隔为 90°的四个位置，使装在四侧的四把车刀依次进入工作位置。每次转位后，定位销 8 插入刀架滑板上的定位孔中进行定位。方刀架每次转位过程中的松夹、拔销、转位、定位以及夹紧等动作，都由手柄 16 操纵。逆时针转动手柄 16，使其从轴 6 顶端的螺纹向上退松，刀架体 10 便松开。同时，手柄通过内花键套筒 13（用骑缝螺钉与手柄连接）带动花键套筒 15 转动，花键套筒 15 的下端面齿与凸轮 5 的上端面齿啮合，因而凸轮也被带动着逆时针转动。凸轮转动时，先由其上的斜面 a 将定位销 8 从定位孔中拔出，接着凸轮的垂直侧面 b 与安装在刀架体中的销 18 相碰（见图 2－16b），于是带动刀架体 10 一起转动，钢球 3 从定位孔中滑出。当刀架转至所需位置时，钢球 3 在弹簧 2 作用下，进入另一定位孔中进行预定位。然后反向转动手柄 16，同时凸轮 5 也被带动一起反转。当凸轮的斜面 a 退离定位销 8 的钩形尾部时，在弹簧的作用下定位销 8 插入另一定位孔，使刀架实现精确定位。刀架被定位后，凸轮的另一垂直侧面 c 与销 18 相碰，凸轮便被销 18 挡住不再转动。于是，凸轮与花键套筒间的端面齿离合器便开始打滑，直至手柄 16 继续转动到夹紧刀架为止。修磨垫片 12 的厚度，可调整手柄 16 在夹紧方刀架后的正确位置。

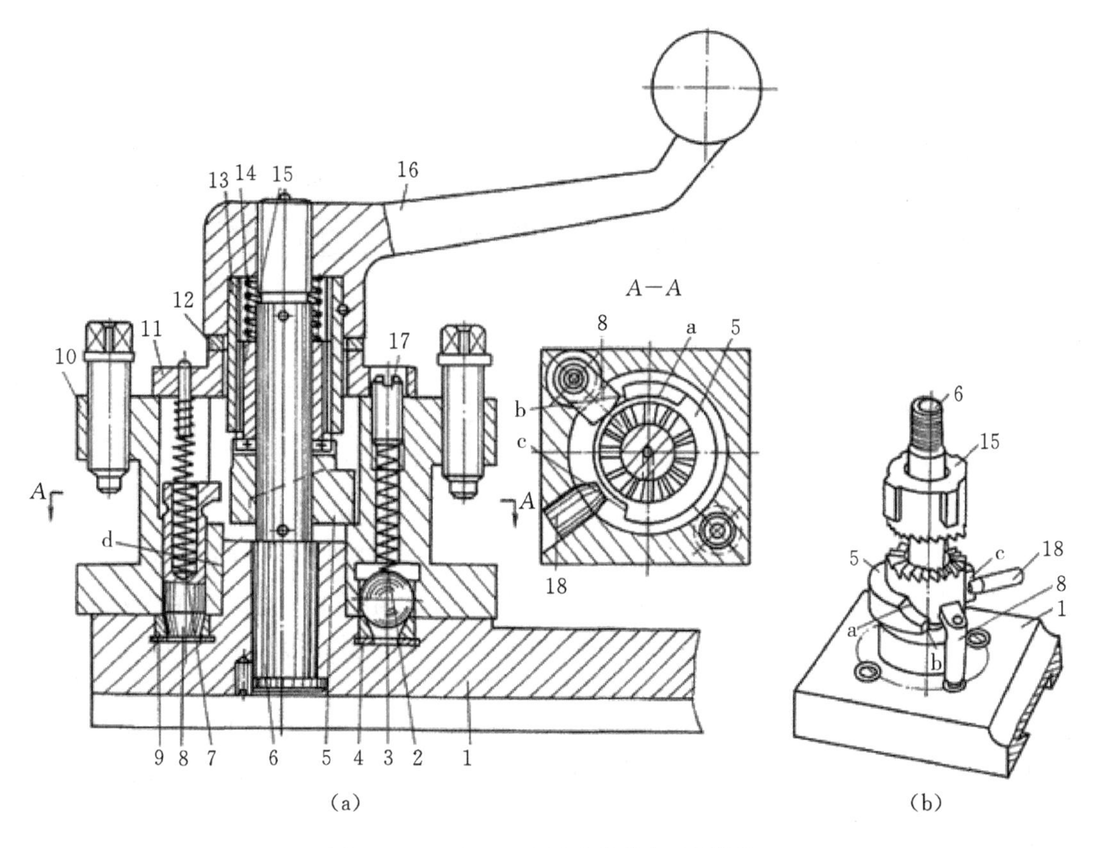

图 2－16　CA6140 型卧式车床方刀架结构

1—小滑板；2、7、14—弹簧；3—定位钢球；4、9—定位套；5—凸轮；6—轴；8—定位销；10—方刀架体；11—刀架上盖；12—垫片；13—内花键套；15—花键套筒；16—手柄 17—调节螺钉；18—固定销

任务 2.2 CA6140 型卧式车床进给箱拆装

【知识准备】

2.2.1 进给箱功能

进给箱的功能是变换被加工螺纹的种类和导程，以及获得所需的各种机动进给量。

2.2.2 进给箱结构

如图 2-17 所示为 CA6140 型卧式车床进给箱结构，其中轴Ⅻ，ⅩⅣ，ⅩⅦ和ⅩⅧ四轴同心，轴ⅩⅢ，ⅩⅥ和ⅩⅨ三轴同心。进给箱内有 3 套操纵机构；一套基本螺距操纵机构用于操纵基本组ⅩⅣ轴上的 4 个滑移齿轮；其他两套操纵机构分别为增倍操纵机构、螺纹种类变换及光杠丝杠运动分配操纵机构。这里重点分析基本螺距操纵机构。

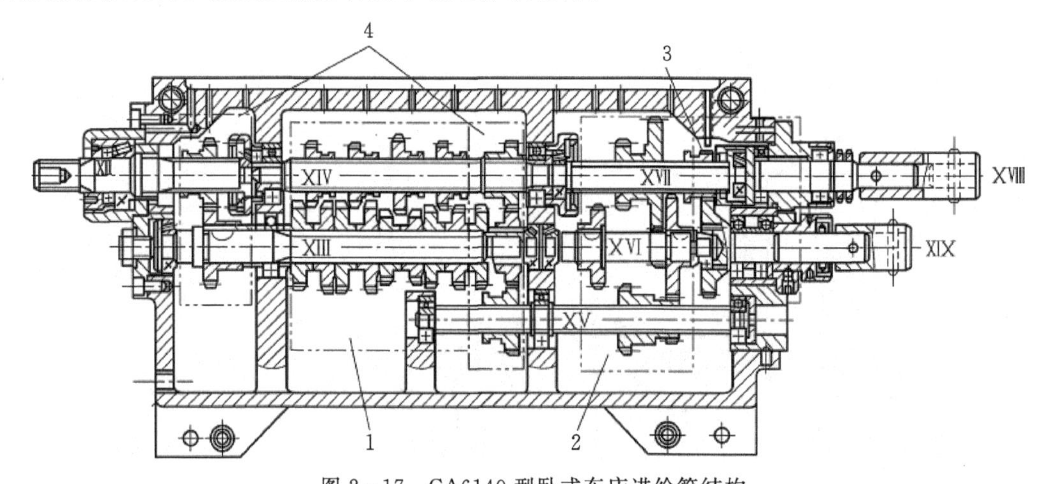

图 2-17 CA6140 型卧式车床进给箱结构

1—基本螺距操纵机构；2—增倍操纵机构；3—光杠丝杠运动分配转换机构；4—移换机构

基本螺距操纵机构用于操纵ⅩⅣ轴上的 4 个滑移齿轮，且在任何一时刻保证最多只有 4 个滑移齿轮中的 1 个齿轮与 8 个固定齿轮中的 1 个齿轮相啮合，其原理如图 2-18 所示。基本组ⅩⅣ轴的 4 个滑移齿轮分别由 4 个拨块 3 来拨动，每个拨块的位置是由各自的销子 5 分别通过杠杆 4 来控制的。4 个销子 5 均匀地分布在操纵手轮 6 背面的环形槽 E 中，环形槽中有两个相隔 45°的孔 a 和 b，孔中分别安装带斜面的内压块 1 和外压块 2，其中内压块 1 的斜面向外斜，外压块 2 的斜面向里斜。这种操纵机构就是利用内压块 1、外压块 2 和环形槽 E 操纵销子 5 及杠杆 4，使每个拨块 3 及其滑动齿轮可以有左、中、右三种位置的。在同一工作时间内基本组中只能有一对齿轮啮合。

操纵手轮 6 在圆周上有 8 个均布位置，当它处于如图 2-18 所示位置时，只有左上角杠杆的销子 5 在外压块 2 的作用下靠在孔 b 的内侧壁上，此时滑移齿轮 Z_{28}(左)处于左端位置与轴ⅩⅣ上的齿轮 Z_{26} 啮合(注意图 2-18 中的视图是在操纵手轮的背面观察，这里文中的左右是站在手轮前面面对机床来观察的)，其余 3 个销子均处于环形槽 E 中，其相应的滑移齿轮都处于各自的中间(空挡)位置。若将手轮拔出按图 2－18 所示逆时针转动 45°,此时孔 a 正对左上角杠杆的销子 5,将手轮重新推入,孔 a 中内压块 1 的斜面推动销子 5 向外,使左上角杠杆向顺时针方向摆动,于是便将相应的滑移齿轮 Z_{28} 推向右端与Ⅷ轴上的齿轮 Z_{28} 相啮合。

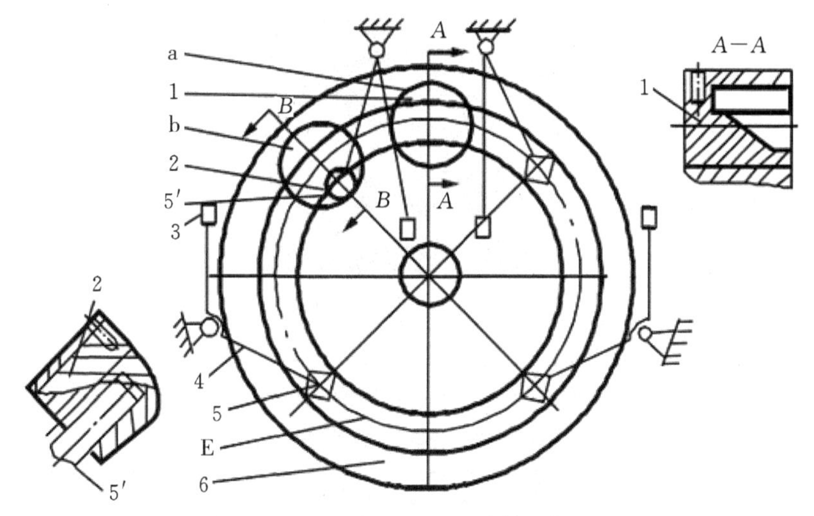

图 2－18　基本螺距操纵机构其工作原理

1—内压块；2—外压块；3—拨块；4—杠杆；5—销子；6—操纵手轮；a,b—孔；E—环形槽

【任务实施】

一、实施步骤

1. 设备和工具

设备:CA6140 型卧式车床进给箱。

拆装工具:活动扳手、钩形扳手、内六角扳手、M16 圆头螺栓、内外挡圈钳、榔头、螺丝刀、销子冲、1.5m 撬杠、拔销器、拉力器、三角刮刀、铜棒、垫铁。

检验工具:百分表、磁力表架、内径百分表、杠杆百分表、可调 V 形铁和 V 形铁各一块、7∶24检验棒、方箱、钢珠、检验车床、记录表。

辅助工具:润滑油、油布、铜皮、红丹粉、机床使用说明书。

清洗工具:毛刷、煤油。

2. 实训内容

进给箱用来将主轴箱经交换齿轮传来的运动进行各种传动比的变换,使丝杠、光杠得到与主轴有不同速比的转速,以取得机床不同的进给量和适应不同螺距的螺纹加工,它由箱体、箱盖、齿轮轴组、倍增齿轮轴组、丝杠、光杠连接轴组及各操纵机构等组成,如图 2－19 所示为进给箱外观。

进给箱内部的拆卸方法与主轴箱中的Ⅱ轴及轴一样,均采用工具拔销器。

3. 拆装的注意事项

(1)看懂结构再动手拆,并按先外后里、先易后难、先下后上顺序拆卸。

(2)先拆紧固件、连接件和限位件(顶丝、销钉、卡圆、衬套等)。

图 2-19　进给箱外观

(3)拆前看清组合件的方向和位置排列等,以免装配时搞错。

(4)拆下的零件要有秩序的摆放整齐,做到键归槽、钉插孔、滚珠丝杠盒内装。

(5)注意安全,拆卸时要防止箱体倾倒或掉下,以免砸人。

(6)拆卸零件时,不准用铁锤猛砸。当拆卸不下时,应分析原因搞清楚(对照进给箱结构图的图纸)后再进行拆装。

(7)在扳动手柄观察传动时不要将手伸入传动件中,以防止挤伤。

二、教学组织实施建议(表 2-8)

表 2-8　教学组织实施

序号	进给箱拆装与调整实施过程
1	从床身上拆下进给箱
2	打开进给箱的前后盖板
3	卸下丝杠传动轴,整体取出 XVIII 轴
4	卸下 XIII 传动轴
5	松开 XIX 轴上的螺母和 XIII 传动轴下端的法兰盘,把 XVII 轴先向左面借一点,再把齿轮轴 XIX 向光杠方向移动,整体卸下 XVII 轴
6	卸下 XIX 轴
7	从左面卸下 XIV 轴,注意基本螺距机构上的齿轮排列顺序和方向
8	再拆卸下 XV 轴,注意基本螺距机构上的齿轮排列顺序和方向
9	最后拆卸下 XVI 轴
10	清洗、去毛刺
11	逆顺序地装配和调整进给箱,包括齿轮啮合位置、轴承间隙、丝杠传动轴轴向窜动(允差≤0.01mm)的调整等
12	最后盖上前后盖板,注意保证各拨叉装配位置正确和防止漏油
13	把进给箱安装在床身上

【实训任务书】(表 2-9)

表 2-9　CA6140 车床进给箱拆装实训

<table>
<tr><td>机床型号</td><td>学生姓名</td><td>实训地点</td><td>实训时间</td></tr>
<tr><td></td><td></td><td></td><td></td></tr>
<tr><td colspan="4">1. 本次实训的车床进给箱结构名称：__________、__________、__________、__________。
2. 描述典型零部件的作用</td></tr>
<tr><td colspan="2">画出零部件简图并标注其名称</td><td colspan="2">叙述其工作原理和特点</td></tr>
<tr><td colspan="2"></td><td colspan="2"></td></tr>
<tr><td colspan="4">3. 拆卸(或安装调试步骤)：</td></tr>
<tr><td colspan="4"></td></tr>
<tr><td>4. 使用工具、量具</td><td colspan="3"></td></tr>
<tr><td>5. 优化(或创新)</td><td colspan="3"></td></tr>
</table>

【知识拓展】

1. 移换机构及光、丝杠转换的操纵原理

图 2-20 表示了移换机构及光、丝杠转换的操纵原理。空心轴 3 上固定一带有偏心圆槽的圆盘凸轮 2。偏心圆盘的 a、b 点与圆盘回转中心的距离均为 l；c、d 点与回转中心的距离均为 L。杠杆 4、5、6 用于控制移换机构，杠杆 1 用于控制光、丝杠传动的转换。转动装在空心轴 3 上的操纵手柄，就可通过盘形凸轮的偏心槽使杠杆上插入偏心槽的销子改变离圆盘回转中心距离(l 或 L)，并使杠杆摆动，从而通过与杠杆连接的拨叉使滑移齿轮移位，以得到各种不同传动路线。设图 2-20 所示凸轮位置为起始位置(0°)，依次顺时针转动手柄 90°，传动方式的转变可见表 2-10。

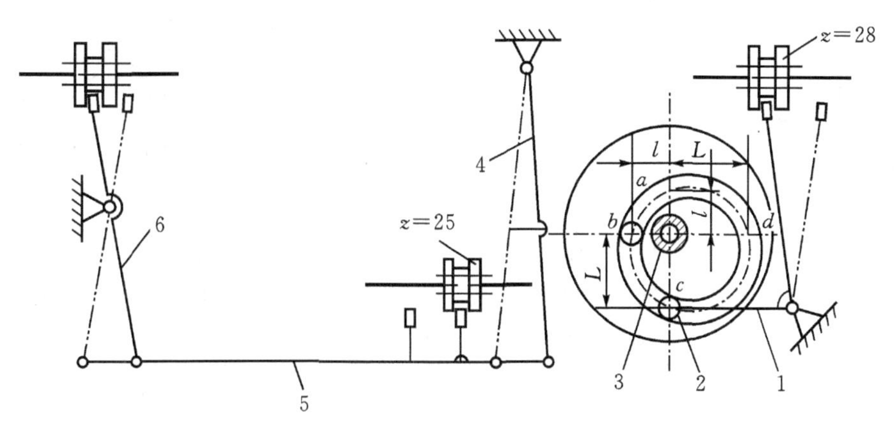

图 2-20　移换机构及光、丝杠转换的操纵原理图

1、4、5、6—杠杆；2—盘形凸轮；3—空心轴

表 2-10　螺纹种类及丝、光杠转换表

滑移齿轮位置 \ 凸轮旋转角度/(°)	0	90	180	270
z=25(Ⅻ)	左	右	右	左
z=25(ⅩⅤ)	右	左	左	右
z=25(ⅩⅧ)	左	左	右	右
	接通米制路线 光杆进给	接通英制路线 光杆进给	接通英制路线 丝杆进给	接通米制路线 丝杆进给

2. 增倍组操纵机构

增倍组通过位于轴ⅩⅤ及轴ⅩⅧ上两个双联滑移齿轮块滑移变速，而使增倍组获得四种成倍数关系的传动比。轴ⅩⅤ上双联齿轮应有左、右两不同位置，而轴ⅩⅧ上的双联齿轮块除了变速外，在加工非标准螺纹时，要通过 z28 与内齿离合器 M_4 啮合，使运动直传丝杠。因此，该滑移齿轮块在轴向有三个工作位置，其中左位用于接通 M_4，中、右位用于变速(见图 2-21 并参见图 2-3)。

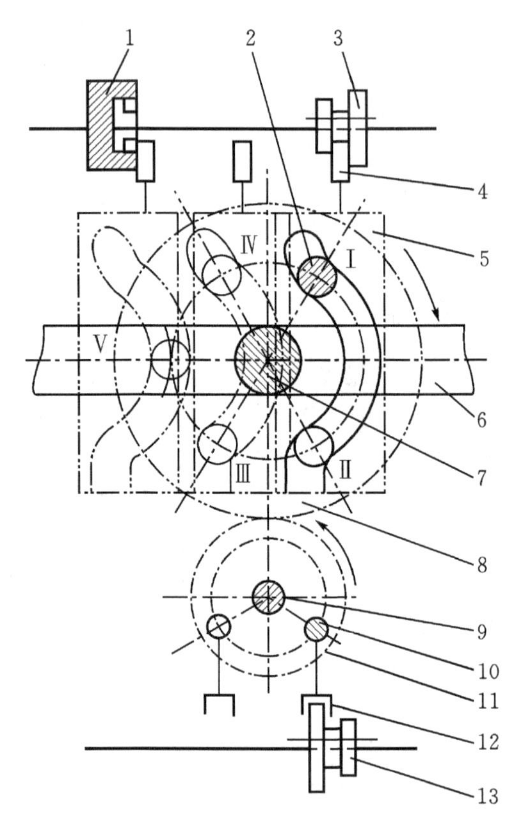

图 2-21　增倍组操纵机构工作原理

1—内齿离合器 M_4；2—偏心销；3、13—双联滑移齿轮；4、12-拨叉；5—滑板；6—导杆；7—手柄轴；8—齿轮；9—轴；10—偏心销；11—小齿轮

图 2-21 为增倍组操纵机构原理图。变速时，通过手柄轴 7 带动齿轮 8。齿轮 8 上装有插入滑板 5 弧形槽内的偏心销 2。齿轮 8 转动时可通过偏心销 2、弧形槽带动滑板 5 在导杆 6 上滑动。滑板 5 上装有控制轴ⅩⅧ上双联滑移齿轮块 3 的拨叉 4，从而使齿轮块获得左、中、右三个位置。齿轮 8 与一齿数为其一半的小齿轮 11 啮合。齿轮 8 传动一周时，小齿轮 11 转动二周，从而通过安装在小齿轮 11 上的偏心销及拨叉 12 使轴ⅩⅤ上双联滑移齿轮块 13 左右移动两个循环，而在同时，轴ⅩⅧ上的双联滑移齿轮块 3 左右移动一个循环。这样，转动手柄轴 7 一周，就得到了四种不同的齿轮组合。表 2-11 表明了增倍组机构工作情况的转换。

表 2-11　增倍组机构工作情况转换表

齿轮所处位置 \ 销子 2 所处位置	Ⅰ	Ⅱ	Ⅲ	Ⅳ	Ⅴ
轴ⅩⅧ上双联齿轮	右	右	中	中	左
轴ⅩⅤ上双联齿轮	右	左	右	左	空
u倍	$\frac{18}{45}\times\frac{15}{48}=\frac{1}{8}$	$\frac{28}{35}\times\frac{15}{48}=\frac{1}{4}$	$\frac{18}{45}\times\frac{35}{28}=\frac{1}{2}$	$\frac{28}{35}\times\frac{35}{28}=1$	M_4 结合 直传丝杠

任务 2.3　CA6140 型卧式车床溜板箱拆装

【知识准备】

2.3.1　CA6140 车床纵向与横向进给运动

CA6140 型卧式车床作机动进给时，从主轴 VI 至进给箱轴 XVIII 的传动路线与车削螺纹时的传动路线相同。轴 XVIII 上滑移齿轮 $Z28$ 处于左位，使 M_5 脱开，从而切断进给箱与丝杠的联系。运动由齿轮副$\frac{28}{56}$及联轴器传至光杠 XIX，再由光杠通过溜板箱中的传动机构，分别传至齿轮齿条机构或横向进给丝杠 XXVII，使刀架作纵向或横向机动进给。纵、横向机动进给的传动路线表达式为：

$$\text{主轴 VI}-\begin{bmatrix}\text{米制螺纹传动路线}\\ \text{英制螺纹传动路线}\end{bmatrix}-\text{XVIII}-\frac{28}{56}-\text{XIX（光杠）}-\frac{36}{32}\times\frac{32}{56}-M_6\text{（超越离合器）}-M_7\text{（安全离合器）}-\text{XX}-\frac{4}{29}-\text{XXI}-\left[\begin{array}{l}\begin{bmatrix}\frac{40}{48}-M_9\uparrow\\ \frac{40}{30}\times\frac{30}{48}-M_9\downarrow\end{bmatrix}-\text{XXV}-\frac{48}{48}\times\frac{59}{18}-\text{XXVII（丝杠）}-\text{刀架（横向进给）}\\ \begin{bmatrix}\frac{40}{48}-M_8\uparrow\\ \frac{40}{30}\times\frac{30}{48}-M_8\downarrow\end{bmatrix}-\text{XXII}-\frac{28}{80}-\text{XXIII}-Z12-\text{齿条}-\text{刀架（纵向进给）}\end{array}\right.$$

溜板箱内的速双向齿式离合器 M_8 及 M_9 分别用于纵、横向进给运动的接通、断开及控制进给方向。CA6140 型卧式车床可以通过四种不同的传动路线来实现进给运动，从而获得纵向和横向进给量各 64 种。

2.3.2　刀架的快速移动

刀架的纵、横向快速移动由装在溜板箱右侧的电动机（0.25kW，2800r/min）转动。电动机的运动由齿轮副$\frac{13}{29}$传至轴 XX，然后沿机动工作传动路线，传至纵向进给齿轮齿条副或横向进给丝杠，获得刀架在纵向或横向的快速移动。轴 XX 左端的超越离合器 M_6 保证了快速移动与工作进给不发生运动干涉。

2.3.3　CA6140 型车床溜板箱的结构

溜板箱的作用是将丝杠或光杠传来的旋转运动转变为直线运动并带动刀架进给；控制刀架运动的接通、断开和换向；手动操纵刀架移动和实现快速移动；机床过载时控制刀架自动停止进给等。因此，CA6140 型卧式车床的溜板箱是由以下几部分机构组成：接通、断开和转换纵、横向进给运动的操纵机构;接通丝杠传来的开合螺母机构;保证机床工作安全的互锁机构;保证机床工作安全的过载保护机构;实现刀架快慢速自动转换的超越离合器等。

1. 安全离合器的结构

安全离合器是防止进给机构过载或发生偶然事故时损坏机床部件的保护装置。它是当刀架机动进给过程中,如进给抗力过大或刀架移动受到阻碍时,安全离合器能自动断开轴XX的运动,使自动进给停止。如图2-22所示,安全离合器由端面带螺旋齿爪的4和10两部分组成,左半部4用平键9与超越离合器的星形体5连接,右半部10与轴XX用花键连接。正常工作情况下,通过弹簧3的作用,使离合器左右两部分经常处于啮合状态,以传递由超越离合器星形体5传来的运动和转矩,并经花键传给轴XX。此时,安全离合器螺旋齿面上产生的轴向分力由弹簧3平衡。当进给抗力过大或刀架移动受到阻碍时,通过安全离合器齿爪传递的转矩及产生的轴向分力将增大,当轴向分力大于弹簧3的作用力时,离合器的右半部10将压缩弹簧3而向右滑移,与左半部4脱开啮合,安全离合器打滑,从而断开刀架的机动进给。过载现象排除后,弹簧3又将安全离合器自动接合,恢复正常的机动进给。调整螺母7,通过轴XX内孔中的拉杆11及圆柱销2调整弹簧座12的轴向位置,可改变弹簧的压缩量,以调整安全离合器所传递的转矩大小。

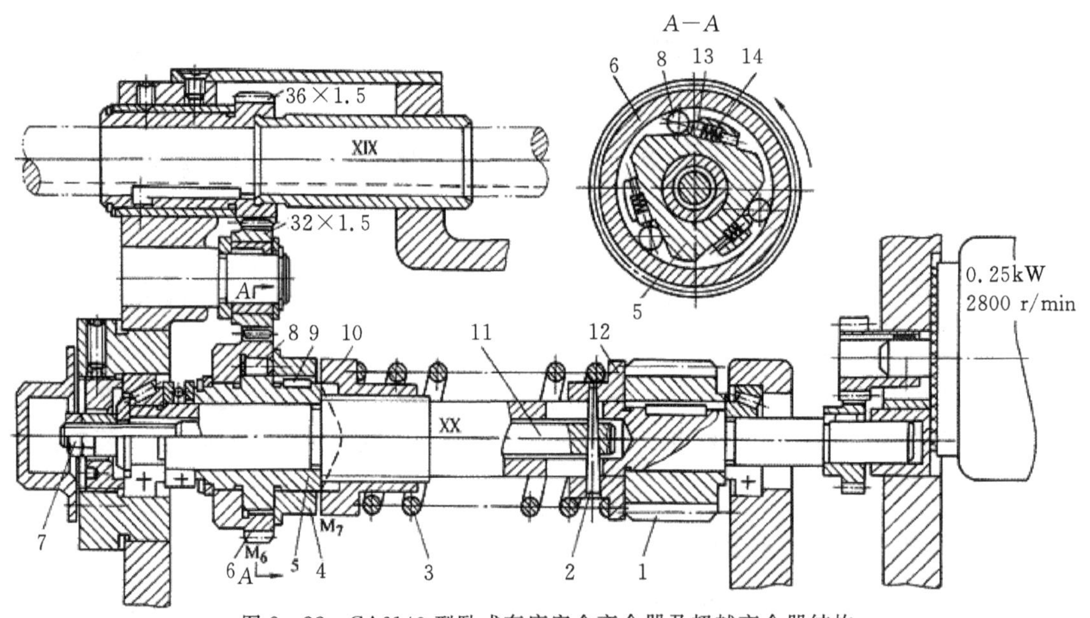

图2-22　CA6140型卧式车床安全离合器及超越离合器结构

1—蜗杆;2—圆柱销;3、14—弹簧;4—M_7左半部;5—星形体;6—齿轮(M_6外壳);7—调整螺母;8—滚柱;9—平键;10—M_7右半部;11—拉杆;12—弹簧座;13—顶销

2. 超越离合器的结构

超越离合器的作用是实现同一轴运动的快、慢速自动转换。如图2-22中A—A剖面所示,超越离合器由齿轮6(它作为离合器的外壳)、星形体5、三个滚柱8、顶销13和弹簧14组成。当刀架机动工作进给时,空套齿轮6为主动逆时针方向旋转,在弹簧14及顶销13的作用下,使滚柱8挤向楔缝,并依靠滚柱8与齿轮6内孔孔壁间的摩擦力带动星形体5随同齿轮6一起转动,再经安全离合器M_7带动轴XX转动,实现机动进给。当快速电动机起动时,运动由

齿轮副$\frac{13}{29}$传至轴 XX，则星形体 5 由轴 XX 带动做逆时针方向的快速旋转，此时，在滚柱 8 与齿轮 6 及星形体 5 之间的摩擦力和惯性力的作用下，滚柱 8 压缩顶销而移向楔缝的大端，从而脱开齿轮 6 与星形体 5（即轴 XX）间的传动联系，齿轮 6 已不再为轴 XX 传递运动，轴 XX 是由快速电动机带动作快速转动，刀架实现快速运动。当快速电动机停止转动时，在弹簧及顶销和摩擦力的作用下，使滚柱 8 又瞬间嵌入楔缝，并楔紧于齿轮 6 和星形体之间，刀架立即恢复正常的工作进给运动。由此可见，超越离合器 M_6 可实现轴 XX 快、慢速运动的自动转换。

3. 纵向、横向机动进给操纵机构

图 2－23 为 CA6140 型卧式车床的机动进给操纵机构。刀架的纵向和横向机动进给运动的接通、断开，运动方向的改变和刀架快速移动的接通和断开，均集中由手柄 1 来操纵，且手柄扳动方向与刀架运动方向一致。当需要纵向进给时，扳动手柄 1 向左或向右，使手柄座 3 绕销轴 2 摆动时，手柄座下端的开口槽通过球头销 4 拨动轴 5 轴向移动，再经过杠杆 11 和连杆 12 使凸轮 13 转动，凸轮上的曲线槽又通过圆销 14 带动拨叉轴 15 及固定在其上的拨叉 16 向里或向外移动，拨叉拨动离合器 M_8，使之与轴 XXII 上的两个 z_{48} 空套齿轮中的一个端面齿啮合，从而接通纵向进给运动，实现向左或向右的纵向机动进给。

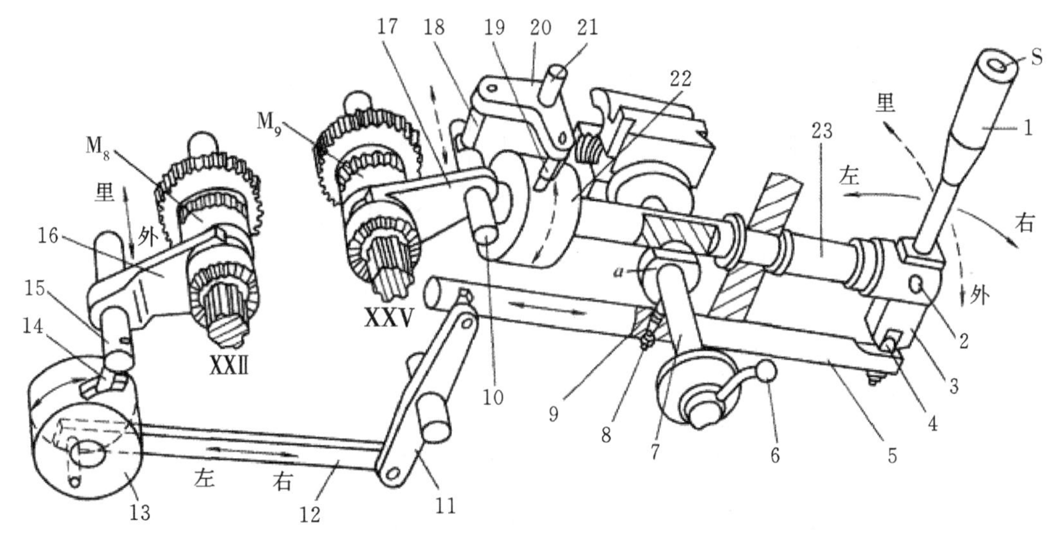

图 2－23　CA6140 型车床纵、横向机动进给操纵机构

1—手柄；2—销轴；3—手柄座；4—球头销；5、7、23—轴；6—手柄；8—弹簧销；
9—球头销；10、15—拨叉轴；11、20—杠杆；12—连杆；13、22—凸轮
14、18、19—圆销；16、17—拨叉；21—销轴

当需要横向进给时，扳动手柄 1 向里或向外，带动轴 23 以及固定在其左端的凸轮 22 转动，凸轮上曲线槽通过销 19，使杠杆 20 绕销轴 21 摆动，杠杆 20 另一端的圆销 18 推动拨叉轴 10 以及拨叉 17 向里或向外移动，使离合器 M_9 与轴 XXV 上两个空套齿轮中的一个端面齿啮合，于是横向进给运动接通，实现向里或向外的横向机动进给。

当手柄 1 处于中间位置时，离合器 M_8 和 M_9 也处于中间位置，此时断开纵、横向机动进给。

手柄 1 的顶端装有按钮 S，用以点动快速电动机。当需要刀架快速移动时，先将手柄 1 扳至左、右、前、后任一位置，然后按下按钮 S，则快速电动机起动，刀架即在相应方向作快速移动。

4. 开合螺母的结构与调整

如图 2-24(a)所示，开合螺母由上、下两个半螺母 26 和 25 组成，它们分别装在溜板箱箱体后壁的燕尾导轨中。上、下半螺母的背面各装有一圆柱销 27，其伸出一部分别插在圆盘 28 的两条曲线槽中，见图 2-24(b)。扳动手柄 6 经轴 7 使圆盘 28 逆时针转动，曲线槽迫使两圆柱销 27 互相靠近，带动上、下半螺母合拢，与丝杠啮合，刀架便由丝杠螺母经溜板箱传动进给；扳动手柄 6 使圆盘 28 顺时针转动，曲线槽通过圆销使两半螺母相互分离，与丝杠脱开啮合，刀架停止进给。

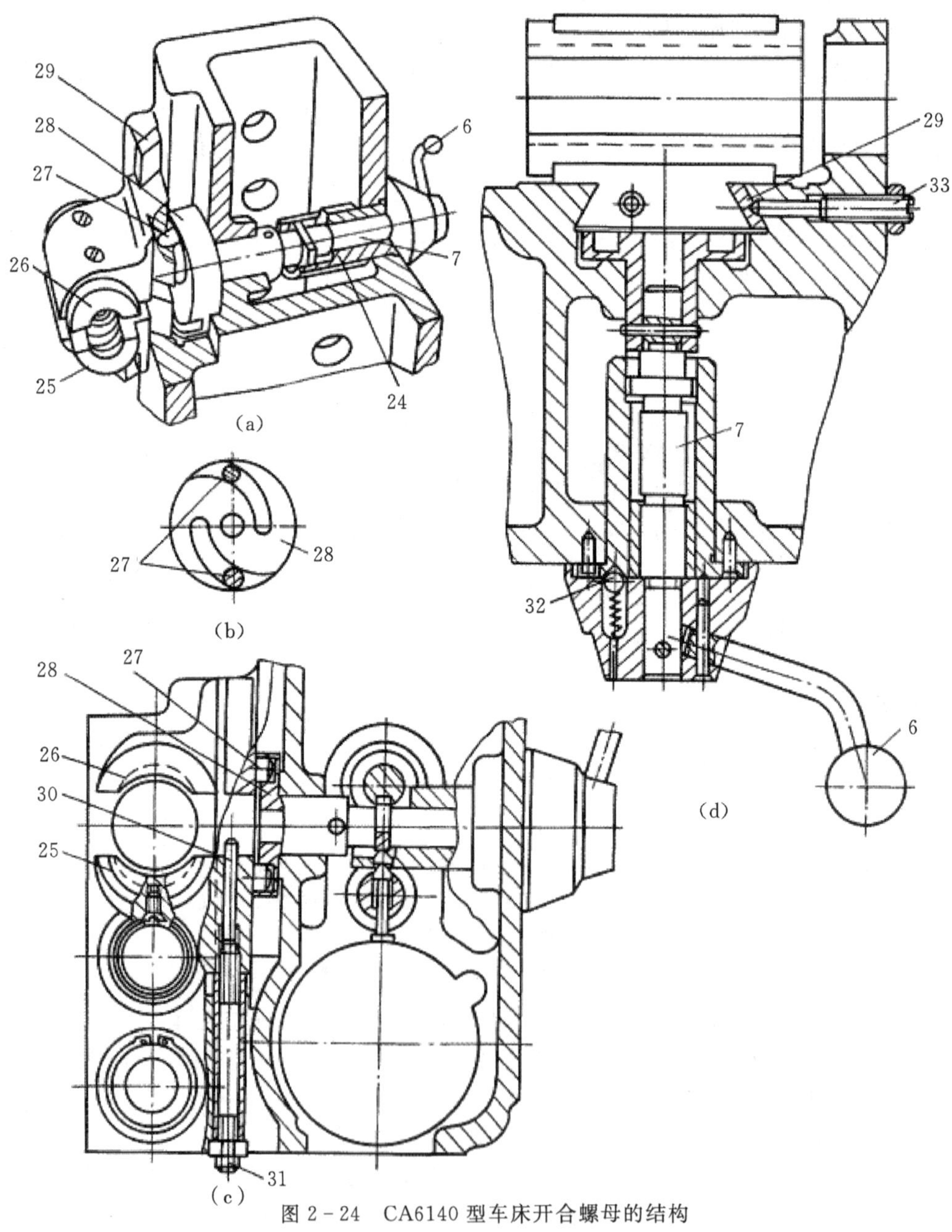

图 2-24　CA6140 型车床开合螺母的结构

6—手柄；7—轴；24—支承套；25—下半螺母；26—上半螺母；27—圆销销；28—圆盘；29—平镶条；30—销钉；31、33—螺钉；32—定位钢球

利用螺钉 31 可调整开合螺母的开合量，即调整开合螺母合上后与丝杠之间的间隙。拧动螺钉 31，见图 2－24(c)，可调整销钉 30 相对下螺母的伸出长度，从而限定上、下两个半螺母合上时的位置，以调整丝杠与螺母间的间隙。

用螺钉 33 经平镶条 29 可调整开合螺母与燕尾导轨间的间隙，见图 2－24(d)。

5. 互锁机构

机床工作时，如因误操作而同时将丝杠传动和纵、横向机动进给(或快速运动)接通，则会损坏机床零部件。为了防止发生上述事故，溜板箱中设有互锁机构，以保证开合螺母合上时，机动进给不能接通；反之，机动进给接通时，开合螺母不能合上。如图 2－25 所示，互锁机构由开合螺母操纵轴 7 上凸肩 a、轴 5 上球头销 9 和弹簧销 8 以及支承套 24 等组成。图 2－25(a)所示为向下扳动手柄 6 使开合螺母合上时的情况，此时轴 7 顺时针转过一个角度，其上凸肩 a 嵌入轴 23 的槽中，将轴 23 卡住，使其不能转动，同时，凸肩 a 又将装在支承套 24 横向孔中的球头销 9 压下，其下端插入轴 5 的孔中将轴 5 锁住，使轴 5 不能左右移动，此时纵、横向机动进给均不能接通。图 2－25(b)为纵向机动进给接通时的情况，此时轴 5 沿轴线方向移动了一定位置，其上横向孔与球头销 9 错位，使球头销 9 不能往下移动，因而轴 7 被锁住而无法转动，即开合螺母无法合上。图 2－25(c)为横向机动进给接通时的情况，此时轴 23 转动了位置，其上的沟槽不再对准轴 7 的凸肩，使轴 7 也无法转动。因此，接通纵向或横向机动进给后，开合螺母均不能合上。

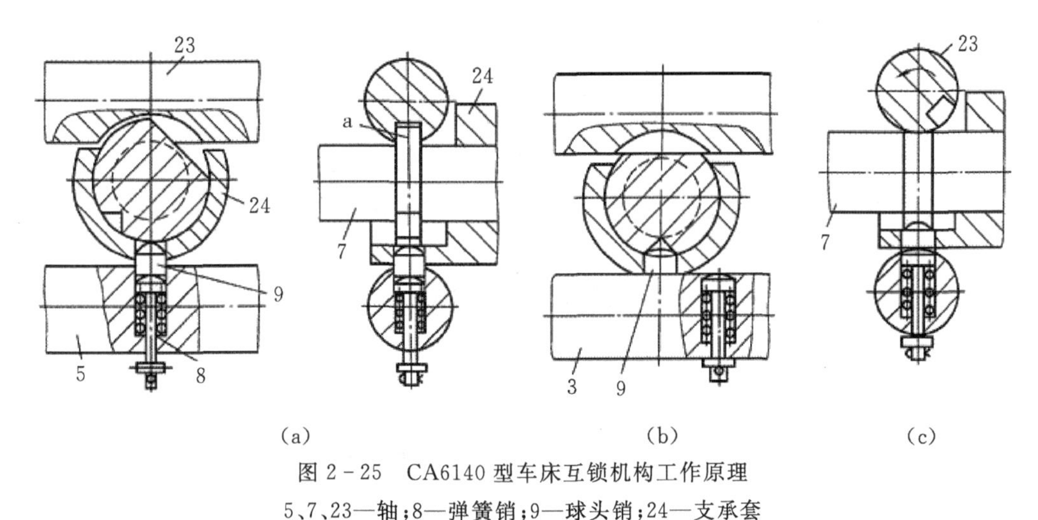

图 2－25　CA6140 型车床互锁机构工作原理

5、7、23—轴；8—弹簧销；9—球头销；24—支承套

【任务实施】

一、实施步骤

1. 设备和工具

设备：CA6140 型卧式车床溜板箱。

拆装工具：活动扳手、钩形扳手、内六角扳手、M16 圆头螺栓、内外挡圈钳、榔头、螺丝刀、销子冲、1.5m 撬杠、拔销器、拉力器、三角刮刀、铜棒、垫铁。

检验工具：百分表、磁力表架、内径百分表、杠杆百分表、可调 V 形铁和 V 形铁各一块、

7:24检验棒、方箱、钢珠、检验车床、记录表。

辅助工具:润滑油、油布、铜皮、红丹粉、机床使用说明书。

清洗工具:毛刷、煤油。

2. 实训内容

(1)拆卸光杠、丝杠、操纵杠及固定支承座(表2-12)。

(2)拆装开合螺母机构(表2-13)。

(3)拆装纵、横向机动进给操纵机构(表2-14)。

(4)拆装超越离合器、安全离合器(表2-15)。

(5)调整及清洗修复(表2-16)。

3. 拆装的注意事项

(1)看懂结构再动手拆卸,并按先外后里、先易后难、先下后上顺序拆卸。

(2)先拆紧固件、连接件、限位件(顶丝、销钉、卡圆、衬套等)。

(3)拆下的零件要有秩序的摆放整齐,做到"键归槽、钉插孔、滚珠丝杠盒内装"。

(4)注意安全,在扳动手柄观察传动时严禁将手伸入传动件中,防止挤伤。

(5)装配时注意加润滑油和润滑脂,做好清洁工作。

二、教学组织实施

(1)拆卸光杠、丝杠、操纵杠及固定支承座(表2-12)。

表2-12 光杠、丝杠、操纵杠及固定支承座的拆装步骤

序号	光杠、丝杠、操纵杠及固定支承座的拆装及实施过程
1	拆下三杠的支架,取出丝杠、光杠、$\phi 6$锥销及操纵杠、M8螺钉
2	抽出三杠,取出溜板箱定位锥销$\phi 8$,旋下M12内六角螺栓
3	拆下固定溜板箱的5个螺栓,取下溜板箱
4	将溜板箱放置在工作平台上,串上光杠、丝杠、操纵杠
5	安装则按反顺序进行

(2)拆装开合螺母机构(表2-13)。

表2-13 开合螺母机构的拆装步骤

序 号	开合螺母机构的拆装及实施过程
1	拆下手柄上的锥销,取下手柄
2	旋松燕尾槽上的两个调整螺钉,取下导向板
3	取下开合螺母,抽出轴等
4	安装则按反顺序进行

(3)拆装纵、横向机动进给操纵机构(表2-14)。

纵、横向机动进给动力的接通、断开及换向由一个手柄集中操纵且手柄扳动方向与刀架运动一致,使用比较方便。

表 2 - 14　纵、横向机动进给操纵机构的拆装步骤

序 号	纵、横向机动进给操纵机构拆装及实施过程
1	旋下十字手柄、护罩等，旋下 M6 顶丝，取下套，抽出操纵杠，抽出 $\phi 8$ 锥销，抽出拨叉轴
2	取出纵向、横向两个拨叉(观察纵、横向的动作原理)
3	取下溜板箱两侧护盖，M8 沉头螺钉，取下护盖，取下两离合器轴
4	拿出四个齿轮轴及铜套等(观察离合器动作原理)
5	旋下蜗轮轴上 M8 螺钉，打出蜗轮轴，取出齿轮、蜗轮等
6	旋下快速电机螺钉，取下快速电机
7	旋下蜗杆轴端盖，M8 内六角螺钉，取下端盖，抽出蜗杆轴
8	安装则按反顺序进行

(4)拆装超越离合器、安全离合器(表 2 - 15)。

蜗轮轴上装有超越离合器，安全离合器，通过拆装讲解，理解两离合器的作用。

表 2 - 15　超越离合器、安全离合器的拆装步骤

序 号	超越离合器、安全离合器的拆装及实施过程
1	拆下轴承、取下定位套
2	取下超越离合器、安全离合器等
3	打开超越离合器定位套，取下齿轮等，利用教具观看内部动作，理解动作原理
4	安装则按反顺序进行

(5)调整及清洗修复(表 2 - 16)。

表 2 - 16　调整及清洗修复步骤

序 号	调整、清洗修复及实施过程
1	旋下横向进给手轮螺母，取下手轮，旋下进给标尺轮 M8 内六角螺栓，取下标尺轮
2	分解各部分结构，观察其内部结构，取出齿轮轴连接 $\phi 6$ 锥销，打出齿轮轴，取下两个齿轮轴
3	对照实物观察由丝杠、光杠的旋转运动变成刀具的纵向、横向运动路线
4	清洗和修复各传动零件，按拆卸相反顺序安装好各个零件，使之能运转自如可靠
5	将溜板箱、丝杠、光杠、操纵杠安装在机床上，调整安装完毕后，使各个手柄操作自如可靠

【实训任务书】(表 2 - 17)

表 2 - 17　CA6140 车床中溜板箱实训

<table>
<tr><td>机床型号</td><td>学生姓名</td><td>实训地点</td><td>实训时间</td></tr>
<tr><td></td><td></td><td></td><td></td></tr>
<tr><td colspan="4">1. 本实训的中溜板箱组成：________、________、________、________、________。
2. 描述溜板箱工作原理</td></tr>
<tr><td colspan="2">画出主要零部件简图并标注其名称</td><td colspan="2">叙述其作用和特点</td></tr>
<tr><td colspan="2"></td><td colspan="2"></td></tr>
</table>

续表

机床型号	学生姓名	实训地点	实训时间
3. 拆卸(或安装测绘)步骤及注意事项			
4. 使用工具、量具			
5. 优化(或创新)			

【知识拓展】

卧式车床的精度与精度检验

1. 概述

卧式车床的加工精度，是衡量其性能的一项重要指标。影响车床加工精度的因素很多，但是其本身的精度是一个重要因素。其精度常用按检验项目测出的误差来表示。误差越小，则精度越高。对于卧式车床，其精度包括几何精度、传动精度、定位精度及工作精度等。在卧式车床中，其较常用的主要是几何精度、传动精度及工作精度几方面。

(1)几何精度　几何精度是指车床(机床)在空载不运动或较低速度运转时的精度，它规定了决定车床加工精度的主要零部件之间的相对位置允差，以及这些零部件运动轨迹间的相对位置允差。一切机床都有一定的几何精度要求。普通车床国家已经制订了这方面的标准，出厂时也根据它进行验收。

(2)传动精度　传动精度是指内联系传动链两末端件之间的相对运动精度。这方面的误差就称为该传动链的传动误差。例如车螺纹时，主轴每转一转，刀架的移动量应等于螺纹的导程。但实际上，由于主轴与刀架之间的传动链内，齿轮、丝杠及轴承(特别是主轴和丝杠的推力轴承)等存在着误差，使得刀架的实际移距与理想的移距之间有了误差；主轴与刀架之间瞬时传动比的误差，每一导程的误差和一定长度内的累积误差。这就是车床螺纹传动链的传动误差。在机床精度标准中都规定了其传动精度。

(3)定位精度　定位精度是指机床主轴部件在到达终点的实际位置精度。实际位置与理想位置之间的误差称为定位误差。如铣床分度头的分度精度，六角车床(回轮及转塔)回转刀架的转位精度，点位控制机床的定位精度等，它们每一步的定位都有一定的定位精度要求，才能保证准确定位。

(4)工作精度　工作精度是指车床在以工作状态的速度运动切削加工工件时的加工精度。这方面的误差，称为加工误差。加工误差与几何误差是不同的，它还受到运动速度、运动件的重力、传动力、摩擦力、切削力和热变形及振动的影响。所有这些影响都将引起机床静态精度的变化，影响工件的加工精度。机床在外载荷、温升及振动等工作状态作用下的精度，称为机床的动态精度。动态精度除与静态精度有密切关系外，还在很大程度上取决于机床的刚度、抗震性和热稳定性等。目前，在生产中一般是通过切削加工出的工件精度来考核机床的综合动态精度(即工作精度)。工作精度是各种因素对加工精度影响的综合反映。

2. 卧式车床的精度等级

卧式车床的精度等级分为三级：普通精度级、精密级和高精度级。普通精度级的车床最常见，一般为中型或重型车床。精密级和高精度级的车床在构造上要采取一些提高精度的措施，如分离传动、热平衡等。主要零部件的加工和装配精度，重要外购件（如轴承）的精度，都要相应提高。精密级和高精度级车床多为中轻型及小型车床，主要用于精密加工。三种精度等级的允差大致比例为1∶0.4∶0.25。

3. 卧式车床的精度标准及检验

卧式车床在设计时，就拟定了其精度标准，作为制定重要零件（主轴、导轨等）的技术要求，决定重要外购件如主轴轴承的精度以及装配、检验的依据。各类车床的精度标准已由国家做出规定，它规定了检验项目、测量方法和允差等。详细内容参见国家标准GB4020—83。

检验项目的拟定原则，是以最少的项目，全面地反映机床的精度，并可用比较简便可靠而又稳定的方法测出。检验项目可分为三大类：

(1)保证测量基准的精度项目；

(2)保证加工精度所必需的各项精度项目；

(3)工作精度项目。

在规定各个项目的允差时，要考虑车床在工作时因受力产生的弹性变形、热变形和磨损等的影响，使其留有一定的贮备。同时，还得考虑工艺上的可行性，不能要求过高而增加制造加工的困难和提高成本。

【教学评价】(见附录C)

【学后感言】

____

____

____

【思考与练习】

简答题：

1. 试分析CA6140型卧式车床的传动系统。

(1)传动系统有几条传动链？指出各条传动链的首端件和末端件。

(2)分析车削模数螺纹和径节螺纹的传动路线，并列出其运动平衡式。

2. 在CA6140型车床的主运动、车螺纹运动、纵向、横向进给运动、快速运动等传动链中，哪条传动链的两端件之间具有严格的传动比？哪条传动链是内联系传动链？

3. 分析CA6140型车床出现下列现象的原因，并指出解决办法：

(1)车削过程中产生闷车现象；

(2)车削过程中发生切削自振现象；

(3)重切削时主轴转速低于标牌上的转速，甚至发生停机现象。

4. CA6140型车床进给传动系统中，主轴箱和溜板箱中各有一套换向机构，它们的作用有何不同？能否用主轴箱中的换向机构来变换纵、横向机动进给的方向？为什么？C620-1型车床的情况是否与CA6140型车床相同？为什么？

5. CA6140型车床主轴前后轴承的间隙怎样调整（见图2-7）？作用在主轴上的轴向力是怎样传递到箱体上的？

6. 为什么卧式车床溜板箱中要设置互锁机构？丝杠传动与纵向、横向机动进给能否同时接通？纵向和横向机动进给之间是否需要互锁？为什么？

7. 与一般卧式车床相比，精密及高精密卧式车床主要采取了哪些措施来提高其加工精度和减小表面粗糙度？

8. 为了获得高的螺纹加工精度，高精度丝杠车床采取了哪些区别于卧式车床的传动与结构上的措施？

项目三　普通铣床结构认知与拆装

【学习目标】

（一）知识目标

（1）了解普通铣床的用途、运动、分类。

（2）了解 X6132 型铣床的工艺范围和主要组成部件。

（3）会分析 X6132 型铣床的主运动传动链、进给运动传动链和工作台快速移动。

（4）了解孔盘操纵机构的工作原理。

（二）技能目标

（1）能认识普通铣床，并能讲述其加工特点。

（2）能识读典型普通铣床的传动系统图并分析该普通铣床的传动原理。

（3）会对典型普通铣床零部件进行安装及调试。

（4）会对典型普通铣床机械故障进行排除。

【工作任务】

任务 3.1　X6132 型卧式铣床主轴部件拆装与调试

任务 3.2　X6132 型卧式铣床进给变速箱拆装与调整

任务 3.1　X6132 型卧式铣床主轴部件拆装与调试

【知识准备】

3.1.1　铣床的用途和运动

1. 铣床的用途

铣削是以旋转的铣刀做主运动，工件或铣刀做进给运动，在铣床上进行切削加工的过程。

铣削的特点是使用旋转的多刃刀具进行加工，同时参加切削的齿数多，整个切削过程是连续的，所以铣床的加工生产率较高；但由于每个刀齿的切削过程是断续的，每个刀齿的切削厚度也是变化的，使得切削力发生变化，产生的冲击会使铣刀刀齿寿命降低，严重时会引起崩齿和机床振动，影响加工精度。因此，铣床在结构上要求具有较高的刚度和抗震性。

如图 3－1 所示，在铣床上常使用圆柱铣刀、盘铣刀、角度铣刀、成形铣刀及面铣刀、模数铣刀等刀具加工平面（水平面、侧面、台阶面等）、沟槽（键槽、T 形槽、燕尾槽等）、成形表面（螺纹、螺旋槽、特定成形面等）、分齿零件（齿轮、链轮、棘轮、花键轴等）等，同时也可用于对回转体表面、内孔的加工以及切断等，效率较刨床高，在机械制造和维修部门得到广泛应用。铣床经济加工精度一般为 IT8 级、表面粗糙度为 Ra12.5～Ra1.6μm，精加工时可达到IT5 级，表面粗糙度可达 Ra0.2μm。

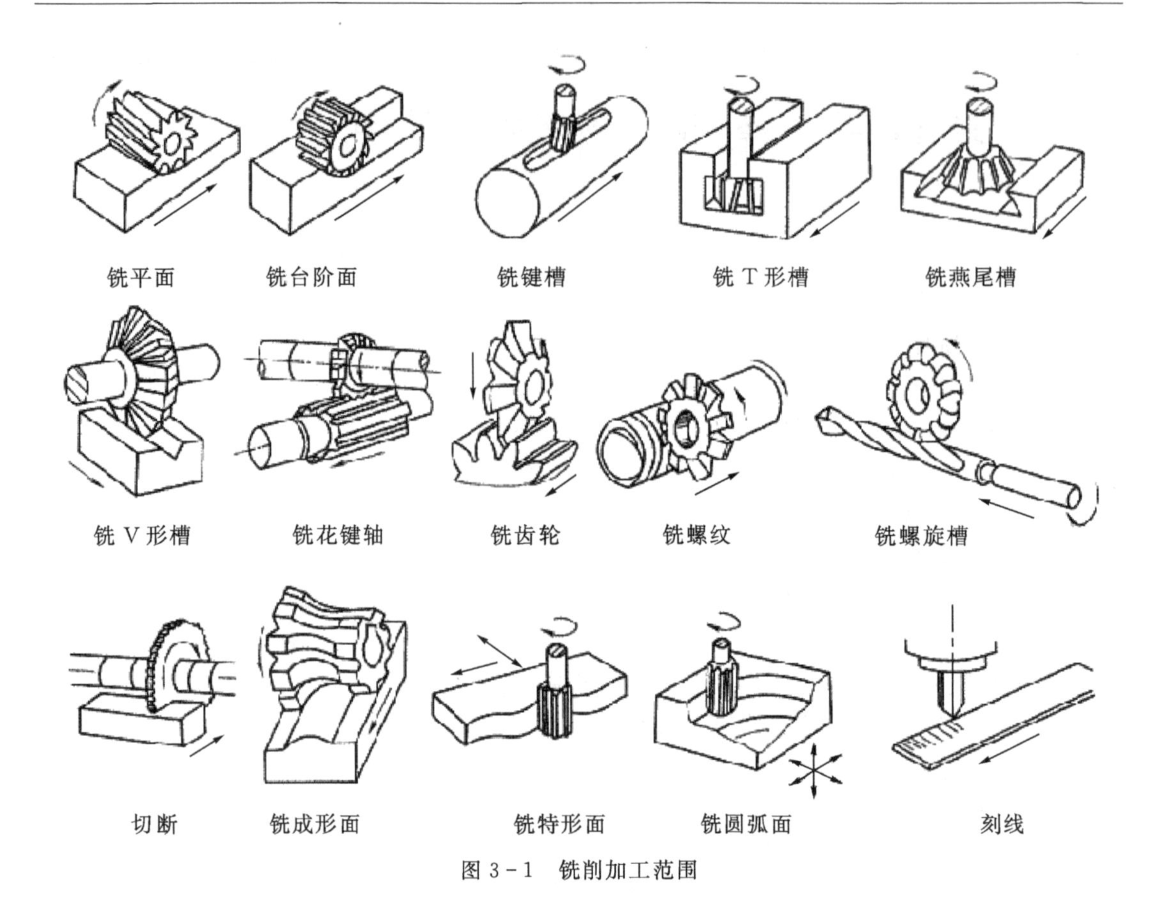

图3-1 铣削加工范围

2. 铣床的运动

铣床工作时的主运动是铣刀的旋转运动。多数铣床上，进给运动是由工件在垂直于铣刀轴线方向的直线运动来实现。少数铣床上，进给运动是工件的回转运动或曲线运动。为适应不同形状和尺寸的工件加工，铣床可保证工件与铣刀之间在相互垂直的三个方向上调整位置，并可根据加工要求，在其中任一方向实现进给运动。

3.1.2 铣床的类型及组成

铣床的类型很多，主要类型有：卧式升降台铣床、立式升降台铣床、龙门铣床、工具铣床、仿形铣床和各种专门化铣床等。

升降台铣床是铣床类机床中应用最广泛的一类机床。可用来加工中小型零件的平面、沟槽，配置相应的附件后，可铣削螺旋槽、分齿零件以及钻、镗孔、插销等工作。适用于单件小批量生产车间、工具车间及机修车间。

1)卧式升降台铣床

这种铣床的主轴是水平安置的。为了适应不同的工艺要求，又可分为：

(1)万能卧式升降台铣床(见图3-2) 床身2固定在底座1上，用于安装与支承机床各部件。床身内部有主传动装置及其操纵机构等。床身顶部的导轨上装有悬梁3，可沿水平方向调整其前后位置，其上的支架5用于支承刀杆的悬伸端，以提高刀杆刚度。升降台8安装在床身的垂直导轨上，可垂直移动。升降台内装有进给运动、快速移动传动装置等。升降台的水平导轨上装有床鞍 7，可沿平行于主轴 4 的轴线方向（称为横向）移动。床鞍顶面的圆形导轨上，装有回转盘 9，它可绕垂直轴±45°范围内调整一定角度。工作台 6 装在回转盘的导轨上，可沿垂直或倾斜于主轴轴线方向（称为纵向）移动。

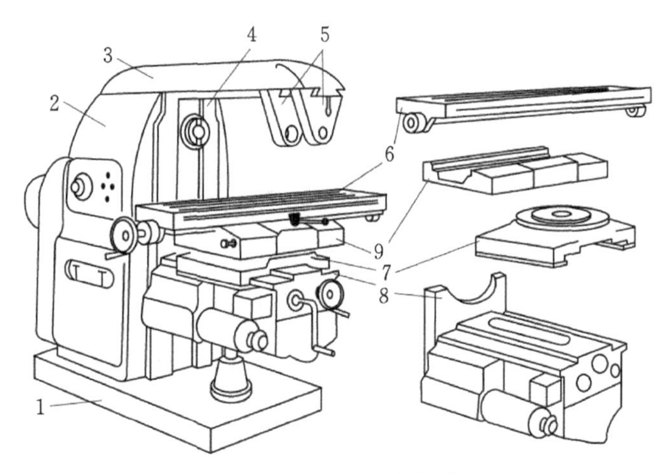

图 3-2　万能升降台铣床

1—底座；2—床身；3—悬梁；4—主轴；5—支架；6—工作台；7—床鞍；8—升降台；9—回转盘

(2)卧式升降台铣床　这种铣床与万能卧式升降台铣床基本相同，其区别仅是没有回转盘 9，工作台 6 装在床鞍 7 的导轨上，只能沿垂直于主轴轴线的方向移动。因此，不能加工螺旋槽。

2)立式升降台铣床

这类铣床与卧式升降台铣床的主要区别是，它的主轴是垂直安装的。图 3-3 所示为立式升降台铣床中常见的一种。立铣头 1 可根据加工要求在垂直平面内调整角度，主轴 2 可沿轴线方向进行调整或作进给运动。

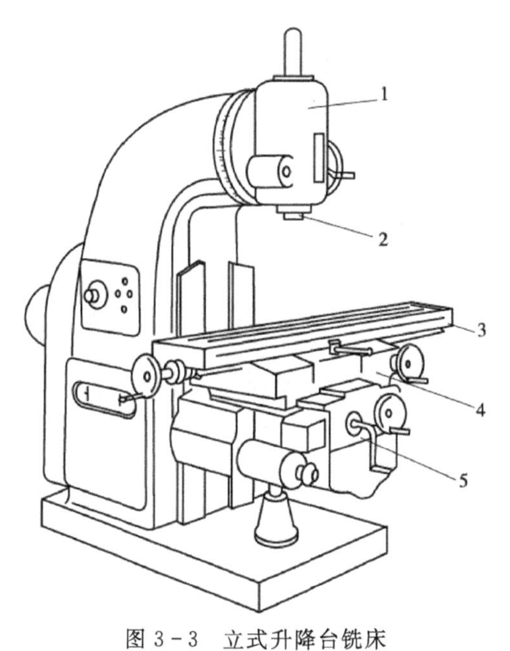

图 3-3　立式升降台铣床

1—立铣头；2—主轴；3—工作台；4—床鞍；5—升降台

3)龙门铣床

龙门铣床是一种大型高效能通用机床,它不仅可以进行粗加工及半精加工,亦可进行精加工。图 3-4 为具有四个铣头的中型龙门铣床。加工时,工件固定在工作台 1 上,可用横梁 3 上的两个垂直铣头 4、5 及立柱 7 上的水平铣头 2、6 同时加工工件的几个平面,从而具有较高的生产率。

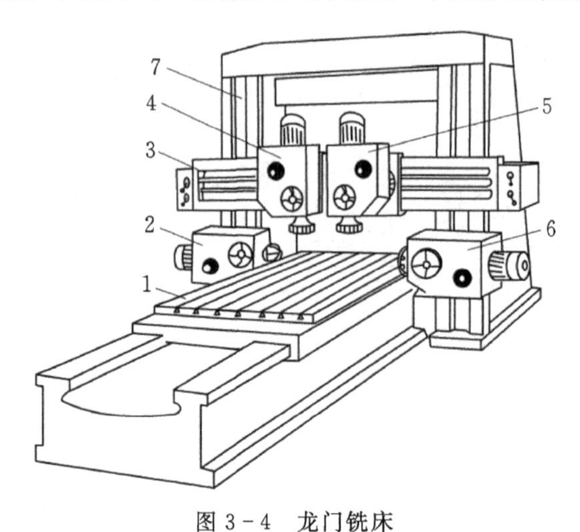

图 3-4　龙门铣床

1—工作台;2,6—水平铣头;3—横梁;4,5—垂直铣头;7—立柱

3.1.3　X6132 型铣床的传动系统

1. 主运动传动链

X6132 型铣床的传动系统如图 3-5 所示。主运动传动链位于铣床床身内部,用于控制主轴变速、变向以及停止时的制动等。主电动机与主轴是主运动传动链的两个末端件。主运动由主电动机(7.5kW、1450r/min)驱动,经 V 带传至轴Ⅱ,再经轴Ⅱ-Ⅲ间和轴Ⅲ-Ⅳ间两组三联滑移齿轮变速组,轴Ⅳ-Ⅴ双联滑移齿轮变速组,使主轴具有 18 级转速(30~1500r/min)。

主传动的传动路线表达式为

$$\underset{\substack{7.5\text{kW} \\ 1450\text{r/min}}}{\text{电动机(Ⅰ轴)}} - \frac{\varphi 150}{\varphi 290} - \text{Ⅱ} - \begin{bmatrix} \frac{19}{36} \\ \frac{22}{33} \\ \frac{16}{38} \end{bmatrix} - \text{Ⅲ} - \begin{bmatrix} \frac{27}{37} \\ \frac{17}{46} \\ \frac{38}{26} \end{bmatrix} - \text{Ⅳ} - \begin{bmatrix} \frac{80}{40} \\ \frac{18}{71} \end{bmatrix} - \text{Ⅴ(主轴)}$$

主轴旋转方向的改变由电动机的正、反转实现。主轴的制动由安装在轴Ⅱ上的多片式电磁制动器 M 进行控制。

2. 进给运动传动链及工作台快速移动

铣床工作台可实现纵向、横向和垂直三个方向的进给运动以及三个方向的快速移动。进给运动传动链的两个末端件是进给电动机和工作台。进给运动由安装在升降台内部的进给电动机(1.5kW、1410r/min)驱动。电磁摩擦离合器 M_1、M_2 用于控制工作台的进给运动和快速移动,M_3、M_4、M_5 用于控制工作台的垂直、横向、纵向移动。三个方向的运动用电气方法实现互锁,保证工作时只接通其中一个方向的运动,防止因错误操作而发生事故。

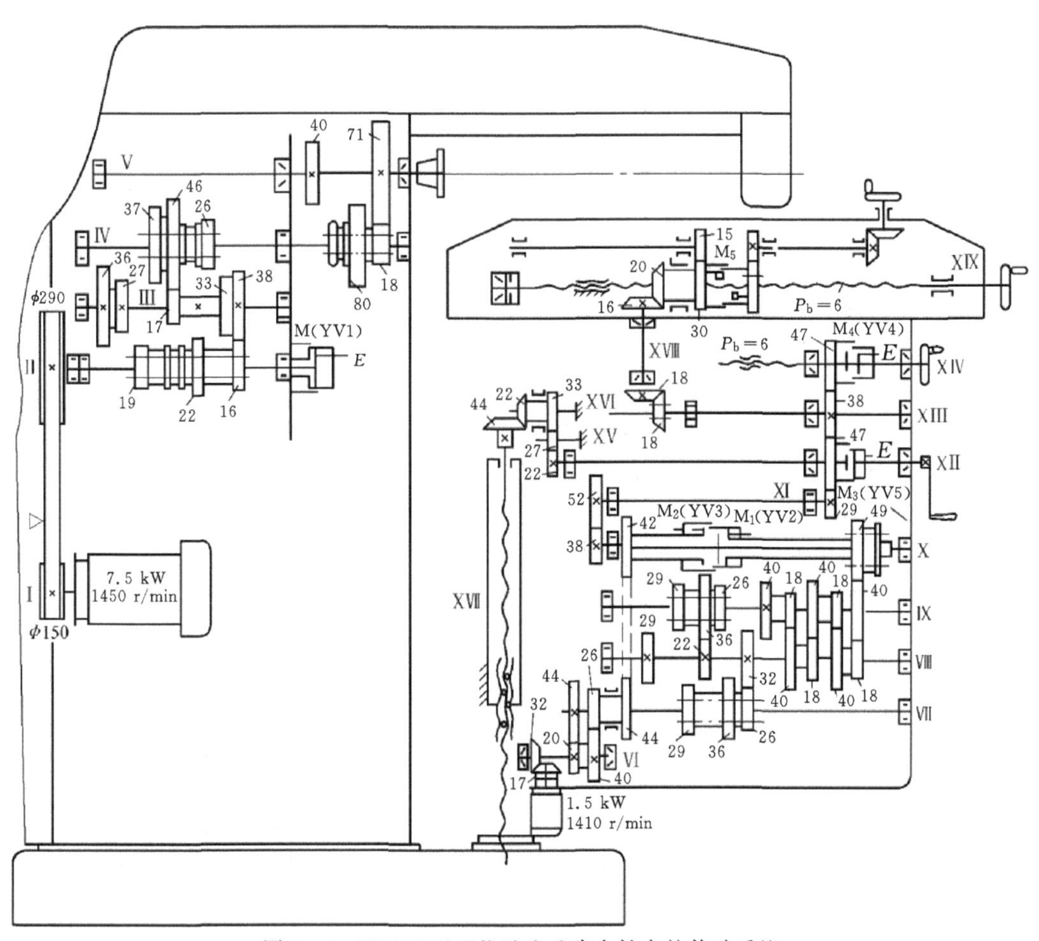

图 3－5　X6132 型万能卧式升降台铣床的传动系统

进给运动传动路线表达式为

$$
\underset{\substack{1.5\text{kW}\\1410\text{r/min}}}{\text{电动机}}-\frac{17}{32}-\text{VI}-\left[\begin{array}{l}\dfrac{20}{44}-\text{VII}-\left[\begin{array}{c}\dfrac{29}{29}\\ \dfrac{36}{22}\\ \dfrac{26}{32}\end{array}\right]-\text{VIII}-\left[\begin{array}{c}\dfrac{32}{26}\\ \dfrac{29}{29}\\ \dfrac{22}{36}\end{array}\right]-\text{IX}-\left[\begin{array}{c}\dfrac{40}{49}\\ \dfrac{18}{40}\times\dfrac{18}{40}\times\dfrac{18}{40}\times\dfrac{18}{40}\times\dfrac{40}{49}\\ \dfrac{18}{40}\times\dfrac{18}{40}\times\dfrac{40}{49}\end{array}\right]-\underset{(\text{工作进给})}{M_1\text{ 合}}\\ \dfrac{40}{26}\times\dfrac{44}{22}-M_2\text{ 合(快速)}-\end{array}\right]-
$$

$$
-\text{X}-\frac{38}{52}-\text{XI}-\frac{29}{47}-\left[\begin{array}{l}\dfrac{47}{38}-\text{XIII}-\left[\begin{array}{l}\dfrac{18}{18}-\text{XVIII}-\dfrac{16}{20}-M_5\text{ 合}-\text{XIX}(\text{纵向进给})\\ \dfrac{38}{47}-M_4\text{ 合}-\text{XIV}(\text{横向进给})\end{array}\right]\\ M_3\text{ 合}-\text{XII}-\dfrac{27}{27}-\text{XV}-\dfrac{27}{33}-\text{XVI}-\dfrac{22}{44}-\text{XVII}(\text{垂直进给})\end{array}\right]
$$

理论上，铣床在相互垂直的三个方向上均可得到 $3\times3\times3=27$ 种不同的进给量，但因轴Ⅶ—Ⅸ间的两组三联滑移齿轮变速组的 $3\times3=9$ 种传动比中，有三种是相同的，即：$\frac{26}{32}\times\frac{32}{26}=$

$\frac{29}{29}\times\frac{29}{29}=\frac{36}{22}\times\frac{22}{36}=1$，所以，轴Ⅶ—Ⅸ间的两个变速组只有 7 种不同的传动比，使轴 X 上只能得到 7×3＝21 种不同转速，也就是三个进给方向上的进给量各有 21 级。其中，纵向及横向的进给量范围为 10～1000mm/min，垂直进给量范围为 3.3～333mm/min。

进给运动的方向变换由进给电动机的正、反转来实现。

工作台的快速移动可用于调整工作台纵向、横向和垂直等三个方向的位置。实现快速移动的方法是：脱开电磁离合器 M_1，接通电磁离合器 M_2，即可获得快速移动。电磁离合器 M_3、M_4、M_5 分别可接通垂直、横向和纵向的快速移动。

3.1.4 X6132 型铣床的主轴部件

铣床主轴用于安装并带动铣刀旋转。由于是断续切削，铣削力呈周期变化，易引起振动，所以要求主轴部件应有较高的刚性和抗震性。图 3－6 为主轴部件结构图。主轴 1 是一空心轴，内有 7∶24 精密锥孔，精密锥孔用于刀具或刀杆的锥柄与锥孔配合定心，安装铣刀刀杆的柄部或面铣刀，从主轴尾部穿过中心孔的拉杆可将刀杆拉紧。主轴前端有精密定心外圆柱面，端面镶有两个端面键 7，用于嵌入铣刀柄部的缺口中以传递转矩。

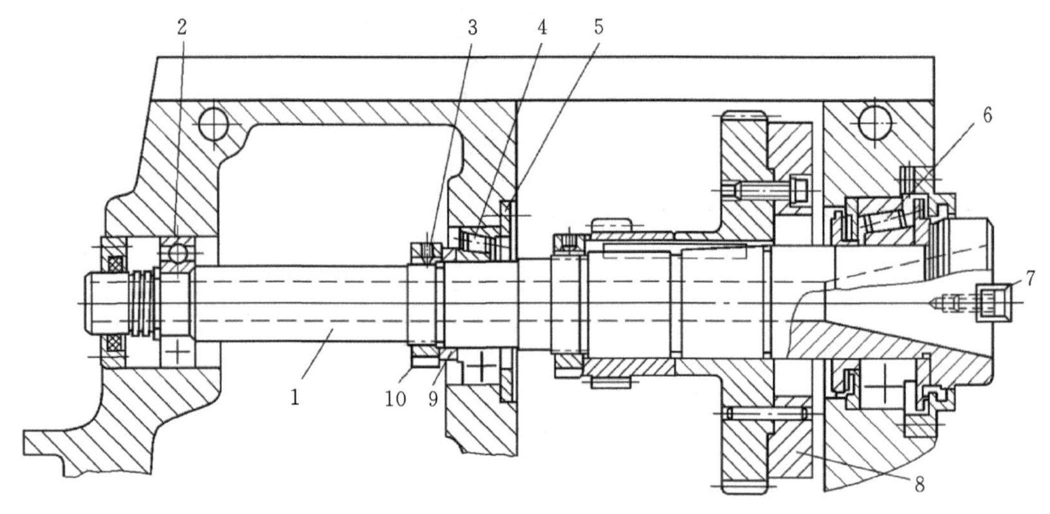

图 3－6　主轴部件

1—主轴；2—后轴承；3—紧定螺钉；4—中间支承；5—轴承端盖
6—轴承；7—端面键；8—飞轮；9—轴套；10—调整螺母

为提高刚性，主轴采用三支承结构。前支承采用 P5 级精度的圆锥滚子轴承 6，用于承受径向力和向左的轴向力；中间支承采用 P6 级精度的圆锥滚子轴承，以承受径向力和向右的轴向力；后支承采用 P5 级单列深沟球轴承，只承受径向力。主轴的回转精度主要是前支承和中间支承保证的，后支承只起辅助作用。轴承出现间隙时，应及时调整，以保证主轴的回转精度。调整间隙的步骤是：先移开悬梁，拆下盖板，松开紧定螺钉 3，用专用勾头扳手勾住螺母 10，再用一短铁棍通过主轴前端的端面键 7 扳动主轴顺时针转动，通过螺母 10 使中间轴承 4 的内圈向右移动，消除中间轴承的间隙。继续转动主轴，可使主轴向左移动，通过轴肩带动前轴承 6 的内圈左移，消除前轴承的间隙。调整后，拧紧紧定螺钉 3，盖上盖板，恢复悬梁位置，并使主轴以最高速运转 1h，轴承温升不应超过 60℃。

主轴前端的大齿轮上用螺钉和定位销紧固一飞轮8，切削中，可通过飞轮的惯性使主轴运转平稳，减少断续切削引起的冲击和振动，保证主轴回转精度。

【任务实施】

1. X6132型卧式万能升降台铣床主轴拆装目的

(1)观察X6132型卧式万能升降台铣床整机。

(2)初步认识铣床及主轴部件。

(3)弄清楚各部分如何协同工作。

(4)掌握主传动系统工作原理。

2. 设备和工具

设备：X6132型卧式万能升降台铣床。

拆装工具：活动扳手、钩形扳手、内六角扳手、M16圆头螺栓、内外挡圈钳、榔头、螺丝刀、销子冲、1.5m撬杠、拔销器、拉力器、三角刮刀、大小铝棒、垫铁。

辅助工具：润滑油、机床使用说明书、传动系统图、典型部件结构图等。

3. 实训内容

对X6132型卧式万能升降台铣床主轴部件进行拆装，掌握其结构特征，调整主轴间隙，其操作步骤如表3-1所示。

表3-1 主轴部件拆装步骤

序号	主轴部件拆装实施过程
1	移开床身顶部的悬梁，拆下机床盖板
2	把端盖的螺丝旋出，取下端盖
3	取下砂轮盖的螺丝及砂轮盖，旋出径向螺钉
4	取下前后各三块短三瓦，拆下主轴部件
5	清洗拆下来的零件，去毛刺
6	按照与上述拆卸步骤相反的顺序，先拆的后安装，将主轴部件装配起来

4. 拆装的注意事项

(1)看懂结构再动手拆，并按先外后里，先易后难，先下后上顺序拆卸，先拆紧固、连接、限位件(顶丝、销钉、卡圆、衬套等)。

(2)合理规范使用各种工具。

(3)拆前看清组合件的方向、位置排列等，以免装配时搞错。

(4)拆下的主轴必须规范放置、丝杠和镶条必须垂直放置，防止弯曲变形。

(5)装配时注意加润滑油，并做好清洁工作，所有导轨面、镶条面必须去毛刺。

(6)做好安全防护工作。

【评分标准】

按照表3-2进行拆装与调试。

表 3-2　主轴部件拆装评分表

考核项目	考核内容	要求及评分标准	配分	成绩
基本情况	工具的选用	工具选用不当，发现一次扣 1 分，直到扣完本分值为准	10	
	零部件摆放	零部件乱摆乱放，除下述另有规定的外，发现一次扣 1 分，直到扣完本分值为准	10	
拆卸过程评定	拆卸主轴部件	按照表 3-1 内容，先外后里，先易后难，先下后上顺序拆卸，顺序错误扣 1 分，直到扣完本分值为准	10	
		先拆紧固、连接、限位件（顶丝、销钉、卡圆、衬套等）否则扣 1 分，直到扣完本分值为准	10	
清洗过程评定	拆卸的零件进行清洗、修正	对零件进行仔细清理，并对需要修正的部件进行修正	10	
装配过程评定	组装主轴部件内各零件	按照拆装顺序反向进行装配	10	
装配质量评定	对组装好的主轴部件进行功能验证	主轴部件装配好开机后机床可以正常运转	10	
文明生产	安全操作	符合安全操作规范	10	
	6S 标准执行	工作过程符合标准，及时清理维护设备	10	
	团队合作	具备小组间沟通、协作能力	10	
合计			100	

【知识拓展】

铣床附件

1. 万能分度头

在铣削加工中，常会遇到铣六方、齿轮、花键和刻线等工作。这时，工件每铣过一面或一个槽之后，需要转过一个角度，再铣削第二个面、第二个槽等，这种工作叫作分度。分度头就是根据加工需要，对工件在水平、垂直和倾斜位置进行分度的机构如图 3-7、图 3-8 及图 3-9 所示。其中最为常见的是万能分度头。

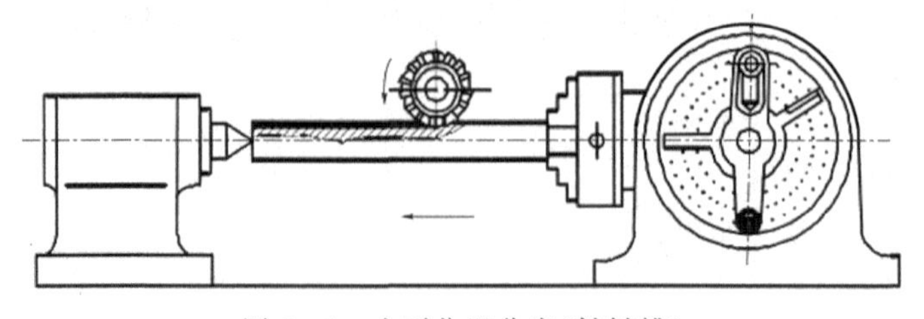

图 3-7　水平位置分度（铣键槽）

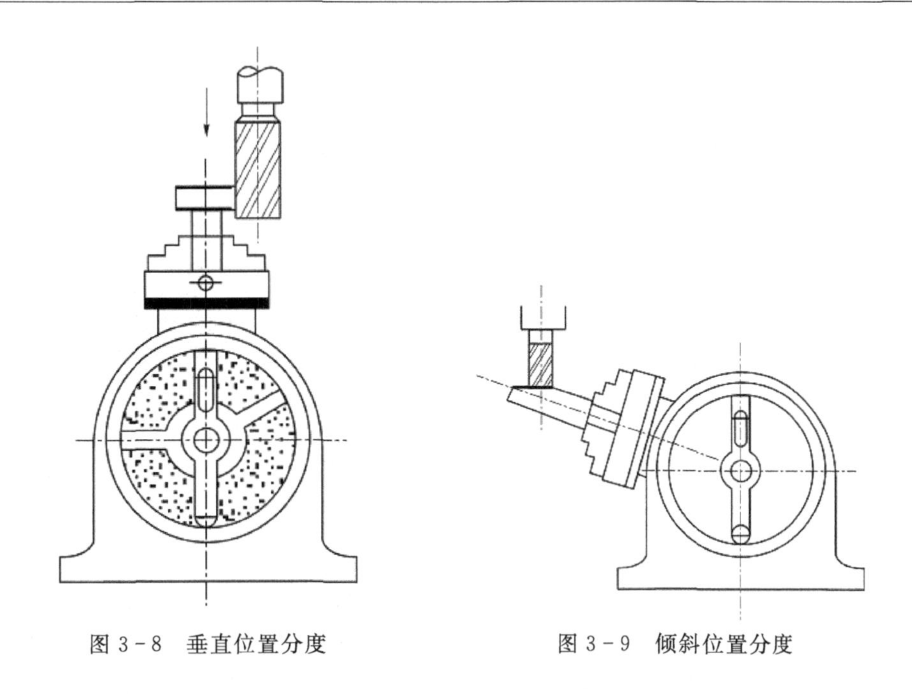

图 3－8　垂直位置分度　　　　图 3－9　倾斜位置分度

(1)万能分度头的用途　升降台式铣床配备有多种附件，用来扩大工艺范围，其中万能分度头是常用的一种附件。被加工的工件装在万能分度头主轴的顶尖或卡盘上，可进行以下工作：

① 使工件绕轴线回转一定角度，以完成等分或不等分的圆周分度工作。

② 通过配换齿轮，由分度头带动工件连续转动，并与工作台的纵向进给运动相配合，可加工螺旋槽、螺旋齿轮和阿基米德螺旋线凸轮。

③ 用卡盘夹持工件，使工件轴线相对于铣床工作台面倾斜一所需的角度，用于加工与工件轴线相交一定角度的沟槽或平面等。

(2)万能分度头的构造　下面以 FW125 型万能分度头为例，说明分度头的构造及调整方法。如图 3－10 所示为其外形及传动系统图。分度头主轴 2 安装在鼓形壳体 4 内，鼓形壳体以两侧轴颈支撑在底座 8 上，可绕其轴线回转，使主轴在水平线以下 6°～95°范围内调整所需角度。分度头主轴的前端有锥孔，用于安装顶尖 1，其外部有一定位锥体，用于安装三爪卡盘。转动分度头手柄 11，经传动比 $u=\frac{1}{1}$ 的齿轮副及传动比 $u=\frac{1}{4}$ 的蜗轮蜗杆副，可带动分度头主轴回转至所需的分度位置。分度头手柄 11 在分度时转过的转数，由插销 10 所对分度盘 7 上孔圈的小孔数目来确定。这些小孔在分度盘端面上，以不同孔数等分地分布在各同心圆上。FW125 型万能分度头备有 3 块分度盘，供分度时选用，每块分度盘有 8 圈孔，每圈孔数分别为：

第一块：16、24、30、36、41、47、57、59；

第二块：23、25、28、33、39、43、51、61；

第三块：22、27、29、31、37、49、53、63。

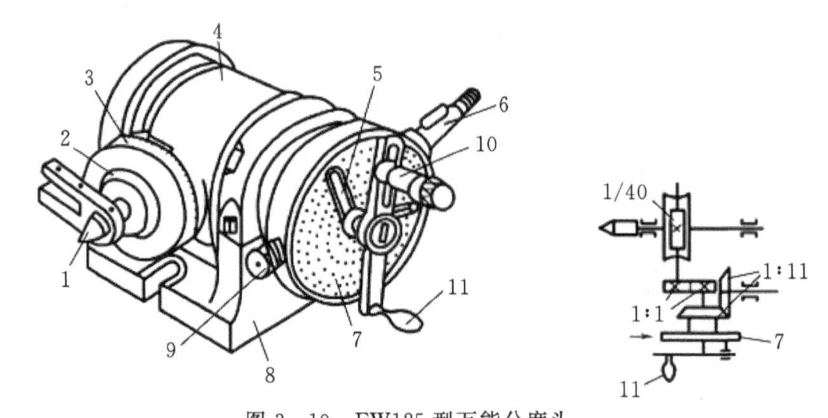

图 3-10　FW125 型万能分度头

1—顶尖；2—分度头主轴；3—刻度盘；4—鼓形壳体；5—分度叉；6—分度头外伸轴；7—分度盘；8—底座；9—锁紧螺钉；10—插销；11—分度头手柄

2. 万能铣头

在卧式铣床上装上万能铣头，不仅能完成各种立铣的工作，而且还可以根据铣削的需要，把铣头主轴扳成任意角度。如图 3-11 所示为万能铣头(将铣刀 2 扳成垂直位置)的外形图。其底座 1 用螺栓 5 固定在铣床的垂直导轨上。铣床主轴的运动通过铣头内的两对锥齿轮传到铣头主轴上。铣头的壳体 3 可绕铣床主轴轴线偏转任意角度。铣头主轴壳体 4 还能在壳体 3 上偏转任意角度。因此，铣头主轴就能在空间偏转成所需要的任意角度。

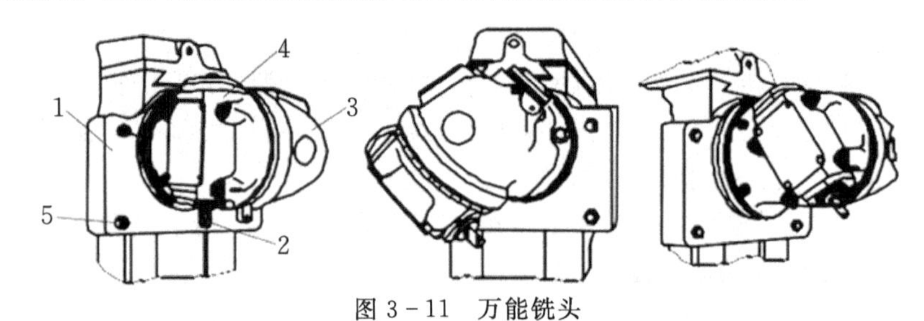

图 3-11　万能铣头

1—底座；2—铣刀；3—壳体；4—铣头主轴壳体 ；5—螺栓

3. 回转工作台

回转工作台，又称为转盘、平分盘、圆形工作台等，其外形如图 3-12 所示。它的内部有一套蜗轮蜗杆。摇动手轮，通过蜗杆轴，就能直接带动与转台相连接的蜗轮转动。转台周围有刻度，可以用来观察和确定转台位置。拧紧固定螺钉，转台就固定不动。转台中央有一孔，利用

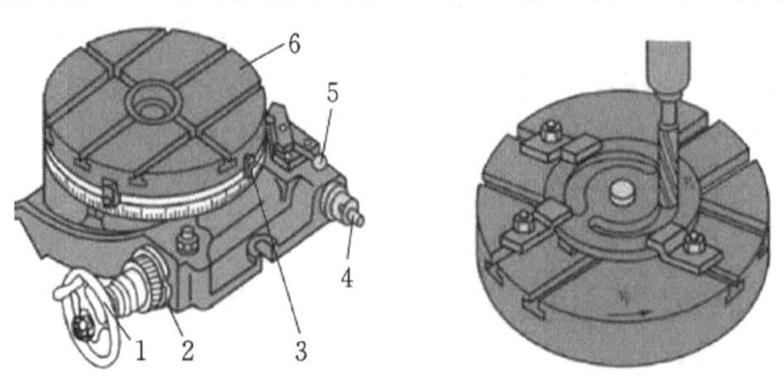

图 3-12　回转工作台及用途

1—手轮；2—偏心环；3—挡铁；4—传动轴；5—离合器手柄；6—转台

它可以方便地确定工件的回转中心。当底座上的槽和铣床工作台上的T形槽对齐后,即可用螺栓把回转工作台固定在铣床工作台上。铣圆弧槽时,工件安装在回转工作台上,铣刀旋转,用手均匀缓慢地摇动回转工作台使工件铣出圆弧槽。

4. 平口钳

平口钳是一种通用夹具,经常用其安装小型工件。使用时先把平口钳钳口找正并固定在工作台上,然后再安装工件。常用的按划线找正的安装方法如图3-13所示。

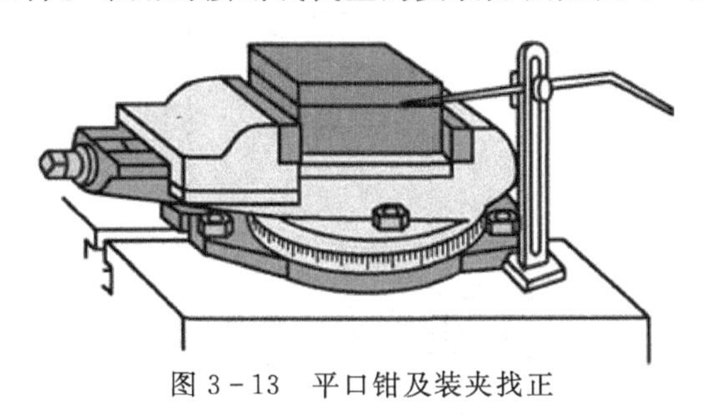

图3-13　平口钳及装夹找正

任务3.2　X6132型卧式铣床进给变速箱拆装与调整

【知识准备】

3.2.1　孔盘操纵机构

X6132型铣床的主运动和进给运动变速操纵机构均采用集中式孔盘变速操纵机构,图3-14为孔盘变速操纵机构的工作原理图。拨叉1固定在齿条轴2上,齿条轴2和2′与齿轮4啮合。齿条轴2和2′的右端是具有不同直径的圆柱m和n形成的阶梯轴,孔盘3的不同圆周上分布着大、小孔或无孔与之相对应,共同构成操纵滑移齿轮的变速机构。操作时,先将孔盘中大、小孔或无孔面3向右拉离齿条轴,转动一定的角度后,再将孔盘向左推入,根据孔盘中大、小孔或无孔面对齿条轴的定位状态,决定了齿条轴2轴向位置的变化,从而拨动滑移齿轮改变啮合位置。

下面以一个变速操纵组的变速为例说明其工作原理:如图3-14(a)所示,孔盘上相对齿条轴2处没有孔,而相对2′处有与台肩m相配的大孔。当孔盘左移时,可推动齿条轴2左移,带动齿轮4逆时针转动时,推动2′的台肩m插入孔盘的大孔中,此时拨叉1拨动三联滑移齿轮移至左位啮合。如图3-14(b)所示,孔盘上与齿条轴2和2′相对处都有和台肩n相配的小孔,当孔盘左移时,推动齿条轴2′左移,带动齿轮4顺时针转动,推动齿条轴2右移,使2和2′分别插入孔盘的小孔中,拨叉1拨动三联滑移齿轮移至中位啮合。如图3-14(c)所示,孔盘上相对齿条轴2处有与台肩m相配的大孔,相对2′处没有孔,当孔盘左移时,可推动齿条轴2′左移,齿轮4顺时针转动,2的台肩m插入孔盘的大孔中,拨叉1拨动三联滑移齿轮移至右位啮合。双联滑移齿轮变速操纵组的工作原理与此类似,但因只需左、右两个啮合位置,故齿条轴2和2′右端只有一段台肩,孔盘上只需在对应的位置上有孔或无孔,由齿条带动拨叉使双联滑移齿轮改变啮合位置,从而达到变速的目的。

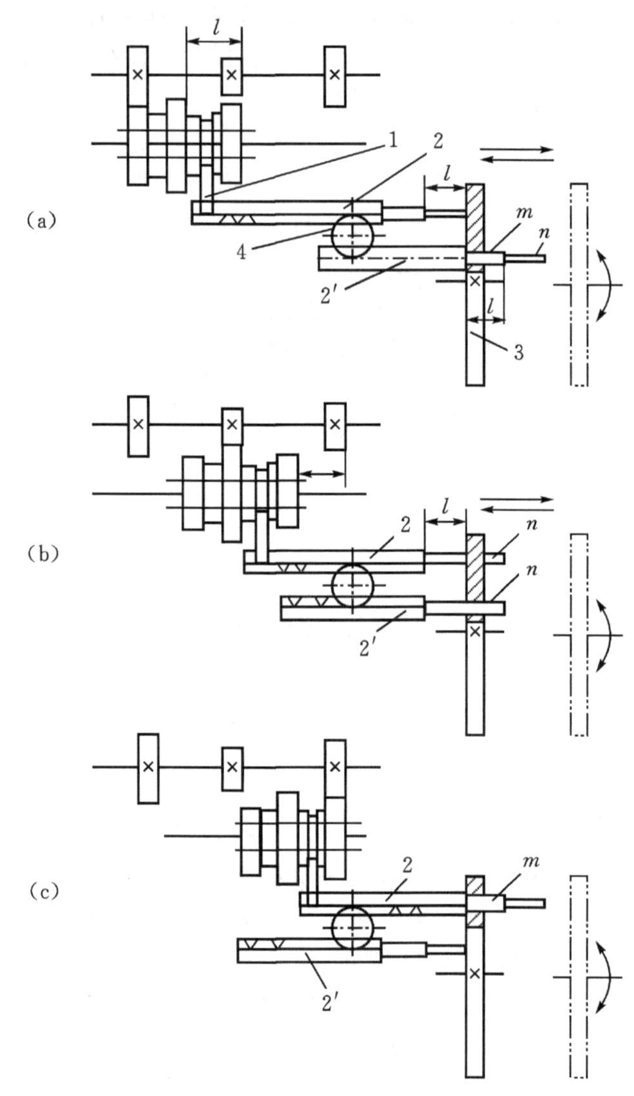

图 3－14　孔盘变速原理

1—拨叉；2、2′—齿条轴；3—孔盘；4—齿轮

图 3－15 为变速操纵图。变速是由手柄 1 和速度盘 4 联合操纵。变速时，将手柄 1 向外拉出，手柄 1 绕销子 3 摆动而脱开定位销 2；然后逆时针转动手柄 1 约 250°，经操纵盘 5、平键带动齿轮套筒 6 转动，再经齿轮 9 使齿条轴 10 向右移动，其上拨叉 11 拨动孔盘 12 右移并脱离各组齿条轴；接着转动速度盘 4，经心轴、一对锥齿轮使孔盘 12 转过相应的角度（由速度盘 4 的速度标记确定）；最后反向转动手柄 1，通过齿条轴 10，由拨叉将孔盘 12 向左推入，推动各组变速齿条轴作相应的移位，改变三个滑移齿轮的位置，实现变速，当手柄 1 转回原位并由销 2 定位时，各滑移齿轮达到正确的啮合位置。

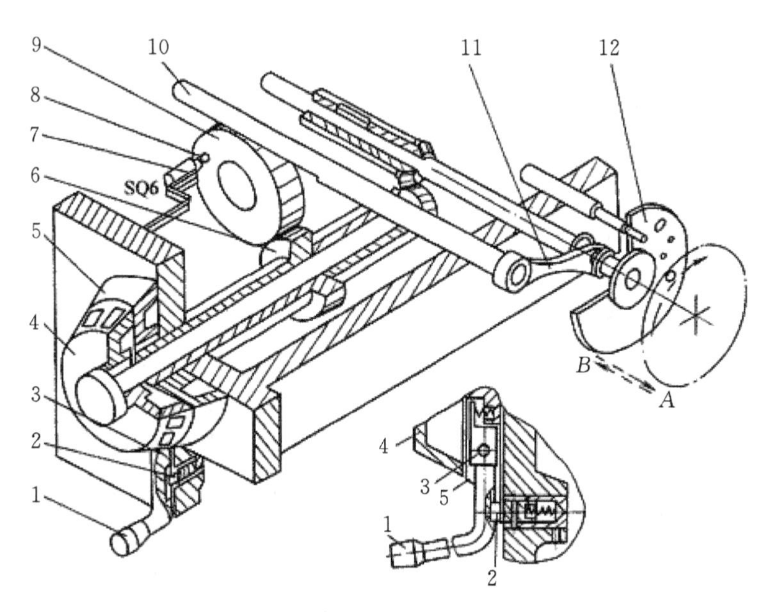

图 3 - 15　变速操纵机构

1—手柄；2—定位销；3—销子；4—速度盘；5—操纵盘；6—齿轮套筒

7—微动开关；8—凸块；9—齿轮；10—齿条轴；11—拨叉；12—孔盘

变速时，为了使滑移齿轮在移动过程中易于啮合，变速机构中设有主电动机瞬时点动控制。变速操纵过程中，齿轮 9 上的凸块 8 压动微动开关 7(SQ6)，瞬时接通主电动机，使之产生瞬时点动，带动传动齿轮慢速转动，使滑移齿轮容易进入啮合。

3.2.2　工作台及顺铣机构

1. 工作台

升降台式铣床工作台的纵向进给及快速移动机构一般采用丝杠螺母副传动，如图 3 - 16 所示为 X6132 型卧式万能升降台铣床工作台结构图。

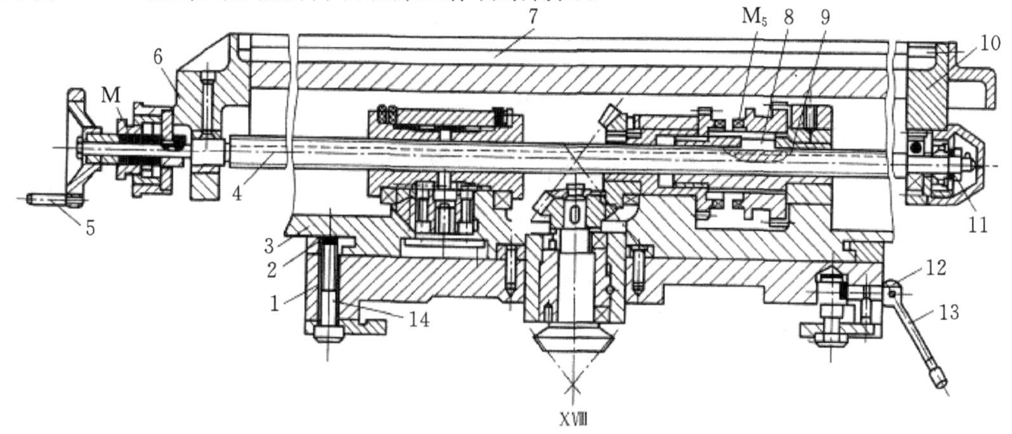

图 3 - 16　X6132 型卧式万能升降台铣床工作台结构图

1—床鞍；2—压板；3—回转盘；4—纵向进给丝杠；5—手轮；6—前支架；

7—工作台；8—花键；9—花键套筒；10—后支架；11—螺母；12—偏心轴；

13—手柄；14—螺栓

它由工作台7、床鞍1、回转盘3三部分组成。床鞍1用它的矩形导轨与升降台(图中未示出)的导轨相配合,使工作台在升降台导轨上做横向移动。工作台不做横向移动时,可通过手柄13经偏心轴12的作用将床鞍夹紧在升降台上。工作台7可沿回转盘3上面的燕尾导轨作纵向移动。工作台连同转盘一起,可以绕圆锥齿轮的轴线ⅩⅧ回转$-45°\sim45°$,并利用螺栓14和两块弧形压板2紧固在床鞍上。纵向进给丝杠4支撑在工作台左端前支架6处的滑动轴承及工作台右端后支架10处的推力球轴承和圆锥滚子轴承上,以承受径向力和两个方向上的轴向力。轴承的间隙由螺母11进行调整。手轮5空套在丝杠上,当将手轮5向里推(图3-16中向右推),并压缩弹簧使端面齿离合器M接通后,便可手摇工作台纵向移动。在回转盘3上,离合器M_5用花键8与花键套筒9连接,而花键套筒9又用花键8与铣有键槽的纵向进给丝杠4连接,因此,如将端面齿离合器M_5向左接通,则轴ⅩⅧ的运动经圆锥齿轮副、M_5及花键8而带动纵向进给丝杠4转动。由于双螺母固定安装在回转盘的左端,它既不能转动又不能做轴向移动,所以当纵向进给丝杠4获得旋转运动后,会同时又做轴向移动,从而使工作台7作纵向进给运动和快速移动。

2. 顺铣机构

在铣床上加工工件时,常常采用逆铣和顺铣两种加工方式,如表3-3所示。

表3-3 顺铣与逆铣对照

铣削方式	顺　铣	逆　铣
图示	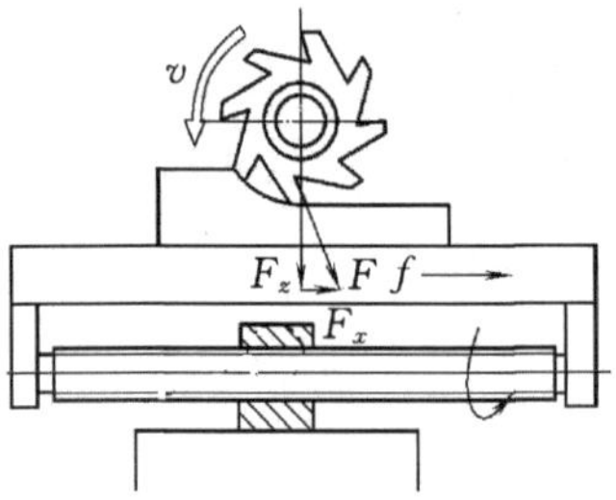	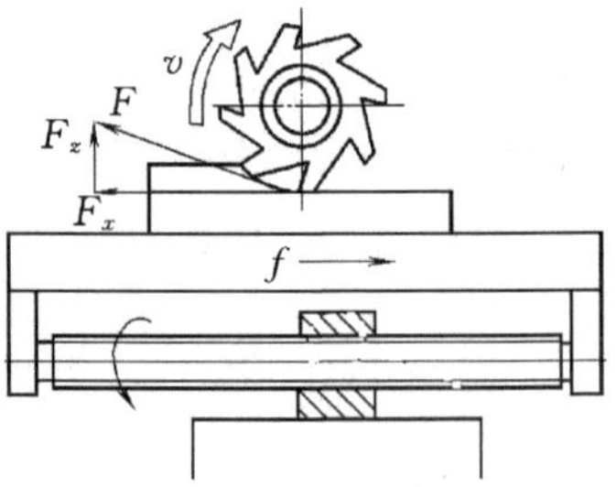
定义	铣刀刀尖最低点的切削速度与工件的进给运动方向相同	铣刀刀尖最低点的切削速度与工件的进给运动方向相反
特点	顺铣时,铣刀与工件不会产生挤压作用,已加工面冷作硬化现象较轻,有利于保证已加工表面质量,刀架寿命比逆铣时提高2～3倍。但水平切削分力会导致工作台出现窜动现象,引起振动,甚至造成铣刀刀齿折断。作用在工件上的垂直切削分力将压紧工件,使工件的定位夹紧更为可靠	切削厚度由薄变厚,切削力由小变大,故冲击较小,切削较平稳。逆铣还避免了铣刀刀齿先接触工件的粗硬外皮,当工件为铸、锻件毛坯时,对刀刃有保护作用。同时,作用在工件上的水平切削分力与进给方向相反,避免工作台的窜动。但因刀刃一开始不易直接切入工件,刀具与工件已加工表面之间产生强烈的挤压,使工件已加工表面产生冷做硬化现象,加速刀具磨损并影响加工表面质量。工件所受垂直分力向上,不利于工件的夹紧
适用场合	精加工	粗加工

铣床工作台丝杠与螺母的配合关系如图3-17所示。逆铣时,若工作台向右进给,则丝杠螺纹左侧与螺母螺纹右侧接触,螺纹左侧将出现间隙。这时由于铣刀作用在工件上的水平切

削分力 F_f 与进给运动 f 方向相反，使丝杠螺纹的左侧始终与螺母螺纹的右侧接触，故切削过程是稳定的。顺铣时，主运动 v 的方向与进给运动 f 的方向相同，若工作台向右进给，则丝杠螺纹右侧与螺母螺纹左侧仍存在间隙，此时铣刀作用在工件上的水平分力 F_f 与进给运动 f 方向相同，水平分力 F_f 会通过工作台带动丝杠向右窜动。由于 F_f 是变化的，最终会引起工作台产生振动，影响切削过程的稳定性，甚至造成铣刀刀齿折断。由于丝杠与螺母之间的间隙对铣床切削质量有较大影响，因此，铣床工作台的进给丝杠与螺母之间必须装有顺铣机构(双螺母机构)。如图 3－18 所示，顺铣机构能消除丝杠、螺母之间的间隙，使工作台不产生轴向窜动，保证顺铣顺利进行；逆铣或快速移动时，可使丝杠与螺母自动松开，降低螺母加在丝杠上的预紧力，减少丝杠与螺母之间的磨损。

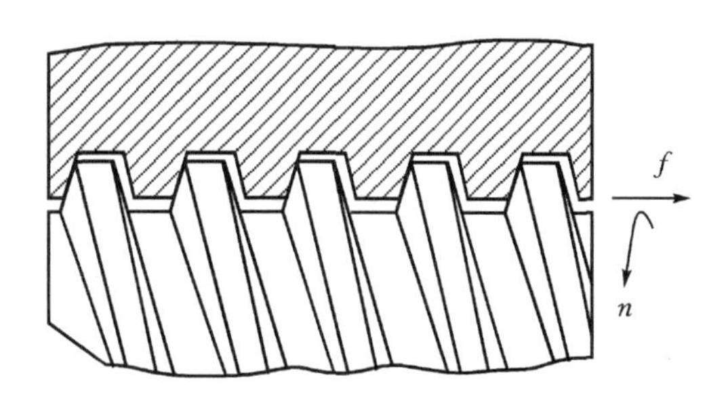

图 3－17　丝杠与螺母的配合关系

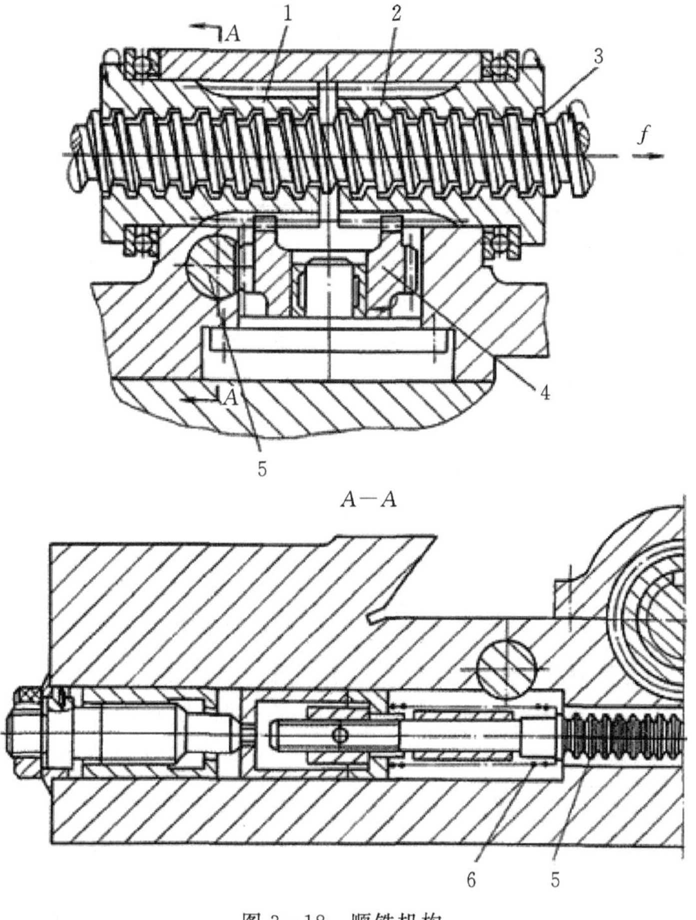

图 3－18　顺铣机构

1—左螺母；2—右螺母；3—丝杠；4—齿轮；5—齿条；6—弹簧

顺铣机构的工作原理：齿条5在弹簧6的作用下右移（$A-A$），带动齿轮4沿箭头方向转动，带动左、右螺母1、2外圆的齿轮转动，使左、右螺母做相反方向的转动，从而使螺母1的螺纹左侧与丝杠螺纹的右侧靠紧，螺母的螺纹右侧与丝杠的螺纹左侧靠紧，消除螺母与丝杠之间的间隙。转动弹簧6后部的小丝杠，调整弹簧6的压力，进而调整工作台纵向进给丝杠传动间隙的大小。

顺铣机构在顺铣和逆铣时所起的作用如下：

（1）顺铣　如图3-18所示，铣刀作用在工件上的水平切削分力 F_f 与进给运动 f 方向相同，此时由螺母1承受丝杠轴向力。因螺母1的螺纹与丝杠3的螺纹之间摩擦力较大，螺母1有随丝杠3一起转动的趋势，通过齿轮4传至螺母2，使螺母2有与丝杠3反向转动的趋势。同时，齿条5的移动推动齿轮4，也会使螺母2沿丝杠3相反的方向转动，从而使螺母2的螺纹右侧紧靠丝杠3的左侧，自动消除丝杠与螺母之间的间隙。在弹簧6的作用下，顺铣机构可根据受力情况的变化，自动调整螺母与丝杠之间的间隙，并使两者的压紧力为一定值。

（2）逆铣　如图3-18所示，铣刀作用在工件上的水平切削分力与进给运动方向相反，由螺母2承受丝杠轴向力。因螺母2的螺纹与丝杠3的螺纹之间摩擦力较大，螺母2有随丝杠3一起转动的趋势，通过齿轮4传至螺母1，使螺母1有与丝杠3反向转动的趋势。从而使螺母1的螺纹左侧与丝杠3螺纹的右侧之间产生间隙，减少丝杠磨损。

3.2.3　进给变速箱结构

如图3-19所示为X6132型卧式万能升降台铣床的进给变速箱结构图。进给箱内的轴Ⅹ上，装有两个摩擦式电磁离合器 M_1 和 M_2，分别用于接通工作台的工作进给和快速移动，且由电气实现互锁。当 M_1 通电吸合时，运动由轴Ⅶ—Ⅷ轴间和Ⅷ—Ⅸ轴间的三联滑移齿轮变速组，以及Ⅷ—Ⅸ轴间的曲回机构，将运动传给轴Ⅹ上 $Z=49$ 的齿轮；再通过其上的花键轴套1及电磁离合器 M_1 使轴Ⅹ获得旋转运动。轴Ⅹ左端装 $Z=38$ 的齿轮，运动便由此输出，传至工作台的纵向、横向和垂向的进给丝杠，实现工作台的工作进给运动。当 M_2 通电吸合时，运动由进给箱体外壁的 $Z=26$ 齿轮输入，经内壁的 $Z=44$ 齿轮而直接传至轴Ⅹ上进给箱体内壁的 $Z=42$ 的齿轮，使轴Ⅹ获得快速旋转运动。最后，经轴Ⅹ左端 $Z=38$ 齿轮传至工作台的纵向、横向和垂直的进给丝杠，实现工作台的快速移动。当机床工作超载或发生故障时，电磁离合器可起到安全保护作用。

3.2.4　工作台纵向进给操纵机构

X6132型卧式万能升降台铣床工作台纵向进给操纵机构如图3-20所示。工作台的纵向进给运动由手柄23操纵，在接通端面齿离合器 M_5 的同时，压动微动开关 SQ_1 或 SQ_2，控制进给电动机正转或反转，从而实现工作台向右或向左的纵向进给运动。在拨叉轴6上装有弹簧7和拨动离合器 M_5 的拨叉5，弹簧7的作用力使拨叉轴6向左移动，通过拨叉拨动离合器 M_5 啮合。工作台的纵向进给运动，也可由机床侧面的另一手柄来操纵，扳动手柄，经杠杆、摆块上的销10以及凸块1下端的拨叉5，使凸块1上、下摆动。扳动手柄（向左或向右），带动叉子14摆动，通过销12、套筒13使摆块11做顺时针摆动，使凸块1转动，凸块1的最高点便离开拨叉轴6的左端面，在弹簧7的作用力下，离合器 M_5 啮合，实现工作台向左的纵向进给运动。

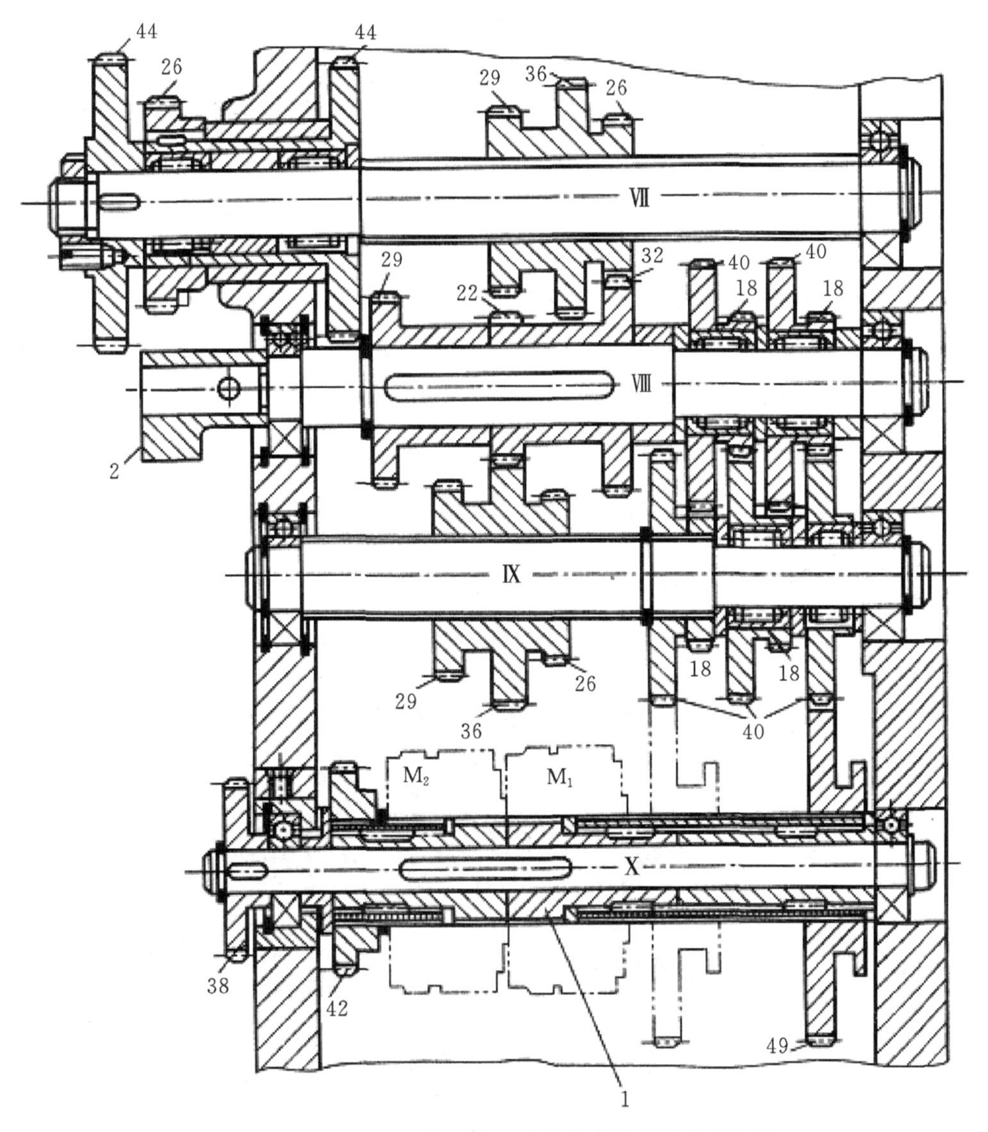

图 3-19　X6132 型卧式万能升降台铣床的进给变速箱结构

扳动手柄时，固定在垂直轴正下端的压块也同时压下微动开关。手柄向左扳，压下SQ_2，控制电动机反转，工作台向左进给；手柄向右扳，压下SQ_1，电动机正转，工作台向右进给。当手柄处在中位时，两个微动开关处于放开状态，进给电动机停止转动，叉子 14 拨动凸块 1 的最高点便将拨叉轴 6 向右推移，使离合器 M_5 脱开。

3.2.5　工作台的横向和垂直方向进给操纵机构

X6132 型卧式万能升降台铣床工作台的横向和垂直方向进给操纵机构如图 3-21 所示。横向及垂直进给运动由一个可以前后、上下扳动的手柄 1 进行操作。前后扳动手柄 1，可通过手柄前端的球头带动轴 4 及与轴 4 用销子连接的鼓轮 9 做轴向移动；上下扳动手柄 1 时，可通过毂体 3 上的扁槽、平键 2、轴 4 使鼓轮 9 在一定角度范围内来回转动。在鼓轮两侧安装着四个微动开关，其中 S_3 及 S_4 用于控制进给电动机的正转和反转；S_7 用于控制电磁离合器 M_4；S_8 用于控制电磁离合器 M_3 在鼓轮 9 的圆周上加工出带斜面的槽；如图 3-21 的 $E-E$、$F-F$ 截面及立体简图所示。

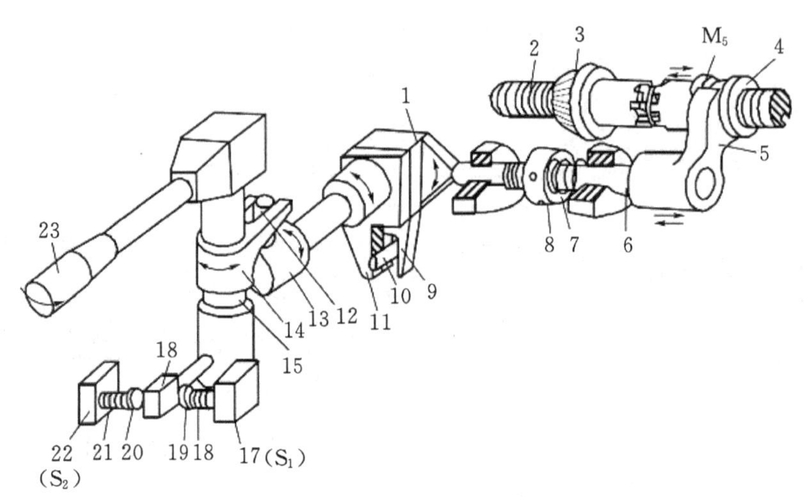

图 3-20 X6132 型卧式万能升降台铣床工作台纵向进给操纵机构

1—凸块；2—纵向进给丝杠；3—空套锥齿轮；4—离合器 M_5 右半部分；5—拨叉；6—拨叉轴 7,18,21—弹簧；18—调整螺母；9,14—叉子；10,12—销；11—摆块；13—套筒；15—垂直轴 16—压块；17—微动开关 S_1(SQ_1)；19,20—可调螺钉；22—微动开关 S_2(SQ_2)；23—手柄

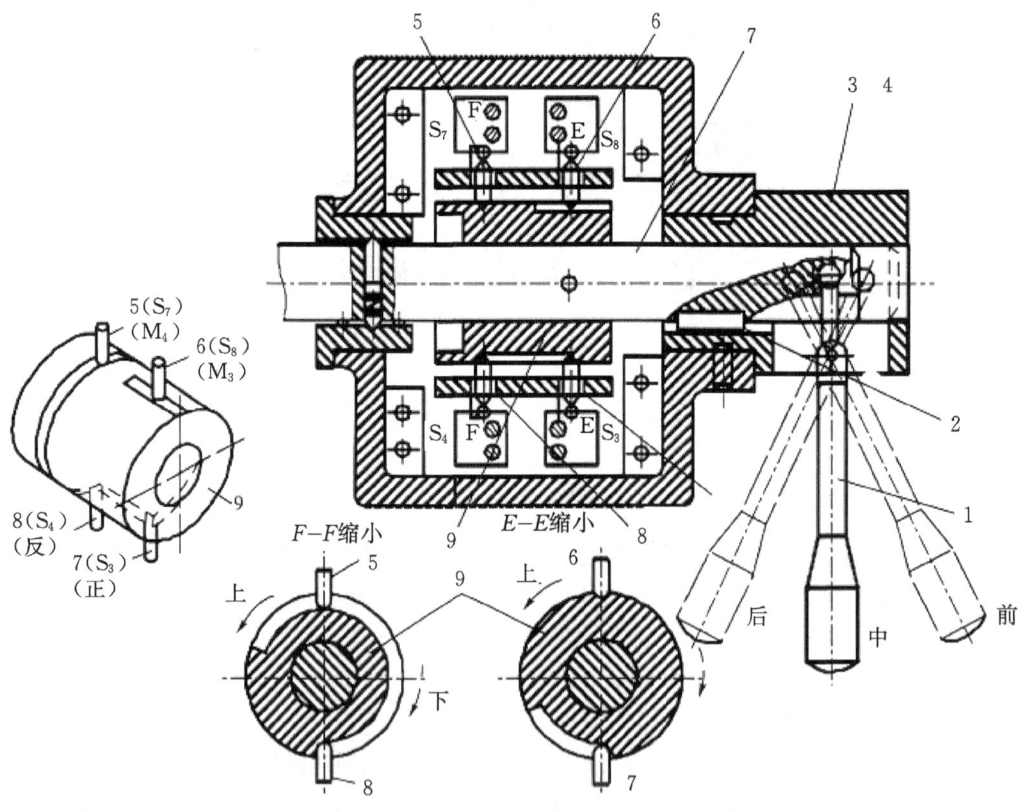

图 3-21 X6132 型卧式万能升降台铣床工作台的横向和垂直方向进给操纵机构

1—手柄；2—平键；3—毂体；4—轴；5,6,7,8—顶销；9—鼓轮

鼓轮在移动或转动时，可通过槽上的斜面使顶销 5,6,7,8 压动或松开微动开关 S_7,S_8,S_3 及 S_4，从而实现工作台前后、上下的横向或垂直方向进给运动。

向前扳动手柄1，鼓轮9向左做轴向移动，通过斜面压下顶销7，使微动开关S_3动作，进给电动机正转；与此同时，顶销5脱离凹槽，处于鼓轮圆周上，压动微动开关S_7，使横向进给电磁离合器M_4通电压紧工作，从而实现工作台向前的横向进给运动。向后扳动手柄1时，鼓轮9向右做轴向移动，顶销8被鼓轮9上的斜面压下，微动开关S_4动作，顶销5处于鼓轮圆周上，压住微动开关S_7，使电磁离合器M_4通电工作。此时，工作台得到向后的横向进给运动。

向上扳动手柄1时，鼓轮9逆时针转动，顶销8被斜面压下，微动开关S_4动作，进给电动机反转，此时顶销6处于鼓轮9圆周表面上，从而压动微动开关S_8使电磁离合器M_3吸合。这样就使工作台向上移动。反之，若向下扳动手柄时，鼓轮9顺时针转动，顶销7被斜面压下，触动微动开关S_3，进给电动机正转，此时顶销6仍处于鼓轮9的圆周面上，使电磁离合器M_3通电工作，从而使工作台向下移动。

当操作手柄1处于中间位置时，顶销7和8均位于鼓轮的凹槽之中，微动开关S_3及S_4，均处于放松状态，进给电动机不运转。同时顶销5,6也均位于鼓轮9的槽中，放松微动开关S_7和S_8，使电磁离合器M_4及M_3均处于失电不吸合的断电状态，故工作台的横向和垂向均无进给运动。

【任务实施】

1. X6132型卧式万能升降台铣床进给变速箱拆装目的

(1)通过对X6132型卧式万能升降台铣床进给变速箱的拆装，学会分析变速箱的结构。

(2)熟悉进给变速箱拆装方案和编写拆装工艺过程。

(3)正确选择和规范使用拆装用机械设备及工具。

(4)熟悉执行拆装安全操作规程。

(5)掌握拆装方法，对进给变速箱进行正确的拆卸和装配。

(6)培养动手拆装机械系统的能力。

2. 设备和工具

设备：X6132型卧式万能升降台铣床

拆装工具：活动扳手、钩形扳手、内六角扳手、M16圆头螺栓、内外挡圈钳、榔头、螺丝刀、销子冲、1.5 m撬杠、拔销器、拉力器、三角刮刀、大小铝棒、垫铁。

辅助工具：润滑油、机床使用说明书、传动系统图、典型部件结构图等。

3. 实训内容

按照表3-4进行拆装与调试。

表3-4　X6132型卧式铣床进给变速箱拆装与调试步骤

序号	铣床进给变速箱拆装实施过程
1	从升降台的左侧卸下进给变速箱
2	卸下油管和分油器
3	松开各滑动轴承定位螺钉
4	按照从上往下、由外向内的原则依次卸下各轴及齿轮
5	清洗、去毛刺
6	按照与上述拆卸步骤相反的顺序装配各轴及齿轮，并进行润滑
7	装配完成后依次调整各齿轮啮合位置，并旋紧滑动轴承定位螺钉

续表

序 号	铣床进给变速箱拆装实施过程
8	调整安全离合器及摩擦离合器间隙
9	装上分油器和油管
10	进给变速箱复位

4. 拆装的注意事项

(1)看懂结构再动手拆,并按先外后里,先易后难,先下后上顺序拆卸,先拆紧固、连接、限位件(顶丝、销钉、卡圆、衬套等)。

(2)合理规范使用各种工具。

(3)拆前看清组合件的方向、位置排列等,以免装配时搞错。

(4)装配时注意加润滑油,并做好清洁工作,所有导轨面、镶条面必须去毛刺。

(5)做好安全防护工作。

【评分标准】

按照表 3-5 进行评分。

表 3-5 铣床进给变速箱拆装评分表

考核项目	考核内容	要求及评分标准	配分	成绩
基本情况	工具的选用	工具选用不当,发现一次扣 1 分,直到扣完本分值为准	10	
	零部件摆放	零部件乱摆乱放,除下述另有规定的外,发现一次扣 1 分,直到扣完本分值为准	10	
拆下过程评定	拆卸进给变速箱内部各零件	按照表 3-4 内容,先外后里,先易后难,先下后上顺序拆卸,顺序错误扣 1 分,直到扣完本分值为准	10	
		先拆紧固、连接、限位件(顶丝、销钉、卡圆、衬套等)否则扣 1 分,直到扣完本分值为准	10	
清洗过程评定	拆卸的零件进行清洗、修正	对零件进行仔细清理,并对需要修正的部件进行修正	10	
装配过程评定	组装进给变速箱内各零件	按照拆装顺序反向进行装配	10	
装配质量评定	对组装好的进给变速箱进行功能验证	主轴部件装配好开机后机床可以正常运转	10	
文明生产	安全操作	符合安全操作规范	10	
	6S 标准执行	工作过程符合标准,及时清理维护设备	10	
	团队合作	具备小组间沟通、协作能力	10	
合计			100	

【知识拓展】

X6132型卧式万能升降台铣床的日常维护与保养

1. 日常保养

(1)班前保养 对重要部位进行检查,擦净外露导轨面并按规定润滑各部。空运转并查看润滑系统是否正常。检查各油平面,不得低于油标以下,加注各部位润滑油。

(2)班后保养 做好床身及部件的清洁工作,清扫铁屑及周边环境卫生,擦拭机床。清洁工、夹、量,将各部归位。

2. 各部位定期保养

(1)床身及外表 擦拭工作台、床身导轨面、各丝杠、机床各表面及死角、各操作手柄及手轮。导轨面去毛刺,保持清洁,无油污。拆卸清洗油毛毡,清除铁片杂质。除去各部锈蚀,保护喷漆面,勿碰撞。停用、备用设备导轨面、滑动面及各部手轮手柄及其他暴露在外易生锈的各种部位应涂油覆盖。

(2)主轴箱 保持主轴箱清洁,润滑良好,保证传动轴无轴向窜动。对主轴箱进行清洗和换油。更换磨损件,检查调整离合器、丝杠、镶条、压板松紧至合适。

(3)工作台及升降台 保持工作台及升降台清洁,润滑良好。调整夹条间隙及螺母间隙,检查并紧固工作台压板螺丝、各操作手柄螺丝螺帽。清洗手压油泵,清除导轨面毛刺。对磨损件进行修理或更换。清洗调整工作台、丝杠手柄及柱上镶条。

(4)工作台变速箱 对工作台变速箱进行日常清洁。对其进行清洗和换油,以保证各部件润滑良好。检测传动轴,并更换冷却液。

(5)冷却系统 及时对冷却系统的各部进行清洁,保持管路畅通、冷却槽内无沉淀铁末。清洗冷却液槽,并更换冷却液。

(6)润滑系统 给各部位的油嘴、导轨面、丝杠及其他润滑部位加注润滑油。检查主轴箱、进给箱油位,并加油至标高位置。保证油内清洁,油路畅通,油毡有效,油标醒目。对油泵进行清洗,并及时更换润滑油。

(7)电气部分 擦拭电机,箱外无灰尘,油垢。检查各接触点是否接触良好,不漏电。保证箱内整洁,无杂物。

【教学评价】(见附表C)

【学后感言】

____

____

____

【思考与练习】

1. 试叙述铣削特点。
2. 试比较顺铣和逆铣的优缺点。
3. 试述铣床有几种类型及它们的应用范围。

4. 铣床与车床的加工有何不同?
5. 根据 X6132 型铣床的传动系统图,说明该机床进给运动是如何实现的。
6. 铣床主轴上的飞轮有何作用?
7. 铣削能进行哪些表面的加工?
8. 写出图 3-22(a)~(j)各图被加工表面的名称。

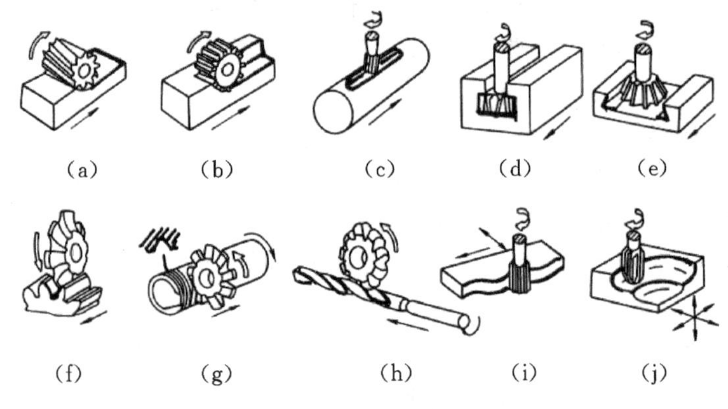

图 3-22　铣削加工

项目四　数控车床的拆装与调试

【学习目标】

(一)知识目标

(1)了解数控机床床身结构。

(2)掌握数控车床的工艺范围及分类。

(3)掌握数控车床的组成及各组成部分的功用。

(4)掌握数控车床主轴变速方式。

(5)掌握数控车床主轴部件拆卸与安装调试及纵向驱动装置的装配。

(6)掌握刀架的换刀过程。

(二)技能目标

(1)能认识数控车床,并能讲述其加工特点。

(2)能识读典型数控车床的传动系统图并分析该数控车床的传动原理。

(3)会对典型数控车床零部件进行安装及调试。

(4)会对典型数控车床机械故障进行排除。

【工作任务】

任务4.1　CK7815型数控车床主轴部件拆卸与安装调试

任务4.2　数控车床纵向驱动装置的装配及精度的检测

任务4.3　四方刀架的拆卸

任务4.1　CK7815型数控车床主轴部件拆卸与安装调试

【知识准备】

4.1.1　数控车床的工艺范围与分类

1. 数控车床的工艺范围

数控车床与普通车床一样,也是用来加工轴类、套筒类和盘类零件上的回转表面。但是由于数控车床是自动完成内外圆柱面、圆锥面、圆弧面端面、螺纹等工序的切削加工,所以数控车床特别适合加工形状复杂的轴类或盘类零件,如图4-1所示。

图 4－1　数控车削常见零件的类型

1)轮廓形状特别复杂或难以控制尺寸的回转体零件

因数控车床的数控装置都具有直线插补和圆弧插补功能，还有部分车床的数控装置具有某些非圆曲线插补功能，故能车削由任意平面曲线轮廓所组成的回转体零件，包括通过拟合计算处理后的、不能用数学函数描述的列表曲线类零件，难以控制尺寸的零件，如具有封闭内成型面的壳体零件等。

2)精度要求高的零件

零件的精度要求主要指尺寸、形状、位置和表面等精度要求，其中的表面精度主要指表面粗糙度。例如，尺寸精度高的零件；圆柱度要求高的圆柱体零件；直线度、圆度和倾斜度均要求高的圆锥体零件；线轮廓度要求高的零件(其轮廓形状精度可超过用数控线切割加工的样板精度)；在特种精密数控车床上，还可加工出几何轮廓精度极高、表面粗糙度数值极小的超精密零件(如复印机中的回转鼓及激光打印机上的多面反射体等)，以及通过恒线速度切削功能，加工表面精度要求高的各种变径回转表面类零件等。

3)特殊的螺旋零件

这些螺旋零件是指特大螺距(或导程)、变(增减)螺距、等螺距与变螺距或圆柱与圆锥螺旋面之间做平滑过渡的螺旋零件，以及高精度的模数螺旋零件(如圆柱、圆弧蜗杆)和端面(盘形)螺旋零件等，如图 4－2 所示。

4)以特殊方式加工的零件

(1)能单机代双机高效加工零件。如一台六轴控制的数控车床上，有同轴线的左、右两个主轴和前、后两个刀架，即可同时车出两个相同的零件，也可同时车出两个多工序的不同零件。

(2)在同样一台六轴控制，并配有自动装卸机械手的数控车床上，棒料装夹在左主轴卡盘上，用后刀架先车出有较复杂内、外形轮廓的一端后，由装卸机械手将其车后的半成品转送至右主轴的卡盘上定位(径向和轴向)并夹紧，然后通过前刀架按零件的总长度切断，并进行其另外一端的内、外形加工。从而实现一个位置精度要求高、内外形均较复杂的特殊零件全部车削过程的自动化加工。

图 4-2　利用数控车床 C 轴加工螺旋槽

2. 数控车床的分类

数控车床品种繁多，规格不一，可按如下方法进行分类。

1)按车床主轴位置分类

(1)卧式数控车床　主轴轴线处于水平位置的数控车床，如图 4-3 所示。卧式数控车床又分为数控水平导轨卧式车床和数控倾斜导轨卧式车床。其倾斜导轨结构可以使车床具有更大的刚性，并易于排除切屑。

(2)立式数控车床　立式数控车床简称为数控立车，如图 4-4 所示，其车床主轴垂直于水平面，一个直径很大的圆形工作台，用来装夹工件。这类机床主要用于加工径向尺寸大、轴向尺寸相对较小的大型复杂零件。

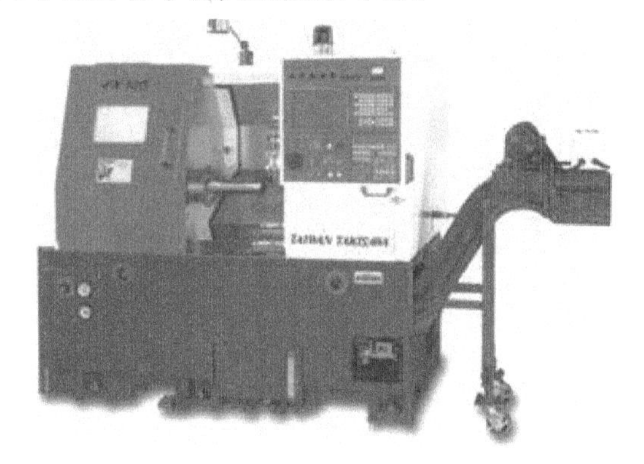

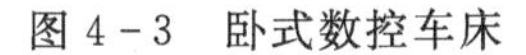

图 4-3　卧式数控车床

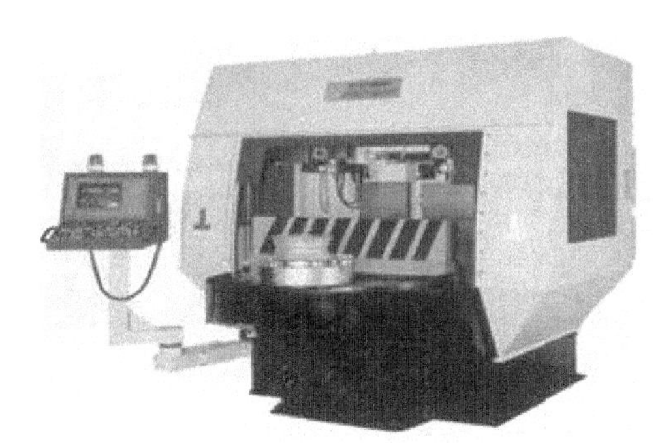

图 4-4　立式数控车床

还有具有两根主轴的车床，称为双轴卧式数控车床或双轴立式数控车床。

2)按刀架数量分类

(1)单刀架数控车床　如图4－5所示，单刀架数控车床一般都配置有各种形式的单刀架，如四工位自动转位刀架或多工位转塔式自动转位刀架。

(2)双刀架数控车床 这类车床的双刀架配置平行分布，也可以是相互垂直分布，如图4－6所示。

图4－5　单刀架数控车床

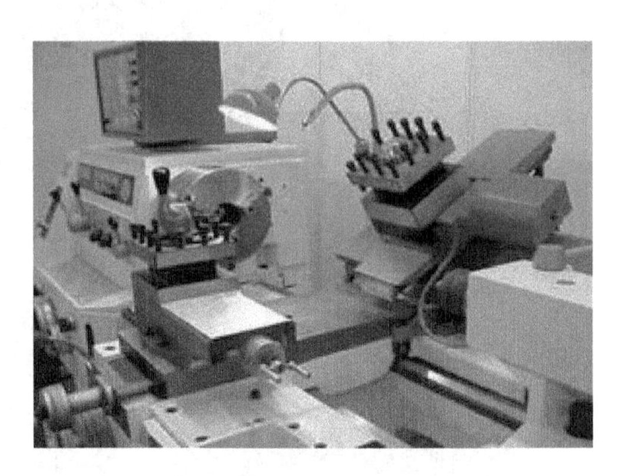

图4－6　双刀架数控车床

3)按功能分类

(1)经济型数控车床　如图4－7所示，经济型数控车床一般是采用步进电动机和单片机对普通车床的进给系统进行改造后形成的简易型数控车床，成本较低，但自动化程度和功能都比较差，车削加工精度也不高，适用于要求不高的回转类零件的车削加工。随着数控技术的发展，目前大部分经济型数控车床的进给传动系统已采用交流或直流伺服电动机，大大提高了传动精度和加工精度。

(2)全功能型数控车床　全功能数控车床，如图4－8所示，一般采用闭环或半闭环控制系统，它具有高刚度、高精度和高效率等特点。

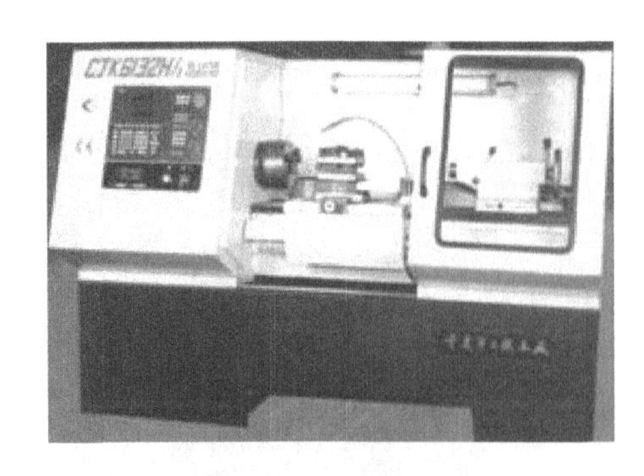

图4－7　经济型数控车床

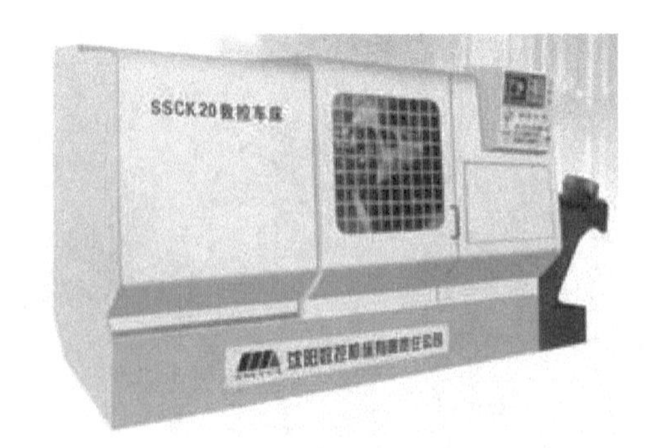

图4－8　全功能型数控车床

(3)车削加工中心　如图4－9、图4－10所示，车削中心是在普通数控车床的基础上，增加了C轴和动力头。更高级的数控车床带有刀库，可控制X、Z和C三个坐标轴，联动控制轴可以是(X、Z)、(X、C)或(Z、C)。由于增加了C轴和铣削动力头,这种数控车床的加工功能大大增强,除可以进行一般车削外,还可以进行径向和轴向铣削、曲面铣削、中心线不在零件回转中心的孔和径向孔的钻削等加工。

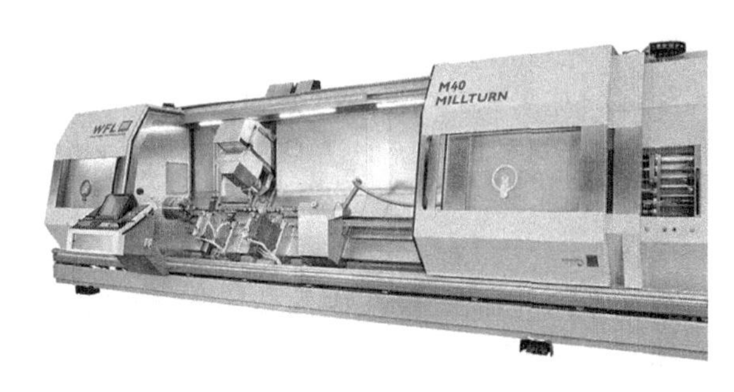

图4-9　车铣加工中心

图4-10　车削加工中心内部示意图

(4)FMC车床　FMC车床实际上是一个由数控车床、机器人等构成的柔性加工单元。它能实现工件搬运、装卸的自动化和加工调整准备的自动化,如图4-11所示。

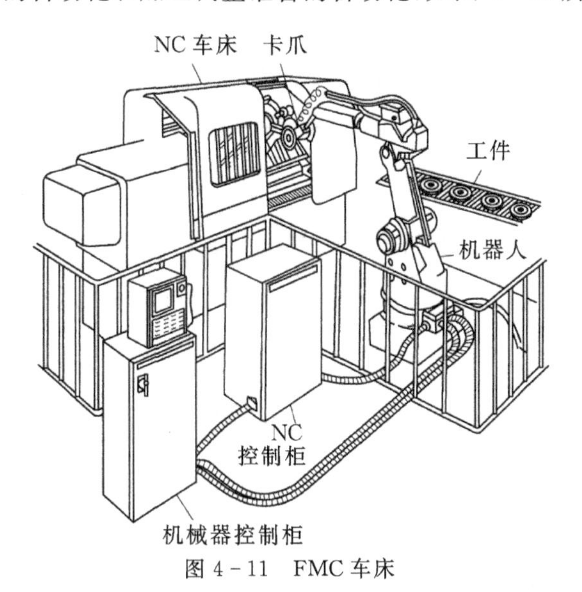

图4-11　FMC车床

4)按数控系统控制的轴数分类

(1)两轴控制的数控车床　机床上只有一个回转刀架,可实现两坐标轴联动控制。

(2)四轴控制的数控车床　机床上有两个独立的回转刀架,可实现四轴联动控制。

5)其他分类方法

按数控系统的不同控制方式等指标,数控车床还可分为直线控制数控车床、轮廓控制数控车床等;按特殊或专门的工艺性能又可分为螺纹数控车床、活塞数控车床、曲轴数控车床等。

另外,对于车削中心或柔性制造单元,还需增加其他的附加坐标轴来满足机床的功能。目前,我国使用较多的是中小规格的两坐标连续控制数控车床。

4.1.2　数控车床的特点与发展方向

1. 数控车床的特点

与普通车床相比，数控车床具有以下特点：

1)高精度

传动链短，主传动与进给传动分离，并由数控系统协调工作，从而使主传动和进给传动的传动链大为缩短，有效地减小了因机床传动误差引起的加工误差。数控车床加工零件的尺寸精度可达 IT5～IT6，表面粗糙度达 1.6μm 以下。数控车床控制系统的性能在不断提高，机械结构不断完善，机床精度日益提高。

2)高效率

随着新刀具材料的应用和机床结构的完善，数控车床的加工效率、主轴转速、传动功率不断提高，使得新型数控车床的加工效率比卧式车床高 2～5 倍。数控车床的自动换刀，自动排屑功能大大缩短了辅助工作时间。加工零件形状越复杂，越体现出数控车床的高效率加工特点。

3)高柔性

数控车床具有高柔性，适应 70%以上的多品种、小批量零件的自动加工。

4)高可靠性

工件的夹紧多采用液压全自动控制，夹紧力稳定可靠。床身的全封闭防护有效地避免了加工过程中锋利、发烫的切屑对操作者人身安全的威胁。随着数控系统的性能提高，数控机床的无故障时间迅速增加。

5)工艺能力强

数控车床既能用于粗加工又能用于精加工，可以在一次装夹中完成全部或大部分工序。

6)模块化设计

数控车床的制造多采用模块化原则设计。

7)维修方便

由于数控车床的主传动与进给传动分离，传动链短，传动零部件少，所以主轴箱、进给箱结构大为简化，维修方便，费用低廉。

2. 数控车床的发展方向

数控车床呈现以下发展趋势：

1)高速、高精密化

高速、精密是机床发展永恒的目标。随着科学技术突飞猛进的发展，机电产品更新换代速度加快，对零件加工的精度和表面质量的要求也愈来愈高。为满足这个复杂多变市场的需求，当前机床正向高速切削、干切削和准干切削方向发展，加工精度也在不断提高。另一方面，电主轴和直线电机的成功应用，陶瓷滚珠轴承、高精度大导程空心内冷和滚珠螺母强冷的低温高速滚珠丝杠副及带滚珠保持器的直线导轨副等机床功能部件的面市，也为机床向高速、精密发展创造了条件。

数控车床采用电主轴，取消了皮带、带轮和齿轮等环节，大大减少了主传动的转动惯量，提高了主轴动态响应速度和工作精度，彻底解决了主轴高速运转时皮带和带轮等传动的振动和噪声问题。采用电主轴结构可使主轴转速达到 10000r/min 以上。

直线电机驱动速度高，加减速特性好，有优越的响应特性和跟随精度。用直线电机作伺服驱动，省去了滚珠丝杠这一中间传动环节，消除了传动间隙（包括反向间隙），运动惯量小，系统刚性好，在高速下能精密定位，从而极大地提高了伺服精度。

直线滚动导轨副，由于其具有各向间隙为零和非常小的滚动摩擦，磨损小，发热可忽略不计，有非常好的热稳定性，提高了全程的定位精度和重复定位精度。

通过直线电机和直线滚动导轨副的应用，可使机床的快速移动速度由目前的10～20m/min提高到60～80m/min，甚至高达120m/min。

2）高可靠性

数控机床的可靠性是数控机床产品质量的一项关键性指标。数控机床能否发挥其高性能、高精度和高效率，并获得良好的效益，关键取决于其可靠性的高低。

3）数控车床设计CAD化、结构设计模块化

随着计算机应用的普及及软件技术的发展，CAD技术得到了广泛发展。CAD不仅可以替代人工完成繁琐的绘图工作，更重要的是可以进行设计方案选择和大件整机的静、动态特性分析、计算、预测及优化设计，可以对整机各工作部件进行动态模拟仿真。用模块化的基础在设计阶段就可以看出产品的三维几何模型和逼真的色彩。采用CAD还可以大大提高工作效率，提高设计的一次成功率，从而缩短试制周期，降低设计成本，提高市场竞争能力。

通过对机床部件进行模块化设计，不仅能减少重复性劳动，而且可以快速响应市场，缩短产品开发设计周期。

4）功能复合化

功能复合化的目的是进一步提高机床的生产效率，使用于非加工的辅助时间减至最少。通过功能的复合化，可以扩大机床的使用范围、提高效率，实现一机多用、一机多能，即一台数控车床既可以实现车削功能，也可以实现铣削加工；或在以铣为主的机床上也可以实现磨削加工。如宝鸡机床厂已经研制成功的CX25Y数控车铣复合中心，该机床同时具有X、Z轴以及C轴和Y轴。通过C轴和Y轴，可以实现平面铣削和偏孔、槽的加工。该机床还配置有强动力刀架和副主轴。副主轴采用内藏式电主轴结构，通过数控系统可直接实现主、副主轴转速同步。该机床工件一次装夹即可完成全部加工，极大地提高了效率。

5）智能化、网络化、柔性化和集成化。

数控机床的机械部分包括主运动部件，进给运动执行部件如工作台、拖板、传动部件、床身、立柱等支承部件；此外，还有冷却、润滑、转位和夹紧等辅助装置。对于加工中心类的数控机床，还有存放刀具的刀库，交换刀具的机械手等部件。数控机床是高精度和高生产率的自动化加工机床，与普通机床相比，应具有更好的抗震性和刚度，要求相对运动面的摩擦因数要小，进给传动部分之间的间隙要小。所以其设计要求比通用机床更严格，加工制造要求更精密，并采用加强刚性、减小热变形、提高精度的设计措施。辅助控制装置包括刀库的转位换刀、液压泵、冷却泵等控制接口电路。

4.1.3　数控车床的组成与使用条件

1. 数控车床的组成

数控车床由主机、数控装置、伺服驱动系统、辅助装置等部分组成，图4－12所示为卧式数控车床的外观图。

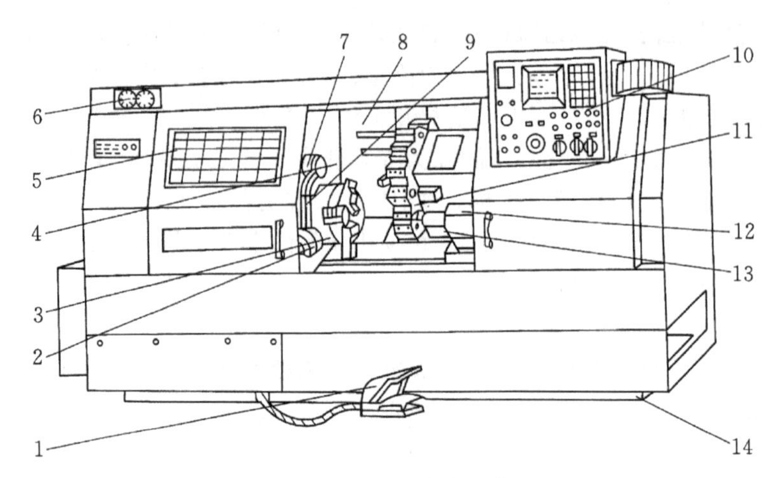

图 4-12 卧式数控车床的外观图

1—主轴卡盘松、夹开关；2—对刀仪；3—主轴卡盘；4—主轴箱；5—机床防护罩；6—压力表；
7—对刀仪防护罩；8—导轨防护罩；9—对刀仪转臂；10—操作面板；11—回转刀架；
12—尾座；13—床鞍；14—床身

1)主机

主机是数控车床的机械部件，包括床身、主轴箱、刀架、尾座、进给机构等。

2)数控装置

数控装置是数控车床完成切削加工的控制核心，其主体是一台计算机。

3)伺服驱动系统

伺服驱动系统是数控车床切削工作的动力部分，主要实现主运动和进给运动。它由伺服驱动电路和驱动装置组成，驱动装置主要有主轴电动机（直流电动机、交流调速电动机或电主轴等)、进给系统的步进电动机或交、直流伺服电动机等。

4)辅助装置

辅助装置是指数控车床的一些配套部件，包括液压、气动装置及冷却系统、润滑系统和排屑装置等。

与普通车床相比，数控车床还有数控系统、伺服驱动系统和辅助系统等几大部分；而且数控车床的进给系统与普通车床的进给系统在结构上存在着本质的差别。普通车床的进给传动链为：主轴→交换齿轮架→进给箱→溜板箱→刀架，而数控车床多采用伺服电动机（步进电动机或交、直流伺服电动机）经滚珠丝杠将动力传到滑板和刀架，或者通过一级、二级减速将动力传递给滚珠丝杠，再经滚珠丝杠将动力传到滑板和刀架，以连续控制刀具实现纵向(Z)和横向(X)进给运动。其结构大为简化，精度和自动化程度大大提高。

另外，数控车床主轴箱内安装有脉冲编码器，在车螺纹时有用。

2. 数控车床的使用条件

数控车床的正常工作，对其所处位置的电源电压、环境温度等都有较严格的要求，必须满足以下条件：

(1)机床位置环境要求　机床的位置应远离震源，应避免阳光直接照射和热辐射的影响，避免潮湿和气流的影响。若机床附近有震源，则机床四周应设置防震沟，否则将直接影响机床的加工精度及稳定性，将使电子元件接触不良，发生故障，影响机床的可靠性。

(2)电源要求　一般数控车床安装在机加工车间,不仅环境温度变化大,使用条件差,而且各种机电设备多,致使电网波动大。因此,安装数控车床的位置需要电源电压有严格的控制。电源电压波动必须在允许范围内,并且保持相对稳定,否则会影响数控系统的正常工作。

(3)温度条件　数控车床工作的环境温度低于30℃,相对湿度小于80%。通常,数控装置箱体内部设有排风扇或冷风机,以保持电子元件,特别是中央处理器工作温度恒定或温度差变化很小。过高的温度和湿度将导致控制系统元件寿命降低,并导致故障增多。温度和湿度的增高、灰尘增多会在集成电路板表面产生粘结,导致短路。

(4)按说明书的规定使用机床　用户在使用机床时,不允许随意改变控制系统内制造厂设定的参数。这些参数的设定直接关系到机床各部件的动态特征。只有间隙补偿参数值可以根据实际情况予以调整。

用户不能随意更换机床附件,如使用超出说明书规定的液压卡盘。制造厂在设置附件时,已充分考虑了各项环节参数的匹配。盲目更换会造成各项环节参数的不匹配,甚至造成意想不到的事故。

使用液压卡盘、液压刀架、液压尾座、液压油缸时的压力设定,都应在许用应力范围内,不允许任意提高。

(5)合理选择切削用量,合理选择刀具、夹具,确定切实可行的加工路线,以提高数控车床的加工精度及工作效率。

4.1.4　数控车床的布局形式

数控车床的主轴、尾座等部件相对床身的布局形式与普通车床一样,受工件尺寸、质量、形状、生产率、精度、操作方便运行的要求和安全与环境保护要求的影响,刀架和导轨的布局形式有很大变化,并且布局形式直接影响数控车床的使用性能及机床的结构和外观。

针对工件尺寸、质量和形状的变化,数控车床的布局有卧式车床、落地式车床、单立柱立式车床、双立柱立式车床和龙门移动式立式车床的变化,如图4-13所示。

随着机床精度的不同,数控车床的布局要考虑到切削力、切削热和切削振动的影响。要使这些因素对精度影响最小,机床在布局上就要考虑到各部件的刚度、抗震性和在受热时使得热变形的影响在不敏感的方向。

在卧式数控车床布局中,刀架和导轨的布局已成为重要的影响因素。它们的位置较大地影响了机床和刀具的调整、工件的装卸、机床操作的方便性,以及机床的加工精度,并且考虑到排屑性和抗震性。下面以卧式数控车床为例,介绍数控车床床身、导轨和刀架的布局形式。

1. 床身和导轨布局

床身是机床的主要承载部件,是机床的主体。按照床身导轨面与水平面的相对位置,卧式数控车床床身导轨与水平面的相对位置有如图4-14所示几种。

(1)水平床身的工艺性好,便于导轨面的加工。水平床身配上水平放置的刀架可提高刀架的运动精度,一般可用于大型数控车床或小型精密数控车床的布局。但是水平床身由于下部空间小,故排屑困难。由于刀架水平放置使得滑板横向尺寸较长,从而加大了机床宽度方向的结构尺寸。

(2)水平床身配上倾斜放置的滑板,并配置倾斜式导轨防护罩。这种布局形式一方面具有水平床身工艺性好的特点,另一方面机床宽度方向的尺寸较水平配置滑板的要小,且排屑方便。

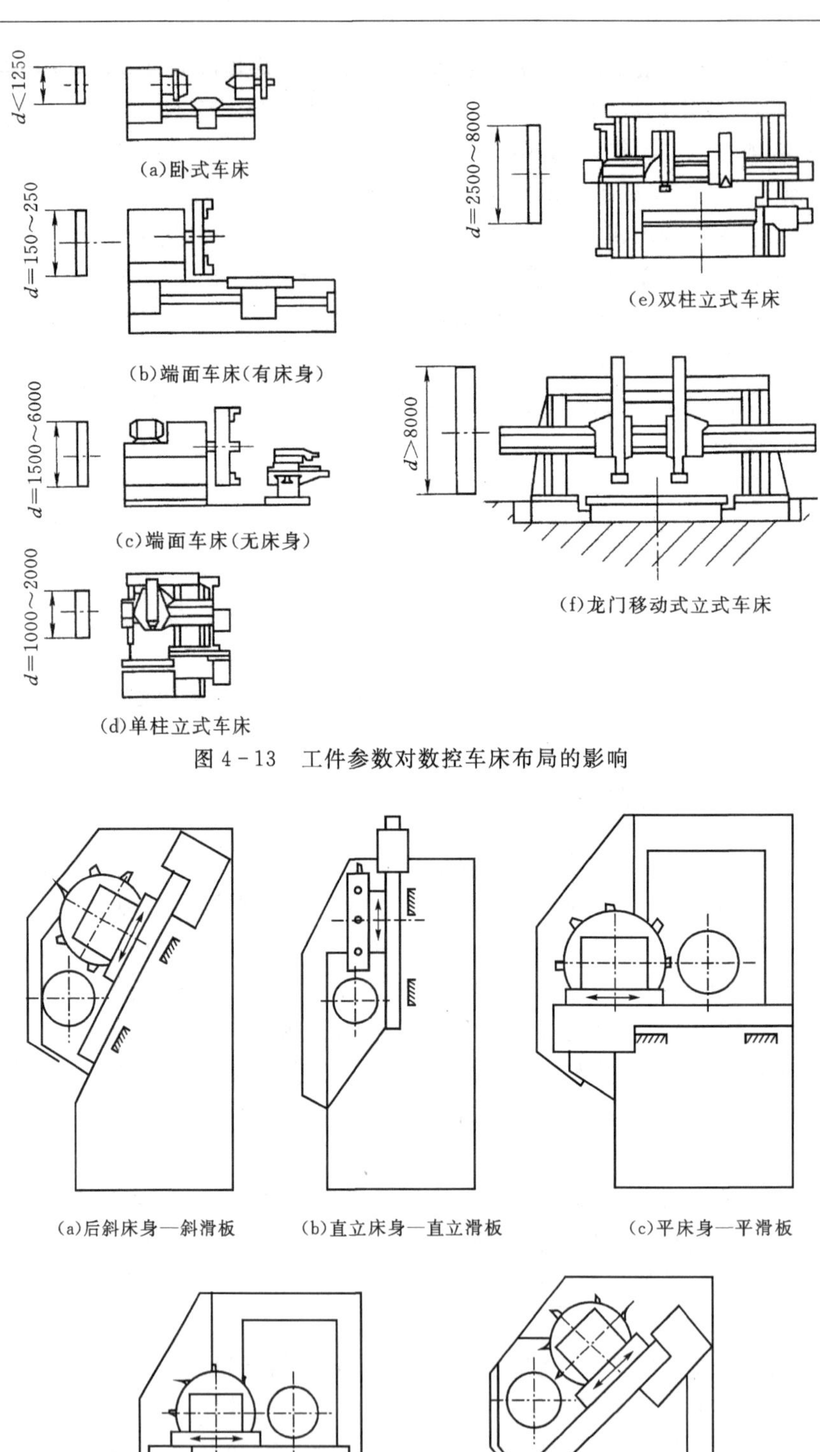

(a)卧式车床

(b)端面车床(有床身)

(c)端面车床(无床身)

(d)单柱立式车床

(e)双柱立式车床

(f)龙门移动式立式车床

图 4－13　工件参数对数控车床布局的影响

(a)后斜床身—斜滑板

(b)直立床身—直立滑板

(c)平床身—平滑板

(d)前斜床身—平滑板

(c)平床身—斜滑板

图 4－14　卧式数控车床床身导轨布局形式

(3)斜床身导轨倾斜角有 30°、45°、60°、75°和 90°几种。倾斜角度小,排屑不变;倾斜角度大,导轨的导向性及受力情况差。导轨倾斜角度的大小还影响机床的刚度、排屑,也影响到占地面积、宜人性、外形尺寸高度的比例,以及刀架质量作用于导轨面垂直分力的大小等等。选用时,应结合机床的规格、精度等选择合适的倾斜角。一般来说,小型数控车床多采用 30°、45°;中等规格数控车床多采用 60°形式;大型数控车床多采用 75°形式。

斜床身和平床身—斜滑板布局形式在数控车床中被广泛使用,因为具备如下优点:

①容易实现机电一体化;

②机床外形整齐、美观,占地面积小;

③从工件上切下的炽热切屑不致于堆积在导轨上影响导轨精度;

④容易排屑和安装自动排屑器;

⑤容易设置封闭式防护装置;

⑥宜人性好,便于操作;

⑦便于安装机械手,实现单机自动化。

2. 刀架布局

回转刀架在机床上有两种布局形式;一种是用于加工盘类零件的回转刀架,其回转轴垂直于主轴;另一种是用于加工轴类和盘类零件的回转刀架,其回转轴平行于主轴。目前两坐标联动数控车床多采用 12 工位回转刀架,除此之外,也有采用 6 工位、8 工位和 10 工位的。

4.1.5　数控车床的主传动系统

数控车床的传动系统包括主传动系统和进给传动系统两大部分。进给传动又包括横向(X 方向)和纵向(Z 方向)两个方向的进给传动。

1. 数控车床对主传动系统的基本要求

(1)宽范围、无级调速。数控车床要求主传动系统具有更大的调速范围并实现无级变速。

(2)高刚度、低噪声。数控车床要求主传动系统具有较高的精度与刚度,传动平稳,噪声低。

(3)高的抗震性、高的热稳定性。数控车床要求主传动系统具有良好的抗震性和热稳定性。

2. 数控车床主轴变速方式

数控车床的主传动要求较大的调速范围,以保证加工时能选用合理的切削用量,从而获得最佳的生产率、加工精度和表面质量。数控车床的变速是按照控制指令自动进行的,因此变速机构必须适应自动操作的要求。故大多数数控车床采用无级变速系统,数控车床主传动系统主要有三种方式,如图 4 - 15 所示。

1)带有变速齿轮的主传动,见图 4 - 15(a)

这种配置方式大、中型数控机床采用较多。它通过少数几对齿轮降速,使之成为分段无级变速,确保低速时的转矩,以满足主轴输出转矩特性的要求。但有一部分小型数控机床也采用这种传动方式,以获得强力切削时所需要的转矩。滑移齿轮的移位大都采用液压拨叉或直接液压缸带动齿轮来实现。

液压变速机构是通过液压缸、活塞杆带动拨叉推动滑移齿轮移动来实现变速的。双联滑移齿轮用一个液压缸,而三联滑移齿轮必须使用两个液压缸(差动油缸)实现三位移动。如图 4 - 16 所示为三位液压拨叉的工作原理图,通过改变不同的通油方式可以使三联滑移齿轮获

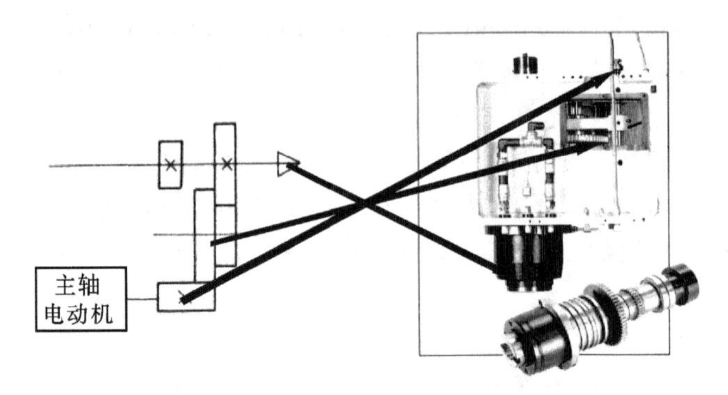

(a)变速齿轮主传动

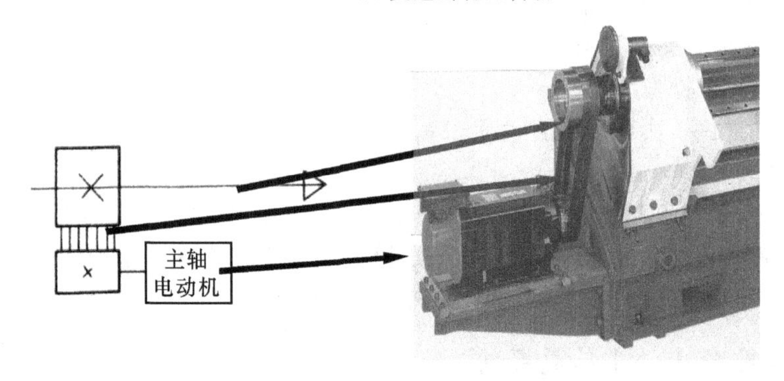

(b)同步齿形带传动

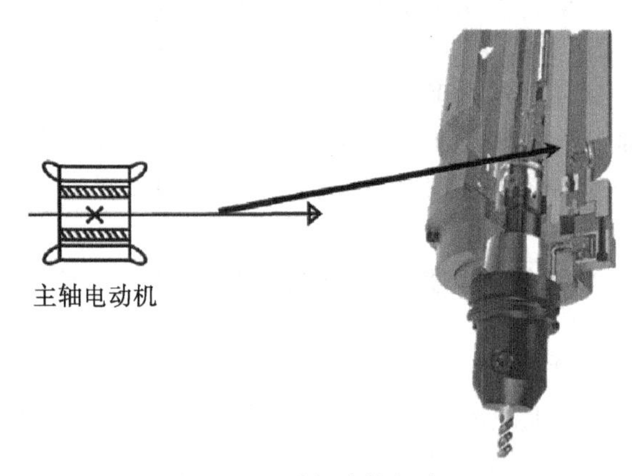

(c) 电动机直接驱动

图 4-15　数控车床的主传动方式

得三个不同的变速位置。这套机构除了液压缸和活塞杆之外,还增加了套筒 4。当液压缸 1 通过通压力油而液压缸 5 排油卸压时如图 4-16(a),活塞杆 2 带动拨叉 3 使三联滑移齿轮移到左端。当液压缸 5 通压力油而液压缸 1 排油卸压时如图 4-16(b),活塞杆 2 和套筒 4 一起向右移动,在套筒 4 碰到液压缸 5 的端部之后,活塞杆 2 继续右移到极限位置,此时三联滑移齿轮被拨叉 3 移到右端。当压力油同时进入左右两缸如图 4-16(c),由于活塞杆 2 的两端直径不同,使活塞杆向左移动。在设计活塞杆 2 和套筒 4 的截面面积时,应使油压作用在套筒 4 圆环上向右的推力大于活塞杆 2 向左的推力,因而套筒 4 仍然压在液压缸 5 的右端,使活塞杆 2 紧靠在套筒 4 的右端,此时,拨叉和三联滑移齿轮被限制在中间位置。

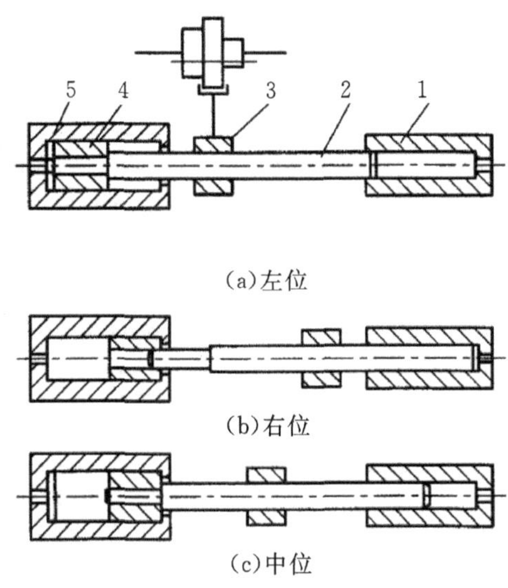

(a)左位

(b)右位

(c)中位

图 4-16　三位液压拨叉作用原理图

1、5—液压缸;2—活塞缸;3—拨叉;4—套筒

液压拨叉变速必须在主轴停车后才能进行,但停车时拨动滑移齿轮啮合又可能出现“顶齿”现象。为避免“顶齿”,机床上一般设置“点动”按钮或增设一台微电动机,使主电动机瞬时接通或经微电动机在拨叉移动滑移齿轮的同时带动各种转动齿轮作低速回转,这样,滑移齿轮便能顺利进入啮合。

液压拨叉变速是一种有效的方法,工作平稳,易实现自动化。但它增加了数控机床液压系统的复杂性,而且必须将数控装置送来的电信号先转换成电磁阀的机械动作,然后再将压力油分配到相应的液压缸,因而增加了变速的中间环节,带来了更多的不可靠因素。

2)通过带传动的主传动,见图 4-15(b)

这种传动方式多见于数控车床和中、小型加工中心。它可避免齿轮传动时引起的振动与噪声。在数控机床上一般采用多楔带和同步齿形带。

(1)多楔带又称为多联 V 带,综合了 V 带和平带的优点,是一次成型的,不会因长度不一致而受力不均,承载能力也比多跟 V 带高,最高线速度可达 40r/min。多楔带按齿距分为三种规格:J 型齿距为 2.4mm,L 型齿距为 4.8mm,M 型齿距为 9.5mm,根据图 4-17 可大致选出所需的型号。

(2)同步齿形带　如图 4-18 所示,同步齿形带具有如下优点:齿形带兼有带传动、齿轮传动及链传动的优点无相对滑动,无须特别张紧,传动效率高;平均传动比准确,传动进度较高;有良好的减震性能,无噪声,无须润滑,传动平稳;带的强度高、厚度小、质量小,故可用于数控机床的高速传动。

齿形带根据齿形的不同又分为梯形齿同步带和圆弧齿同步带,图 4-19 是这两种齿形带的纵断面图。梯形齿同步带在传递功率时由于应力集中在齿根部位,使功率传递能力下降,且与轮齿啮合时由于受力状况不好,会产生噪声和振动。而圆弧齿同步带均化了应力,改善了啮和条件。所以传动时总是优先选用圆弧齿同步带。而梯形齿同步带,一般仅在转速不高的或小功率的动力传动中使用。

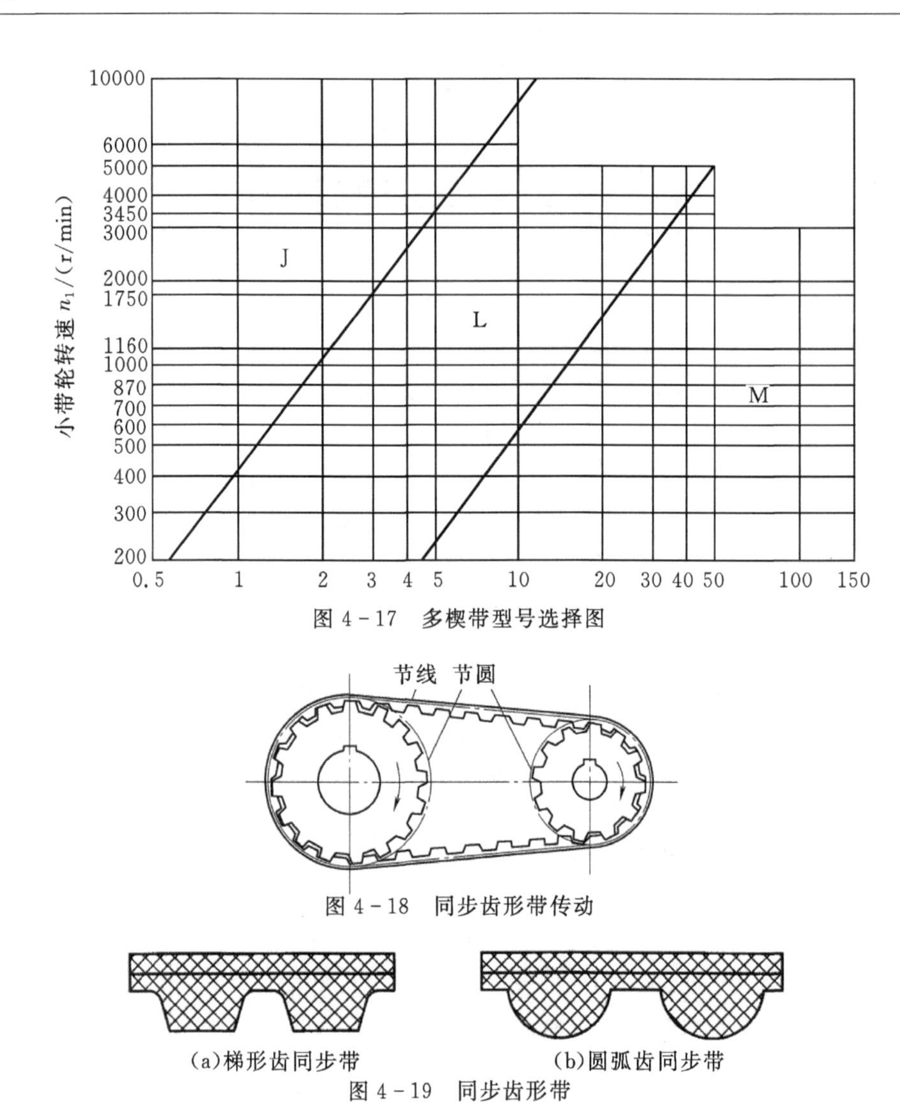

图 4-17　多楔带型号选择图

图 4-18　同步齿形带传动

(a)梯形齿同步带　(b)圆弧齿同步带

图 4-19　同步齿形带

齿形带的结构又分为强力层和带体两部分组成,如图 4-20 所示。

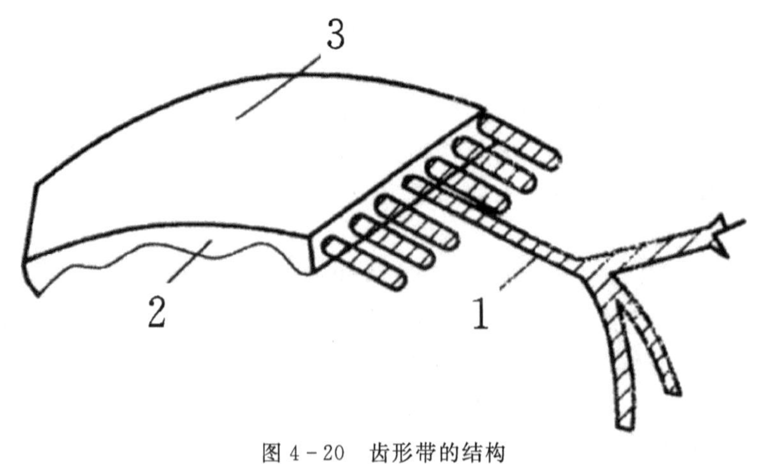

图 4-20　齿形带的结构

1—强力层;2—带齿;3—带背

3)由调速电动机直接驱动的主传动

如图 4-15(c)这种主轴传动是由电动机直接带动主轴旋转,因而大大简化了主轴箱体与主轴的结构,有效地提高了主轴部件的刚度,但主轴输出的扭矩小,电动机发热对主轴的精度影响较大。近年来出现了主轴与电动机转子合为一体的结构,俗称“电主轴”。优点是主轴组件结构紧凑、重量轻、惯性小,可提高启动停止的响应特性,并有利于控制振动和噪声。缺点是电动机运转的热量使主轴产生热变形。

3. 主传动系统

数控车床的主传动系统现在一般采用交流主轴电动机,即交流调速电动机,通过带传动或主轴箱内 2～4 级齿轮变速传动主轴。由于这种电动机调速范围宽而且又可无级调速,因此大大地简化了主轴箱的结构。主轴电动机在额定转速时可输出全部功率和最大转矩,随着转速的变化,功率和转矩将发生变化;也有的主轴由交流调速电动机通过两级塔轮直接带动,并有电气系统无级调速。由于主传动链中没有齿轮,故噪声很小。

例如 CK7851 型数控车床,当主轴采用交流调速电动机时,其基本转速为 1500 r/min,两级齿轮的传动比为 $u_1=5:6$、$u_2=1:3$。当电动机转速在 1500～4500 r/min 时,为恒功率输出;当电动机转速在 1500 r/min 以下时,为恒转矩输出。当主轴电动机转速在 4500 r/min 以上时,输出功率下降 1/3。主轴转速图和功率特性如图 4-21 所示。

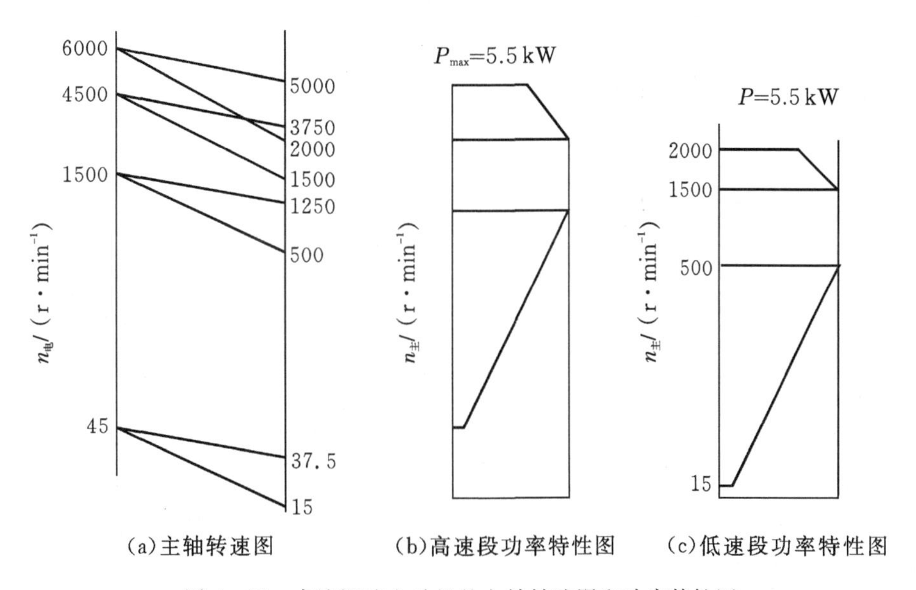

图 4-21　交流调速电动机的主轴转速图和功率特性图

用直流主轴电动机时,其主轴转速和功率特性如图 4-22 所示,采用传动比 $u_1=1:1$、$u_2=3:5$的带轮,机床主要适于高速加工,在最低转速时由于功率过低,实际加工的有效功率较低,是无法进行切削的。

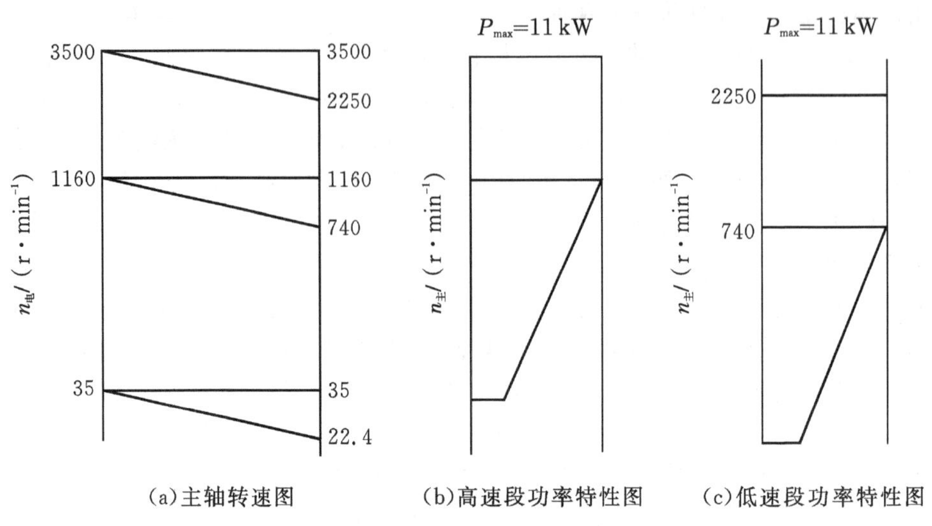

图 4-22　直流调速电动机的主轴转速和功率特性

4. 主轴箱结构

如图 4-23 所示为某数控车床的主轴箱展开图。电动机通过带轮 1、2 和三联 V 带带动主轴。

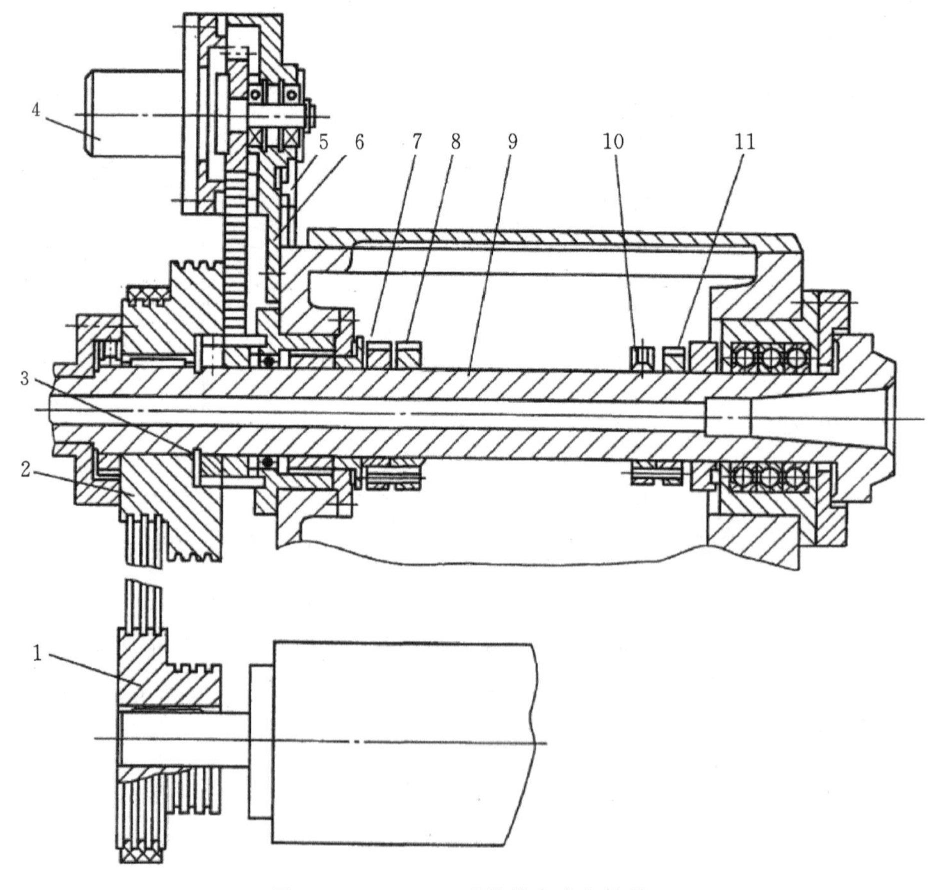

图 4-23　CK7815 型数控车床主轴箱

1、2—带轮；3、7、11—螺母；4—脉冲编码器；5—螺钉；6—支架；8、10—锁紧螺母；9—主轴

主轴9前端是三个角接触球轴承,前面两个大口向外(朝向主轴前端),后面一个大口朝里(朝向主轴后端),形成背靠背组合形式。轴承由圆螺母11预紧,预紧量在轴承制造时已调好。带轮2直接安装在主轴上,为了加强刚性,主轴后支承为双列向心短圆柱滚子轴承。其径向间隙由螺母3、7来调整,螺母8和10是压块锁紧圆螺母,其作用是防止螺母7和11的回松,通过7和8、10和11之间端面上的圆柱销来实现紧锁。这种结构比在7、8上直接用压块紧锁要好,不会由于压紧而使断面位置变化,影响主轴精度。主轴最后端螺母的结构与8相同,因其在主轴尾部,对主轴精度影响不大。主轴脉冲编码器4是由主轴通过一对带轮和齿形带带动的,和主轴同步运转,齿形带的松紧由螺钉5来调节。调节时,先将机床上固定脉冲编码器支架6的螺钉略松,再进行调整,调好后,再将支架6紧固。

主轴的运动通过同步齿形带1∶1的传到脉冲编码器。当主轴旋转时,脉冲编码器便发出检测脉冲信号给数控系统,其主轴电动机的旋转与刀架的切削进给保持同步关系,就可以实现螺纹加工时主轴旋转1周,刀架纵向(Z向)移动一个工件螺纹导程的运动关系。

5. 卡盘结构

卡盘是数控车床的主要夹具,随着主轴转速的提高,可实现高速甚至超高速切削。目前数控车床的最高转速已由1000～2000r/min提高到每分钟数千转,有的甚至达到每分钟数万转。这样高的转速,普通卡盘已不适用,必须采用高速卡盘才能保证安全可靠地加工。

目前,卡盘的松夹是靠用拉杆连接的液压卡盘和液压夹紧油缸的协调动作来实现的,如图4-24所示。

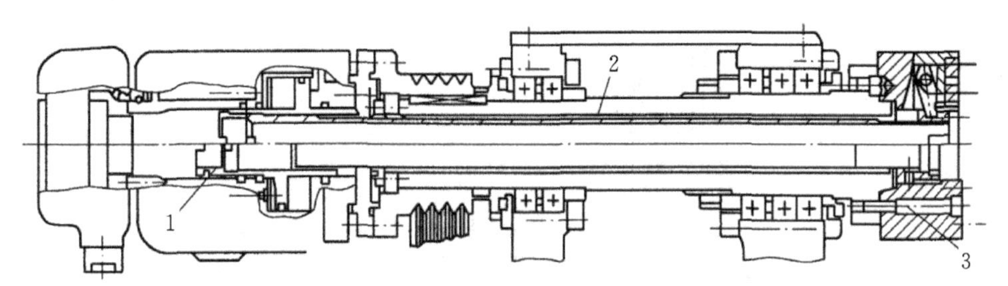

图4-24 常用高速卡盘

1—螺母;2—拉管;3—拉钉

随着卡盘的转速提高,由卡爪、滑座和紧固螺钉组成的卡爪组件的离心力急剧增大,而卡盘对零件的夹紧力下降。解决这个问题的途径有:减轻卡爪组件的质量以减小离心力,为此常采用斜齿条式结构;另一途径是增设离心力补偿装置,利用补偿装置的离心力抵消卡盘组件离心力造成的夹紧力损失。例如,上海机床附件二厂生产的KEF250型中空式高速动力卡盘,适用于转速小于4500r/min的数控车床。

图4-25所示为数控车床上采用的一种液压驱动动力自定心卡盘,卡盘3用螺钉固定在主轴(短锥定位)上,液压缸5固定在主轴后端。改变液压缸左、右腔的通油状态,活塞杆4带动卡盘内的驱动爪1和卡爪2,夹紧或放松工件,并通过行程开关6和7发出相应信号。

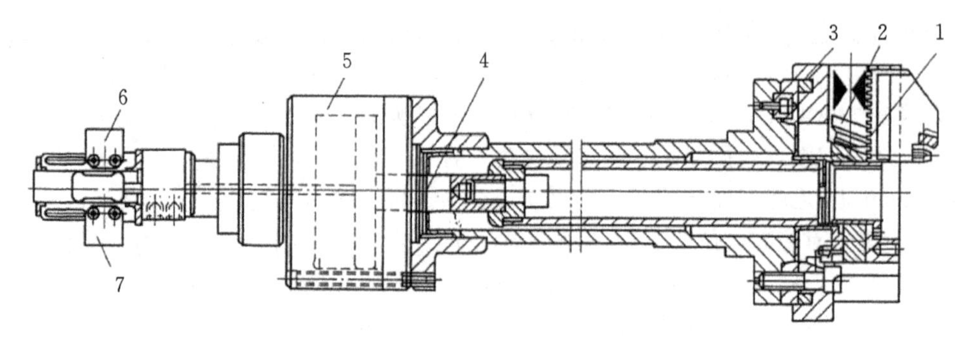

图 4-25　液压驱动动力自定心卡盘

1—驱动爪；2—卡爪；3—卡盘；4—活塞杆；5—液压缸；6、7—行程开关

【任务实施】

一、实施步骤

建议安排 8 学时，在数控实训中心和多媒体教室，采用现场教学法、讲授教学法、演示教学法等方法，以 CK7815 型数控车床实例，如图 4-26 为 CK7815 型数控车床主轴部件结构，拆卸为 4 学时。具体步骤如下。

(1)切断总电源及主轴脉冲发生器等电器线路；

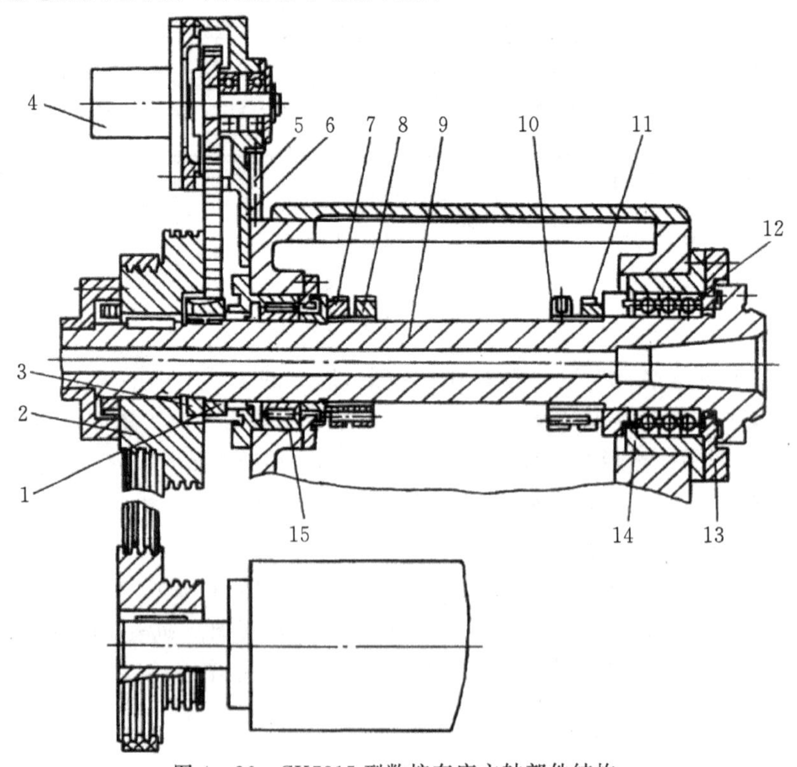

图 4-26　CK7815 型数控车床主轴部件结构

1—同步带轮；2—带轮；3、7、8、10、11—螺母；4—主轴脉冲发生器；5—螺钉；6—支架；9—主轴；12—角接触球轴承；13—前端盖；14—前支承套；15—圆柱滚子轴承

(2)切断液压卡盘油路，排放润滑油；

(3)拆下液压卡盘及主轴后端液压缸等部件；

(4)拆下电动机传动带及主轴后端带轮和键；

(5)拆下主轴后端螺母 3；

(6)拆下主轴脉冲发生器；

(7)拆下同步带轮 1 和后端油封件；

(8)拆下主轴后支承处轴向定位盘螺钉；

(9)拆下圆柱滚子轴承 15、轴向定位盘及油封；

(10)拆下向前端方向主轴部件；

(11)拆下螺母 7、8、10、11 及前油封；

(12)拆下主轴 9 和前端盖 13；

(13)拆下角接触球轴承 12 和前支承套 14。

安装为 4 学时，顺序基本与拆卸相反，通过拆装作业，使学生对主轴部件有更清楚的认识，以达到学习目的。

二、教学组织实施建议(表 4 - 1)

表 4 - 1　教学组织实施

内容	方法	媒体	教学阶段
布置任务、分组	项目教学法、引导文法 现场教学法、讲授教学法、演示教学法	数控车床、教材、PPT、计算机	明确任务
学生分组动手操作 教师巡视并解答疑问	引导文法、小组合作法、头脑风暴法	数控车床、工量具	实施任务
小组讨论 自我评价和总结	小组合作法、头脑风暴法	实训任务书	学生汇报展示
教师进行点评，总结本学习情境的学习效果	小组合作法、头脑风暴法	PPT	总结
工量具擦拭、清洁、数控机床擦拭、维护	小组合作法	数控车床、工量具	清扫实验室

【实训任务书】(表 4 - 2)

表 4 - 2　数控车床主轴部件实训

机床型号	学生姓名	实训地点	实训时间
1. 本实训的数控车床主轴部件典型机械结构名称：＿＿＿＿＿、＿＿＿＿＿、＿＿＿＿＿、＿＿＿＿＿、＿＿＿＿＿、＿＿＿＿＿ 2. 描述典型零部件结构			

续表

<table>
<tr><td colspan="2">画出零部件简图并标注其名称</td><td>叙述其工作原理和特点</td></tr>
<tr><td colspan="2"></td><td></td></tr>
<tr><td colspan="3">3. 拆卸(或安装调试步骤)</td></tr>
<tr><td colspan="3"></td></tr>
<tr><td>4. 使用工具</td><td colspan="2"></td></tr>
<tr><td>5. 优化(或创新)</td><td colspan="2"></td></tr>
</table>

【知识拓展】

床　身

1. 对床身结构的基本要求

机床的床身是整个机床的基础支承件,一般用来放置导轨、主轴箱等重要部件。为了满足数控机床高速度、高精度、高生产率、高可靠性和高自动化程度的要求,与普通机床相比,数控机床应有更高的静、动刚度,更好的抗震性。对数控机床床身主要在以下 3 个方面提出了更高的要求:

(1)很高的精度和精度保持性　在床身上有很多安装零部件的加工面和运动部件的导轨面,这些面本身的精度和相互位置精度要求都很高,而且要能长时间保持。

(2)应具有足够的静、动刚度　静刚度包括:床身的自身结构刚度、局部刚度和接触刚度,都应该采取相应的措施,最后达到有较高的刚度—质量比。动刚度直接反映机床的动态特性,为了保证机床在交变载荷作用下具有较高的抵抗变形的能力和抵抗受迫振动及自激振动的能力,可以通过适当增加阻尼、提高固有频率等措施避免共振及因薄壁振动而产生的噪声。

(3)较好的热稳定性　对数控机床来说,热稳定性已成了一个突出问题,必须在设计上做到使整机的热变形较小,或使热变形对加工精度的影响较小。

2. 床身的结构

(1)床身结构　根据数控机床的类型不同,床身的结构形式有各种各样的形式。例如,数控车床床身的结构形式有平床身、斜床身、平床身斜导轨和直立床身等四种类型。另外,斜床身结构还能设计成封闭式断面,这样大大提高了床身的刚度。数控铣床、加工中心等这一类数控机床的床身结构与数控车床有所不同,加工中心的床身有固定立柱式和移动立柱式两种。前者一般适用于中小型立式和卧式加工中心,而后者又分为整体 T 形床身和前后床身分开组装的 T 形床身。所谓 T 形床身是指床身是由横置的前床身(亦叫横床身)和与它垂直的后床身(亦叫纵床身)组成。整体式床身,刚性和精度保持性都比较好,但是却给铸造和加工带来很大不便,尤其是大中型机床的整体床身,制造时需有大型设备。而分离式 T 形床身,铸造工艺性和加工工艺性都大大改善。前后床身连接处要刮研,连接时用定位键和专用定位销定位,然后沿截面四周用大螺栓紧固。这样连接的床身,在刚度和精度保持性方面,基本能满足使用要求。这种分离式 T 形床身适用于大中型卧式加工中心。

由于床身导轨的跨距比较窄,致使工作台在溜板上移动到达行程的两端时容易出现翘曲,如图 4-27(a)所示,这将影响加工精度。为了避免工作台翘曲,有些立式加工中心增设了辅助导轨，如图 4－27(b)所示。

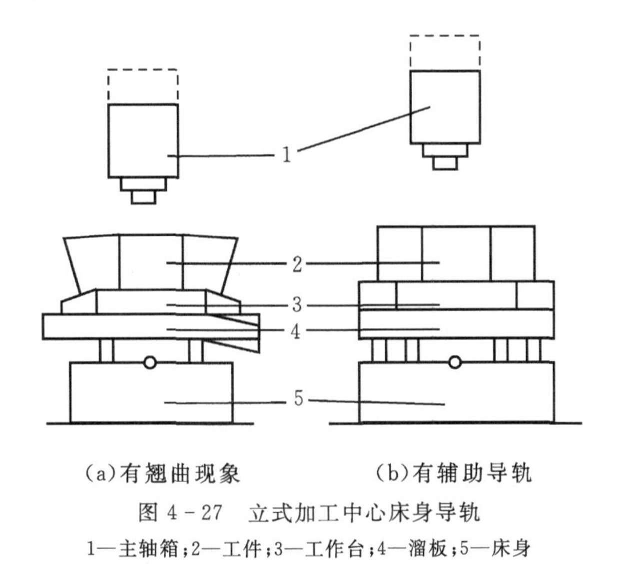

(a)有翘曲现象　　(b)有辅助导轨

图 4－27　立式加工中心床身导轨

1—主轴箱；2—工件；3—工作台；4—溜板；5—床身

(2)床身的截面形状　数控机床的床身通常为箱体结构，合理设计床身的截面形状及尺寸，采用合理布置肋板结构可以在较小质量下获得较高的静刚度和适当的固有频率。床身中常采用的几种截面肋板布置如图 4－28 所示。

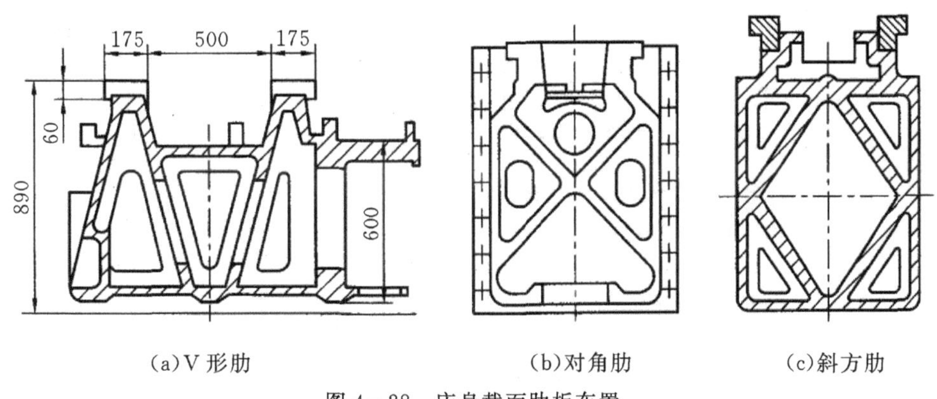

(a)V 形肋　　(b)对角肋　　(c)斜方肋

图 4－28　床身截面肋板布置

床身肋板通常是根据床身结构和载荷分布情况进行设计的，满足床身刚度和抗震性要求，V 形肋有利于加强导轨支承部分的刚度，斜方肋和对角肋结构可明显增强床身的扭转刚度，并且便于设计成全封闭的箱形结构。

此外，还有纵向肋板和横向肋板，分别对抗弯刚度和抗扭刚度有显著效果；米字形肋板和井字形肋板的抗弯刚度也较高，尤其是米字形肋板更高。

(3)钢板焊接结构　随着焊接技术的发展和焊接质量的提高，焊接结构的床身在数控机床中应用越来越多。而轧钢技术的发展，提供了多种形式的型钢，焊接结构床身的突出优点是制造周期短，一般比铸造结构的快 1.7～3.5 倍，省去了制作木模和铸造工序，不易出废品。焊接结构设计灵活，便于产品更新、改进结构。焊接件能达到与铸件相同，甚至更好的结构特性，可提高抗弯截面惯性矩，减小质量。

采用钢板焊接结构能够按刚度要求布置肋板的形式，充分发挥壁板和肋板的承载和抗变形作用。另外，焊接床身采用钢板，其弹性模量 $E=2\times10^5$ MPa，而铸铁的弹性模量 $E=1.2\times10^5$ MPa，两者几乎相差一倍。因此，采用钢板焊接结构床身有利于提高固有频率。

3. 床身的刚度

(1)肋板结构对床身刚度的影响　根据床身所受载荷性质的不同，床身刚度分为静刚度和动刚度。床身的静刚度直接影响机床的加工精度及其生产率。静刚度和固有频率是影响动刚度的重要因素。合理设计床身的肋板结构，可提高床身的刚度。表 4－3 列出了肋板布置对封闭式箱体结构刚度的影响数据。

表 4－3　肋板布置对封闭式箱体结构刚度的影响

序号	模型	弯曲刚度指数(X－X)	扭转刚度指数
1	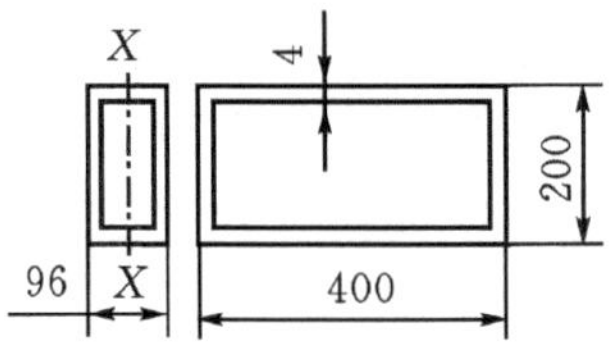	1.0	1.0
2	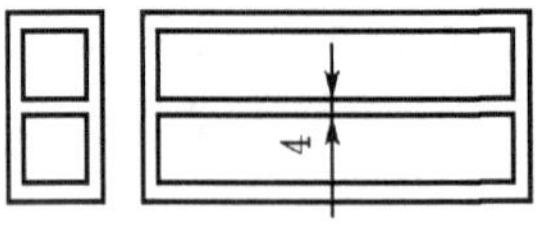	1.16	1.44
3	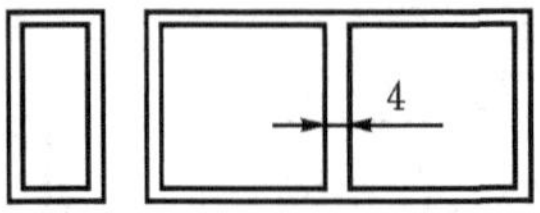	1.02	1.33
4	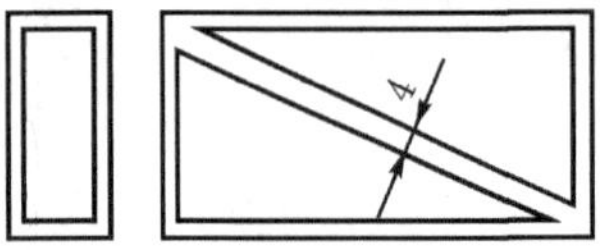	1.11	1.67
5	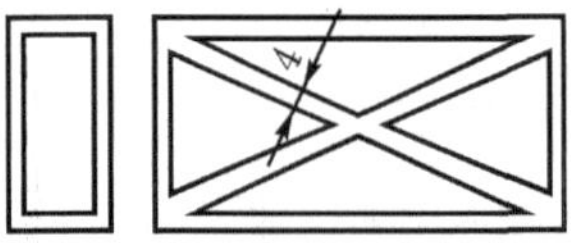	1.13	2.02

(2)床身箱体封砂结构　床身封砂结构是利用肋板隔成封闭箱体结构，如图 4－29 所示，将大件的泥芯留在铸件中不清除，利用砂粒良好的吸振性能，可以提高结构件的阻尼比，有明显的消振作用。提高床身结构的静刚度，有刚度和质量的关系式 $K=m\omega_0^2 5$(ω_0 为系统无阻尼振动时的固有频率)可以看出，增加质量 m 可以提高静刚度。

对于焊接结构的床身，在床身内腔填充泥芯和混凝土等阻尼材料，当振动时，利用相对摩擦来耗散振动能量。

封砂结构降低了床身的重心，有利于床身结构的稳定性，可提高床身的抗弯和抗扭刚度。

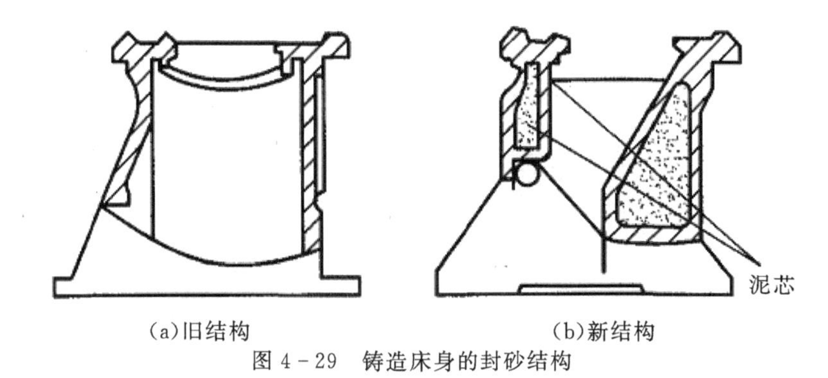

(a)旧结构　　(b)新结构

图 4-29　铸造床身的封砂结构

4. 床身的结构设计

AG(人造花岗石)材质是一种新型床身材质,它除了具有好的阻尼性能(阻尼为灰铸铁的8～10倍)外,还具有尺寸稳定性好、抗腐蚀性强、制造成本低等优点;与灰铸铁比,它热容量大,热导率低,构件的热变形小;AG床身的后期加工量很少,这样可以大大减少占用大型机床的加工时间和加工成本,并能节约大量金属,如一个磨床床身就可以节约90%左右的金属材料。

AG金属的结构形式一般可以分为以下三种:

(1)整体结构　如图4-30(a)该结构除了一些金属预埋件外,其余部分均为AG材质。这种结构适用于形状较简单的中小型机床床身。

(2)框架结构　如图4-30(b)这种结构的特点是边缘为金属型材质焊接而成,其内烧注AG材质。这是因为AG材质较脆,可防止边角受到冲撞而破坏,它适合结构简单的大中型机床床身。

(3)分块结构　如图4-30(c)对于结构形状较复杂的大型床身构件,可以把它分成几个形状简单、便于烧铸的部分,分别浇铸后,再用粘结剂或其他形式连接起来。这样可使浇铸模具的结构设计简化。

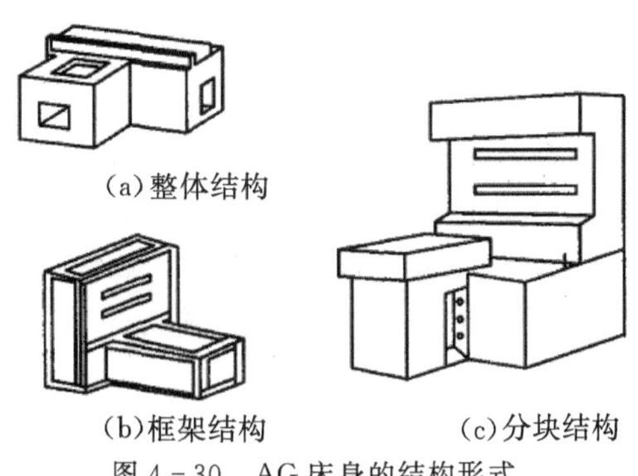

(a)整体结构

(b)框架结构　　(c)分块结构

图 4-30　AG床身的结构形式

由于AG材质抗弯强度较低,弹性模量较小(约为灰铸铁的1/3～1/4),因此它多用于制造床身或支承件。从结构设计来看,灰铸铁床身为带肋的薄壁结构,而AG床身的截面形状多以矩形为主,厚度较厚,约为灰铸铁的3～5倍。在满足床身足够的强度和刚度的前提下,也应尽量节省AG材料的用量,如设置空腔、凹槽等,以减少床身的质量和制造成本。

AG床身和其他金属零部件的连接一般是通过和预埋件的机械连接来实现的,如图4-31

所示。多块金属预埋件经过加工后，通过一定的连接方式固定其他零部件(如导轨等)。

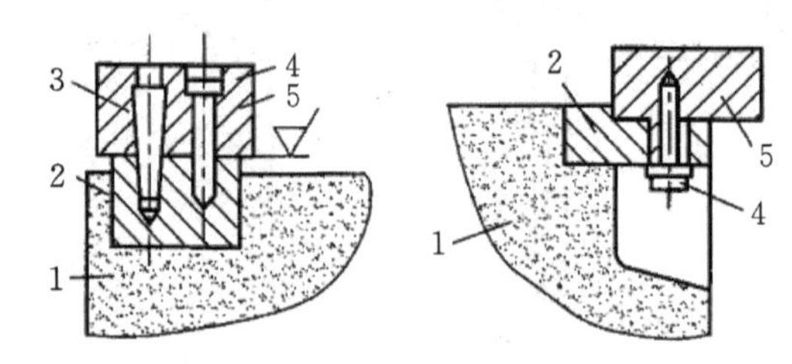

图 4-31　AG 床身与其他金属零部件的连接

1—AG 材料；2—预埋件；3—销钉；4—螺钉；5—被连接件

床身结构设计时，应尽量避免薄壁结构并简化表面形状。可采用 4-32(a)的结构以形成冷却润滑液或容屑槽；采取图 4-32(b)结构以避免表面不等高。这样就简化了 AG 结构的形状，从而简化模具结构和浇铸工艺。

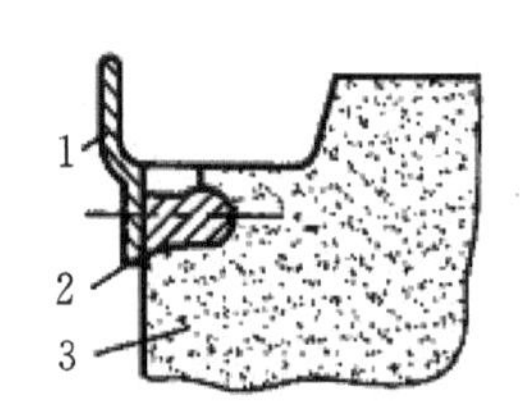

(a)用预埋金属的方法避免薄壁

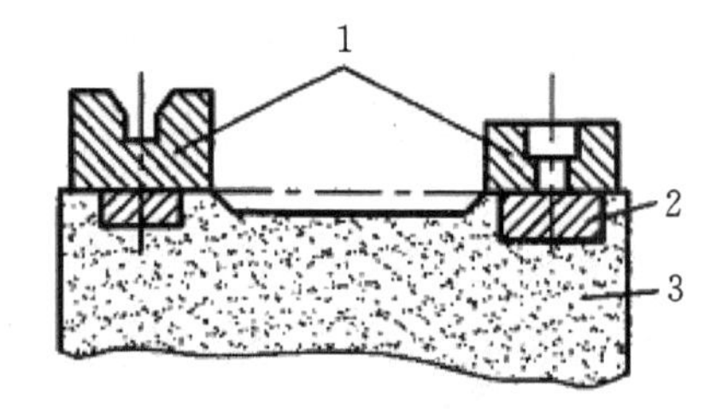

(b)用预埋金属的方法避免表面不等高

图 4-32　AG 构件的结构简化

1—金属件；2—预埋件；3—AG 材料

任务 4.2　数控车床纵向驱动装置的装配及精度的检测

【知识准备】

一个典型的数控车床闭环控制的进给系统，通常由位置比较器、放大元件、驱动单元、机械传动装置和检测反馈元件等部分组成，而其中的机械传动装置是控制环中的一个重要环节。这里所说的机械传动装置，是指将驱动源(即电动机)的旋转运动变为刀架直线运动的整个机械传动链，包括带传动、齿轮传动副、滚珠丝杠螺母副、减速装置等中间传动机构。

1. 数控车床对进给传动系统的要求

数控车床的进给传动系统承担了数控车床各直线坐标轴、回转坐标轴的定位和切削进给动作，进给系统的传动精度、灵敏度和稳定性直接影响被加工工件的最后轮廓精度和加工精度。为了保证数控车床进给传动系统的定位精度和动态性能，对数控车床进给传动系统有以下几个方面的要求。

(1)低惯量　进给传动系统由于经常需启动、停止、变速或反向运动，若机械传动装置惯量大，就会增大负载并使系统动态性能变差。因此，在满足强度与刚度的前提下，应尽可能减小运动部件的自重及各传动元件的直径和自重。

(2)高刚度　数控车床进给传动系统的高刚度主要取决于滚珠丝杠副(直线运动)及其支承部件的刚度。刚度不足和摩擦阻力会导致工作台产生爬行现象及造成反向死区,影响传动准确性。缩短传动链,合理选择丝杠尺寸及对滚珠丝杠副和支承部件的预紧是提高传动刚度的有效途径。

(3)无传动间隙　为了提高位移精度,减小传动误差,首先要保证所采用的各种机械部件的加工精度,其次要尽量消除各种间隙。这是因为机械间隙是造成进给传动系统反向死区的另一主要原因。因此,对传动链的各个环节,包括联轴器、齿轮传动副及其支承部件均应采用消除间隙的各种结构措施。但是采用预紧等各种措施后仍可能留有微量间隙,所以在进给传动系统反向运动时仍需由数控装置发出脉冲指令进行自动补偿。

(4)高谐振　为了提高进给的抗震性,应使机械构件具有较高的固有频率和合适的阻尼,一般要求进给传动系统的固有频率应高于伺服驱动系统固有频率的2～3倍。

(5)低摩擦阻力　进给传动系统要实现运动平稳、定位准确、快速响应特性好,必须减小运动件的摩擦阻力和动摩擦系数与静摩擦系数之差。所以数控车床进给传动系统普遍采用了滚珠丝杠螺母副,导轨普遍采用具有较小摩擦系数和高耐磨性的滑动导轨等。

2. 床鞍和横向进给装置

数控车床床鞍结构如图4-33。在床鞍中部装有与横向导轨平行的外循环滚珠丝杠1,滚珠丝杠支承在两个角接触球轴承上,精度为P5级。丝杠的导程为6mm。由FB-15型直流伺服电动机5通过一对齿形带轮和同步齿形带带动轮3旋转,带轮与电动机轴承用锥环无键连接。如图Ⅰ放大部分,图中12和13是锥面相互配合的锥环。当拧紧螺钉10时,经过法兰11压外锥环13,由于相配合的锥面的作用,结果使外锥环的外径膨胀,内锥环的内孔收缩,靠摩擦力使电动机轴与带轮连接在一起。根据所传递转矩的大小,选择锥环的对数。这种连接件之间的相对角度可任意调节,配合无间隙,故对中性好。

由于刀架为倾斜布置,而滚珠丝杠又不能自锁,刀架可能自动下滑,这个问题可由伺服电动机的电磁制动来解决。

为了消除齿形带传动误差对精度的影响,采用了分离检测系统,把反馈元件脉冲编码器2与丝杠1相连接,直接检测丝杠的回转角度,有利于系统精度的提高。齿形带的松紧用螺钉4来调整。

床鞍上与纵向导轨配合的表面均采用贴塑导轨,并采用3根镶条7、8、9调整间隙。横向运动的机械原点、加工原点和超程限位点由三个可在槽内滑动的挡块6来调整。

3. 纵向驱动装置

纵向驱动部分的结构如图4-34。床鞍的纵向移动由FB-15直流伺服电动机1带动丝杠5来实现。丝杠5的前端支承在成对的P5级角接触球轴承4上。后端支承在P5级深沟球轴承6上。前轴承由螺母3锁紧,后轴承由两个作为封闭环用的套筒和轴用弹簧卡圈定位。由图可见,丝杠的前端轴向是固定的,后端轴向则是自由的,可以补偿由于温度引起的伸缩变形。

滚珠丝杠螺母副为外循环式,消除间隙采用双螺母结构。丝杠前端与直流伺服电动机1之间用精密十字滑块联轴器连接,可以消除电动机轴与丝杠的不同轴度的影响。伺服电动机轴与十字滑块联轴器也采用锥环连接。

十字滑块联轴器由三件组成,与电动机轴和丝杠连接的左右两件上开有通过中心的端面

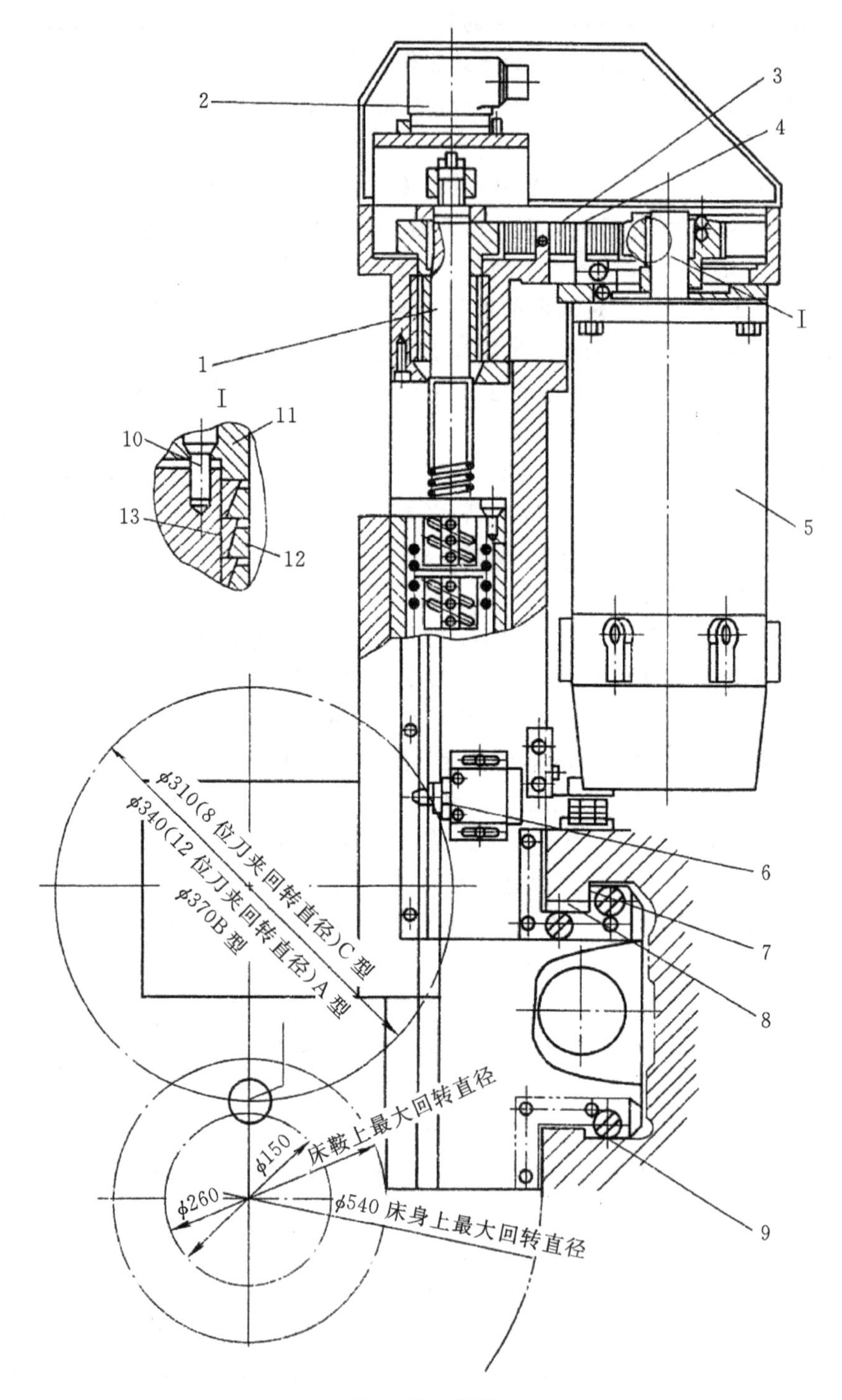

图 4-33　床鞍

1—滚珠丝杠；2—脉冲编码器；3—带轮；4—螺钉；5—伺服电动机；6—挡块；7、8、9—镶条

10—拧紧螺钉；11—法兰；12、13—内外锥环

键槽，中间一件 2 的两端面上均有通过中心且相互垂直的凸键，分别与左右两件的键槽相配合，以传递运动和转矩。凸键与凹槽的配合很精确，间隙小于 0.003mm。由于中间的键是十

字形的，故能补偿电动机轴线与丝杠轴线的同轴度偏差。

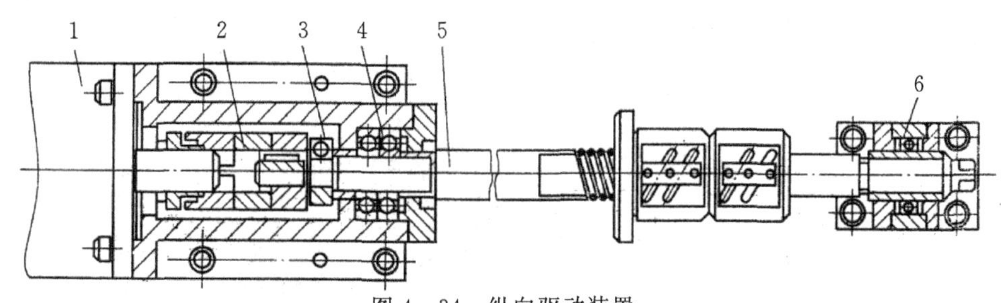

图 4－34　纵向驱动装置

1—伺服电动机；2—联轴器；3—螺母；4、6—轴承；5—丝杠

CK7815 型数控车床的双循环螺母按照预加负荷配置。纵向滚珠丝杠的导程为 8mm，当伺服电动机转速为 1500r/min 时，快速进给可达 12m/min，最小移动单位为 0.001mm。

4. 进给传动系统的结构特点

数控车床的进给传动用伺服电动机（直流或交流）驱动，通过滚珠丝杠带动刀架完成纵向（*Z* 轴）和横向（*X* 轴）的进给运动。由于数控车床采用了脉宽调速伺服电动机系统，因此进给和车螺纹范围很大（例如，配 FANUC-6T 系统，进给和车螺纹范围为 0.001～500mm/r）。快速移动和进给传动均经同一传动路线。一般数控车床的快速移动速度可达 10～15m/min。数控车床所用的伺服电动机除有较宽的调速范围并能无级调速外，还能实现准确定位。在进给和快速移动下停止，刀架的定位精度和重复定位精度误差不超过 0.01mm。

进给系统的传动要求准确、无间隙。因此，要求进给传动链中的各个环节，如伺服电动机与丝杠的连接，丝杠与螺母的配合及支承丝杠两端的轴承等都要消除间隙。如果经调整后仍有间隙存在，可通过数控系统进行间隙补偿，但补偿的间隙量最好不超过 0.05mm。因为传动间隙太大对加工精度影响很大，特别是在镜像加工（对称切削）方式下车削圆弧和锥面时，传动间隙对精度影响更大。除上述要求外，进给系统的传动还应灵敏和有较高的传动效率。

5. 进给传动系统的传动方式及传动元件

中、小型数控车床的进给系统普遍采用滚珠丝杠螺母副传动。伺服电动机与滚珠丝杠的传动连接方式有两种：

（1）滚珠丝杠与伺服电动机轴端的锥环连接　锥环连接是进给传动系统消除传动间隙的一种比较理想的连接方式。它主要靠内外锥环锥面压紧后产生的摩擦力传递动力，避免了键连接产生的间隙。这种连接方式在进给传动链的各个环节得到了广泛的应用，如电动机轴与齿形带轮的连接。

（2）滚珠丝杠通过同步齿形带与伺服电动机连接　如图 4－35 的滚珠丝杠通过同步齿形带与伺服电动机连接。为了消除同步齿形带传动对精度的影响，将脉冲编码器 1 安装在滚珠丝杠 4 的端部，以便直接对滚珠丝杠的旋转状态进行测检。这种结构允许伺服电动机 5 的轴端朝外安装，因而可避免电动机外伸。但这种结构会加大机床的高度和长度尺寸，会影响机床的外形美观。

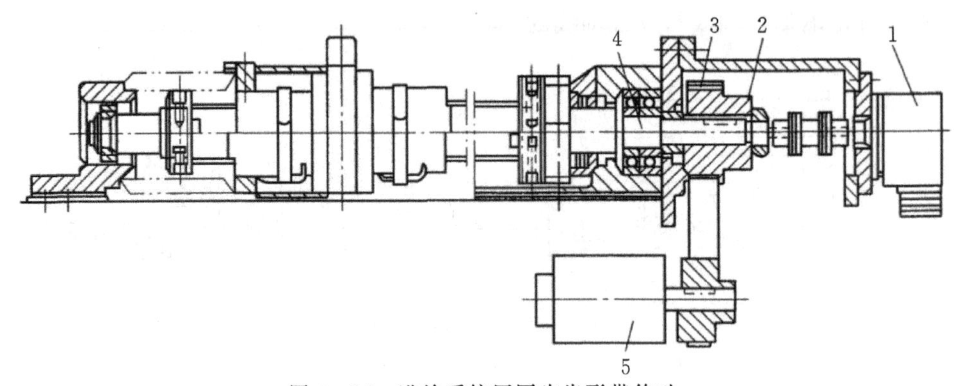

图 4-35 进给系统用同步齿形带传动

1—脉冲编码器;2—齿形带轮;3—齿形带;4—滚珠丝杠;5—伺服电动机

【任务实施】

一、实施步骤

1. 支座、轴承座、支架的精度检测

(1)将前支架用螺钉固定在床身上,然后装上检验棒和检验套。

(2)将螺母座用螺钉固定在螺母架体上,然后装上检验套和检验棒。

(3)将后支架用螺钉固定在床身上,然后装上检验套和检验棒。各零件简图如图 4-36。

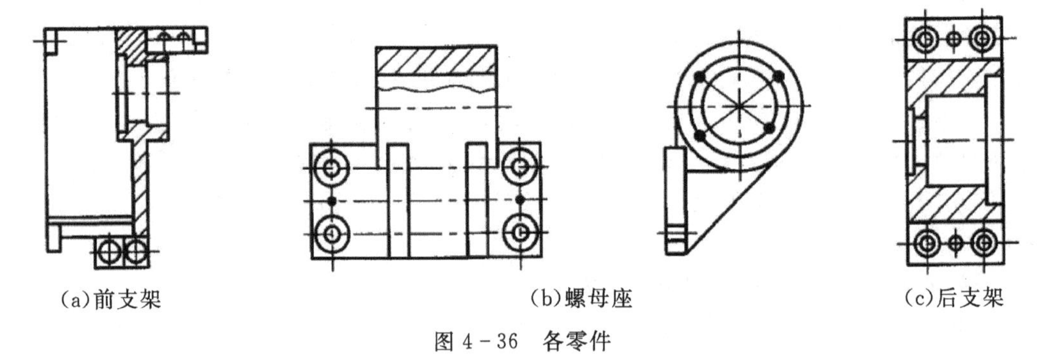

图 4-36 各零件

(4)以床身导轨为准,检验前后支架、中间支架对床身导轨的平行度和等距度,如图4-37。

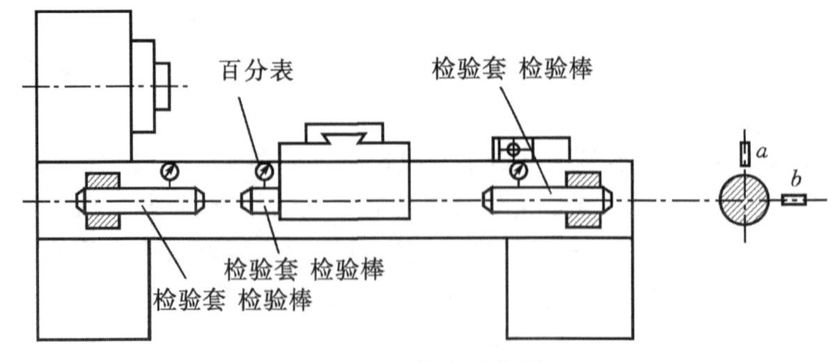

图 4-37 检验示意图

平行度：0.015mm/150mm；

等距度：0.02mm；

技术要求：结合面 0.04mm 塞尺不入。

检验精度时，上母线以床鞍为准，侧母线以床身把支座面为准，按具体情况调整各件。然后，根据实测误差配磨丝杠轴承座达到精度要求。如图 4－38 和图 4－39 所示。

图 4－38　检验中间支架对床身导轨的精度

图 4－39　检验后支架对床身导轨的精度

检验方法：将百分表测头触及检验棒表面，在上母线、侧母线方向上移动，检测各件对床身导轨的平行度。然后在床身导轨左、中、右三个位置上检验等距度。将检验棒旋转 180°，再同样检验一次，各位置两次测量结果的代数和的一半，即为该位置测量数值，三个位置测量数值之间的最大值，就是等距度的误差。

（5）前支架精度不对时，可修刮支架底面；后支架精度不对时，应磨削支架底面；中间支架精度不对时，应调整螺母座。

（6）找好精度后，钻铰 ϕ10mm 锥销孔处，并打上锥销，将各件定位好。锥销接触率在两件结合处为 60%。

2. 滚珠丝杠装配

（1）将找好精度的支架等件拆下。

（2）将螺母架体装在丝杠上。

（3）将后支架中的轴承、隔套、螺母等件装在丝杠后端上。

（4）将轴承装在丝杠中，然后用螺钉将法兰盘固定在前支架上，装上齿形带轮，旋上螺母。轴承涂长效润滑脂 NBU，为轴承空间的 2/3。

（5）将丝杠、前后支架、中间支架一起装在床身和床鞍上。

（6）旋转装好的丝杠，应转动灵活，不得有别劲现象。丝杠轴向窜动应小于等于 0.007mm，前、后支架结构如图 4－40。

3. 电动机、带轮装配

（1）将齿形带轮、胀紧套、压盖装在电动机上，并用螺钉固定好。

（2）将齿形带装在带轮上。

（3）将电动机板固定在伺服电动机上，然后用螺钉、螺母将电动机组件固定在支架上。调整好齿形带的松紧程度。

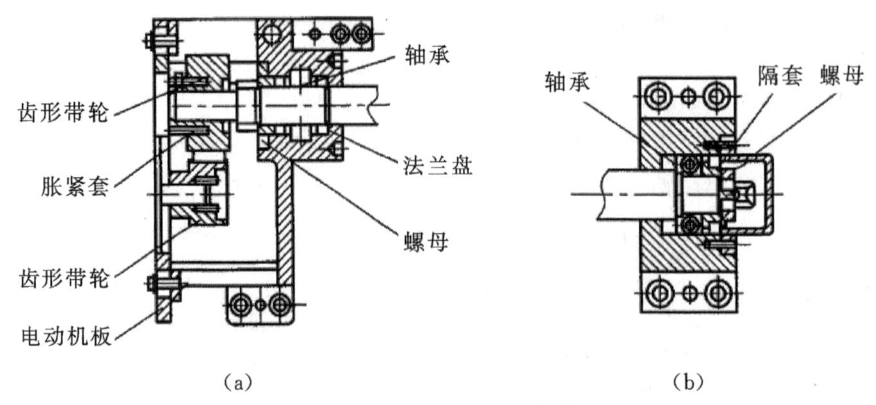

图 4-40 前、后支架结构图

二、教学组织实施建议(表 4-4)

表 4-4 教学组织实施表

内容	方法	媒体	教学阶段
布置任务、分组 将学生分成 3 大组，每大组再分成小组，每大组只做 1 个实验	小组自主学习法、引导文法	数控车床、教材、PPT、计算机	明确任务
学生分组动手操作 教师巡视并解答疑问	引导文法、小组合作法、头脑风暴法	数控车床、工量具	实施任务
小组讨论 自我评价和总结	小组合作法、头脑风暴法	实训任务书	学生汇报展示
教师进行点评，总结本学习情境的学习效果	小组合作法、头脑风暴法	PPT	总结
工量具擦拭、清洁、数控机床擦拭、维护	小组合作法	数控车床、工量具	清扫实验室

【实训任务书】(表 4-5)

表 4-5 数控车床纵向驱动装置的装配及精度的检测

机床型号	学生姓名	实训地点	实训时间

1. 本实训的主要零部件名称：________、________、________、________、________、________、________、________。

2. 描述典型零部件结构

画出零部件简图并标注其名称	检验项目	检验过程	检验结果	数据分析

3. 拆卸(或安装调试步骤)

4. 使用工具	
5. 优化(或创新)	

【知识拓展】

尾　座

CK7815 型数控车床尾座结构如图 4－41 所示。当手动移动尾座到所需位置后，先用螺钉 16 进行预定位，紧螺钉 16 时，使两楔块 15 上的斜面顶出销轴 14，使得尾座紧贴在矩形导轨的两内侧面上，然后，用螺母 3、螺栓 4 和压板 5 将尾座紧固。这种结构可以保证尾座的定位精度。

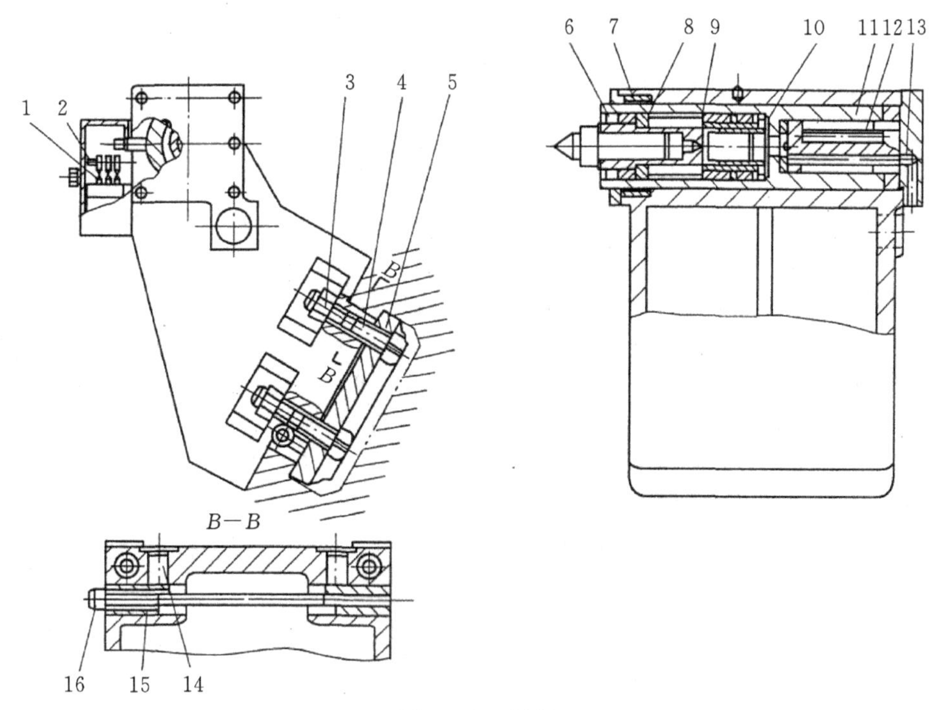

图 4－41　尾座

1—开关；2—挡铁；3、6、8、10—螺母；4—螺栓；5—压板；7—锥套；9—套筒内轴
11—套筒；12、13—油孔；14—销轴；15—楔块；16—螺钉

尾座套筒内轴 9 上装有顶尖，因轴 9 能在尾座套筒内的轴承上转动，故顶尖是活顶尖。为了使顶尖保证高的回转精度，前轴承选用 NN3000K 双列短圆柱滚子轴承，轴承径向间隙用螺母 8 和 6 调整；后轴承为三个角接触球轴承，由防松螺母 10 来固定。

尾座套筒与尾座孔的配合间隙，用内、外锥套 7 来做微量调整。当向内压外锥套时，使得内锥套内孔缩小，即可使配合间隙减小；反之变大，压紧力用端盖来调整。尾座套筒用压力油驱动。若在油孔 13 内通入压力油，则尾座套筒 11 向前运动，若在孔 12 内通入压力油，尾座套筒就向后运动。移动的最大行程为 90mm，预紧力的大小用液压系统的压力来调整。在系统压力为$(5\sim15)\times10^5$ Pa 时，液压缸的推力为 1500～5000N。

尾座套筒行程大小可以用安装在套筒 11 上的挡铁 2 通过行程开关 1 来控制。尾座套筒的进退由操作面板上的按钮来操纵。在电路上尾座套筒的动作与主轴互锁，即在主轴转动时，按动尾座套筒退出按钮，套筒并不动作，只有在主轴停止状态下，尾座套筒才能退出，以保证安全。

任务4.3　四方刀架的拆卸

【知识准备】

数控机床为了能在工件一次装夹中完成多个工步，以缩减辅助时间和减少多次安装工件所引起的误差，可在机床上安装自动换刀系统，自动换刀系统由控制系统和换刀装置组成。控制系统属于数控系统的内容，这里只讨论换刀装置。数控车床的回转刀架就是一种最简单的自动换刀装置。对于多工步的数控机床，逐步发展和完善了各类回转刀具的自动更换装置、扩大了换刀数量，换刀动作更为复杂。各种不同的自动换刀装置都应满足换刀时间短、刀具重复定位精度高、刀具储存量足够、刀库占地面积小及安全可靠等基本要求。

数控车床的刀架是机床的重要组成部分，用于夹持切削用的刀具。它的结构直接影响机床的切削性能和切削效率，在一定程度上，刀架的结构和性能体现了机床的设计和制造技术水平。随着数控车床的不断发展，刀具结构形式也在不断翻新。

刀架是直接完成切削加工的执行部件。所以，刀架在结构上必须具有良好的强度和刚度，以承受粗加工时的切削抗力；由于切削加工精度在很大程度上取决于刀尖位置，故要求数控车床选择可靠的定位方案和定位结构，以保证有较高的重复定位精度（一般为 0.001～0.005mm）。此外还应满足换刀时间短、结构紧凑、安全可靠等。

按换刀方式来划分，数控车床的刀架系统主要有排刀式刀架、回转刀架和带刀库的自动换刀装置等，而最常采用的是回转刀架换刀方式。

回转刀架是数控车床最常用的一种典型换刀刀架，通过刀架的旋转分度定位来实现机床的自动换刀动作。一般来说旋转直径超过 100mm 的机床大都采用回转刀架。根据加工要求可设计成四方、六方刀架或圆盘式轴向装刀刀架，并相应地安装 4 把、6 把或更多的刀具。下面分别介绍四方刀架和六方刀架换刀过程。

1. 四方刀架换刀过程

如图 4-42 为数控车床方刀架结构，该刀架可以安装四把不同的刀具，转位信号由加工程序指定。其工作过程如下：

（1）刀架抬起　当数控装置发出换刀指令后，电动机 1 起动正转，通过平键套筒联轴器 2 使蜗杆轴 3 转动，从而带动蜗轮丝杠 4 转动。刀架体 7 的内孔加工有螺纹，与丝杠连接，蜗轮与丝杠为整体结构。当蜗轮开始转动时，由于刀架底座 5 和刀架体 7 上的端面齿处在啮合状态，且蜗轮丝杠轴向固定，因此这时刀架体 7 抬起。

（2）刀架转位　当刀架体抬起至一定距离后，端面齿脱开，转位套 9 用销钉与蜗轮丝杠 4 连接，随蜗轮丝杠一同转动，当端面齿完全脱开时，转位套正好转过 160°（如图 4-42 中 $A-A$ 剖视所示），球头销 8 在弹簧力的作用下进入转位套 9 的槽中，带动刀架体转位。

（3）刀架定位　刀架体 7 转动时带着电刷座 10 转动，当转到程序指定的刀号时，粗定位销 15 在弹簧的作用下进入粗定位盘 6 的槽中进行粗定位，同时电刷 13 接触导体使电动机 1 反转。由于粗定位槽的限制，刀架体 7 不能转动，使其在该位置垂直落下，刀架体 7 和刀架底座 5 上的端面齿啮合实现精准定位。

（4）夹紧刀架　电动机继续反转，此时蜗轮停止转动，蜗杆轴 3 自身转动，当啮合的两端面齿增加到一定夹紧力时，电动机 1 停止转动。这种刀架在经济型数控车床及卧式车床的数控化改造中得到广泛应用。

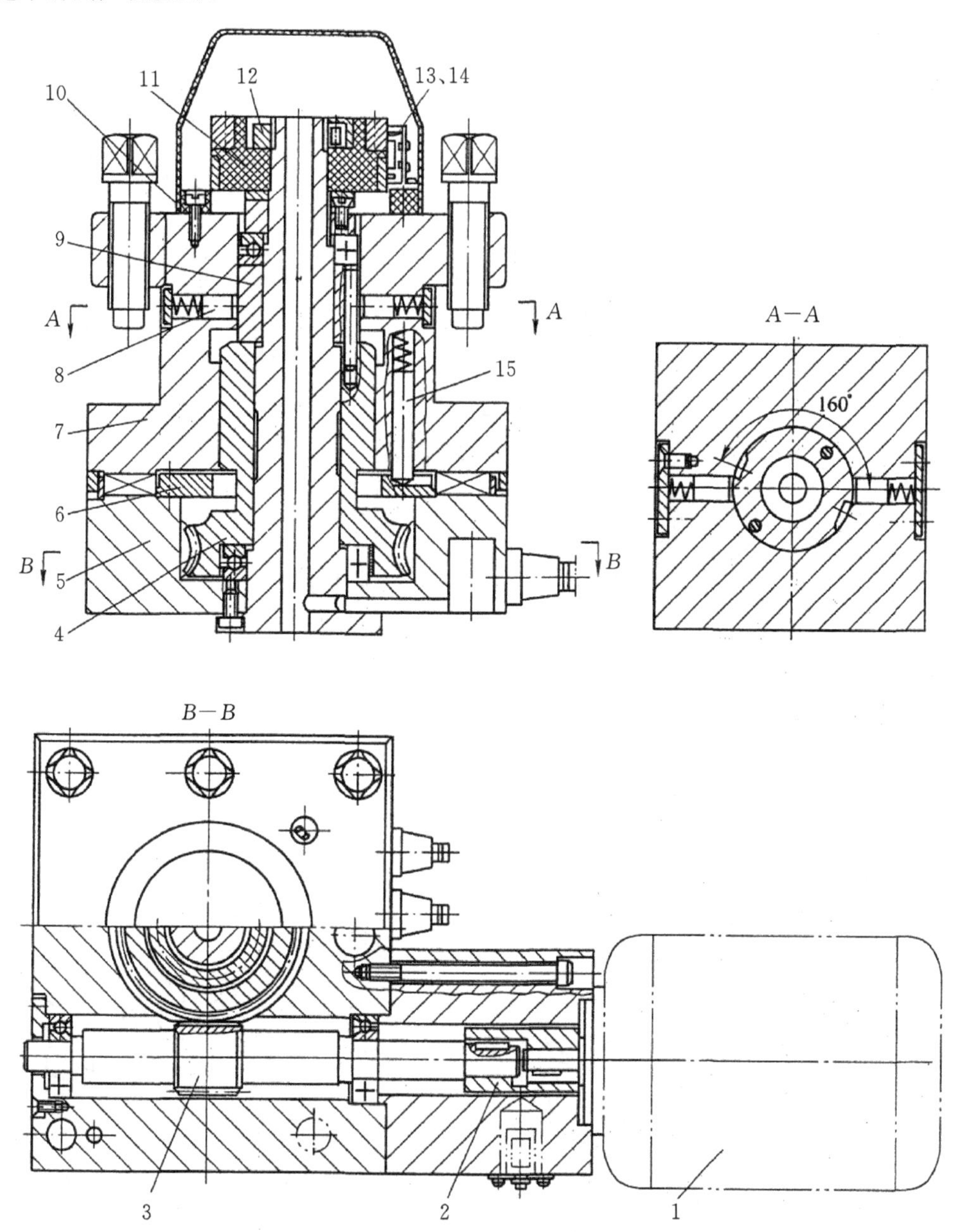

图 4－42　数控车床方刀架结构

1—电动机；2—连轴器；3—蜗杆轴；4—蜗轮丝杠；5—刀架底座；6—粗定位盘；7—刀架体
8—球头销；9—转位套；10—电刷座；11—发信体；12—螺母；13、14—电刷；15—粗定位销

2. 盘形自动回转刀架换刀过程

CK7815 型数控车床采用的 BA200L 盘形自动回转刀架，如图 4－43 所示。该刀架最多可以有 24 个分度位置，可选用 12 位(A 型或 B 型)、8 位(C 型)刀盘。A、B 型回转刀盘的外切刀可使用 25mm×150mm 的可调刀具和刀杆截面为 25mm×25mm 的可调刀具，C 型可用尺寸为

20mm×20mm×125mm 的标准刀具。镗刀杆直径最大为 32mm。图 4-43(a)为自动回转刀架结构图,图 4-43(b)为 12 位和 8 位刀盘布置图。刀架转位为机械传动,其工作过程如下:

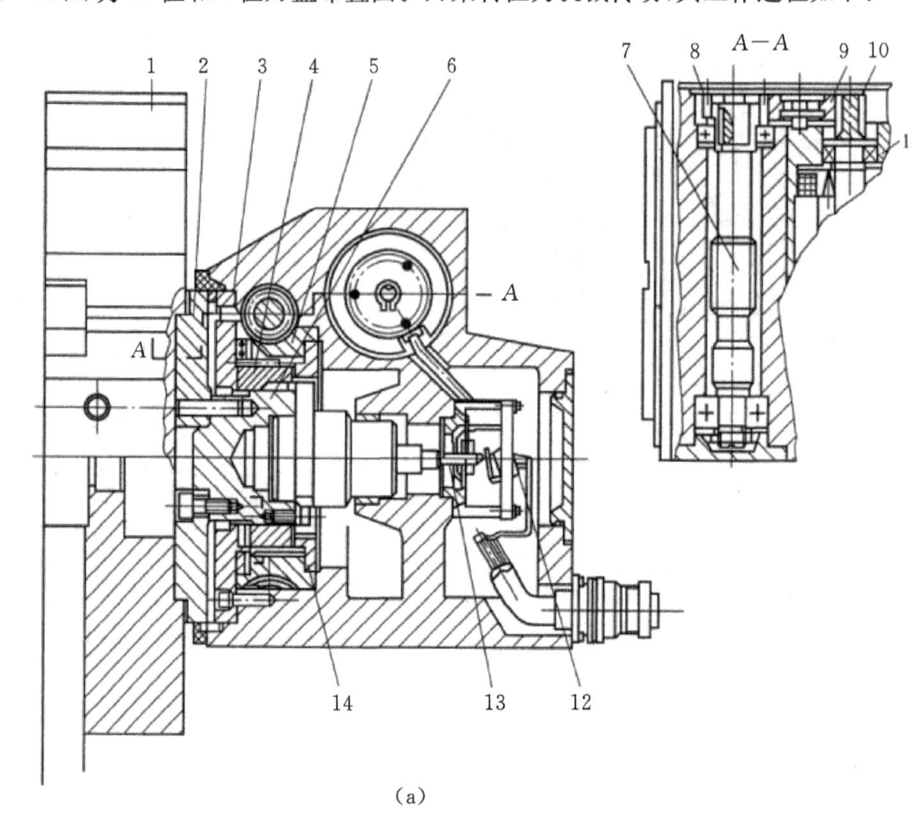

(a)

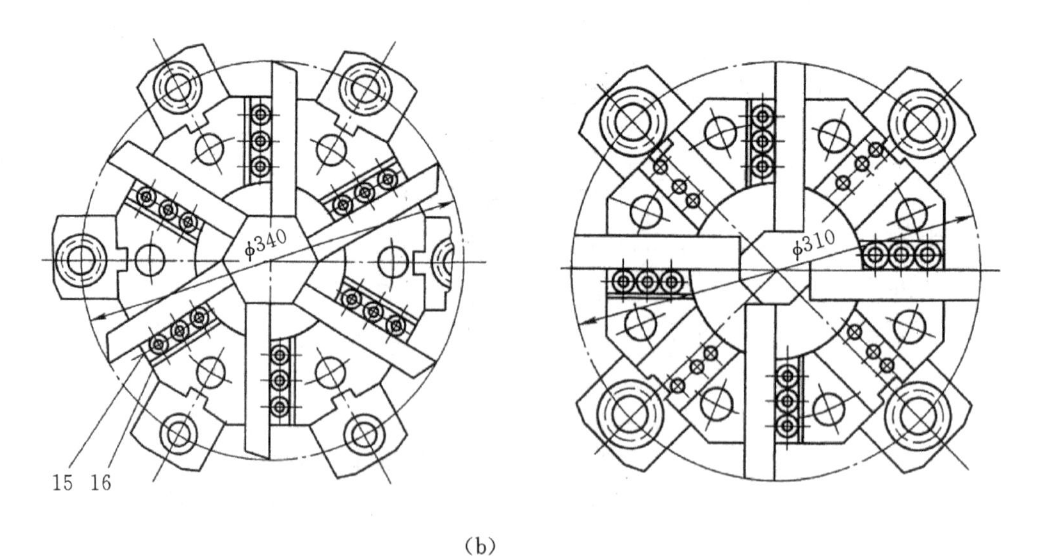

(b)

图 4-43 数控车床回转刀架

1—刀架;2、3—鼠牙盘;4—滑块;5—蜗轮;6—轴;7—蜗杆;8、9、10—齿轮;11—驱动电动机;12—微动开关;13—小轴;14—圆盘;15—压板;16—斜铁

(1)刀架抬起 驱动电动机 11 尾部有电磁制动器,转位开始时,电磁制动器断电,电动机 11 通电,30ms 后制动器松开,电动机开始转动,通过齿轮 10、9、8 带动蜗杆 7 旋转,使蜗轮 5 转动,蜗轮内孔有螺纹,与轴 6 上的螺纹配合。这时轴 6 不能回转。当蜗轮转动时,使轴 6 沿轴向向左移动,因为刀架 1 与轴 6、活动鼠牙盘 2 固定在一起,故刀盘和鼠牙盘 2 也向左移动,于是鼠牙盘 2 与 3 脱开。

(2)刀架转位 在轴 6 上有两个圆周方向对称槽,内装滑块 4,在鼠牙盘脱开后蜗轮转到一定角度时与蜗轮 5 固定在一起的圆盘 14 上的凸起便碰到滑块 4,蜗轮便通过 14 上的凸块带动滑块,连同轴 6、刀盘一起进行转位。

(3)刀架定位 当转到要求位置后,电刷选择器发出信号,使电动机 11 反转。这时圆盘 14 上的凸块与滑块脱离,不再带动 6 转动,蜗轮与轴 6 上的螺纹啮合使轴 6 右移,鼠牙盘 2、3 结合定位。

(4)夹紧刀架 电磁制动器通电,维持电动机轴上的反转力矩,以保证鼠牙盘 2、3 之间有一定的压紧力。最后,电动机断电,同时轴 6 右端的小轴 13 压下微动开关 12,发出转位结束信号,刀架选位由刷形选择器进行。

松开、夹紧位置检测则由微动开关 12 实行。整个刀架由电气系统完成控制,故结构简单。

刀具在刀盘上由压板 15 及斜铁 16 来夹紧,更换和对刀十分方便。

【任务实施】

一、实施步骤

如图 4-44 为 CKA6150 数控车床所装备的四工位电动分度转塔刀架外观图,该刀架结构如图 4-45。

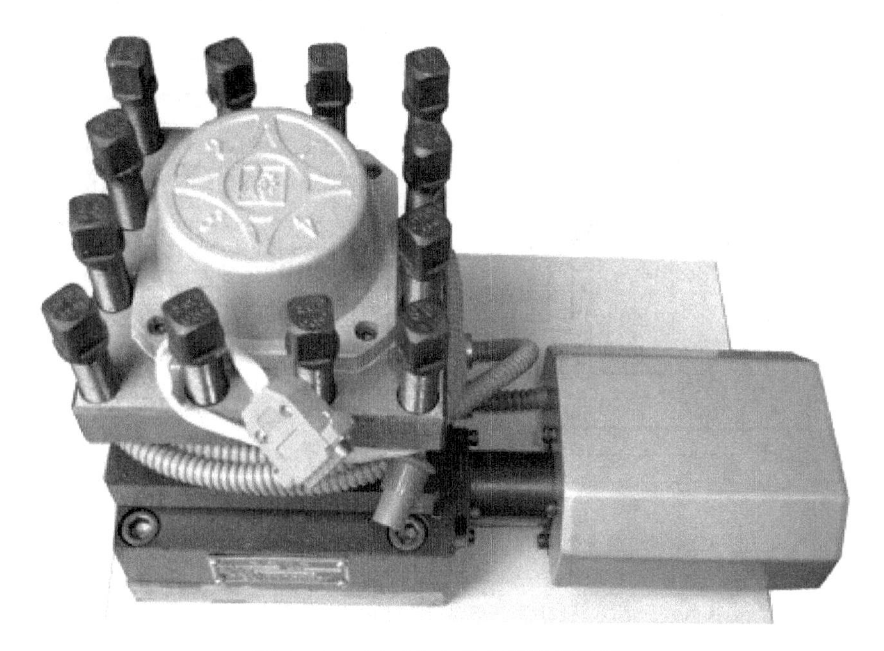

图 4-44 四工位电动分度转塔刀架

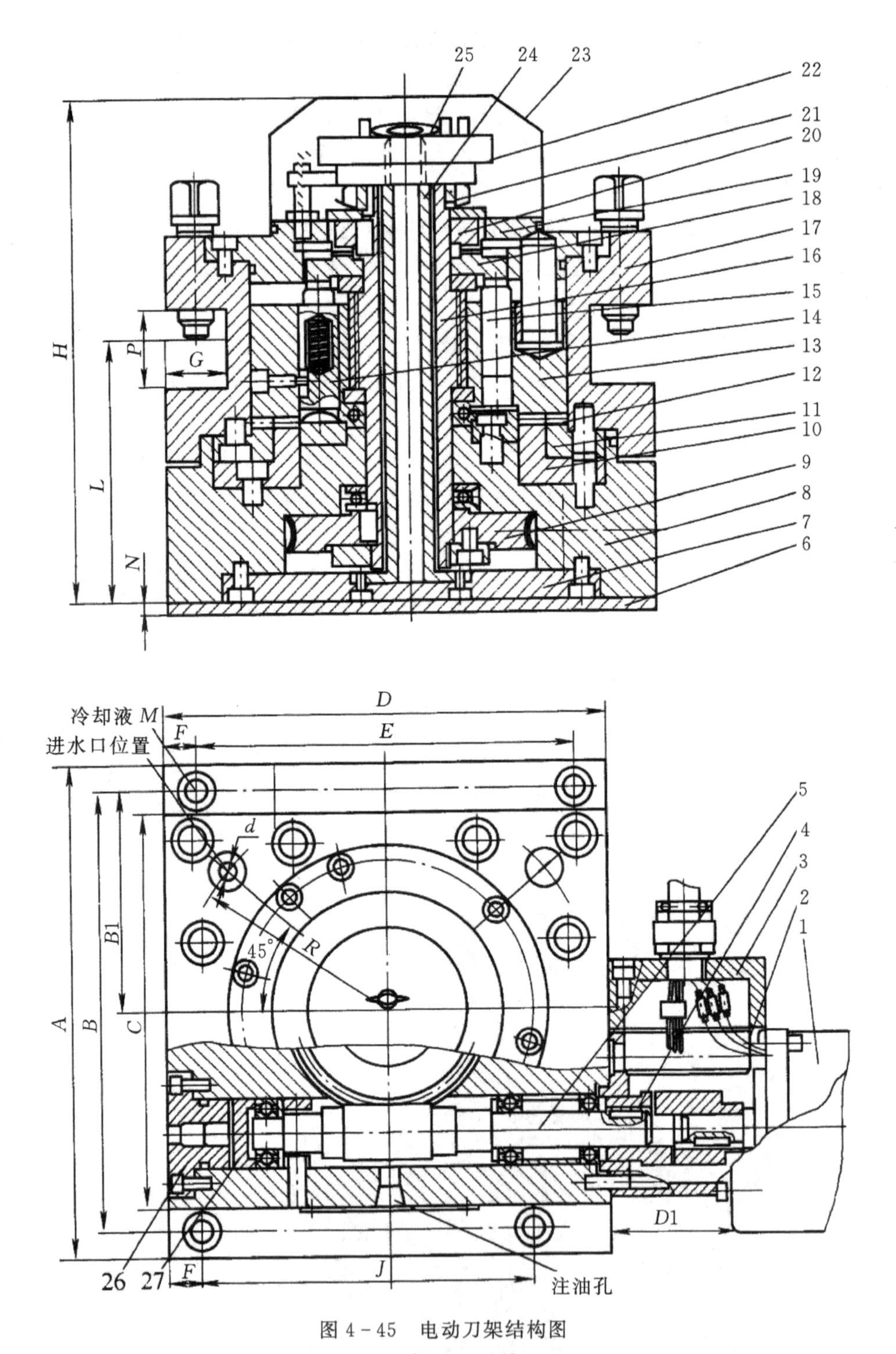

图 4-45 电动刀架结构图

1—电动机；2—电动机座；3—接线盒；4—传动套；5—蜗杆轴；6—调整垫；7—底盘；8—底座；9—蜗轮；10—定齿盘；11—动齿盘；12—定位盘；13—夹紧齿盘；14—定位销；15—传动销；16—蜗杆；17—方刀台；18—传动盘；19—连接盘；20—固定环；21、25—螺母；22—机械开关；23—上端罩；24—立轴；26、27—堵头

1. 电动机的拆卸

打开接线盒(3)拔开接线头,松开电动机(1)螺钉,取下电动机。

2. 方刀台的拆卸

取下上端罩(23),松开螺母(25),拆下机械开关(22)、螺母(21),再松开连接盘(19)螺钉,拆下连接盘、固定环(20)和传动盘(18),旋转夹紧齿盘使其脱离螺杆,即可向上取出方刀台,安装与之方向相反。

3. 螺杆轴的拆卸

卸下电动机座(2),拆下堵头(27)将蜗杆轴向右端推出。

4. 底部的拆卸

取下上端罩(23),松开螺母(25),拆下机械开关(22)、抽出导线,松开底盘(7)螺钉即可将立轴和底盘卸下。

二、教学组织实施建议(表4-6)

表4-6　四方刀架的拆卸

内容	方法	媒体	教学阶段
布置任务、分组	小组自主学习法、引导文法	刀架、教材、PPT、计算机	明确任务
学生分组动手操作 教师巡视并解答疑问	引导文法、小组合作法、头脑风暴法	刀架、工量具	实施任务
小组讨论 自我评价和总结	小组合作法、头脑风暴法	实训任务书	学生汇报展示
教师进行点评,总结本学习情境的学习效果	小组合作法、头脑风暴法	PPT	总结
工量具擦拭、清洁、刀架擦拭、维护	小组合作法	刀架、工量具	清扫实验室

【实训任务书】

(1)刀架开箱使用时,应将防锈剂除掉,并擦拭干净,不得有磕碰现象。

(2)拆卸和维修必须在电动机断电的情况下。

(3)填写下表4-7。

【知识拓展】

车削中心

车削中心是一种多工序加工机床,它是数控车床在扩大工艺范围方面的发展。不少回转体零件上常常还需要进行钻孔、铣削等,例如钻油孔、钻横向孔、铣键槽、铣扁方及铣油槽等。在这种情况下,所有工序最好能在一次装夹下完成。这对于降低成本、缩短加工周期、保证加工精度等都有重要意义,特别是对重型机床,更能显示其优点,因为其加工的重型工件吊装不易。

表 4-7　任务实施表

<table>
<tr><td>刀架型号</td><td>学生姓名</td><td>实训地点</td><td>实训时间</td></tr>
<tr><td></td><td></td><td></td><td></td></tr>
<tr><td colspan="4">1. 本实训的刀架名称:＿＿＿＿＿＿＿、＿＿＿＿＿＿＿
技术参数:(列表)＿＿＿＿＿＿＿
2. 描述典型零部件结构</td></tr>
<tr><td colspan="2">画出零部件简图并标注其名称</td><td colspan="2">叙述其动作传动路线和基本动作</td></tr>
<tr><td colspan="2"></td><td colspan="2"></td></tr>
<tr><td colspan="4">3. 拆卸(或安装调试步骤)</td></tr>
<tr><td colspan="4"></td></tr>
<tr><td>4. 使用工具</td><td colspan="3"></td></tr>
<tr><td>5. 优化(或创新)</td><td colspan="3"></td></tr>
</table>

1. 车削中心的工艺范围

为了便于深入理解车削中心的结构原理,图 4-46 首先列出了车削中心能完成的除一般车削以外的工序。图 4-46(a)为铣端面槽。加工时,机床主轴不转,装在刀架上的铣削主轴带着铣刀旋转。端面槽有三种情况:

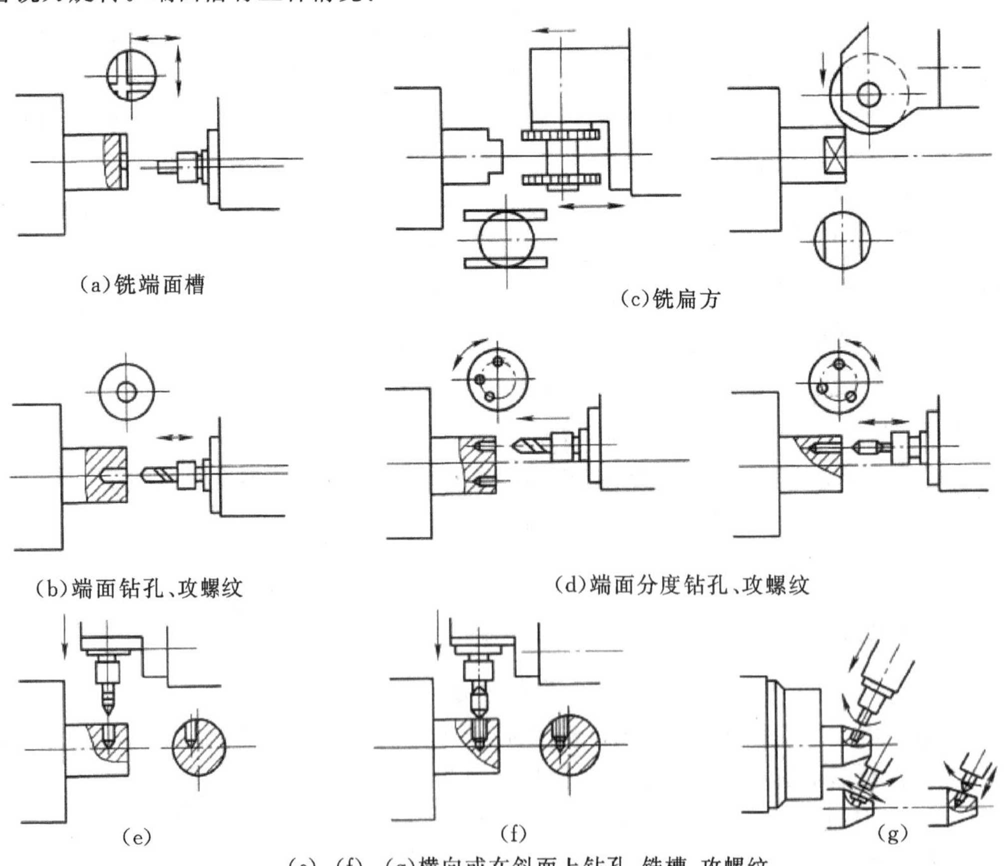

(a)铣端面槽　(c)铣扁方　(b)端面钻孔、攻螺纹　(d)端面分度钻孔、攻螺纹　(e)　(f)　(g)

(e)、(f)、(g)横向或在斜面上钻孔、铣槽、攻螺纹

图 4-46　除车削外车削中心能完成的工序

(1)端面槽位于端面中央,则刀架带动铣刀作 Z 向进给,通过工件中心。

(2)端面槽不在端面中央,如图 4－46(a)中的小图所示,则铣刀 X 向偏置。

(3)端面不只一条槽,则需主轴带动工件分度。

图 4－46(b)为端面钻孔、攻螺纹,主轴或刀具旋转,刀架作 Z 向进给。图 4－46(c)为铣扁方,机床主轴不转,刀架内的铣主轴带动刀具旋转,可以作 Z 向进给(见左图),也可作 X 向进给;如需加工多边形,则主轴分度。图 4－46(d)为端面分度钻孔、攻螺纹,钻(或攻螺纹)刀具主轴装在刀架上偏置旋转并作 Z 向进给,每钻完一孔,主轴带工件分度。图 2－46(e)、(f)、(g)为横向或在斜面上钻孔、铣槽、攻螺纹,除此之外,还可铣螺旋槽等。

2. 车削中心的 C 轴功能

由以上对车削中心加工工艺的分析可见,车削中心在数控车床的基础上增加了两大功能:

(1)自驱动力刀具　在刀架上备有刀具主轴电动机,自动无级变速,通过传动机构驱动装在刀架上的刀具主轴。

(2)增加了主轴的 C 轴坐标功能　机床主轴旋转除作为车削的主运动外,还可以作分度运动(即定向准停)和圆周进给,并在数控装置的伺服控制下,实现 C 轴与 Z 轴联动,或 C 轴与 X 轴联动,以进行圆柱面上或端面上任意部位的钻削、铣削、攻螺纹及平面或曲面铣加工,如图 4－47 为 C 轴功能示意图。

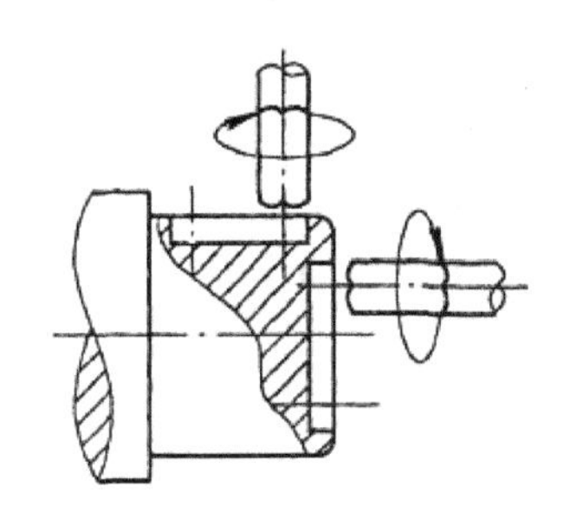

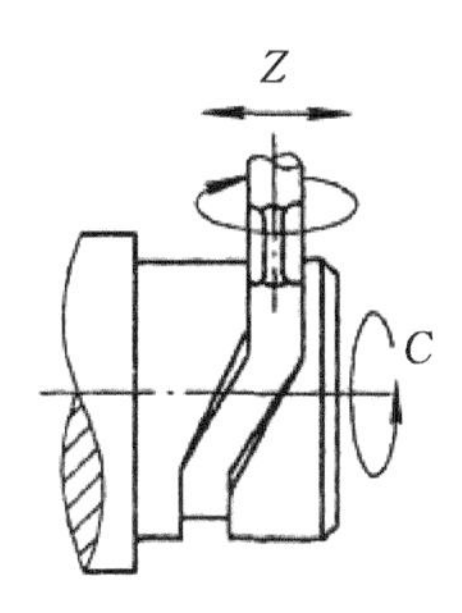

(a)C 轴定向准停,在圆柱面或端面上铣槽　(b)C 轴、Z 轴进给插补,在圆柱面上铣螺旋槽

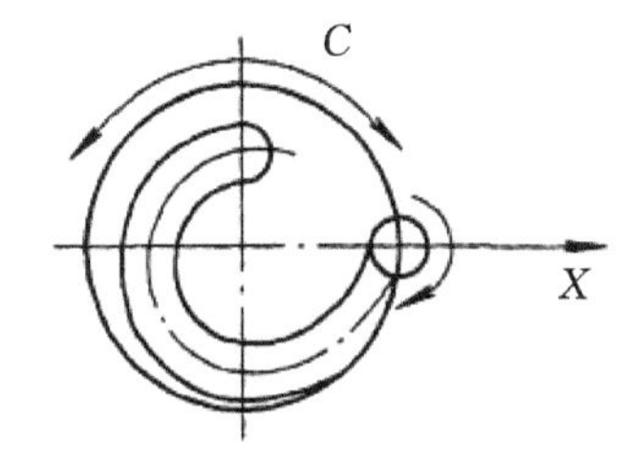

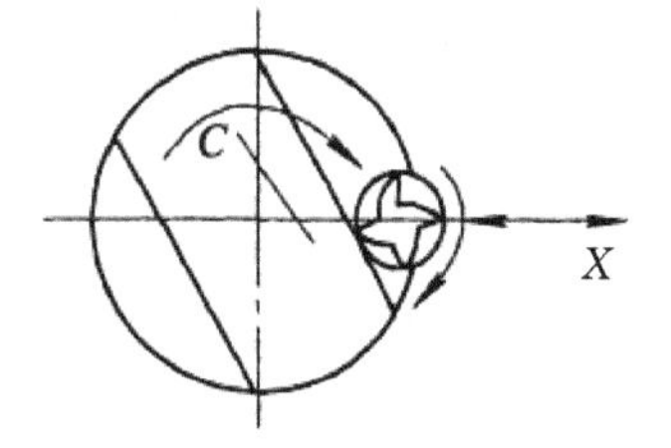

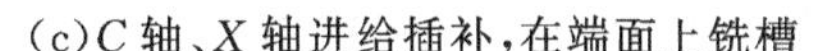

(c)C 轴、X 轴进给插补,在端面上铣槽　(d)C 轴、X 轴进给插补,铣直线和平面

图 4－47　车削中心的 C 轴功能

车削中心在加工过程中,驱动刀具主轴的伺服电动机与驱动车削运动的主电动机是互锁的。即当进行分度和 C 轴控制时,脱开车削主电动机,接合 C 轴伺服电动机;当进行车削时,脱开 C 轴伺服电动机,接合车削主电动机。

3. 车削中心的主传动系统

车削中心的主传动系统包括车削主传动和 C 轴控制传动,下面介绍几种典型的传动系统。

(1)精密蜗轮副 C 轴结构　图 4-48 为车削柔性加工单元的主传动系统结构和 C 轴传动及主传动系统简图。C 轴的分度和伺服控制采用可啮合和脱开的精密蜗轮副结构，它由一个伺服电动机驱动蜗杆 1 及主轴上的蜗轮 3。当机床处于铣削和钻削状态时，即主轴需要通过 C 轴分度或对圆周进给进行伺服控制时，蜗杆与蜗轮啮合，该蜗杆蜗轮副由一个可固定的精确调整滑块来调整，以消除啮合间隙。C 轴的分度精度由一个脉冲编码器来保证。

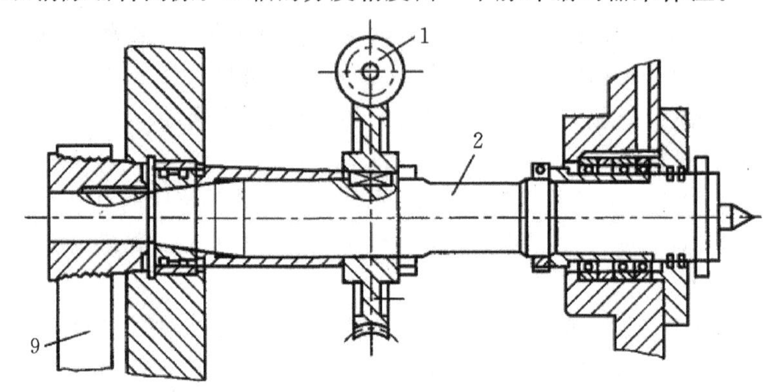

(a)主轴结构简图

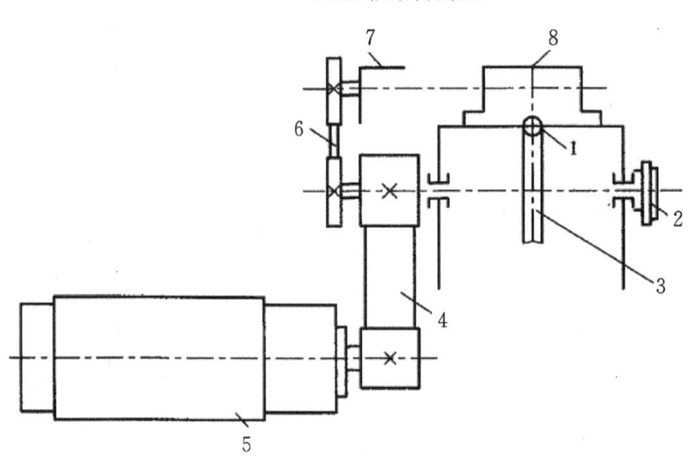

(b)C 轴传动系统示意图

图 4-48　车削中心的 C 轴传动系统之一

1—蜗杆；2—主轴；3—蜗轮；4—齿形带；5—主轴电动机；6—齿形带；7—脉冲编码器；8—C 轴伺服电动机；9—传动带

(2) 经滑移齿轮控制的 C 轴传动　图 4-49 为车削中心的 C 轴传动系统图，由主轴箱和 C 轴控制箱两部分组成。当主轴在一般车削状态时，换位油缸 6 使滑移齿轮 5 与主轴齿轮 7 脱开，制动油缸 10 脱离制动，主轴电动机通过 V 带带动带轮 11 使主轴 8 旋转。当主轴需要 C 轴控制作分度或回转时，主轴电动机处于停止状态，齿轮 5 与齿轮 7 啮合，在控制油缸 10 未制动状态下，C 轴伺服电动机 15 根据指令脉冲值旋转，通过 C 轴变速器变速，经齿轮 5、7 使主轴分度，然后制动油缸 10 工作使主轴制动。当进行铣削时，即 C 轴作圆周方向进给时，除制动油缸 10 制动主轴外，其他动作与上述相同，此时主轴按指令作缓慢的连续旋转进给运动。

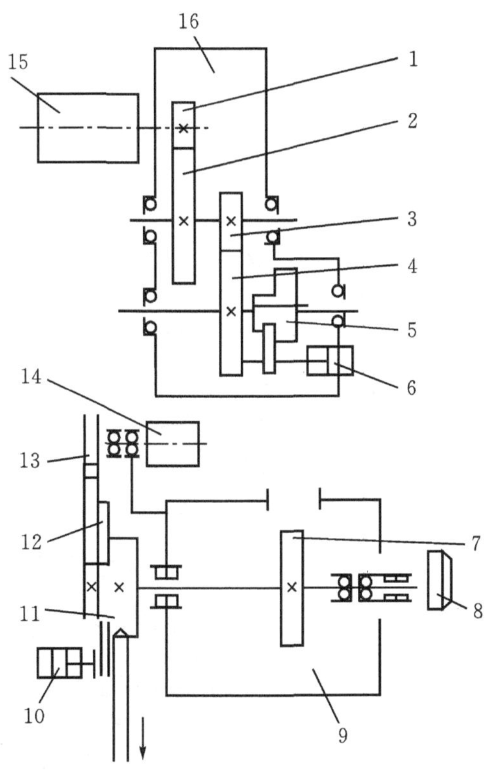

图 4-49　车削中心的 C 轴传动系统之二

1、2、3、4—传动齿轮；5—滑移齿轮；6—换位油缸；7—主轴齿轮；8—主轴；9—主轴箱；10—制动油缸；11—带轮；12—主轴制动盘；13—齿形带轮；14—脉冲编码器；15—C 轴伺服电动机；16—C 轴控制箱

图 4-50 所示 C 轴传动也是通过安装在伺服电动机 1 轴上的滑移齿轮 2 带动主轴旋转的，可以实现主轴旋转进给和分度。当不用 C 轴传动时，伺服电动机上的滑移齿轮 2 脱开，主轴 3 由主轴电动机带动，为了防止主传动与 C 轴传动之间产生干涉，在伺服电动机 1 上滑移齿轮 2 的啮合位置有检测开关，利用开关的检测信号来识别主轴 3 的工作状态，当 C 轴工作时，主轴电动机就不能启动。

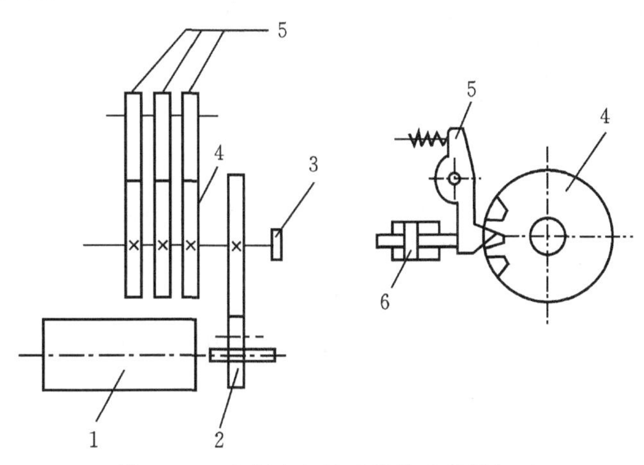

图 4-50　车削中心的 C 轴传动系统之三

1— C 轴伺服电动机；2—滑移齿轮；3—主轴；4—分度齿轮；5—插销连杆；6—压紧油缸

主轴分度是采用安装在主轴上的三个120°齿的分度齿轮4来实现的。三个齿轮分别错开1/3个齿距，以实现主轴的最小分度值1°。主轴定位靠一个带齿的连杆5来实现，定位后通过油缸6压紧。三个油缸分别配合三个连杆协调动作，用电气系统实现自动控制。

*C*轴坐标除了以上介绍的用伺服电动机通过机械结构实现外，还可以用带*C*轴功能的主轴电动机直接进行分度和定位。

4. 车削中心自驱动力刀具典型结构

车削中心自驱动力刀具主要由三部分组成，即动力源、变速装置和刀具附件(钻孔附件和铣削附件等)。

(1)动力源　车削中心自驱动力刀具动力源可采用步进电动机或交、直流伺服电动机。

(2)变速传动装置　图4-51是动力刀具的传动装置。传动箱2装在转塔刀架体(图中未画出)的上方。变速电动机3经锥齿轮副和同步齿形带，将动力传至位于转塔回转中心的空心轴4。轴4的左端是中央锥齿轮5，与下文所述的自驱动力刀具附件相联系，即与下图中的锥齿轮1啮合。由图可见，齿形带轮与轴采用了锥环摩擦连接。

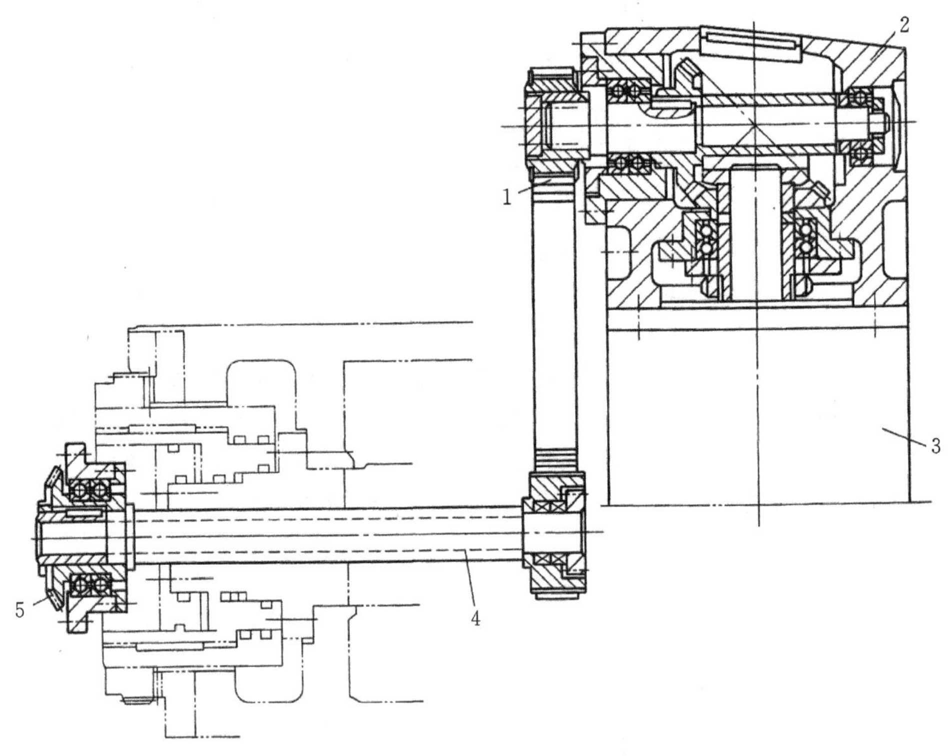

图4-51　车削中心自驱动力刀具的传动装置

1—齿形带；2—传动箱；3—变速电动机；4—空心轴；5—中央锥齿轮

(3)自驱动力刀具附件　自驱动力刀具附件有许多种，下面列举两例。

图4-52是高速钻孔附件。轴套的*A*部装入转塔刀架的刀具孔中。刀具主轴3的右端装有锥齿轮1，与图4-51的中央锥齿轮5相啮合。主轴前端支承是三联角接触球轴承4，后支承为滚针轴承2。主轴头部有弹簧夹头5，拧紧外面的套，就可以靠锥面的收紧力夹持刀具。

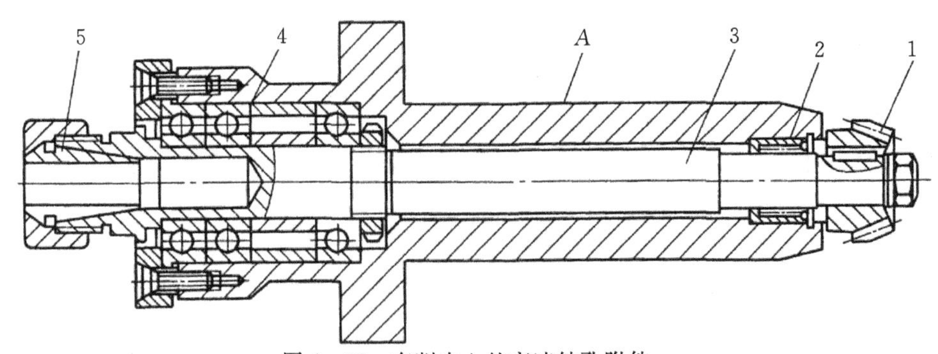

图 4-52　车削中心的高速钻孔附件

1—锥齿轮；2—滚针轴承；3—刀具主轴；4—角接触球轴承；5—弹簧夹头

图 4-53 是车削中心的铣削附件，分为两部分。图 4-53(a)图是中间传动装置，仍由锥套的 *A* 部装入转塔刀架的刀具孔中，齿轮 1 与图 4-51 的中央锥齿轮 5 啮合。轴 2 经锥齿轮副 3、横轴 4 和圆柱齿轮 5，将运动传至图 4-53(b)图所示的铣主轴 7 上的齿轮 6，铣削主轴 7 上装铣刀。中间传动装置可连同铣削主轴一起转方向。如铣削主轴水平，则如图 4-46(c)的左图方式加工；如转成竖直，则如其右图方式加工；铣削主轴若换成钻孔攻螺纹主轴，可进行如图 4-46(e)、(f)等方式加工。

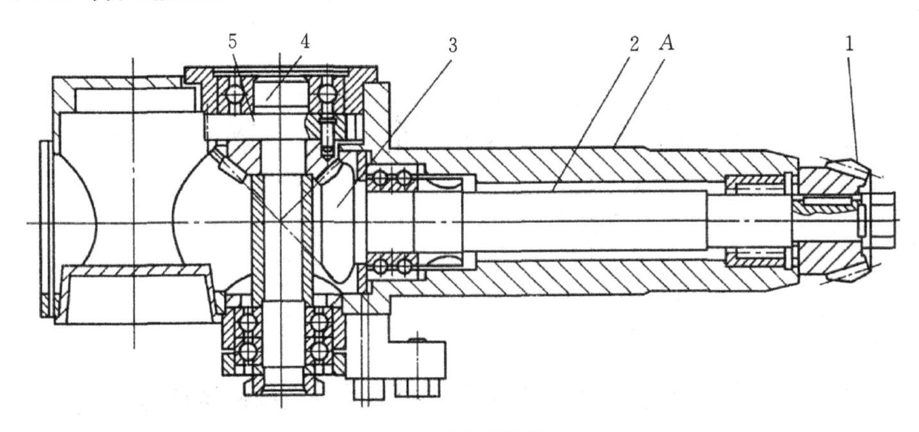

(a)中间传动装置

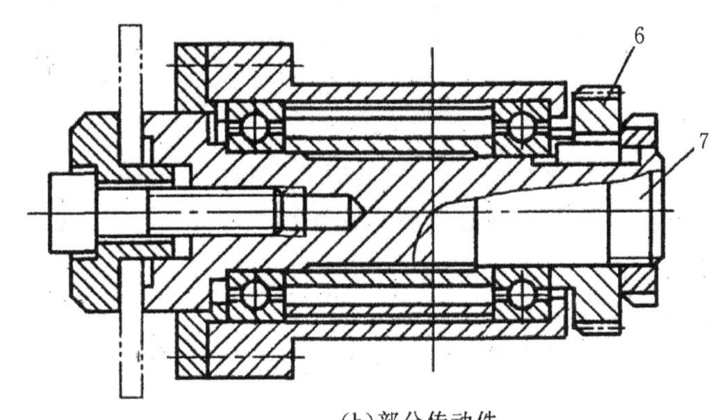

(b)部分传动件

图 4-53　车削中心的铣削附件

1、3— 锥齿轮；2—轴；4—横轴；5、6—圆柱齿轮；7—铣削主轴；A—轴套

【教学评价】

（见附录C）

【学后感言】

____

____

____

【思考与练习】

一、填空题

1. 车削中心在数控车床的基础上增加了两大功能：即自驱动力刀具和__________。
2. 数控车床主轴电动机一般采用__________电动机，主轴安装有脉冲发生器，其作用__________。
3. 数控车床工件自动夹紧常采用__________卡盘。
4. 数控车床主轴变速方式有__________、__________和__________。
5. 四方回转刀架的换刀过程是__________、__________、__________和夹紧刀架。

二、选择题

1. 车削中心动力转塔刀架的驱动和刀具绕自身轴线旋转的驱动采用（　　）。
   A. 不同的交流电动机　　B. 同一交流伺服电动机
   C. 不同的交流伺服电动机　　D. 同一交流电动机
2. 下列是数控车床的一种专用的自动化机械是（　　）
   A. 可转位刀架　　B. 更换主轴头换刀
   C. 带刀库的自动换刀系统　　D. 以上都不对

三、判断题

1. 一般来说，小型数控车床的斜床身导轨倾斜角多采用30°、45°。（　　）
2. 随着电气传动技术的迅速发展和日趋完善，高速数控机床主传动的机械结构已得到极大地简化，基本上取消了带轮传动和齿轮传动，采用了电主轴。（　　）
3. 选择电主轴时，尽量选择转速高、功率大的电主轴。（　　）
4. 液压变速机构是通过液压缸、活塞杆带动拨叉推动滑移齿轮移动来实现变速的。（　　）

四、简答题

1. 数控车床与普通卧式车床相比在使用性能的结构方面有何特点？
2. 数控车床的床身与导轨的布局为什么做成斜置的？
3. 床身的焊接结构有何特点？适用范围是什么？
4. 何为车削中心的C轴？它有哪些功能？
5. 简述K7815型数控车床主轴部件拆卸步骤。

项目五　数控铣床拆装与调试

【学习目标】

(一)知识目标

(1)了解数控铣床的组成及各部分的功用。

(2)了解数控铣床的分类。

(3)了解数控机床床身结构。

(4)理解数控铣床主运动和进给传动的原理。

(5)掌握滚珠丝杠螺母副的循环方式及轴向间隙的调整。

(6)掌握数控机床常用导轨的分类及结构特点。

(二)技能目标

(1)识读典型数控铣床的传动系统图并分析该数控铣床的传动原理。

(2)会对典型数控铣床零部件安装及调试。

(3)会对典型数控铣床机械故障进行排除。

【工作任务】

任务5.1　数控铣床主轴部件拆装

任务5.2　滚动轴承的安装

任务5.3　齿轮传动间隙的调整

任务5.4　滚珠丝杠螺母副的安装

任务5.5　直线滚动导轨副的安装与维护

任务5.1　数控铣床主轴部件拆装

【知识准备】

5.1.1　数控铣床的主要功能与分类

数控铣床适合于各种箱体类和板类零件的加工。铣床通常的分类方法是按主轴的轴线方向来分,若垂直于水平面则称之为数控立式铣床;若平行于水平面则称之为数控卧式铣床;还有立卧两种都有的数控铣床,但较为少见。数控立式铣床是数控铣床中数量最多的一种,应用范围最为广泛。小型数控铣床一般都采用工作台移动、升降及主轴转动方式,与普通立式升降台铣床机构相似;中型数控立式铣床一般采用纵向和横向工作台移动方式,且主轴沿垂直滑板上下运动;大型数控立式铣床,因要考虑到扩大行程、缩小占地面积及刚性等技术问题,往往采用龙门架移动式,其主轴可以在龙门架的横向和垂直溜板上运动,而龙门架则沿床身作纵向运动。

1. 数控铣床的主要功能

在使用数控铣床加工工件时,应该充分考虑数控铣床的各个功能,就能够加工许多一般铣床很难加工的工件。与加工中心相比,数控铣床除了缺少自动换刀装置和刀库外,其他方面均与加工中心相似,也可以对工件进行钻、扩、铰、镗以及攻螺纹等,但它主要还是用来进行型面的铣削加工。其主要加工对象有以下几种:

(1) 平面类零件　如图 5-1 所示为典型的平面类零件,其特点是:各加工单元面是平面或可以展开为平面。数控铣床加工的绝大多数零件属于平面类零件。

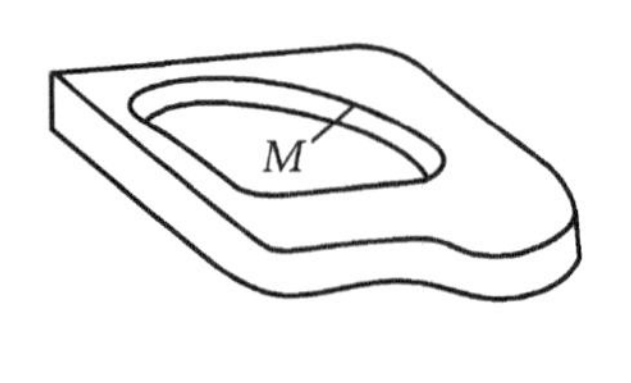

(a)可展成平面的零件

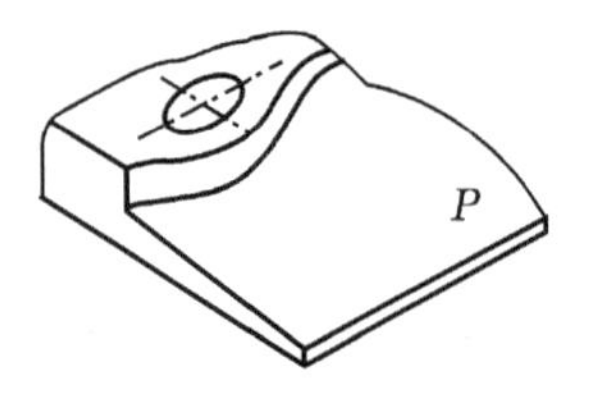

(b)被加工面是平面的零件

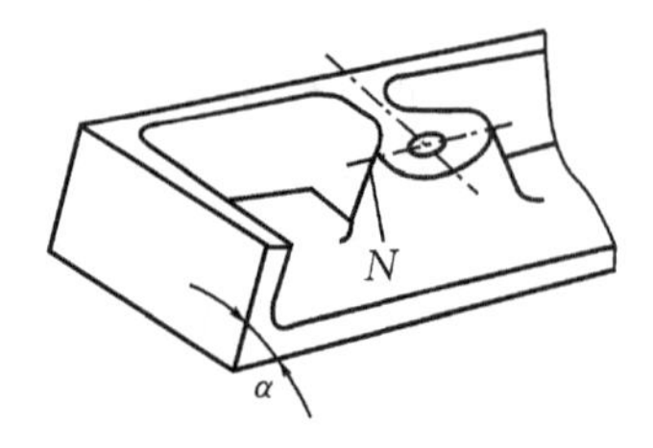

(c)与水平的夹角为定角 a 的零件

图 5-1　平面类零件

(2) 曲面类零件　加工面为空间曲面的零件称为曲面类零件,又称立体类零件,如图 5-2。其特点是:加工面不能展开为平面;加工面始终与铣刀点接触。加工曲面类零件的数控铣床一般采用三坐标数控铣床。

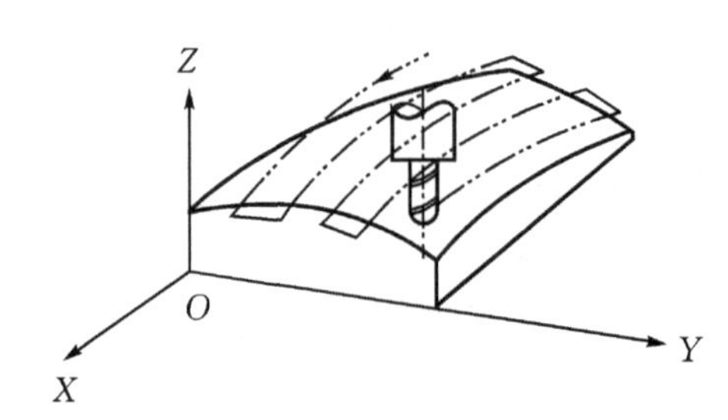

图 5-2　曲面类零件

(3)变斜角类零件　加工面与水平面的夹角呈连续变化的零件成为变斜角类零件,如图 5-3。其特点是:加工面不能展开为平面,但在加工中,加工面与铣刀面接触的瞬间为一条直线。加工这类零件最好采用四坐标或五坐标数控铣床摆角加工。

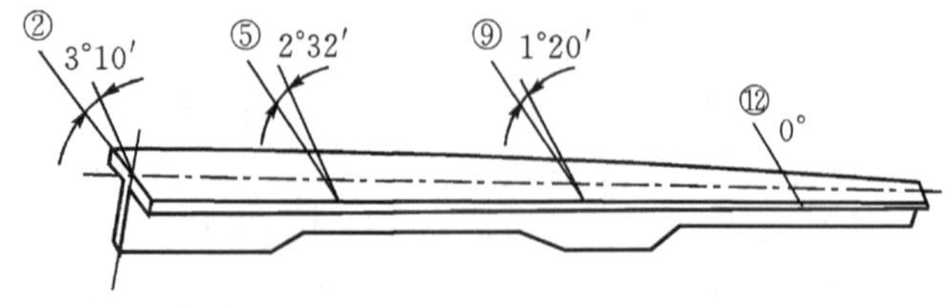

图 5-3　变斜角类零件

2. 数控铣床的分类

数控铣床按主轴的轴线方向可分为以下三类:

(1)立式数控铣床　其主轴垂直于水平面,如图 5-4。立式数控铣床主要用于水平面内的型面加工,增加数控分度头后,可在圆柱表面上加工曲线沟槽。立式数控铣床是数控铣床中数量最多的一种,应用范围最广。小型数控铣床 X、Y、Z 方向的移动一般都由工作台完成,主运动由主轴完成,与普通立式升降台铣床相似。中型数控立式铣床的纵向和横向移动一般由工作台完成,且工作台还可手动升降,主轴除完成主运动外,还能沿垂直方向伸缩。大型数控立式铣床,由于需要考虑扩大行程,缩小占地面积和刚性等技术问题,多采用龙门架移动式,其主轴可以在龙门架的横向与垂直溜板上运动,而龙门架则沿床身作纵向运动。

(2)卧式数控铣床　卧式数控铣床与通用卧式铣床相同,其主轴平行于水平面,如图5-5。卧式数控铣床主要用于垂直平面内的各种型面加工,配置万能数控转盘还可以对工件侧面上的连续回转轮廓进行加工,能在一次安装后加工箱体零件的四个表面。

图 5-4　立式数控铣床　　　　图 5-5　卧式数控铣床

(3)立、卧两用数控铣床　它既可以进行立式加工,又可以进行卧式加工,使用范围更大,功能更强,若采用万能主轴(主轴头可以任意转换方向),就可以加工出与水平面成各种角度的工件表面,若采用数控回转工作台,还能对工件实现除定位面外的五面加工,如图 5-6。

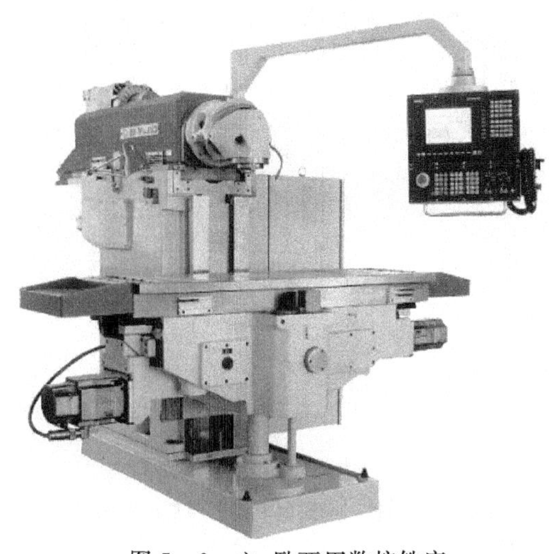

图 5-6　立、卧两用数控铣床

3. 数控铣床的结构

数控铣床一般由数控系统、主传动系统、进给伺服系统、冷却润滑系统等几大部分组成。

(1)主传动系统　由主轴箱、主轴电动机、主轴和主轴轴承等零件组成。主轴的启、停和变转速等动作均由数控系统控制，并且通过装在主轴上的刀具参与切削运动，是切削加工的功率输出部件。

(2)进给伺服系统　由进给电机和进给执行机构组成，按照程序设定的进给速度实现刀具和工件之间的相对运动，包括直线进给运动和旋转运动。

(3)控制系统　控制系统部分是由 CNC 装置、可编程控制器、伺服驱动装置以及操作面板等组成。它是执行顺序控制动作和完成加工过程的控制中心。

(4)辅助装置　辅助装置包括润滑、冷却、排屑、防护、液压、气动和检测系统等部分。这些装置虽然不直接参与切削运动，但对数控铣床的加工效率、加工精度和可靠性起着保障作用，因此也是数控铣床中不可缺少的部分。

(5)机床基础件　机床基础件通常是指底座、立柱、横梁等，它是整个机床的基础和框架。主要承受机床的静载荷以及在加工时产生的切削负载，因此必须有足够的刚度。这些大件可以是铸铁件，也可以是焊接而成的钢结构件，它们是机床中体积和重量最大的部件。

5.1.2　数控铣床的基本组成及主要技术参数

1. 数控铣床的基本组成

XKA5750 型数控立式铣床是北京第一机床厂生产的带有万能铣头的立卧两用数控铣床，为机电一体化结构，三坐标联动，可以铣削具有复杂曲面轮廓的零件，如凸轮、模具、样板、叶片、弧形槽等零件。

机床外形见图 5-7，图中 1 为底座，5 为床身，工作台 13 由伺服电动机 15 带动在升降滑

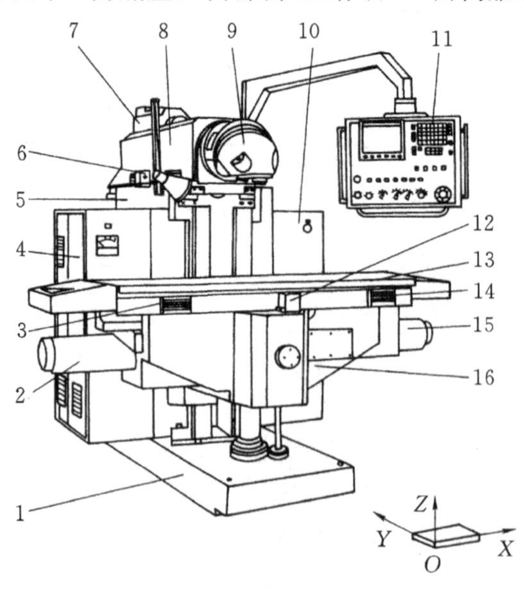

图 5-7　XKA5750 数控立式铣床

1—底座；2—伺服电动机；3、14—行程限位档铁；4—强电柜；5—床身；6—横向限位开关；7—后壳体；8—滑枕；9—万能铣头；10—数控柜；11—按钮站；12—纵向限位开关；13—工作台；15—伺服电动机；16—升降滑座

座 16 上作纵向（X 轴）左右移动；伺服电动机 2 带动升降滑座 16 作垂直（Z 轴）上下移动；滑枕 8 作横向（Y 轴）进给运动。用滑枕实现横向运动，可获得较大的行程。机床主运动由交流无极变速电动机驱动，万能铣头 9 不仅可以将铣头主轴调整到立式和卧式位置（图 5－8），而且还可以在前半球面内使主轴中心线处于任意空间角度。纵向行程限位挡铁 3、14 起限位保护作用，6、12 为横向、纵向限位开关，4、10 为强电柜和数控柜，悬挂按钮站 11 上集中了机床的全部操作和控制键与开关。

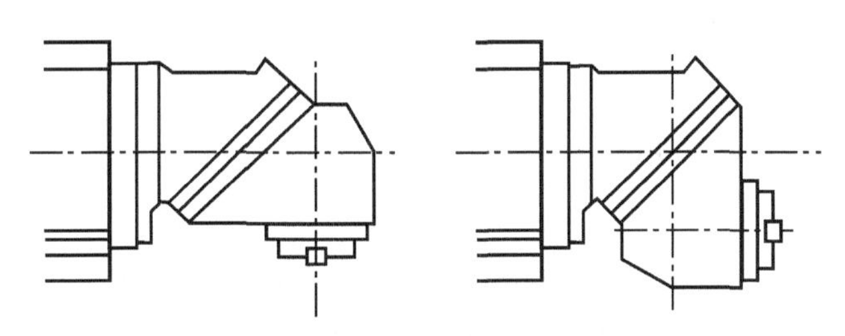

图 5－8　主轴立式和卧式位置

机床的数控系统采用的是 AUTOCON TECH 公司的 DELTA 40M CNC 系统，可以附加坐标轴增至四轴联动，程序输入/输出可通过软驱和 RS232C 接口连接。主轴驱动和进给采用 AUTOCON 公司主轴伺服驱动和进给伺服驱动装置以及交流伺服电动机，其电动机机械特性硬，连续工作范围大，与伺服电动机装成一体，半闭环控制，主轴有锁定功能。电气控制采用可编程控制器和分立电气元件相结合的控制方式，使电动机系统由可编程控制器软件控制，结构件简单，提高了控制能力和运行可靠性。

2. XKA5750 型数控铣床的主要技术参数

工作台工作面积（宽×长）	500mm×1600mm
工作台纵向行程	1200mm
滑枕横向行程	700mm
工作台垂直行程	500mm
主轴锥孔	ISO 50
主轴端面至工作台面的距离	50～550mm
主轴中心线到床身垂直导轨面的距离	28～728mm
主轴转速范围	50～2500r/min
进给速度	纵向（X 向）：6～3000r/min
	横向（Y 向）：6～3000r/min
	垂直（Z 向）：3～1500r/min
快速移动速度：	纵向、横向：6000r/min
	垂直：3000r/min
主轴电动机功率	11kW
进给电动机扭矩：	纵向、横向：9.3N·m
	垂直：13N·m
润滑电动机功率	60W
冷却电动机功率	125W

机床外形尺寸(长×宽×高)	2395mm×2264mm×2180mm
控制轴数	3(可选四轴)
最大同时控制轴数	3
最小设定单位	0.001mm/0.0001 英寸
插补功能	直线/圆弧
编程功能	多种固定循环、用户宏程序
程序容量	64K
显示	9 英寸单色 CRT

5.1.3 数控铣床传动系统

1. 主传动系统

图 5-9 是 XKA5750 数控铣床的传动系统图。主运动是铣床主轴的旋转运动，由装在滑枕后部的交流主轴伺服电动机驱动，电动机的运动通过速比为 1:2.4 的一对弧齿同步齿形带轮传到滑枕的水平轴Ⅰ上，再经过万能铣头的两对弧齿锥齿轮副(33/34、26/25)将运动传到主轴Ⅳ。转速范围为 50～2500r/min(电动机转速范围 120～6000r/min)。当主轴转速在 625r/min(电动机转速在 1500r/min)以下是为恒转矩输出；主轴转速在 625～1875r/min 内为恒功率输出；超过 1875r/min 后输出功率下降，转速到 2500r/min 时，输出功率下降到额定功率的 1/3。

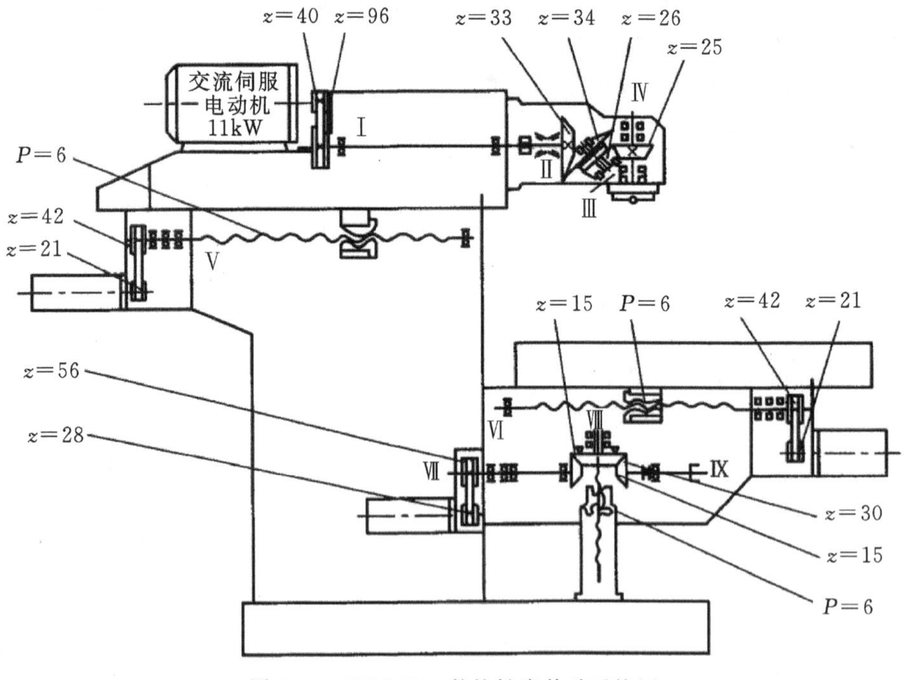

图 5-9 XKA5750 数控铣床传动系统图

2. 进给传动系统

工作台的纵向(X 向)进给和滑枕的横向(Y 向)进给传动系统，是由交流伺服电动机通过速比为 1:2的一对同步圆弧齿形带轮，将运动传动至导程为 6mm 的滚珠丝杠。升降台的垂直（Z向）进给运动为交流伺服电动机通过速比为1∶2的一对同步圆弧齿形带轮将运动传到轴Ⅶ，再经过一对弧齿锥齿轮传动垂直滚珠丝杠上，带动升降台运动。垂直滚珠丝杠上的弧齿锥齿轮还带动轴Ⅸ上的锥齿轮，经单向超越离合器与自锁器相连，防止升降台因自重而下滑。

3. 工作台纵向传动机构

工作台纵向传动机构如图5－10所示。交流伺服电动机20的轴上装有圆弧齿同步齿形带轮19，通过同步齿形带14和装在丝杠右端的同步齿形带轮11带动丝杠旋转，使底部装有螺母1的工作台4移动。装在伺服电动机中的编码器将检测到的位移量反馈回数控装置，以形成半闭环控制。同步齿形带轮与电动机轴及丝杠之间均采用锥环无键式连接，这种连接方法不需要开键槽，而且配合无间隙，对中性好。滚珠丝杠两端采用角接触球轴承支撑，右端支撑采用三个7602030TN/P4TFTA轴承，其精度等级为P4，径向载荷由三个轴承分担。

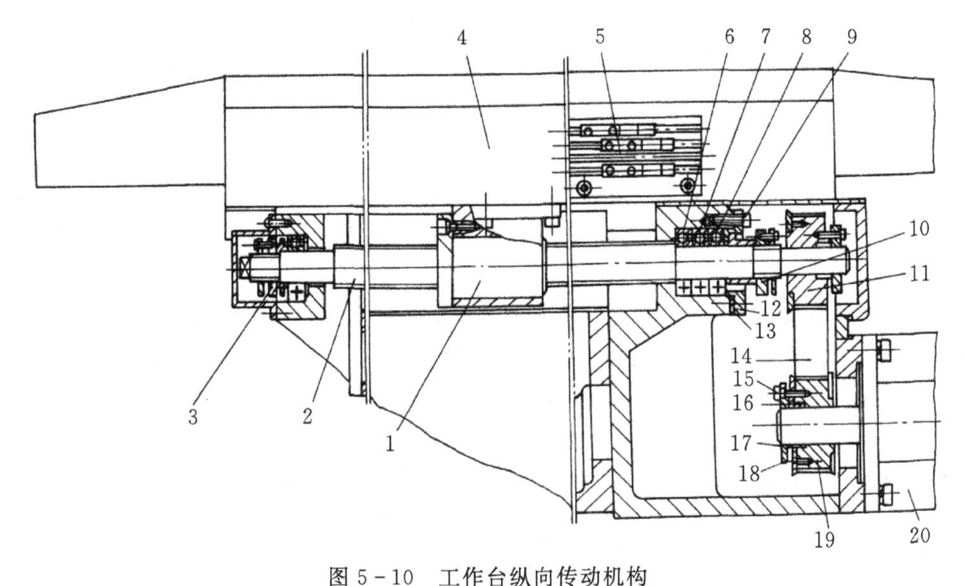

图5－10　工作台纵向传动机构

1、3、10—螺母；2—丝杠；4—工作台；5—限位挡铁；6、7、8—轴承；9、15—螺钉；11、19—同步齿形带轮；12—法兰盘；13—垫片；14—同步齿形带；16—外锥环；17—内锥环；18—端盖；20—交流伺服电动机

两个开口向右的轴承6和7承受向左的轴向载荷，向左开口的轴承8承受向右的轴向载荷。轴承的预紧力由轴承7和8的内、外圈轴向尺寸差实现，当用螺母10通过隔套将轴承内圈压紧时，因为外圈比内圈轴向尺寸稍短，所以仍有微量间隙；用螺钉9通过法兰盘12压紧轴承外圈时，就会产生预紧力。修磨垫片13的厚度尺寸即可调整轴承的预紧力。丝杠左端的角接触球轴承（7602025TN/P4），除承受径向载荷外，还通过对螺母3的调整，使丝杠产生预拉伸，以提高丝杠的刚度和减小丝杠的热变形。5为工作台纵向移动时的限位挡铁。

4. 升降台传动机构及自动平衡机构

如图5－11所示是升降台升降传动及平衡机构，主要由锥齿轮、单向超越离合器、自锁器等构成。

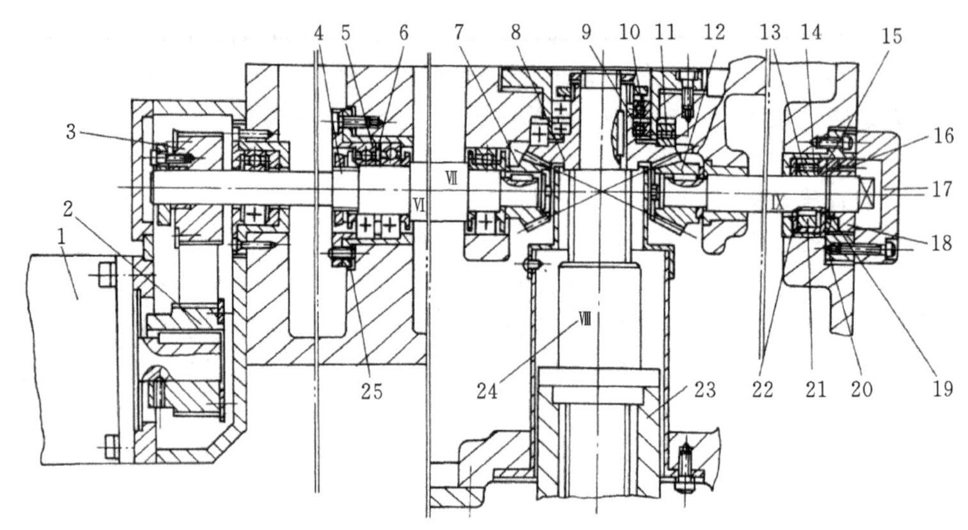

图 5-11 XKA5750 型数控铣床的升降台升降传动部分

1—交流伺服电动机；2、3—齿形带轮；4、18、24—螺母；5、6—隔套；7、8、12—锥齿轮；9—深沟球轴承；10—角接触球轴承；11—滚子轴承；13—滚子；14—外环；15、22—摩擦环；16、25—螺钉；17—端盖；19—蝶形弹簧；20—防转销；21—星轮；23—支承套

(1)升降台上升、下降的情形　AC 交流伺服电机 1 经一对齿形带轮 2 和 3，将运动传到传动轴Ⅶ，轴Ⅶ右端的弧齿锥齿轮 7 带动锥齿轮 8 使垂直滚珠丝杠Ⅷ旋转，以实现升降台的上升或下降。

(2)传动轴Ⅶ的支承形式　左、右支承：采用一对滚动轴承，主要用来承受径向力。

中间支承：采用一对角接触球轴承，主要用来轴向定位。由螺母 4 锁定轴承与传动轴的轴向位置，并对轴承预紧，预紧力用修磨两轴承的内外圈之间隔套 5 和 6 的厚度来保证。传动轴的轴向定位由螺钉 25 调节。

(3)垂直滚珠丝杠Ⅷ的支承形式　垂直滚珠丝杠螺母副的螺母 24 由支承套 23 固定在机床底座上，丝杠通过锥齿轮 8 与升降台连接，其支承分别是由深沟球轴承 9 和角接触球轴承 10 承受径向载荷；由 D 级精度的推力圆柱滚子轴承 11 承受轴向载荷。

(4)自动平衡机构的作用　图中轴Ⅸ的实际安装位置是在水平面内，与轴Ⅶ的轴线呈 90°相交(图中为展开画法)，其右端为自动平衡机构。因滚珠丝杠无自锁能力，所以当垂直放置时，在部件自重作用下，移动部件会自动下移。因此，除升降台驱动电动机带有制动器外，还在传动机构中装有自动平衡机构，一方面防止升降台因自重下落，另外还可平衡上升和下降时的驱动力。

(5)单向超越离合器和自锁器工作原理　本机床由单向超越离合器和自锁器组成。工作原理为：丝杠旋转的同时，通过锥齿轮 12 和轴Ⅸ带动单向超越离合器的星轮 21 转动。当升降台上升时，星轮的转向使滚子 13 与超越离合器的外环 14 脱开，外环 14 不随星轮 21 转动，自锁器不起作用；当升降台下降时，星轮 21 的转向使滚子楔在星轮与外环之间，使外环随轴一起转动，外环与两端固定不动的摩擦环 15 和 22(由防转销 20 固定)形成相对运动，在碟形弹簧 19 的作用下，产生摩擦力，以增加升降台下降时的阻力，从而起到自锁作用，并使得上下运动的力量平衡。调整时，先拆下端盖 17，然后松开螺钉 16，适当旋紧螺母 18，压紧碟形弹簧 19，即可增大自锁力。调整前需用辅助装置支撑升降台。

【任务实施】

一、实施步骤

1. 数控铣床主轴部件拆卸

(1)主轴部件结构　NT—J320A 型数控铣床主轴部件结构如图 5－12 所示，该机床主轴可作轴向运动，主轴的轴向运动坐标为数控装置中的 Z 轴，轴向运动由直流伺服电动机 16，经同步带轮 13、15，同步带 14，带动丝杠 17 转动，通过丝杠螺母 7 和螺母支承 10 使主轴套筒 6 带动主轴 5 作轴向运动，同时也带动脉冲编码器 12，发出反馈脉冲信号进行控制。

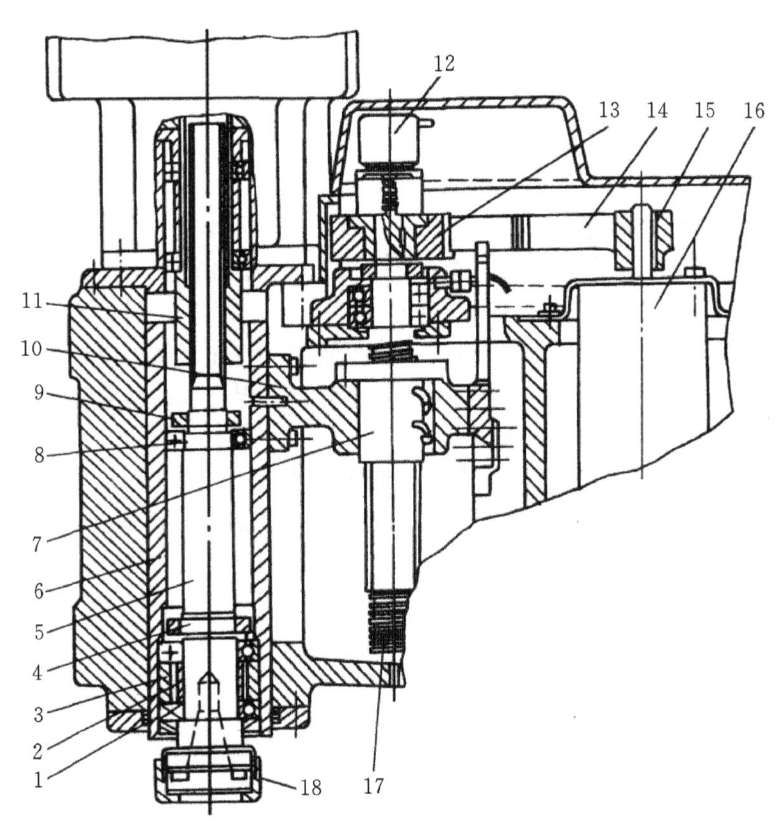

图 5－12　NT－J320A 型数控铣床主轴部件结构图

1—角接触球轴承；2、3—轴承隔套；4、9—圆螺母；5—主轴；6—主轴套筒；
7—丝杠螺母；8—深沟球轴承；10—螺母支承；11—花键套；12—脉冲编码器；
13、15—同步带轮；14—同步带；16—伺服电动机；17—丝杠；18—快换夹头

主轴为实心轴，上端为花键，通过花键套 11 与变速箱连接，带动主轴旋转。主轴前端采用两个特轻系列角接触球轴承 1 支承，两个轴承背靠背安装，通过轴承内圈隔套 2，外圈隔套 3 和主轴台阶与主轴轴向定位，用圆螺母 4 预紧，消除轴承轴向间隙和径向间隙。后端采用深沟球轴承，与前端组成一个相对于套筒的双支点单固式支承。主轴前端锥孔为 7∶24 锥度，用于刀柄定位。主轴前端端面键用于铣削转矩。快换夹头 18 用于快速松、夹紧刀具。

2)主轴部件的拆卸

(1)切断总电源及脉冲编码器12以及主轴电动机等电器的线路;

(2)拆下电动机法兰盘连接螺钉;

(3)拆下主轴电动机及花键套11等部件;

(4)拆下罩壳螺钉,卸掉上罩壳;

(5)拆下丝杠座螺钉;

(6) 拆下螺母支承10与主轴套筒6的连接螺钉;

(7) 向左移动丝杠7和螺母支承10等部件,卸下同步带14和螺母支承10处于主轴套筒连接的定位销;

(8) 卸下主轴部件;

(9) 卸下主轴部件前端法兰和油封;

(10) 拆下主轴套筒;

(11) 拆下圆螺母4和9;

(12) 拆下前后轴承1和8以及轴承隔套2和3。

2. 主轴部件的装配及调整

装配前的准备工作与装配设备、工具及装配方法根据装配要求和装配部位配合性质选取。

装配顺序可大致按拆卸顺序逆向操作。机床主轴部件装配调整时应注意以下几点:

(1)为保证主轴的工作精度,调整时应注意调整好预紧螺母4的预紧量;

(2)前后轴承应保证有足够的润滑油;

(3)螺母支承10与主轴套筒的连接螺钉要充分旋紧;

(4)为保证脉冲编码器与主轴的同步精度,调整时同步带14应保证合理的张紧量。

二、教学组织实施建议(表5-1)

表5-1 教学组织实施表

内容	方法	媒体	教学阶段
布置任务、分组	项目教学法、引导文法	数控铣床、PPT、计算机	明确任务
学生分组动手操作 教师巡视并解答疑问	引导文法、小组合作法、头脑风暴法	数控铣床、工具、量具	实施任务
小组讨论 自我评价和总结	小组合作法、头脑风暴法	实训任务书	学生汇报展示
教师进行点评,总结本学习情境的学习效果	小组合作法、头脑风暴法	PPT	总结
工量具擦拭、清洁、数控机床擦拭、维护	小组合作法	数控铣床、工量具	清扫实验室

【实训任务书】(表 5－2)

表 5－2　数控铣床主轴部件拆卸、装配及调整实训

<table>
<tr><td>机床型号</td><td>学生姓名</td><td>实训地点</td><td>实训时间</td></tr>
<tr><td></td><td></td><td></td><td></td></tr>
<tr><td colspan="4">1. 本实训的数控铣床主轴部件典型机械结构名称：＿＿＿＿、＿＿＿＿、＿＿＿＿、＿＿＿＿、＿＿＿＿、＿＿＿＿
2. 描述典型零部件结构</td></tr>
<tr><td colspan="2">画出零部件简图并标注其名称</td><td colspan="2">叙述其工作原理和特点</td></tr>
<tr><td colspan="2"></td><td colspan="2"></td></tr>
<tr><td colspan="4">3. 拆卸(或安装调试步骤)</td></tr>
<tr><td colspan="4"></td></tr>
<tr><td>4. 使用工具</td><td colspan="3"></td></tr>
<tr><td>5. 优化(或创新)</td><td colspan="3"></td></tr>
</table>

任务 5.2　滚动轴承的安装

【知识准备】

主轴组件由主轴、主轴支承、装在主轴上的传动件和密封件等组成。机床加工时，主轴带动工件或刀具直接参与表面成形运动，所以主轴的精度、刚度和热变形对加工质量和生产效率等有着重要的影响。数控机床在加工过程中不进行人工调整，这些影响就更为严重。

1. 对主轴组件的性能要求

(1)旋转精度　主轴的旋转精度是指装配后，在无载荷、低速转动的条件下，主轴安装工件或刀具部件的定心表面(如车床轴端的定心短锥、锥孔、铣床轴端的 7∶24 锥孔)的径向和轴向跳到。旋转精度取决于各主要件如主轴、轴承、壳体孔等的制造、装配和调整精度。工件转速下的旋转精度还取决于主轴的转速、轴承的性能、润滑剂和主轴组件的平衡。

(2)刚度　刚度主要反映机床或部件抵抗外载荷的能力。影响刚度的因素很多，如主轴的尺寸形状，滚动轴承的型号、数量和配置形式，前后支承的跨距和主轴前悬伸，传动件的布置方式等。数控机床既要完成粗加工，又要完成精加工，因此对其主轴组件的刚度应提出更高的要求。

(3)温升　温升将引起热变形使主轴伸长，轴承间隙的变化，降低了加工的精度；温升也会降低润滑剂的粘度，恶化润滑条件。因此，对高精度机床应该研究如何减少主轴组件的发热、如何控温等。

(4)可靠性　数控机床是高度自动化机床，所以必须保证工作可靠性。

(5)精度保持性　数控机床的主轴组件必须有足够的耐磨性，以便长期保持精度。

以上这些要求，有的还是矛盾的，例如高刚度与高速、高速与低温升、高速与高精度等。这就要具体问题具体分析，例如设计高效数控机床的主轴组件时，主轴应满足高速和高刚度的要求；设计高精度数控机床时，主轴应满足高刚度、低温升的要求。

2. 主轴轴承选型

研究主轴组件，主要是研究主轴的支承部分。主轴支承分径向和推力（轴向）支承。角接触轴承（包括角接触球轴承和圆锥滚子轴承）兼起径向和推力支承的作用。推力支承应位于前支承内，原因是数控机床的坐标原点，常设定在主轴前端。为了减少热膨胀造成的坐标原点位移，应尽量缩短坐标原点至推力支承之间的距离。

主轴轴承可选用圆柱滚子轴承、圆锥滚子轴承或角接触球轴承。圆锥滚子轴承由于滚子大端面与内圈档边之间为滑动摩擦，发热较多，故转速受到限制。为了降低温升，提高转速，可以使用空心滚子轴承。这种轴承用整体保持架，把滚子之间的空隙占满，润滑油被迫从滚子的中孔通过，冷却滚子，从而可以降低温升，提高转速。但是这种轴承必须用油润滑，而不能采用润滑脂。用油循环润滑带来了回油和漏油问题，特别是立式主轴和装在套筒内的主轴这个问题更难解决，因此，限制了它的使用。

在数控机床上常见的主轴轴承如图 5－13。由于滚动轴承有许多优点，加之制造精度的提高，所以，一般情况下数控机床应尽量采用滚动轴承。只有要求加工表面粗糙度数值很小，主轴又是水平的机床才用滑动轴承，或者主轴前支承用滑动轴承，后支承和推力轴承用滚动轴承。

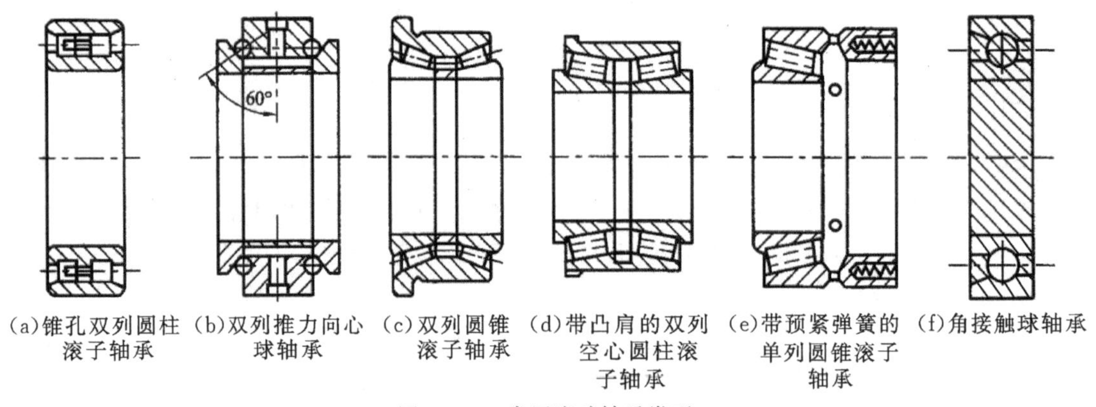

图 5－13　常用滚动轴承类型

主轴轴承，主要应根据精度、刚度和转速来选择。为了提高精度和刚度，主轴轴承的间隙应该是可调的。线接触的滚子轴承比点接触的球轴承刚度高，但在一定温升下允许的转速较低。

图 5－13(a)为锥孔双列圆柱滚子轴承，内圈为 1∶12 的锥孔，当内圈沿锥形轴颈轴向移动时，内圈胀大以调整滚道的间隙。滚子数目多，两列滚子交错排列，因而承载能力大，刚性好，允许转速高。它的内、外圈均较薄，因此，要求主轴颈与箱体孔均有较高的制造精度，以免轴颈与箱体孔的形状误差使轴承滚道发生畸变而影响主轴的旋转精度。该轴承只能承受径向载荷。

图 5－13(b)是双列推力向心球轴承，接触角 60°，球径小，数目多，能承受双向轴向载荷。磨薄中间隔套，可以调整间隙或预紧，轴向刚度较高，允许转速高。该轴承一般与双列圆柱滚

子轴承配套用作主轴的前支承，并将其外圈外径做成负公差，保证只承受轴向载荷。

图5-13(c)是双列圆锥滚子轴承，它有一个公用外圈和两个内圈，由外圈的凸肩在箱体上进行轴向定位，箱体孔可以镗成通孔。磨薄中间隔套可以调整间隙与预紧，两列滚子的数目相差一个，能使振动频率不一致，明显改善了同时承受径向和轴向载荷，通常用作主轴的前支承。

图5-13(d)为带凸肩的双列空心圆柱滚子轴承，结构上与图5-13c相似，可用作主轴前支承。滚子作成空心的，保持架为整体结构，充满滚子之间的间隙，润滑油由空心滚子端面流向挡边摩擦处，可有效地进行润滑和冷却。空心滚子承受冲击载荷时可以产生微小变形，能增大接触面积并有吸振和缓冲作用。

图5-13(e)为带预紧弹簧的单列圆锥滚子轴承，弹簧数目为16～20根，均匀增减弹簧，可以改变预加载荷的大小。

图5-13(f)为角接触球轴承，这种类型既可承受径向载荷，又可承受轴向载荷。接触角有$\alpha=15°$、$\alpha=25°$和$\alpha=40°$三种。15°接触角多用于轴向载荷较小，转速较高的场合，25°、40°接触角多用于轴向载荷较大的场合。将内、外圈相对轴向位移，可以调整间隙，实现预紧。它们多用于高速主轴。为了提高轴的刚度和承载能力，多个轴承可以组合使用。

图5-14为角接触球轴承的三种基本组合方式：图(a)为背靠背组合，图(b)为面对面组合，图(c)为同向组合，代号分别为DB、DF和DT。这三种方式，两个轴承都共同承担径向载荷；图(a)和图(b)可承受双向轴向载荷；图(c)则只能承受单向载荷，但承载能力较大，轴向刚度较高。这种轴承还可以三联组配、四联组配。主轴轴承必须采用背靠背组配，面对面组配常用于丝杠轴承。

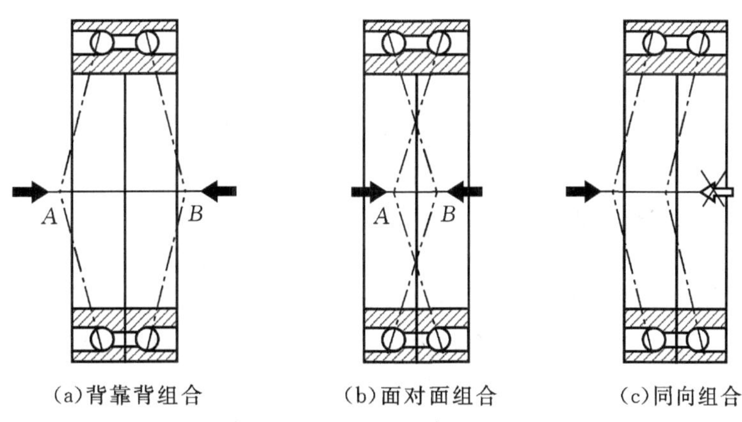

(a)背靠背组合　(b)面对面组合　(c)同向组合

图5-14　角接触球轴承的组配

3. 主轴轴承的配置

在实际应用中，数控机床主轴轴承常见的配置有下列三种形式，如图5-15所示。

图5-15(a)所示为前支承采用双列圆柱滚子轴承和60°角接触球轴承的组合，后支承采用成对角接触球轴承。这种结构配置形式是现代数控机床结构中刚性最好的一种。它使主轴的综合刚度得到大幅度的提高，可以满足强力切削的要求，所以目前各类数控机床的主轴普遍采用这种配置形式。

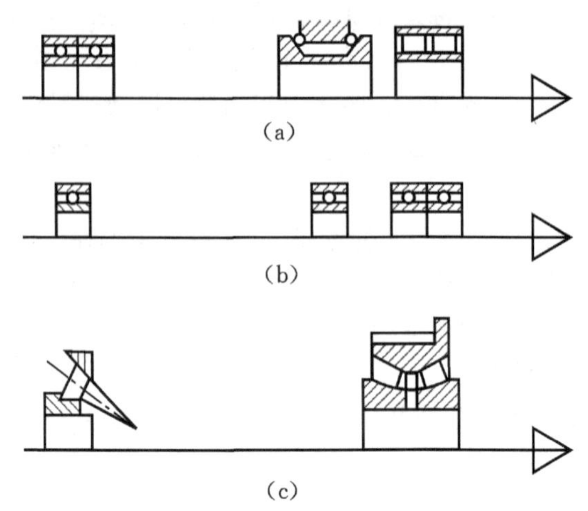

图 5－15　数控机床主轴轴承配置形式

图 5－15(b)所示为前支承采用高精度双列(或三列)角接触球轴承,后支承采用单列(或双列)角接触球轴承。这种结构配置形式具有较好的高速性能,主轴最高转速可达 4000r/min,但这种轴承的承载能力小,因而适用于高速、轻载和精密的数控机床主轴。

图 5－15(c)所示为前后支承采用双列和单列圆锥滚子轴承。这种轴承径向和轴向刚度高,能承受重载荷,尤其能承受较大的动载荷,安装与调整性能好。但是这种轴承配置方式限制了主轴的最高转速和精度,所以仅适用于中等精度、低速与重载的数控机床主轴。

【任务实施】

一、实施步骤

教学组织实施建议:小组自主学习法、头脑风暴法。分成四小组,各小组分别用不同的方法完成滚动轴承的安装,然后再交流经验、讨论、互评、自评。

1. 滚动轴承装配的技术要求如下

(1)滚动轴承上带有标记代号的端面应装在可见方向,以便更换时查对。

(2)轴承装在轴上或装入轴承孔后,不允许有歪斜现象。

(3)同轴的两个轴承中,必须有一个轴承在轴受膨胀时有轴向移动的余地。

(4)装配轴承时,压力(或冲击力)应直接加在待配合的套圈端面上,不允许通过滚动体传递压力。

(5)装配过程中应保持清洁,防止异物进入轴承内。

(6)装配后的轴承应运转灵活,噪声小,工作温度不超过 50℃。

2. 滚动轴承的装配

滚动轴承的装配方法应视轴承尺寸大小和过盈量来选择。一般滚动轴承的装配方法有锤击法、用螺旋或杠杆压力机压力法及热装法。

(1)向心球轴承的装配　向心球轴承常用的装配方法有锤击法和压入法。图 5－16(a)所示是用铜棒垫上特制套,用锤子将轴承内圈装到轴颈上;图 5－16(b)所示是用锤击法将轴承外圈装入壳体内孔中。图 5－17 所示是用压入法将轴承内、外圈分别压入轴颈和轴承座孔中的方法。当轴颈尺寸较大，过盈量也较大时，为装配方便，可用热装法，即将轴承放在温度为80～100℃的油中加热，然后和常温状态的轴配合。图 5 - 18(a)为用来加热轴承的特制油箱，轴承加热时放在槽内的格子上，格子与箱底有一定距离，以避免轴承接触到比油温高的多的箱底而形成局部过热，且使轴承不接触到箱底沉淀的脏物。对有些小型轴承可以挂在吊钩上在油中加热，如图 5 - 18(b)所示。

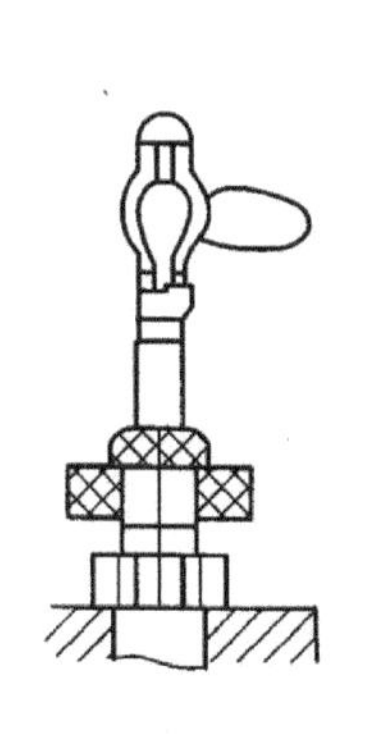
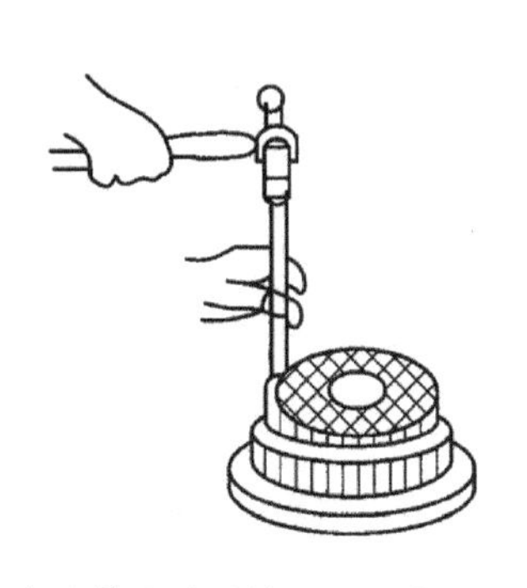

图 5 - 16　锤击法装配滚动轴承

图 5 - 17　杠杆齿条式压力机压入轴承

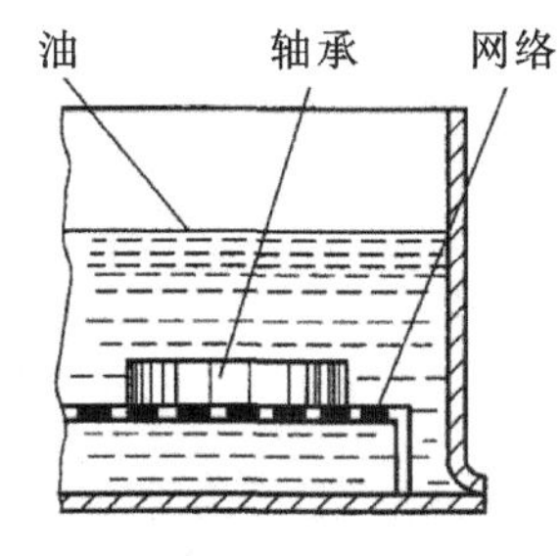

(a)网格加热轴承

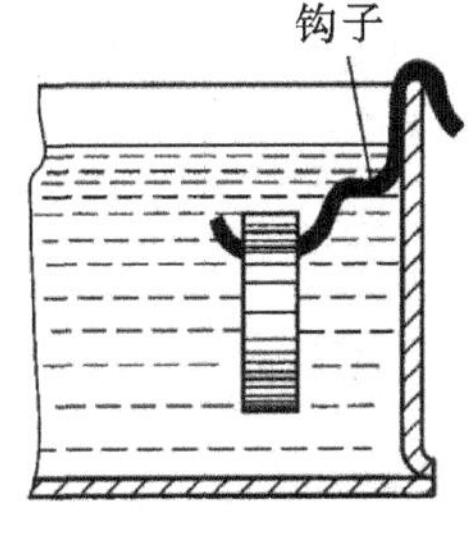

(b)吊钩加热轴承

图 5 - 18　轴承在油箱中加热的方法

(2)角接触球轴承的装配　因角接触球轴承的内、外圈可以分离，所以可以用锤击、压力或热装的方法将内圈装在轴颈上，用锤击或压入法将外圈装到轴承孔内，然后调整游隙，如图 5 - 19 所示。

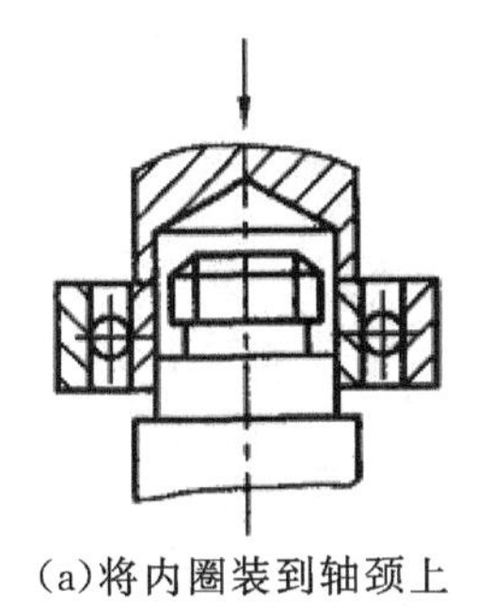

(a)将内圈装到轴颈上

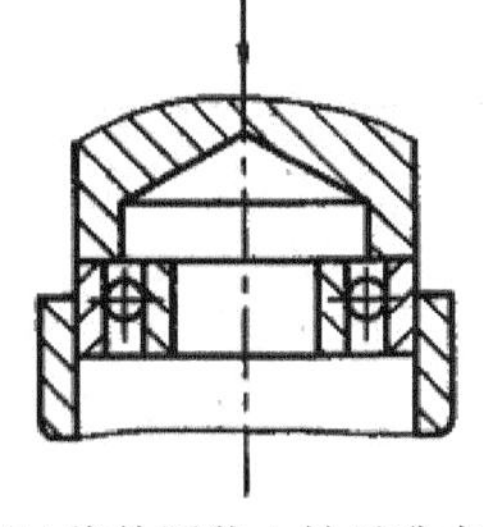

(b)将外圈装入轴承孔内

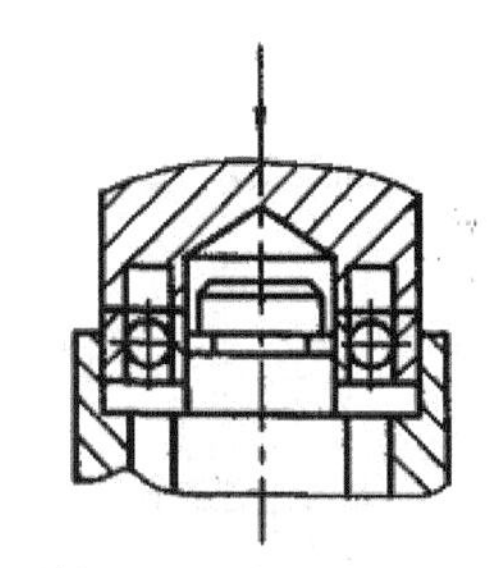

(c)将内外圈同时压入轴孔中

图 5 - 19　压入法装配滚动轴承

(3)内圈为圆锥孔轴承的预紧　如图 5－20 所示,预紧时的工作顺序是:先松开预紧螺母 1 中左边的一个螺母,再拧紧右边的螺母,通过隔套 2 使轴承内圈 3 向轴颈大端移动,使内圈直径增大,而消除径向游隙,达到预紧目的。最后再将锁紧螺母 1 中左边的螺母拧紧,起到锁紧的作用。

3. 滚动轴承的拆卸

滚动轴承的拆卸方法与其结构有关。对于拆卸后还要重复使用的轴承,拆卸时不能损坏轴承的配合表面,不能将拆卸的作用力加在滚动体上,如图 5－21 所示的方法是不正确的。圆柱孔轴承的拆卸,可以用压力机,如图 5－22 所示,也可以用拉出器如图 5－23 所示拆卸。

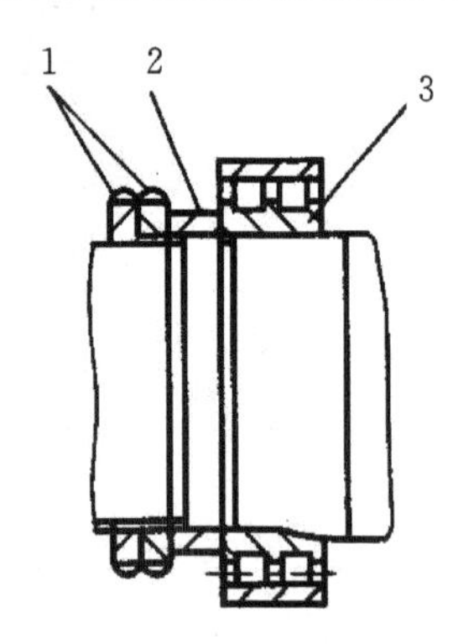

图 5－20　内圈为圆锥孔轴承的预紧

1—锁紧螺母;2—隔套;3—轴承内圈

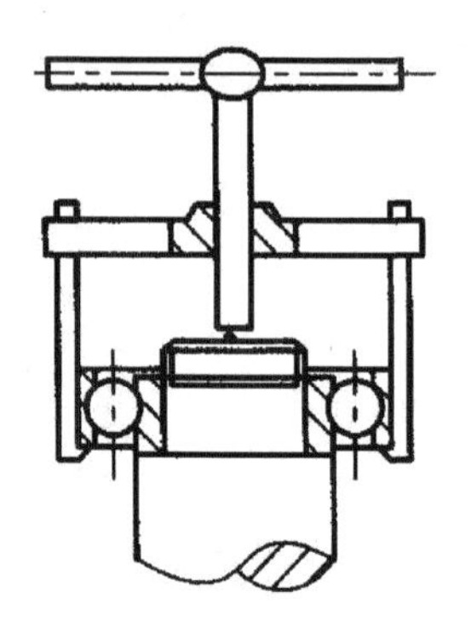

图 5－21　不正确的拆卸方法

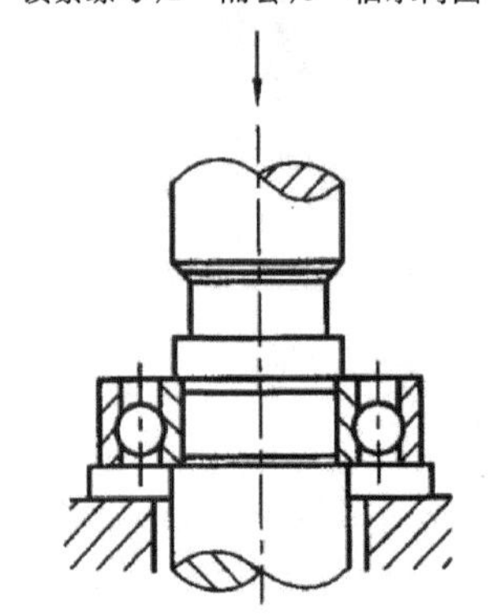

(a)从轴上拆卸轴承

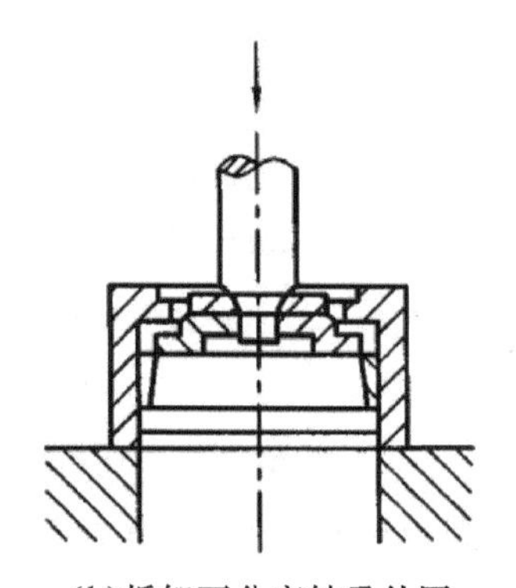

(b)拆卸可分离轴承外圈

图 5－22　用压力机拆卸圆柱孔轴承

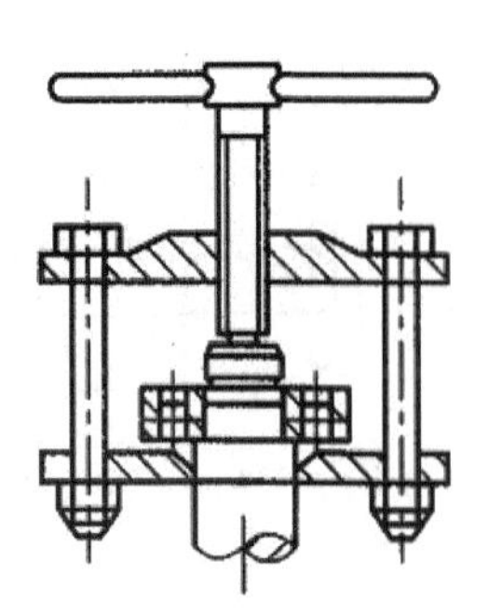

(a)双杆拉出器

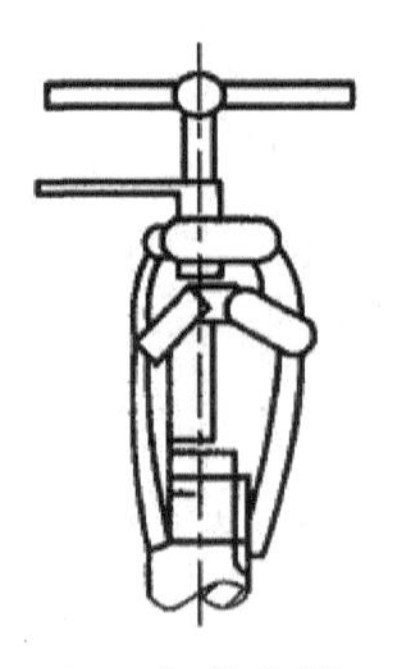

(b)三杆拉出器

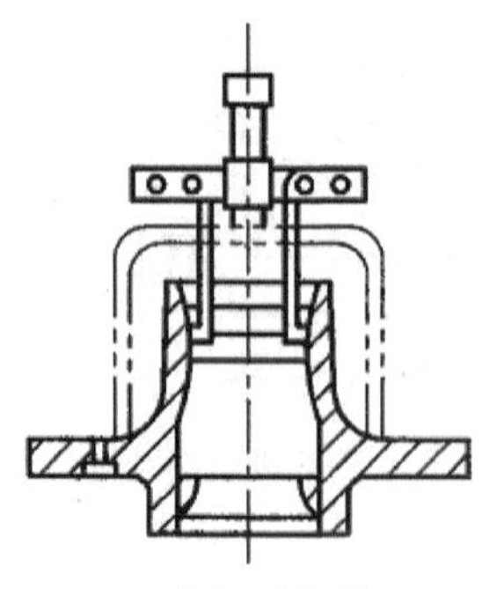

(c)拉杆拆卸器

图 5－23　滚动轴承拉出器

圆锥孔轴承直接装在锥形轴颈上，或装在紧定套上，可拧紧锁紧螺母，然后利用软金属棒和手锤向锁紧螺母方向将轴承敲出，如图 5-24 所示。装在退卸套上的轴承，先将锁紧螺母卸掉，然后用退卸螺母将退卸套从轴承座圈中拆出，如图 5-25 所示。

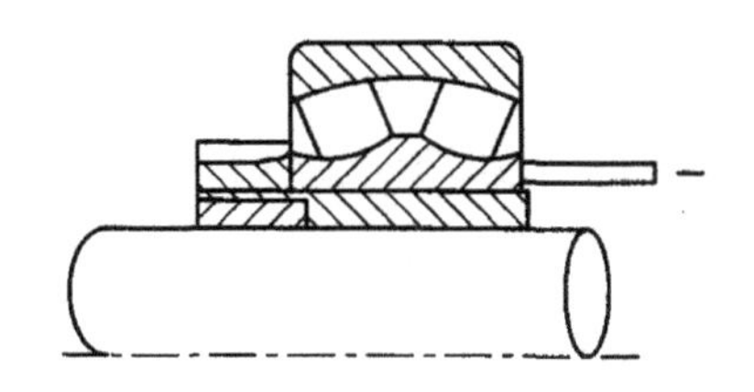

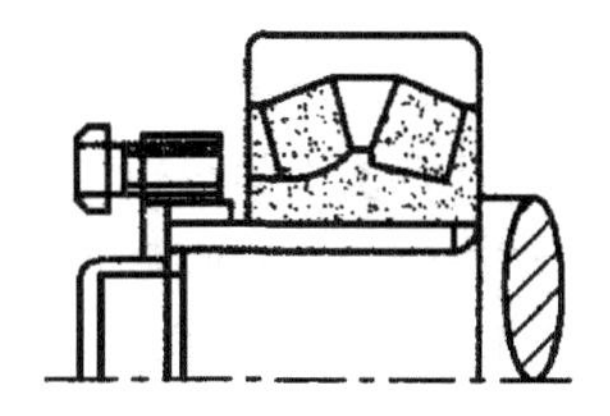

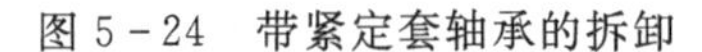

图 5-24 带紧定套轴承的拆卸

图 5-25 用退卸螺母和螺钉拆卸

二、教学组织实施建议(表 5-3)

表 5-3 教学组织实施表

内容	方法	媒体	教学阶段
布置任务、分组	小组自主学习法、引导文法	滚动轴承、数控铣床、教材、PPT、计算机	明确任务
学生分组动手操作 教师巡视并解答疑问	引导文法、小组合作法、头脑风暴法	数控铣床、工量具	实施任务
小组讨论 自我评价和总结	小组合作法、头脑风暴法	实训任务书	学生汇报展示
教师进行点评，总结本学习情境的学习效果	小组合作法、头脑风暴法	PPT	总结
工量具擦拭、清洁、滚动轴承擦拭、维护	小组合作法	数控铣床、滚动轴承、工量具	清扫实验室

【实训任务书】(表 5-4)

表 5-4 任务实施表

<table>
<tr><td>滚动轴承型号</td><td>学生姓名</td><td>实训地点</td><td>实训时间</td></tr>
<tr><td></td><td></td><td></td><td></td></tr>
<tr><td colspan="4">1. 本实训的滚动轴承的名称：＿＿＿＿＿、＿＿＿＿＿、＿＿＿＿＿
2. 描述滚动轴承结构</td></tr>
<tr><td colspan="2">画出所实训滚动轴承的简图并标注其名称</td><td colspan="2">叙述其特点</td></tr>
<tr><td colspan="2"></td><td colspan="2"></td></tr>
<tr><td colspan="4">3. 拆卸(或安装调试步骤)</td></tr>
<tr><td colspan="4"></td></tr>
<tr><td>4. 使用工具</td><td colspan="3"></td></tr>
<tr><td>5. 优化(或创新)</td><td colspan="3"></td></tr>
</table>

任务 5.3 齿轮传动间隙的调整

【知识准备】

数控机床进给系统中的齿轮传动,除了本身要求很高的运动精度和工作平稳性以外,还需尽可能消除传动副间的传动间隙。否则,齿侧间隙会造成进给系统每次反向运动滞后于指令信号,丢失指令脉冲并产生反向死区,对于加工精度影响很大。因此必须采用各种方法减小或消除齿轮传动间隙。

5.3.1 直齿圆柱齿轮传动间隙的调整

1. 偏心套调整

图 5-26 是偏心轴套式消除传动间隙结构。电机 1 通过偏心套 2 安装在壳体上。转动偏心套使电机中心轴线的位置向上,而从动齿轮轴线位置固定不变,所以两啮合齿轮的中心距减小,从而消除了齿侧间隙。

2. 垫片调整

图 5-27 是用轴向垫片来消除间隙的结构。两个啮合着的齿轮 1 和 2 的节圆直径沿齿宽方向制成略带锥度形式,使其齿厚沿轴线方向逐渐变厚。装配时,两齿轮按齿厚相反变化走向啮合。改变调整垫片 3 的厚度,使两齿轮沿轴线方向产生相对位移,从而消除间隙。

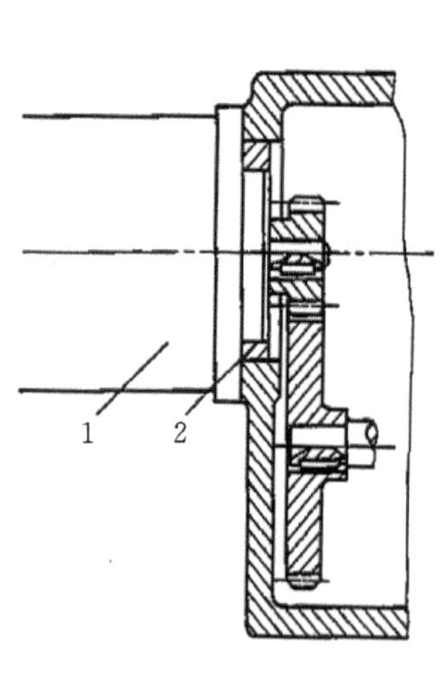

图 5-26 偏心套调整

1—电机;2—偏心套

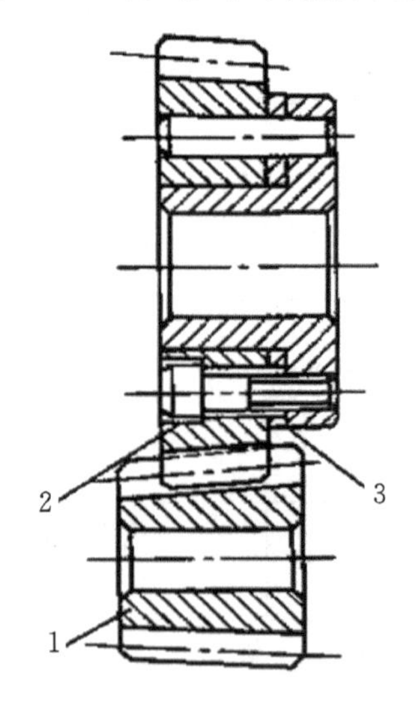

图 5-27 轴向垫片调整

1、2—齿轮;3—垫片

上述两方法的特点是结构简单,能传递较大的动力。但齿轮磨损后不能自动消除间隙。

3. 双齿轮错齿调整

图 5-28 为双片薄齿轮错齿调整法。在一对啮合的齿轮中,其中一个是宽齿轮(图中未示出),另一个由两薄片齿轮组成。薄片齿轮 1 和 2 上各开有周向圆弧槽,并在两齿轮的槽内各压配有安装弹簧 4 的短圆柱 3。在弹簧 4 的作用下使齿轮 1 和 2 错位,分别与宽齿轮的齿槽

左右侧贴紧，消除了齿侧间隙，但弹簧 4 的张力必须足以克服驱动扭矩。由于齿轮 1 和 2 的轴向圆弧槽及弹簧的尺寸都不能太大，故这种结构不宜传递扭矩，仅用于读数装置。

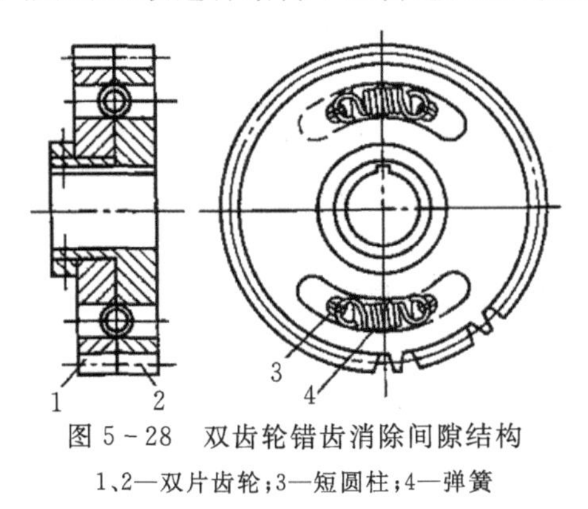

图 5-28　双齿轮错齿消除间隙结构

1、2—双片齿轮；3—短圆柱；4—弹簧

5.3.2　斜齿圆柱齿轮传动间隙的消除

1. 轴向垫片调整

如图 5-29 所示，宽齿轮同时与两个相同齿数的薄片齿轮啮合，薄片齿轮通过平键与轴联结，相互间不能转动。通过调整薄片齿轮之间垫片厚度的增减量，然后拧紧螺母，可使它们的螺旋线产生错位，其左右两齿面分别与宽齿轮的齿槽左右两齿面贴紧消除齿侧间隙。垫片厚度的增减量 t 与齿侧间隙 Δ 的关系可用下式表示：

$$t=\Delta\cot\beta$$

式中：β——螺旋角。

2. 轴向压簧调整

图 5-30 为轴向压簧错齿调整结构，原理同上。其特点是齿侧隙可以自动补偿，达到无间隙传动，但轴向尺寸较大，结构不紧凑。

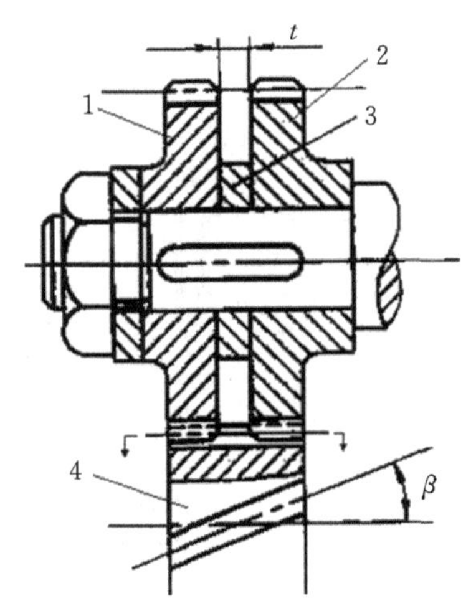

图 5-29　轴向垫片消除间隙结构

1、2—斜齿轮；3—垫片；4—宽齿轮

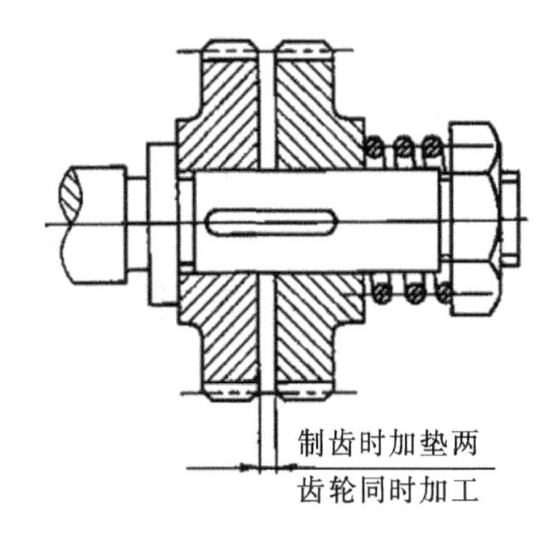

图 5-30　轴向压簧消除间隙结构

5.3.3 圆锥齿轮传动间隙的消除

锥齿轮同圆柱齿轮一样可用上述类似的方法来消除齿侧间隙。

1. 周向弹簧调整法

如图 5-31 所示为周向弹簧调整法。将一对啮合锥齿轮中的一个齿轮做成大小两片 1 和 2，在大片上制有三个圆弧槽，而在小片的端面上制有三个凸爪 4，凸爪 4 伸入大片的圆弧槽中。弹簧 6 一端顶在凸爪 4 上，而另一端顶在镶块 7 上。为了安装方便，用螺钉 5 将大小片齿圈相对固定，安装完毕之后将螺钉卸去，利用弹簧力使大小片锥齿轮稍微错开，从而达到消除间隙的目的。

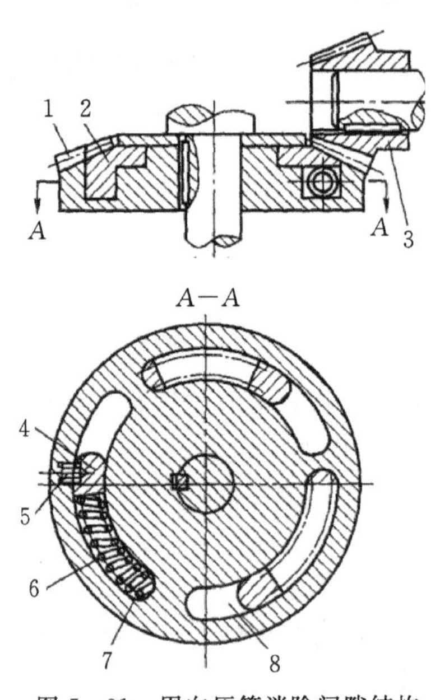

图 5-31 周向压簧消除间隙结构

1—外齿圈；2—内齿圈；3—小锥齿轮；4—凸爪；5—螺钉；6—弹簧；7—镶块；8—圆弧槽

2. 轴向压簧调整法

如图 5-32 所示，两个锥齿轮相互啮合。在其中一个锥齿轮的传动轴上装有压簧，调整螺母可改变压簧的弹力。锥齿轮在弹力作用下沿轴向移动，从而达到消除齿侧间隙的目的。

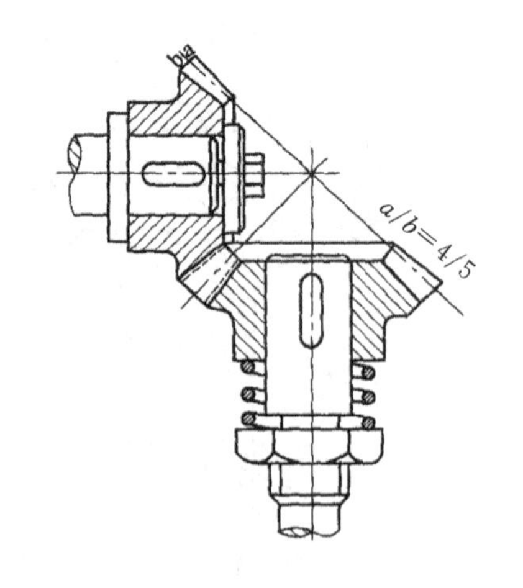

图 5-32 轴向压簧消除间隙结构

5.3.4 齿轮齿条传动间隙的消除

在大型数控机床（如大型数控龙门铣床）中，工作台的行程很大，因此，它的进给运动不宜采用滚珠丝杠副来实现，而常采用齿轮齿条传动。当驱动时，可采用双齿轮错齿调整法，分别与齿条齿槽左、右两侧面贴紧，从而消除齿侧间隙。图 5-33 所示为这种消除间隙方法的原理。进给运动由轴 2 输入，通过两对斜齿轮将运动传给轴 1 和 3，然后由两个直齿轮 4 和 5 去传动齿条,带动工作台移动。轴 2 上两个斜齿轮的螺旋线方向相反。如果通过弹簧在轴 2 上作用一个轴向力 F,则使斜齿轮产生微量的轴向移动,这时轴 1 和轴 3 便以相反的方向转过微小的角度,使齿轮 4 和 5 分别与齿条的两齿面贴紧,消除了间隙。

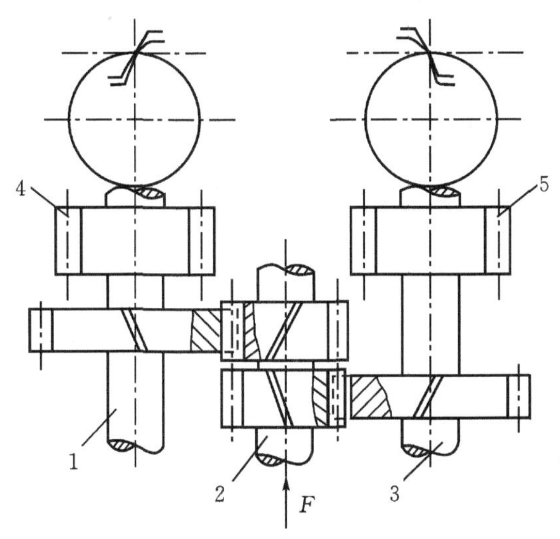

图 5-33　齿轮齿条消除法

1、2、3—轴;4、5—齿轮

【任务实施】(表 5-5)

表 5-5　教学组织实施表

内容	方法	媒体	教学阶段
布置任务、分组有 3 组齿轮副:直齿圆柱齿轮副、斜齿圆柱齿轮副、锥齿轮传动副,各个小组抽签决定分组	案例教学法、引导文法	齿轮、数控铣床、教材、PPT、计算机	明确任务
针对各自的齿轮副,学生用所学知识进行调整 教师巡视并解答疑问	引导文法、小组合作法、头脑风暴法	直齿圆柱齿轮、斜齿圆柱齿轮、锥齿轮、数控机床、	实施任务
小组讨论 自我评价和总结	小组合作法、头脑风暴法	实训任务书	学生汇报展示
教师进行点评,总结本学习情境的学习效果	小组合作法、头脑风暴法	PPT	总结
工量具擦拭、清洁、齿轮擦拭、维护	小组合作法	数控机床、齿轮、工量具	清扫实验室

【实训任务书】(表 5-6)

表 5-6 任务实施表

机床型号	学生姓名	实训地点	实训时间
1. 本实训的齿轮副的名称:______、______、______、______			
2. 描述本次所用的方法			
3. 画出消除间隙结构简图并标注其名称			
4. 叙述其工作原理和特点			
5. 使用工具			
6. 优化(或创新)			

任务 5.4 滚珠丝杠螺母副的安装

【知识准备】

5.4.1 滚珠丝杠螺母副的特点

滚珠丝杠螺母副是实现回转运动与直线运动相互转换的传动装置。图 5-34 是滚珠丝杠传动原理图,其工作原理是:在丝杠和螺母上加工有弧形螺旋槽,当把它们套装在一起时形成螺旋通道,并且滚道内填满滚珠。当丝杠相对于螺母旋转时,两者发生轴向位移,而滚珠则可沿着滚道流动,按照滚珠返回的方式不同可以分为内循环式和外循环式两种方式。内循环方式带有反向器,返回的滚珠经过反向器和丝杠外圆返回,如图 5-35(a)。外循环式的螺母旋转槽的两端有回珠管连接起来,返回的滚珠不与丝杠外圆相接触,滚珠可以做周而复始的循环运动,在管道的两端还能起到挡珠的作用,用以避免滚珠沿滚道滑出,如图 5-35(b)。

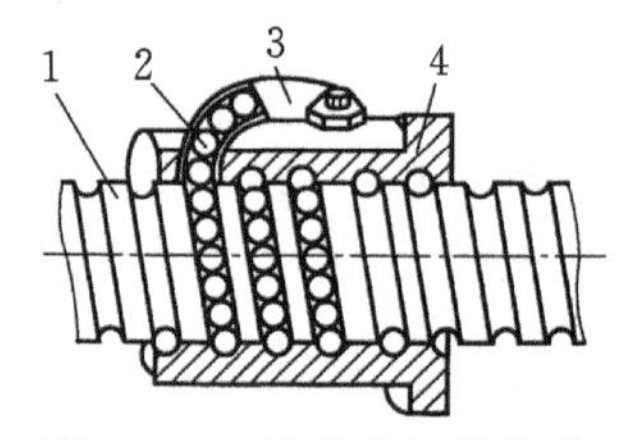

图 5-34 滚珠丝杠螺母副

1—丝杠;2—滚珠;3—回珠管;4—螺母

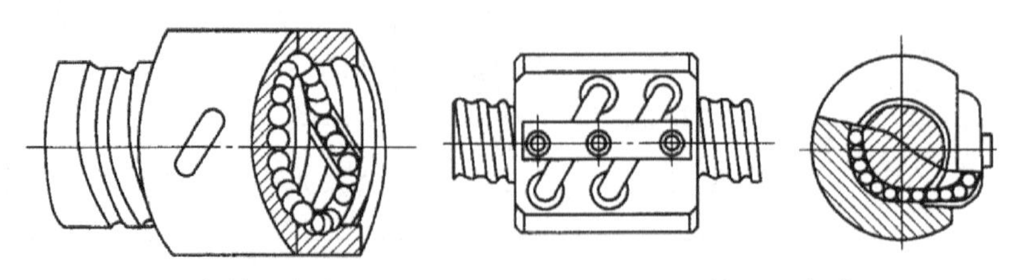
(a)内循环方式　(b)外循环方式

图 5-35 滚珠丝杠循环方式

滚珠每一个循环闭路称为列。每个滚珠循环闭路内所含导程数称为圈数。内循环滚珠丝杠副的每个螺母有 2 列、3 列、4 列、5 列等几种，每列只有 1 圈。外循环每列有 1.5 圈，2.5 圈，3.5 圈等几种，剩下的半圈作回珠用。外循环滚珠丝杠螺母副的每个螺母有 1 列 2.5 圈、1 列 3.5 圈、2 列 1.5 圈、2 列 2.5 圈，种类很多。

在传动时，滚珠与丝杠、螺母之间基本上是滚动摩擦，所以具有下述特点：摩擦损失小，传动效率高，滚珠丝杠副的传动效率可达 92%～98%，是普通丝杠传动的 3～4 倍；传动灵敏，运动平稳，低速时无爬行，滚珠丝杠螺母副滚珠与丝杠、螺母之间基本上是滚动摩擦，其动、静摩擦系数基本相等，并且很小，移动精度和定位精度高；使用寿命长；轴向刚度高，滚珠丝杠螺母副可以完全消除间隙传动，并可预紧，因此具有较高的轴向刚度；具有传动的可逆性，即可以将旋转运动转化为直线运动，也可以把直线运动转化为旋转运动；不能实现自锁，当用于垂直位置时，必须加有制动装置；制造工艺复杂，成本高。

5.4.2　滚珠丝杠螺母副的结构

滚珠丝杠的螺纹滚道法向截面有单圆弧和双圆弧两种不同的形状，如图 5-36 所示。其中单圆弧加工工艺简单，双圆弧加工工艺较复杂，但性能较好。滚珠与滚道接触点法线与丝杠轴线的垂直夹角称接触角 β，理想接触角等于 45°。

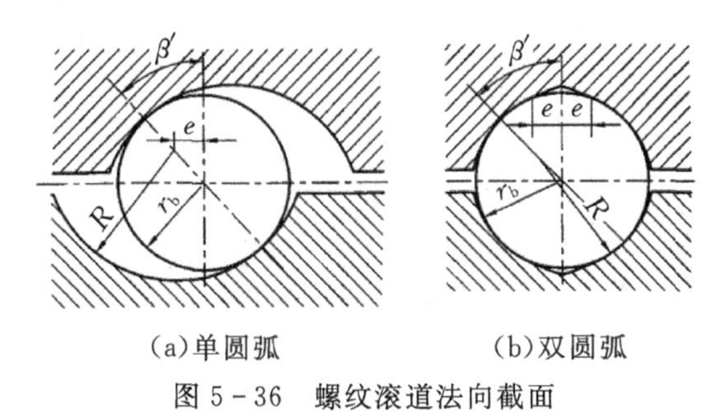

(a)单圆弧　　(b)双圆弧

图 5-36　螺纹滚道法向截面

5.4.3　滚珠丝杠副轴向间隙的调整

滚珠丝杠的传动间隙是轴向间隙。为了保证反向传动精度和轴向刚度，必须消除轴向间隙。消除间隙的方法常采用双螺母结构，利用两个螺母的相对轴向位移，使两个滚珠螺母中的滚珠分别贴紧在螺旋滚道的两个相反的侧面上。用这种方法预紧消除轴向间隙时，应注意预紧力不宜过大，预紧力过大会使空载力矩增加，从而降低传动效率，缩短使用寿命。此外还要消除丝杠安装部分和驱动部分的间隙。

常用的双螺母丝杠消除间隙方法有：

1. 垫片调隙式

如图 5-37 所示，调整垫片厚度使左右两螺母产生方向相反位移，使两个螺母中的滚珠分别贴紧在螺旋滚道的两个相反的侧面上，即可消除间隙和产生预紧力。这种方法结构简单，刚性好，但调整不便，滚道有磨损时不能随时消除间隙和进行预紧。

2. 螺纹调隙式

如图 5-38 所示，左右螺母和螺母座上加工有键槽，采用平键连接，使螺母在螺母座内可以轴向滑移而不能相对转动。调整时，只要拧动圆螺母使螺母沿轴向移动一定距离，就可以改变两螺母的间距，即可消除间隙并产生预紧力。调整完毕后，用圆螺母将其锁紧，可以防止在工作中螺母松动。这种调整方法具有结构简单、工作可靠、调整方便的优点，但调整预紧量不能控制。

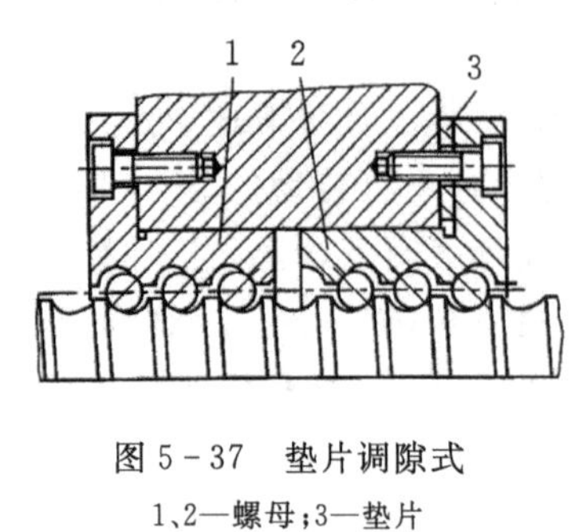

图 5-37 垫片调隙式

1、2—螺母；3—垫片

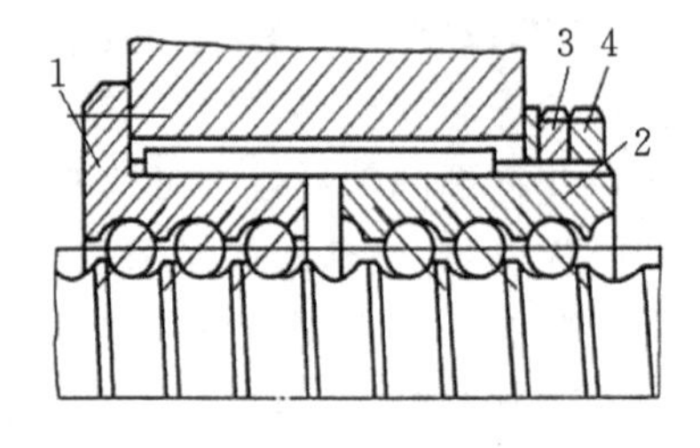

图 5-38 螺纹调隙式

1、2—螺母；3—圆螺母

3. 齿差调隙式

如图 5-39 所示，在左右两个螺母的凸缘上各加工有圆柱外齿轮，分别与左右内齿圈相啮合，两内齿圈分别紧固在螺母座左右端面上，所以左右螺母不能转动。两螺母凸缘齿轮的齿数不相等，相差一个齿。调整时，先取下内齿圈，让两个螺母相对于螺母座同方向都转动一个齿，然后再插入内齿圈并紧固在螺母座上，则两个螺母便产生相对角位移，使两螺母轴向间距改变，实现消除间隙和预紧。设两凸缘齿轮的齿数分别为 Z_1、Z_2，滚珠丝杠的导程为 t，两个螺母相对于螺母座同方向转动一个齿后，其轴向位移量：

$$s=\left(\frac{1}{z_1}-\frac{1}{z_2}\right)t$$

例如，$Z_1=81$，$Z_2=80$，滚珠丝杠的导程为 $t=6\text{mm}$ 时，则 $S=6/6480\approx0.001\text{mm}$。这种调整方法能精确调整预紧量，调整方便、可靠，但结构尺寸较大，多用于高精度的传动。

4. 单螺母变位螺距预加负荷

如图 5-40 所示，它是在滚珠螺母体内的两列循环滚珠链之间使内螺纹滚道在轴向产生一个 ΔL_0 的导程变量，从而使两列滚珠在轴向错位实现预紧，这种调隙方法结构简单，但导程变量需预先设定且不能改变。

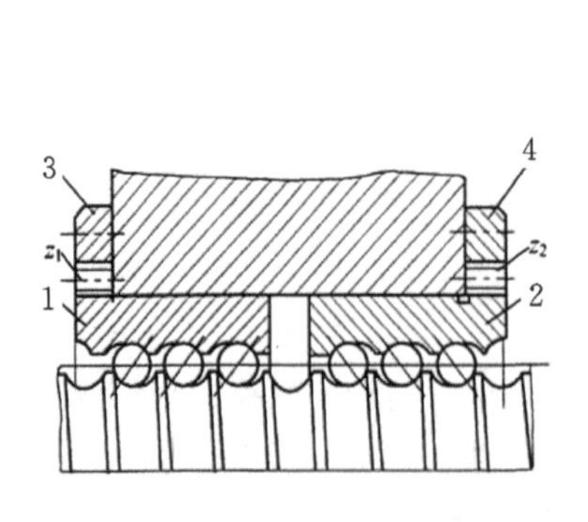

图 5-39 齿差调隙式

1、2—螺母；3、4—内齿圈

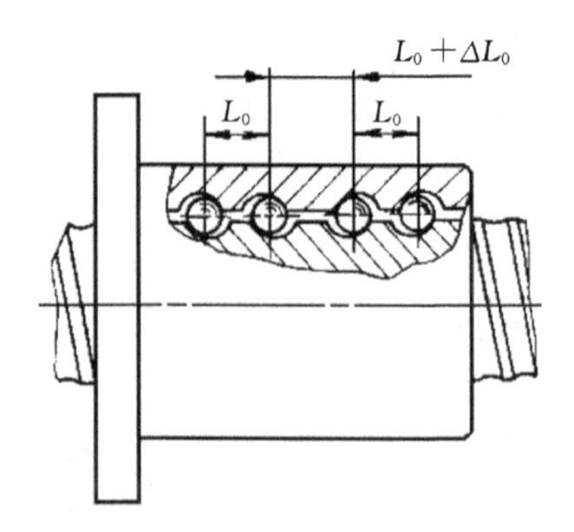

图 5-40 单螺母变位螺距式

5.4.4 滚珠丝杠螺母副的主要参数及代号

1. 滚珠丝杠副的参数

图 5-41 所示为部分滚珠丝杠副的基本参数。滚珠丝杠螺母副的基本参数如下：

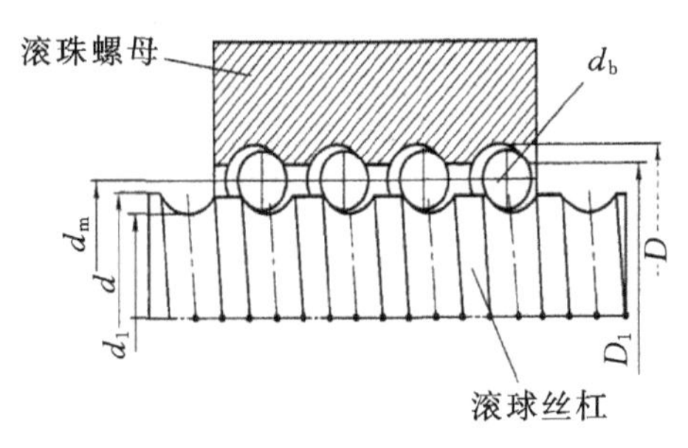

图 5-41　滚珠丝杠副的基本参数

(1)公称直径 d_m：即滚珠丝杠的名义直径。滚珠与螺纹滚道在理论接触角状态时包络滚珠球心的圆柱直径，它是滚珠丝杠副的特性尺寸。公称直径 d_m 与承载能力直接有关，有的资料推荐滚珠丝杠副的公称直径 d_m 应大于丝杠工作长度的 1/30。数控机床常用的进给丝杠，其公称直径 d_m=20～80mm。

(2)基本导程 L_0：丝杠相对于螺母旋转 2π 弧度时，螺母上的基准点的轴向位移。导程的大小根据机床的加工精度要求确定，精度要求高时，应将导程取小些，可减小丝杠上的摩擦阻力，但导程取小后，势必将滚珠直径取小，使滚珠丝杠副的承载能力降低。若丝杠副的公称直径不变，导程小，则螺旋升角也小，传动效率 η 也变小。因此，导程的数值在满足机床加工精度的条件下尽可能取大些。

(3)接触角 β：滚珠与滚道在接触点处的公法线与螺纹轴线的垂直线间的夹角，理想接触角 $\beta=45°$。

此外，还有丝杠螺纹大径 d、丝杠螺纹小径 d_1、螺纹全长 l、滚珠直径 d_b、螺母螺纹大径 D、螺母螺纹小径 D_1、滚道圆弧半径 R 等参数。

2. 精度等级

根据 JB3162.2—91，滚珠丝杠螺母副按其使用范围及要求分为 7 个精度等级，即 1、2、3、4、5、7 和 10 七个精度等级。1 级精度最高，其余依次逐级递减，一般动力传动可选用 4、5、7 级精度，数控机床和精密机械可选用 2、3 级精度，精密仪器、仪表机床、螺纹磨床可选用 1、2 级精度。滚珠丝杠螺母副精度直接影响定位精度、承载能力和接触刚度，因此它是滚珠丝杠副的重要指标，选用时要予以考虑。

3. 滚珠丝杠螺母副代号的标注

根据 JB3162.2—91，滚珠丝杠副代号的标注如图 5-42 所示。采用汉语拼音字母、数字及汉字结合标注法。例如 CDM6012-3.5-P4，表示外循环插管式，垫片预紧，回珠管埋入式，公称直径为 60mm，导程为 12mm，螺纹旋向为右旋，负荷钢球圈数为 3.5 圈，定位滚珠丝杠，精度等级为 4 级。滚珠丝杠副的特征代号见表 5-7。

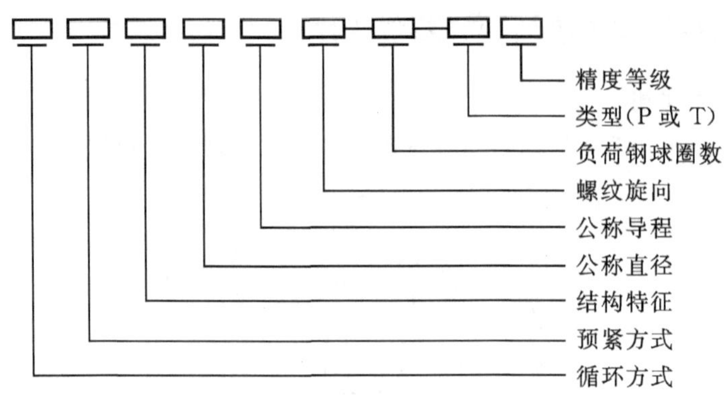

图5-42　滚珠丝杠副代号的标注方法

表5-7　滚珠丝杠副的特征代号

<table>
<tr><th>序号</th><th colspan="3">特征</th><th>代号</th></tr>
<tr><td rowspan="3">1</td><td rowspan="3">钢球循环方式</td><td>外循环</td><td>插管式</td><td>C</td></tr>
<tr><td rowspan="2">内循环</td><td>反向器浮动式</td><td>F</td></tr>
<tr><td>反向器固定式</td><td>G</td></tr>
<tr><td rowspan="6">2</td><td rowspan="6">预紧方式</td><td rowspan="3">单螺母</td><td>无预紧</td><td>W</td></tr>
<tr><td>变位导程预紧</td><td>B</td></tr>
<tr><td>增大钢球直径预紧</td><td>Z</td></tr>
<tr><td rowspan="3">双螺母</td><td>垫片预紧方式</td><td>D</td></tr>
<tr><td>螺纹预紧方式</td><td>L</td></tr>
<tr><td>齿差预紧方式</td><td>C</td></tr>
<tr><td rowspan="2">3</td><td rowspan="2">结构特征</td><td colspan="2">回珠管埋入式</td><td>M</td></tr>
<tr><td colspan="2">回珠管凸出式</td><td>T</td></tr>
<tr><td rowspan="2">4</td><td rowspan="2">螺纹旋向</td><td colspan="2">右旋</td><td>可省略</td></tr>
<tr><td colspan="2">左旋</td><td>LH</td></tr>
<tr><td>5</td><td>负荷钢球圈数</td><td colspan="2">圈数为1.5,2,2.5,3,3.5,4,4.5</td><td>1.5,2,2.5,3,3.5,4,4.5</td></tr>
<tr><td rowspan="2">6</td><td rowspan="2">类型</td><td colspan="2">定位滚珠丝杠副(通过旋转角度和导程控制轴向位移的滚珠丝杠副)</td><td>P</td></tr>
<tr><td colspan="2">传动滚珠丝杠副(与旋转角度无关,用于传递动力的滚珠丝杠副)</td><td>T</td></tr>
<tr><td>7</td><td>精度等级</td><td colspan="2">1,2,3,4,5,7,10七个精度等级</td><td>1,2,3,4,5,7,10</td></tr>
</table>

5.4.5　滚珠丝杠螺母副的支承

数控机床的进给系统要获得较高的传动刚度,除了加强滚珠丝杠副本身的刚度外,滚珠丝杠的正确安装及支承结构的刚度也是不可忽视的因素。如为减少受力后的变形,螺母座应有加强肋,增大螺母座与机床的接触面积,并且要联结可靠。采用高刚度的推力轴承以提高滚珠丝杠的轴向承载能力。

滚珠丝杠的支承方式有四种，如图 5 - 43 所示。图 5 - 43(a)为一端装止推轴承。这种安装方式只适用于行程小的短丝杠，它的承载能力小，轴向刚度低。一般用于数控机床的调节环节或升降台式铣床的垂直坐标进给传动结构。图 5 - 43(b)为一端装止推轴承，另一端装向心球轴承。此种方式用于丝杠较长的情况，当热变形造成丝杠伸长时，其一端固定，另一端能作微量的轴向浮动。为减少丝杠热变形的影响，安装时应使电机热源和丝杠工作的常用端远离止推端。图 5 - 43(c)为两端装止推轴承。把止推轴承装在滚珠丝杠的两端，并施加预紧力，可以提高轴向刚度，但这种安装方式对丝杠的热变形较为敏感。图 5 - 43(d)为两端装止推轴承及向心球轴承。它的两端均采用双重支承并施加预紧，使丝杠具有较大的刚度，这种方式还可使丝杠的温度变形转化为推力轴承的预紧力，但设计时要求提高止推轴承的承载能力和支架刚度。

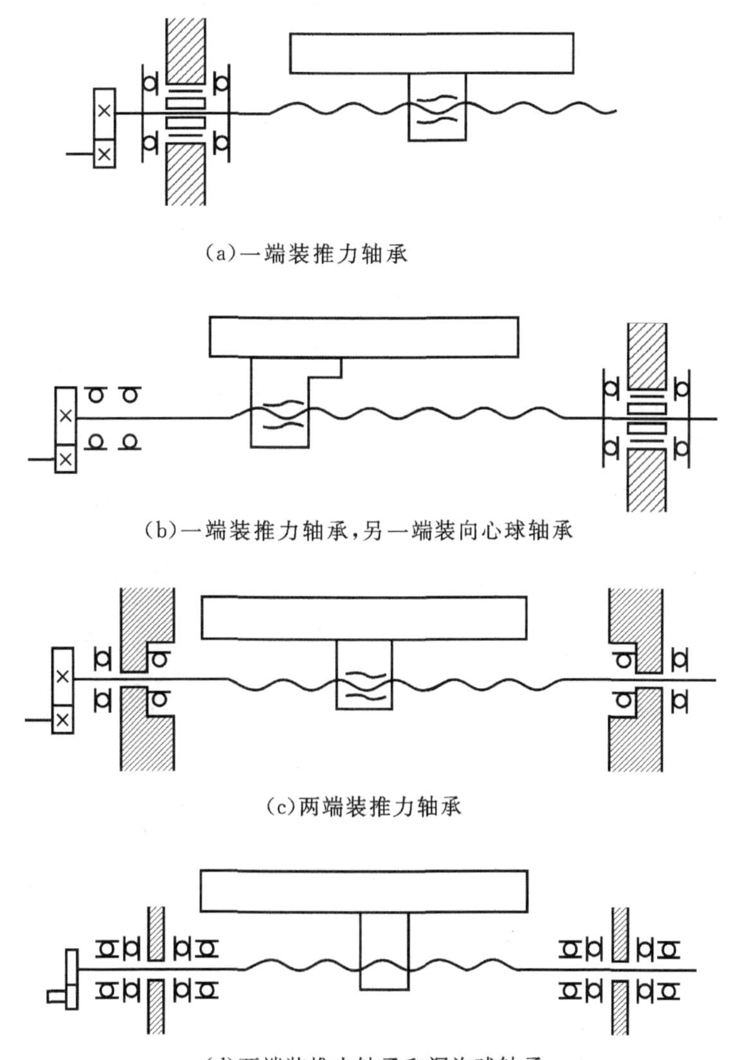

(a)一端装推力轴承

(b)一端装推力轴承，另一端装向心球轴承

(c)两端装推力轴承

(d)两端装推力轴承和深沟球轴承

图 5 - 43　滚珠丝杠在铣床上的支承方式

5.4.6 滚珠丝杠螺母副的润滑和防护

滚珠丝杠副也可用润滑剂来提高耐磨性及传动效率。润滑剂可分为润滑油和润滑脂两大类。润滑油一般为机械油或90～180号透平油或140号主轴油。润滑脂可采用锂基润滑脂。润滑脂一般加在螺纹滚道和安装螺母的壳体空间内,而润滑油则经过壳体上的油孔注入螺母的空间内。

滚珠丝杠副和其他滚动摩擦的传动元件一样,应避免灰尘或切屑污物进入,因此,必须有防护装置。如果滚珠丝杠副在机床上外露,应采取封闭的防护罩,如采用螺旋弹簧钢带套管、伸缩套管以及折叠式套管等。安装时将防护罩的一端连接在滚珠螺母的端面,另一端固定在滚珠丝杠的支承座上。如果处于隐蔽的位置,则可采用密封圈防护。密封圈装在滚珠螺母的两端。接触式的弹性密封圈用耐油橡胶或尼龙制成,其内孔做成与丝杠螺纹滚道相配合的形状。接触式密封圈的防尘效果好,但因有接触压力,使摩擦力矩略有增加。非接触式的密封圈又称迷宫式密封圈,是用硬质塑料制成,其内孔与丝杠螺纹滚道的形状相反,并稍有间隙,这样可避免摩擦力矩,但防尘效果差。

【任务实施】

一、实施步骤

以 X 轴滚珠丝杠螺母副为例:

(1)丝杠的安装如图5-44、图5-45。将轴承按照测量的时候摆放顺序装入电动机座中用锤子和轴承胎将其砸入,然后用力矩扳手拧紧锁紧螺母。

图5-44 丝杠的安装

图5-45 轴承座的安装

(2)将轴承按照图示的顺序装入轴承座中用锤子和轴承胎砸入,然后放入隔套,并用力矩扳手拧紧锁紧螺母。

(3)百分表对丝杠进行圆跳动的检查。首先将表座固定在电动机座侧,使表尖垂直接触丝杠端头部分的上母线,压表距离约1mm,然后旋转丝杠找出最高点和最低点,百分表大数值是最高点,相反则是最低点。最后分别将电动机座和轴承座的螺钉锁死。

(4)将已磨好的压盖扣在电动机座上,用螺钉按照对角线将其固定。

(5)按照缓冲块,同时安装油管接头。

(6)安装丝杠的螺母壳,拧紧螺钉,来回推动工作台进行调整,直至整体能平滑运动为止。

滚珠丝杠螺母副仅用于承受轴向负荷,径向力、弯矩会使滚珠丝杠螺母副产生附加表面接触应力等负荷，从而可能造成丝杠的永久性损坏。正确的安装是有效维护的前提，因此，滚珠丝杠副安装到机床时，应注意以下事项：

(1)丝杠的轴线必须和与之配套导轨的轴线平行，机床的两端轴承座与螺母座必须三点成一线。

(2)安装螺母时，尽量靠近支承轴承。

(3)同时安装支承轴承时，尽量靠近螺母安装部位。

(4)滚珠丝杠安装到机床时，请不要把螺母从丝杠轴上卸下来。如必须卸下来时要使用辅助套，否则装卸时滚珠有可能脱落。螺母装卸时应注意以下几点：

①辅助套外径应小于丝杠底径 0.1～0.2mm。

②辅助套在使用中必须靠紧丝杠螺母。

③卸装时，不可使用过大力以免螺母损坏。

④装入安装孔时要避免撞击和偏心。

二、教学组织实施建议(表 5－8)

表 5－8　教学组织实施表

内容	方法	媒体	教学阶段
布置任务、分组	引导文教学法	数控机床、滚珠丝杠螺母副、PPT、计算机	明确任务
学生分组动手操作 教师巡视并解答疑问	引导文法、小组合作法、头脑风暴法	数控铣床、工量具	实施任务
小组讨论 自我评价和总结	小组合作法、头脑风暴法	实训任务书	学生汇报展示
教师进行点评，总结本学习情境的学习效果	小组合作法、头脑风暴法	PPT	总结
工量具擦拭、清洁、数控机床擦拭、丝杠维护	小组合作法	数控机床、工量具、滚珠丝杠螺母副	清扫实验室

【实训任务书】(表 5－9)

表 5－9　任务实施表

<table>
<tr><td>机床型号</td><td>学生姓名</td><td>实训地点</td><td>实训时间</td></tr>
<tr><td></td><td></td><td></td><td></td></tr>
<tr><td colspan="4">1. 本实训的滚珠丝杠螺母副间隙调整的方法有：＿＿＿＿＿＿、＿＿＿＿＿＿、＿＿＿＿＿＿
2. 描述典型零部件结构</td></tr>
<tr><td colspan="2">画出滚珠丝杠螺母副简图并标注其名称</td><td colspan="2">叙述其工作原理和特点</td></tr>
<tr><td colspan="2"></td><td colspan="2"></td></tr>
<tr><td colspan="4">3. 拆卸(或安装调试步骤)</td></tr>
<tr><td colspan="4"></td></tr>
<tr><td>4. 使用工具</td><td colspan="3"></td></tr>
<tr><td>5. 优化(或创新)</td><td colspan="3"></td></tr>
</table>

任务 5.5 直线滚动导轨副的安装与维护

【知识准备】

机床导轨的功用是起导向及支承作用，它的精度、刚度及结构形式等对机床的加工精度和承载能力有直接影响。

为了保证数控机床具有较高的加工精度和较大的承载能力，要求其导轨具有较高的导向精度、足够的刚度、良好的耐磨性、良好的低速运动平稳性，同时应尽量使导轨结构简单，便于制造、调整和维护。数控机床常用的导轨按其接触面间摩擦性质的不同可分为滚动导轨、塑料导轨、静压导轨和磁力导轨。

5.5.1 塑料滑动导轨

为进一步减少导轨的磨损和提高运动性能，近年来出现了两种新型塑料滑动导轨。

滑动导轨具有结构简单、制造方便、接触刚度大的优点。但传统的滑动导轨摩擦阻力大，磨损快，动、静摩擦系数差别大，低速时易产生爬行现象。除了简易型数控机床外，在其他数控机床上已经不采用。在数控机床上常用带有耐磨粘贴带覆盖层的滑动导轨和新型塑料滑动导轨，它们具有良好的摩擦性能及使用寿命长的特点。

1. 聚四氟乙烯(PTⅠFE)导轨软带

聚四氟乙烯导轨软带是用于塑料导轨最成功的一种，这种导轨软带材质是以聚四氟乙烯为基体，加入青铜粉、二硫化钼和石墨等填充剂混合烧结，并做成软带状。这类导轨软带有美国的 Shamban 公司生产的 Trucite－B 导轨软带、Dixon 公司的 Rulon 导轨软带、国内生产的 TSF 导轨软带，以及配套用 DJ 胶粘剂。TSF 导轨软带的主要技术性能指标如表 5－10 所示。

表 5－10 TSF 导轨软带的主要技术性能指标

项目		指标
密度/(g/cm³)		2.9
拉伸强度/MPa		13.8
压缩变形(比压 30Pa)	总变形(%)	0.9
	永久变形(%)	0.5
磨损系数/[cm³·min/(MPa·m·h)]		5.6×10^{-9}
比磨损率/[mm³/(MPa·km)]		9.4×10^{-5}
极限 PV 值/(MPa·m/min)		300

1)聚四氟乙烯导轨软带的特点

(1)摩擦性能好　铸铁淬火导轨副的静摩擦系数、动摩擦系数相差较大，几乎相差一倍，二金属聚四氟乙烯导轨软带的动、静摩擦系数基本不变。如图 5－46 为三种不同摩擦副实验测得的摩擦速度曲线。由图看出，铸铁-铸铁的摩擦速度曲线斜率为负值；而 TSF－铸铁摩擦副和 Trucite－B 铸铁摩擦副的曲线为正斜率，对干摩擦或机油润滑情况是相同的，而且摩擦系数 μ 很低，比铸铁导轨副约低一个数量级。这种良好的摩擦性能可防止低速爬行，使运动平稳并获得较高的定位精度。

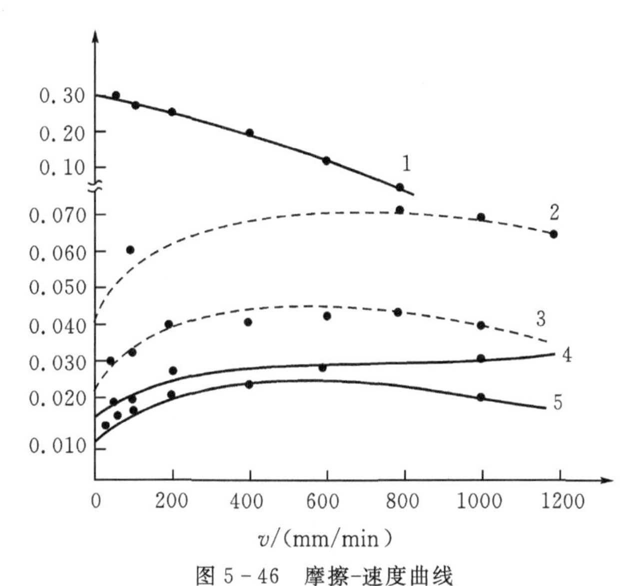

图 5-46　摩擦-速度曲线

1—铸铁-铸铁(30#机油);2—Trucite-B铸铁(干摩擦);
3—Trucite-B铸铁(30#机油);4—TSF-铸铁(干摩擦);5—TSF铸铁(30#机油)

(2)耐磨性好　除摩擦系数低外,聚四氟乙烯导轨软带材质中含有青铜、二硫化钼和石墨,因此,本身即具有润滑作用,对润滑油的供油量要求不高,采用间歇式供油即可。此外,塑料质地较软,即便嵌入金属碎屑、灰尘等,也不至损伤金属导轨面和软带本身,可延长导轨副的使用寿命。

(3)减振性好　塑料有很好的阻尼性能,其减振消声的性能对提高摩擦副的相对运动速度有很大意义。

(4)工艺性好　可降低对粘贴塑料的金属导轨基体的硬度和表面质量的要求,而且塑料易于加工(铣、刨、磨、刮),可使导轨副接触面获得优良的表面质量。

此外,聚四氟乙烯导轨软带还有化学稳定性好、维修方便、经济性好等优点。

2)导轨软带使用工艺

首先将导轨粘贴面加工至表面粗糙度 $R_a=3.2\sim1.6\mu m$,有时为了起定位作用,导轨粘贴面加工成0.5~1mm深的凹槽,如图5-47所示。用汽油或金属清洗液或丙酮清洗导轨粘贴面后,用胶粘剂粘合导轨软带,初加压固化1~2h后再合拢到配对的固定导轨或专用夹具上施以一定的压力,并在室温固化24h,取下清除余胶,即可开油槽和进行精加工。由于这类导轨用粘贴方法,习惯上成为“贴塑导轨”。

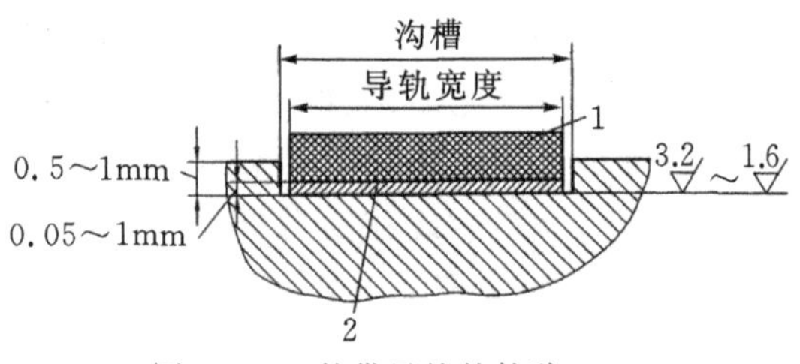

图 5-47　软带导轨的粘贴

1—导轨软带;2—粘结材料

2. 环氧型耐磨导轨涂层

环氧型耐磨导轨涂层是另一类成功地用于金属-塑料导轨的材质。它是以环氧树脂和二硫化钼为基体，加入增塑剂，混合成液状或膏状为一组，分和固化剂为另一组分的双组分塑料涂层。这类涂层有 Cleitbelag-Technik 公司的 SKC3 导轨涂层、Diamant-Kitte-Schulz 公司 Moglice 钻石牌导轨涂层和国产的 HNT 导轨涂层。SKC3 导轨涂层有多种不同的相对密度，分别适用于各种比压的机床导轨，主要技术指标见表 5-11。

表 5-11　SKC3 不同的相对密度对应的技术指标

相对密度/(g·cm^3)	1.8	1.62	2.1	2.1
滑动条件下最高许用比压/Pa	5	12.5	20	40
静压条件下最高许用比压/Pa	75	95	165	385
使用温度/℃	80	−40～125	−40～125	−40～125
耐腐蚀性	能耐水、海水、矿油及合成润滑油，弱酸和弱碱，原油和汽油、酒精以及各种润滑冷却液等的腐蚀。不耐丙酮、苯、甲苯等的腐蚀			
吸水性	不吸水			
固化收缩率	很小，测不出			
固化时间/h	室温 18℃以下，24～26			

1)SKC3 导轨涂层的特点

导轨涂层材质有良好的可加工性，可经车、铣、刨、钻、磨削和刮削。有良好的摩擦特性和耐磨性，而且其抗压强度比聚四氟乙烯导轨软带要高，固化时体积不收缩，尺寸稳定，特别是可在调整好的固定导轨和运动导轨间的相关位置精度后注入涂料，这样可以节省许多加工工时，特别适用于重型机床和不能用导轨软带的复杂配合型面。

2)导轨耐磨涂层使用工艺

涂层使用工艺很简单。以导轨副为例，首先将导轨涂层面粗刨或粗铣成如图 5-48 所示的粗糙表面，以保证有良好的附着力。图中导轨面刀纹宽度 1mm，刀纹深 0.5～0.8mm，两侧凸台宽 2mm，凸台高 1.5mm，与塑料导轨相配合的金属导轨面(或模具)用溶剂清洗后涂上一薄层硅油或专用脱模剂，以防与耐磨导轨涂层的粘接。将按配方加入固化剂调好的耐磨涂层材料涂抹于导轨面，然后叠合在金属导轨面(或模面)上进行固化。叠合前可放置成形油槽、油腔用模板。固化 24h 后，即可将两导轨分离。涂层硬化两、三天后可进行下一步的加工。图 5-48 为注塑后的导轨示意图。从图中可以看出，塑料导轨面宽度与贴塑导轨一样，需小于相配的金属导轨面。空隙处需用密封条堵住。涂层面的厚度以及导轨面与其他表面(如工作台面)的相对位置精度可借助高等级或专用夹具保证。由于这类涂层导轨采用涂刮或注入膏状塑料的方法，国内习惯称为“涂塑导轨”或“注塑导轨”。

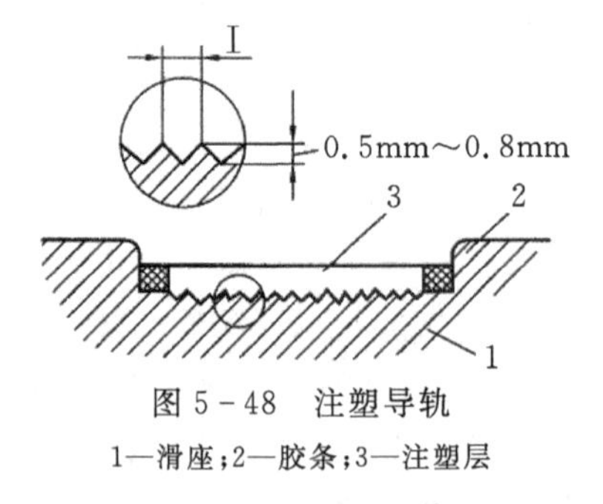

图 5-48　注塑导轨

1—滑座；2—胶条；3—注塑层

5.5.2　导轨结构

1. 导轨的类型

导轨刚度的大小、制造是否简单、能否调整、摩擦损耗是否最小、以及能否保持导轨的初始精度，在很大程度上取决于导轨的横截面形状。滑动导轨的横截面形状如图 5－49 所示。

(1)山形与 V 形截面　如图 5－49(a)所示，这种截面导轨导向精度高，导轨磨损后靠自重下沉自动补偿。下导轨用凸形有利于排污物，但不易保存油液，如用于车床；下导轨用凹形则相反，如用于磨床顶角一般为 90°。

(2)矩形截面　如图 5－49(b)所示，这种截面导轨制造维修方便，承载能力大，新导轨导向精度高，但磨损后不能自动补偿，需用镶条调节，影响导向精度。

(3)圆柱形截面　如图 5－49(c)所示，这种截面导轨制造简单，可以做到精密配合，但对温度变化较敏感，小间隙时很易卡住，大间隙则又导向精度差。它与上述几种截面比较，应用较少。

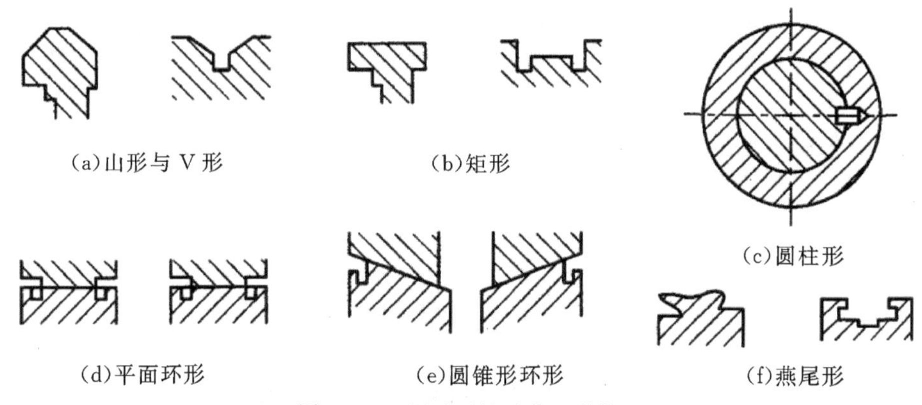

图 5－49　滑动导轨的截面形状

(4)平面环形截面　如图 5－49(d)所示，这种截面导轨适合于旋转运动，制造简单，能承受较大的轴向力，但导向精度较差。改用圆锥形环形截面如图 5－49(e)所示，导向性较好。

(5)燕尾形截面

如图 5－49(f)所示，这种截面导轨结构紧凑，能承受倾侧力矩，但刚性较差，制造检修不方便，适用于导向精度不太高的情况。

2. 导轨的间隙调整机构

为保证导轨的正常运动，运动件与承导件之间应保持适当的间隙，间隙过小会增加摩擦力，使运动不灵活；间隙过大，会使导向精度降低。调整的方法有：

(1)采用磨、刮相应的结合面或加垫片的方法，以获取适当的间隙。

(2)镶条调整，这是侧向间隙常用的调整方法，镶条有直镶条和斜镶条两种。

3. 导轨的材料

塑料导轨常用在导轨副的动导轨上，与其相配的金属导轨有铸铁和镶钢两种，组成铸铁-塑料导轨副或镶钢-塑料导轨副。其中，铸铁主要是耐磨铸铁、灰铸铁等，典型的牌号有 HT300、MTCuPTi－150 等。表面淬火硬度一般为 45～55HRC，淬火层深度规定经磨削后应保留 1.0～1.5mm。镶钢导轨的材料有 55、T10A、GCr15、38CrMoAl、CrWMn 等。一般采用中频淬火或渗氮淬火方式，淬火硬度为 58～62HRC，渗氮层厚度为 0.5mm。

镶钢导轨工艺复杂，加工较困难，成本也较高，为便于处理和减少变形，可把钢导轨分段钉接在床身上。

此外，用于镶装导轨的还有有色金属板材料，主要有锡青铜 ZQSn6－6－3 和铝青铜

ZQAL9－4。它们多用于重型机床的动导轨上，与铸铁的支承导轨相搭配。这种材料耐磨性高，可以防止撕伤和保证运动的平稳性、提高运动精度。

5.5.3 滚动导轨

在承导件和运动件之间放入一些滚动体(滚珠、滚柱或滚针)，使相配的两个导轨面不直接接触，这种导轨称为滚动导轨。滚动导轨的最大优点是摩擦系数很小，一般为 0.0025～0.005，比贴塑料导轨还小很多，而且动、静摩擦系数很接近，因而运动轻便灵活，在很低的运动速度下都不出现爬行，低速运动平稳性好，位移精度和定位精度高。因此，滚动导轨在要求微量移动和精确定位的设备上，获得日益广泛的运用。

滚动导轨的缺点是：导轨面和滚动体是点接触或线接触，抗震性差，接触应力大，结构比较复杂，故对导轨的表面硬度要求高；对导轨的形状精度和滚动体的尺寸精度要求高，制造成本较高。

近年来数控机床愈来愈多地采用由专业厂家生产的直线滚动导轨副或滚动导轨块。直线导轨副一般用滚珠做滚动体，滚动导轨块用滚子做滚动体。

1. 直线滚动导轨副

直线滚动导轨副如图 5－50 为 V—平截面的滚珠导轨、双 V 形截面的滚珠导轨和圆形截面滚珠导轨。由于滚珠和导轨面是点接触，故运动轻便，但刚度低，承载能力小。常用于运动件重量、载荷不大的场合。

直线滚动导轨副由导轨条和滑块两部分组成。导轨条通常为两根，装在支撑件上，如图 5－51 所示。每根导轨上有 2 个滑块，固定在移动件动导轨体上。如果动导轨体较长，也可以在一个导轨条上装 3 个滑块。如果动导轨体较宽，可采用 3 根导轨。

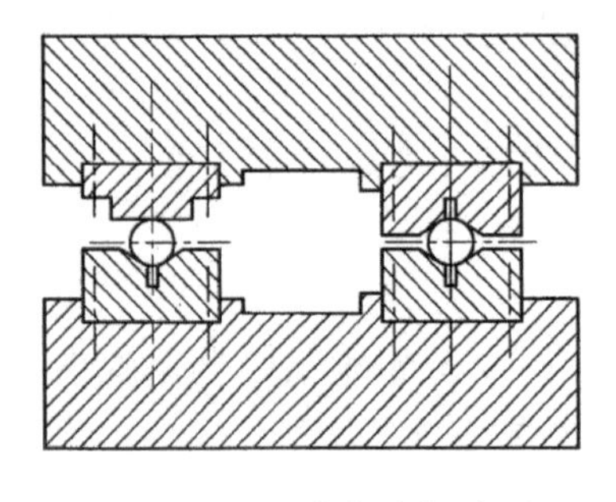

图 5－50 直线导轨副

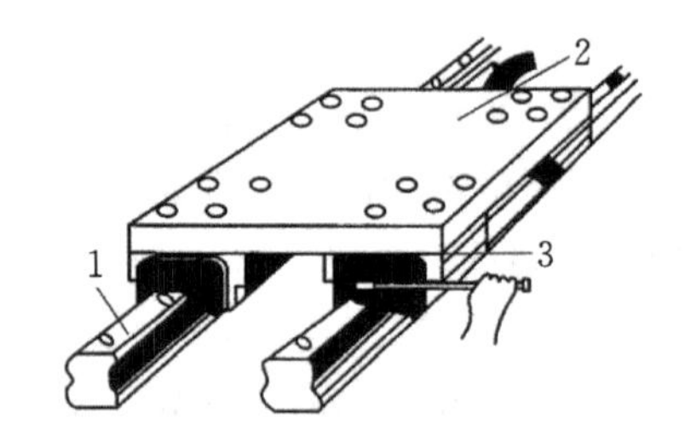

图 5－51 直线滚动导轨副的配置

1—导轨条；2—动导轨体；3—滑块

国产 GGB 型直线滚动导轨是四方向等载荷型，有 AA、AB 两种尺寸系列，基本上以导轨条宽度表示规格的大小，每个系列中有 16～25 共 9 种规格。

直线滚动导轨的工作原理如图 5－52，滑块中装有四组滚珠，在导轨条滑块的直线滚道内滚动。当滚珠滚到滑块的端点，就经合成树脂制造的端面挡板 4 和滑块中的回珠孔 2 回到另一端，经另一端面挡块再进入循环。四组滚珠各有自己的回珠孔，分别处于滑块的四角。四组滚珠和滚道相当于四个直线运动角接触球轴承。接触角为 45°时，四个方向具有相同的承载能力。由于滚道的曲率半径略大于滚珠半径，在载荷的作用下接触区为椭圆，接触面积随载荷的大小而变化。

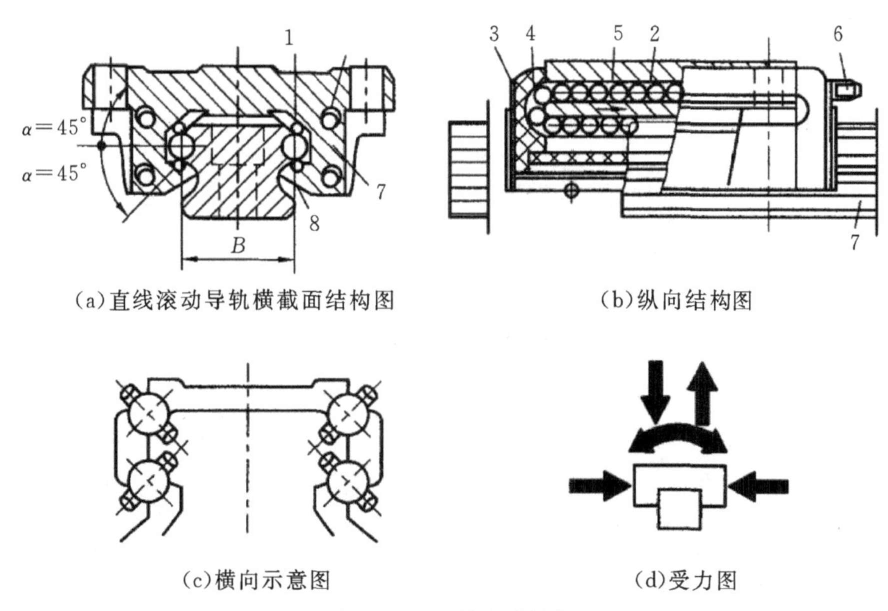

(a)直线滚动导轨横截面结构图　(b)纵向结构图

(c)横向示意图　(d)受力图

图 5-52　直线滚动导轨

1—滚珠;2—回珠孔;3、8—密封点;4—端面挡板;5—滑块;6—油嘴;7—导轨条

直线滚道导轨的精度分为 6 级,其中 1 级最高,6 级最低。

2. 滚动导轨块

滚动导轨块用滚子做滚动体,如图 5-53 所示。由于滚动体与导轨面是线接触,所以承载能力和刚度都比直线滚动导轨高,但是摩擦系数略大。

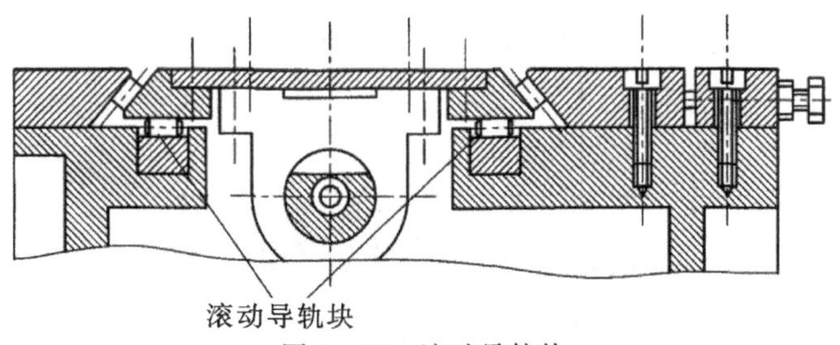

图 5-53　滚动导轨块

滚动导轨块结构如图 5-54 所示。1 为防护板,端盖 2 与导向片 4 引导滚动体(滚柱 3)返回,5 为保持器,6 为本体。使用时,滚动导轨块安装在运动部件的导轨面上,每一导轨至少用两块,导轨块的数目取决于导轨的长度和负载的大小,与之相配的导轨多用镶钢淬火导轨。当运动部件移动时,滚柱 3 在支承部件的导轨面与本体 6 之间滚动,同时又绕本体 6 循环滚动,滚柱 3 与运动部件的导轨面不接触:因而该导轨面不需淬硬磨光。滚动导轨块的特点是刚度高,承载能力大,便于拆装。

目前应用较多的滚动导轨块有 HJG-K 和 6192 型两种系列,有专业厂家生产,可以外购。但与滚动导轨块相配的支承导轨是不能外购的。支承导轨一般采用镶钢导轨,表面淬硬至 58HTC 以上,淬硬深度不小于 2mm,表面粗糙度 $R_a \leqslant 0.63\mu m$。为使导轨块受力均匀,动导轨安装滚动导轨块的基面与支承导轨面的平行度公差应控制在 0.02mm/1000mm 以内,定位精度越高,对倾斜度的要求越严。为了保证导轨块工作时的载荷均匀,要求滚动块的高度具有等高一致性。

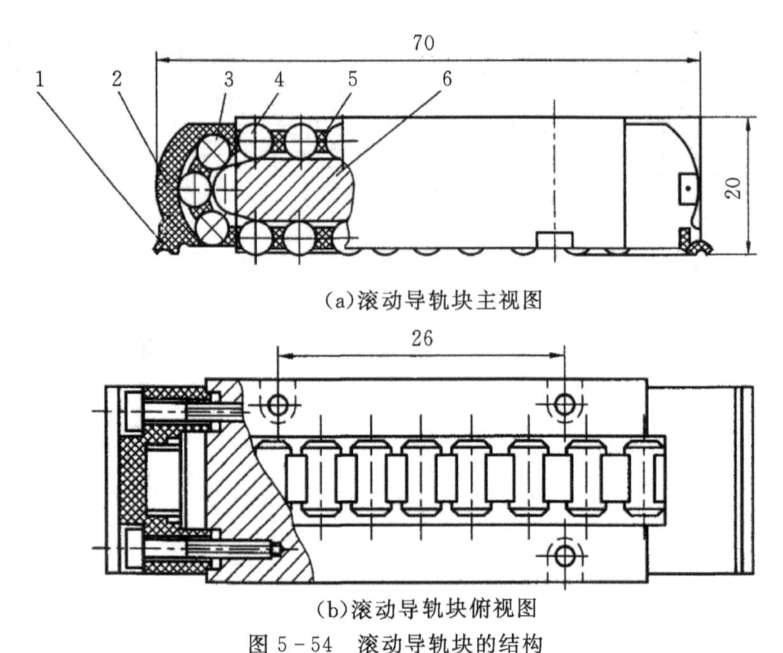

(a)滚动导轨块主视图

(b)滚动导轨块俯视图

图 5-54　滚动导轨块的结构

1—防护板;2—端盖;3—滚柱;4—导向片;5—保持器;6—本体

为了保证滚动导轨块所需的运动精度、承载能力和刚度,也可以进行预紧。预紧方式可通过在动导轨体与动导轨块之间放置垫片、弹簧和楔铁的方式进行。图 5-55 是采用楔铁方式进行预紧的滚动导轨块。通过调节两个螺钉 1 来调节楔块 2 的位置,达到所需的预紧程度。预紧力一般不超过额定动负荷的 20%。如果预紧力过大,则容易使滚子不转或产生滑动。润滑油从油孔 3 进入,润滑滚动体 4。

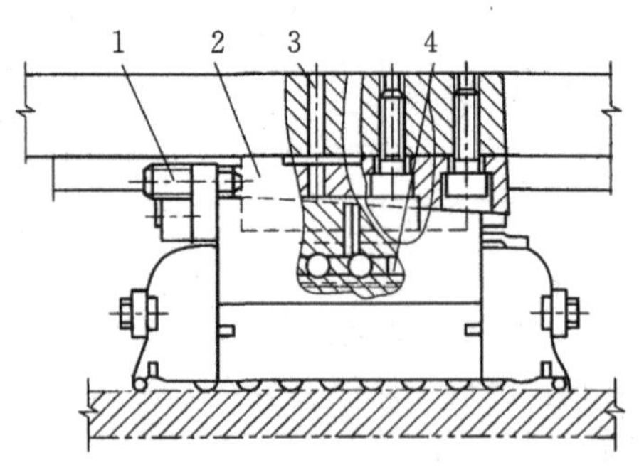

图 5-55　滚动导轨块的预紧

1—螺钉;2—楔块;3—油孔;4—滚动体

由于滚动导轨块只能承受一个方向的载荷,对于开式导轨则需装 8 个滚动导轨块。竖直方向 4 个(两条导轨,每条两个),水平方向 4 个。如采用闭式导轨,则还需在两条压板上各装两个,共需 12 个滚动导轨块。

5.5.4　静压导轨

静压导轨分液体静压导轨和气体静压导轨两类。

液体静压是在导轨工作面间通入具有一定压强的润滑油，形成压力油膜，浮起运动部件，使导轨工作面处于纯液体摩擦状态，摩擦系数极低，约为 $u=0.0005$。因此，驱动功率大大降低，低速运动时无爬行现象，导轨面不易磨损，精度保持性好。又由于油膜有吸振作用，因而抗震性好，运动平稳。

缺点：结构复杂，且需要一套过滤效果良好的供油系统，制造和调整都较困难，成本高，主要用于大型、重型数控机床。

气体静压导轨是利用恒定压力的空气膜，使运动部件之间形成均匀分离，以得到高精度的运动。摩擦系数小，不易引起发热变形。但是，气体静压导轨会随着空气压力波动而使空气膜发生变化，且承载能力小，故常用于负荷不大的场合，如数控坐标磨床和三坐标测量机。

静压导轨与其他形式的导轨相比，其工作寿命长，摩擦系数低（$u=0.0005$），速度变化和载荷变化对液体膜的刚性影响小，有很强的吸振性，导轨运动平稳，无爬行。在高精度、高效率的大型、中型机床上应用越来越多。

按静压导轨的结构形式可分为两大类：开式静压导轨和闭式静压导轨两类。

开式静压导轨的工作原理如图 5－56(a)所示。油泵 2 启动后，油经滤油器 1 吸入，用溢流阀 3 调节供油压力 P_r，再经滤油器 4，通过节流器 5 降压至 P_r（油腔压力）进入导轨的油腔，并通过导轨间隙向外流出，回到油箱 8。油腔压力形成浮力将运动部件 6 浮起，形成一定的导轨间隙 h_0。当载荷增大时，运动部件下沉，导轨间隙减小，液阻增加，流量减小，从而使油经过节流器时的压力损失减小，油腔压力 P_r 增大，直至与载荷 W 平衡。

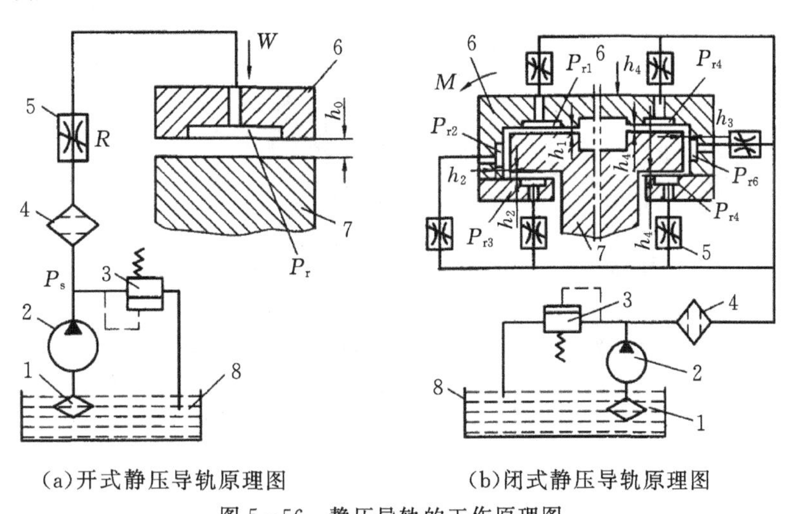

(a)开式静压导轨原理图　　(b)闭式静压导轨原理图

图 5－56　静压导轨的工作原理图

1、4—滤油器；2—油泵；3—溢流阀；5—节流器；6—运动部件；7—固定部件；8—油箱

开式静压导轨只能承受垂直方向的负载，承受颠覆力矩的能力差。而闭式静压导轨能承受较大的颠覆力矩，导轨刚度也较高，其工作原理如图 5－56(b)所示。当运动部件 6 受到颠覆力矩 M 后，油腔 3、4 的间隙增大，油腔 1、6 的间隙减小。由于各相应节流器的作用，使油腔 3、4 的压力减小，油腔 1、6 的压力增高，从而产生一个与颠覆力矩相反的力矩，使运动部件保持平衡。在承受载荷 W 时，油腔 1、4 间隙减小，压力增大；油腔 3、6 间隙增大，压力减小，从而产生一个向上的力，以平衡载荷 W。

5.5.5 导轨的润滑与防护

1. 导轨的润滑

(1)导轨的油润滑　数控机床的导轨采用集中供油,自动点滴式润滑。国产润滑设备有XHZ系列稀油集中润滑装置。该装置是由定量润滑泵、进回油精密滤油器、液位检测器、进给油检测器、压力继电器、递进分油器及油箱组成,可对导轨面进行定时、定量供油。

(2)导轨的固体润滑　固体润滑是将固体润滑剂覆盖在导轨的摩擦表面上,形成粘结型固体润滑膜,以降低摩擦,减少磨损。固体润滑剂种类较多,按基本原料可分为金属类、金属化合物类、无机物类和有机物类。在润滑油脂中添加固态润滑剂粉末,可增强或改善润滑油脂的承载能力、时效性能和高低温性能。

2. 导轨的防护

导轨的防护是防止或减少导轨副磨损,延长导轨寿命的重要方法之一,对数控机床显得更为重要。防护装置已经有专门工厂生产,可以外购。导轨的防护方法很多,有刮板式、卷帘式、伸缩式(包括软式皮腔式和叠层式)等,如图5-57。

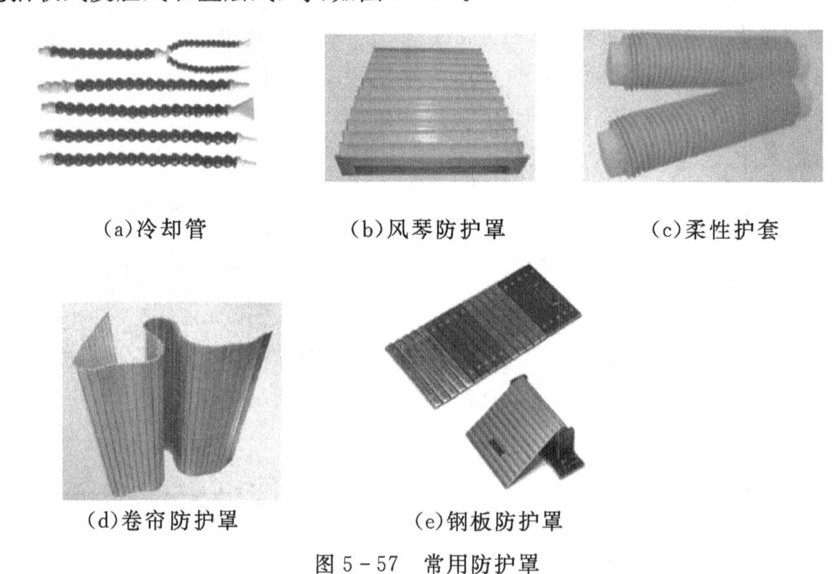

(a)冷却管　(b)风琴防护罩　(c)柔性护套

(d)卷帘防护罩　(e)钢板防护罩

图5-57　常用防护罩

【任务实施】

一、实施步骤

导轨副的安装步骤见表5-12。

表 5－12　导轨副的安装步骤

安装步骤	安装简图	安装步骤	安装简图
1. 检查装配面	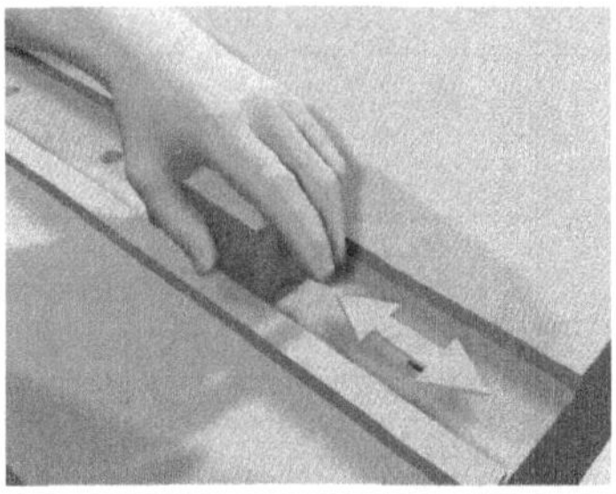	4. 预紧固定螺钉,使导轨基准侧面与安装台阶侧面紧密相接	
2. 设置导轨基准侧面与安装台阶的基准侧面相对基准侧面与安装台阶侧面相接	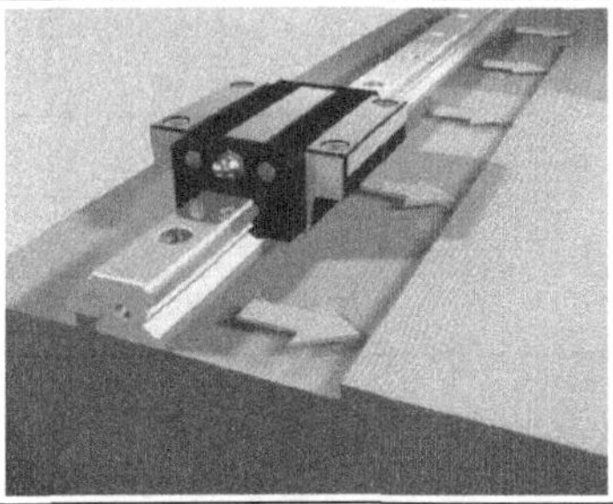	5. 最终拧紧安装螺栓	
3. 检查螺栓的位置,确认螺孔位置正确			

二、教学组织实施建议(表 5－13)

表 5－13　教学组织实施表

内容	方法	媒体	教学阶段
布置任务、分组	项目教学法、引导文教学法	数控机床、导轨副、教材、PPT、计算机	明确任务
学生分组动手操作 教师巡视并解答疑问	引导文法、小组合作法、头脑风暴法	数控铣床、工量具	实施任务
小组讨论 自我评价和总结	小组合作法、头脑风暴法	实训任务书	学生汇报展示
教师进行点评,总结本学习情境的学习效果	小组合作法、头脑风暴法	PPT	总结
工量具擦拭、清洁、数控机床擦拭、导轨维护	小组合作法	数控机床、工具、量具、导轨副	清扫实验室

【实训任务书】(表 5－14)

表 5－14　任务实施表

<table>
<tr><td>机床型号</td><td>学生姓名</td><td>实训地点</td><td>实训时间</td></tr>
<tr><td></td><td></td><td></td><td></td></tr>
<tr><td colspan="4">1. 本实训的导轨副名称：____________、____________
2. 描述典型零部件结构</td></tr>
<tr><td colspan="2">画出本次实训导轨副简图并标注其名称</td><td colspan="2">叙述其工作原理和特点</td></tr>
<tr><td colspan="2"></td><td colspan="2"></td></tr>
<tr><td colspan="4">3. 拆卸(或安装调试步骤)：</td></tr>
<tr><td colspan="4"></td></tr>
<tr><td>4. 使用工具</td><td colspan="3"></td></tr>
<tr><td>5. 优化(或创新)</td><td colspan="3"></td></tr>
</table>

【知识拓展】

数控铣床的辅助装置

1. 润滑系统

数控铣床的润滑系统主要包括机床导轨、传动齿轮、滚珠丝杠及主轴箱等的润滑，其形式有电动间歇润滑泵和定量式集中润滑泵等。其中，电动间歇润滑泵用得较多，其自动润滑时间和每次泵油量可根据润滑要求进行调整或用参数设定。

2. 排屑装置

为了数控机床的自动加工顺利进行和减少数控机床的发热，数控机床应具有合适的排屑装置。在数控机床的切屑中往往混合切削液，排屑装置应从其中分离出切屑，并将它们送入切屑收集箱内；而切削液则被回收到切削液箱。

常见的排屑装置有以下几种：

(1)平板链式排屑装置　该装置以滚动链轮牵引钢质平板链带在封闭箱中运转，切屑用链带带出机床，如图 5－58(a)所示。这种装置能排出各种形状的切屑，适应性强，各类机床都能采用，但在数控机床使用时要与机床冷却箱合为一体，以简化机床结构。

(2)刮板式排屑装置　该装置的传动原理与平板链式基本相同，只是链板不同，带有刮板链板，如图 5－58(b)所示。这种装置因负载大，故需采用较大功率的驱动电机，常用于输送各种材料的短小切屑，排屑能力较强。

(3)螺旋式排屑装置　该装置是利用电动机经减速装置驱动安装在沟槽中的一根绞笼式螺旋杆进行工作的，如图 5－58(c)所示。螺旋杆工作时沟槽中的切屑即由螺旋杆推动连续向前运动，最终排入切屑收集箱。这种装置占据空间小，适用于安装在机床与立柱见间隙狭小的位置上。螺旋槽排屑结构简单、性能良好，但只适合沿水平或小角度倾斜的直线运动排运切屑，不能大角度倾斜、提升和转向排屑。

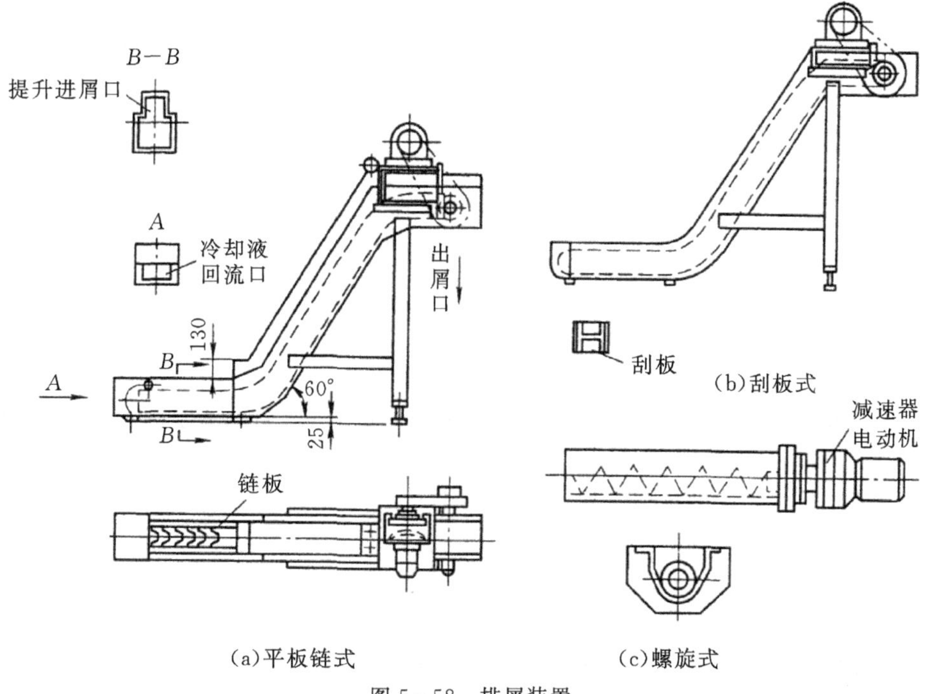

(a)平板链式　　(c)螺旋式

图 5-58　排屑装置

【教学评价】

见附录 C。

【学后感言】

____

____

____

【思考与练习】

一、填空题

1. 滚珠丝杠副中滚珠的循环方式有＿＿＿＿＿＿和内循环。
2. 静压导轨分为液体静压导轨和＿＿＿＿＿＿两类。
3. 数控铣床主要加工对象有平面类零件、＿＿＿＿＿＿和变斜类零件。
4. CDM5010-3-P3 表示滚珠丝杠副，公称直径为＿＿＿＿＿，基本导程为＿＿＿＿＿，螺纹旋向为＿＿＿＿＿＿旋，精度等级为＿＿＿＿＿＿级。
5. 常用的双螺母丝杠消除间隙的方法有：＿＿＿＿＿＿、＿＿＿＿＿＿、＿＿＿＿＿＿和单螺母变位螺距预加载荷。

二、选择题

1. 内循环滚珠丝杠有一个(　　)。

A. 反向器　　B. 插管　　C. 轴承　　D. 螺母

2. 数控铣床与普通铣床相比，在结构上差别最大的部件是(　　)。

A. 主轴箱　　B. 工作台　　C. 床身　　D. 进给传动

3. 数控机床用的滚珠丝杠的公称直径是指(　　)。

A. 丝杠大径　　B. 丝杠小径　　C. 滚珠直径　　D. 滚珠圆心处所在的直径

4. 各类数控铣床均不采用(　　)电机作为主轴驱动电机。

A. 直流伺服　　B. 交流伺服　　C. 步进　　D. 交流

三、判断题

1. 静压导轨多用于重型机床。(　　)
2. 滚珠丝杠预紧的目的是减小或消除反向间隙。(　　)
3. 滚珠丝杠副导程的大小根据铣床的加工精度要求确定，精度要求高时，应将导程取大些。(　　)
4. 平板链式排屑装置能排出各种形状的切屑，适应性强，各类机床都能采用。(　　)
5. 主轴轴承主要应根据精度、强度和转速来选择。(　　)

四、简答题

1. 试述数控铣床的主要功能及加工对象。
2. 滚珠丝杠螺母副中滚珠的循环方式有哪两种，各有何特点？
3. 铣床滚珠丝杠的支撑方式有哪几种？
4. 数控铣床中常用的排屑装置有哪几种？它们的工作原理是什么？
5. 数控铣床垂直方向进给运动为什么必须有阻尼或锁紧机构？
6. 齿轮副消除间隙的方法有哪些？各有何特点？
7. 塑料导轨、静压导轨、滚动导轨各有何特点？各适用于什么场合？

项目六　加工中心拆装与调试

【学习目标】

(一)知识目标

(1) 熟识加工中心特点、主要加工对象。

(2) 熟识加工中心的分类和高速化趋势。

(3) 掌握加工中心的组成、工作原理。

(4) 掌握加工中心的结构。

(5) 掌握加工中心刀库的形式及结构。

(二)技能目标

(1)会进行加工中心换刀操作。

(2)会阐述加工中心主运动系统的组成、主轴定向的原理及定向的方式。

(3)会阐述加工中心进给系统的组成与特点，说明加工中心的新型导轨、工作台及换刀系统的结构特点。

(4)会对典型加工中心零部件安装及调试。

(5) 会对典型加工中心机械故障进行排除。

【工作任务】

任务 6.1　加工中心主轴拆装与调试

任务 6.2　加工中心换刀操作

任务 6.1　加工中心主轴拆装与调试

【知识准备】

加工中心是指备有刀库、具有自动换刀功能、对工件一次装夹后进行多工序加工的数控机床。加工中心是高度机电一体化的产品，工件装夹后，数控系统能控制机床按不同工序自动选择、更换刀具，自动对刀、自动改变主轴转速、进给量等，可连续完成钻、镗、铣、铰、攻丝等多种工序。因而大大减少了工件装夹时间，测量和机床调整等辅助工序时间，对加工形状比较复杂，精度要求较高，品种更换频繁的零件具有良好的经济效果。

6.1.1　加工中心的产生

加工中心(英文 CNC machining center，简称 MC)最初是从数控铣床发展而来的。与数控铣床相同的是，加工中心同样是由计算机数控系统(CNC)、伺服系统、机械本体、液压系统等各部分组成。加工中心备有刀库，具有自动换刀功能，对工件一次装夹后进行多工序加工。

第一台加工中心是1958年由美国卡尼-特雷克(Kearney&Trecker)公司首先研制成功的。它在数控卧式镗铣床的基础上增加了自动换刀装置,从而实现了工件一次装夹后即可进行铣削、钻削、镗削、铰削和攻丝等多种工序的集中加工。

20世纪70年代以来,加工中心得到迅速发展,出现了可换主轴箱加工中心,它备有多个可以自动更换的装有刀具的多轴主轴箱,能对工件同时进行多孔加工。这种多工序集中加工的形式也扩展到了其他类型数控机床,例如车削中心,它是在数控车床上配置多个自动换刀装置,能控制三个以上的坐标,除车削外,主轴可以停转或分度,而由刀具旋转进行铣削、钻削、铰孔和攻丝等工序,适于加工复杂的旋转体零件。工件在加工中心上经一次装夹后,数字控制系统能控制机床按不同工序,自动选择和更换刀具,自动改变机床主轴转速、进给量和刀具相对工件的运动轨迹及其他辅助机能,依次完成工件几个面上多工序的加工。加工中心有多种换刀或选刀功能,从而使生产效率大大提高。

6.1.2 加工中心的工作原理

加工中心的工作原理是根据零件图样制定工艺方案,采用手工和计算机自动编制零件加工程序,把零件所需的机床各种动作及全部工艺参数变成机床数控装置能接收的信息代码,并把这些代码存储在信息载体上将信息载体送到输入装置,读出信息并送入数控装置。以上是最常用的程序输入方法。另一种方法是利用计算机加工中心直接进行通信,实现零件程序的输入和输出。进入数控装置的信息,经过一系列处理和运算转变为脉冲信号。有的信号送到机床的伺服系统,通过伺服机构进行转换和放大,再经过传动机构,驱动机床有关零部件,使刀具和工件严格执行零件程序所规定的相应运动。还有信号送到可编程序控制器中用以顺序控制机床的其他辅助动作,实现刀具自动更换。

6.1.3 加工中心的特点

(1)加工中心是在数控镗床、数控铣床或数控车床的基础上增加自动换刀装置,使工件在机床工作台上装夹后,可以连续完成对工件表面自动进行钻孔、扩孔、铰孔、镗孔、攻螺纹、铣削等多工步的加工,工序高度集中。

(2)加工中心一般带有回转工作台或主轴箱可旋转一定角度,从而使工件一次装夹后,自动完成多平面或多个角度位置的工序加工。

(3)加工中心能自动改变机床主轴转速、进给量和刀具相对工件的运动轨迹及其他辅助机能。

(4)加工中心如果带有交换工作台,工件在工作位置的工作台进行加工的同时,另外的工件在装卸位置的工作台上进行装卸,不影响正常的加工工作,工作效率高。

6.1.4 加工中心的组成

加工中心的组成随机床的类别、功能、参数的不同而有所不同。机床本身分基本部件和选择部件,数控系统有基本功能和选用功能,机床参数有主参数和其他参数。机床制造厂可根据用户提出的要求进行生产,但同类机床产品的基本功能和部件组成一般差别不大。图6-1为立式加工中心的部件示意图,图6-2为卧式加工中心的部件示意图。

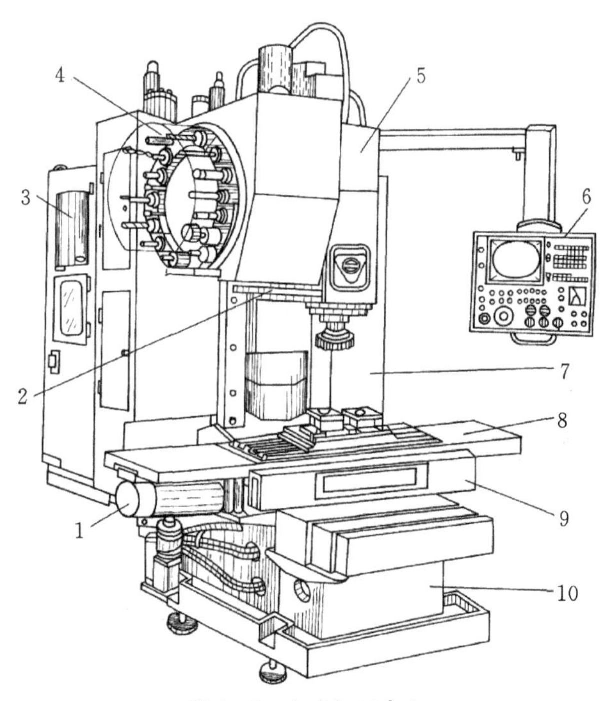

图 6－1　立式加工中心

1—伺服电机；2—换刀机械手；3—数控柜；4—盘式刀库；5—主轴箱；6—操作面板；7—电源柜；8—工作台；9—滑座；10—床身

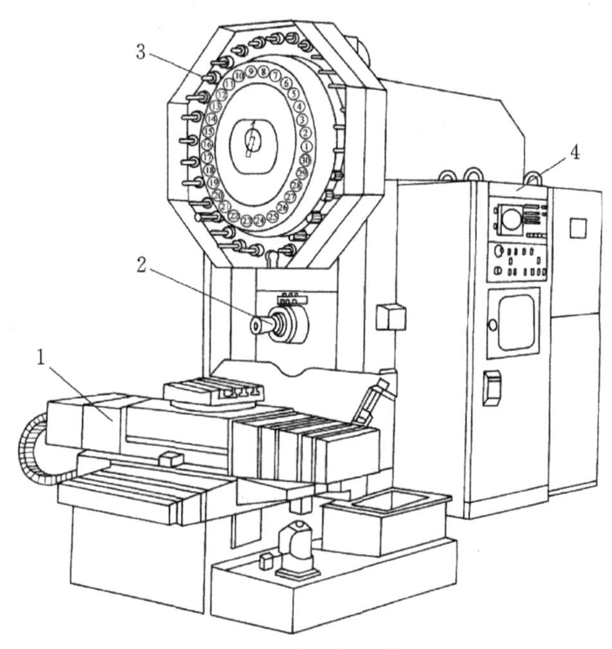

图 6－2　卧式加工中心

1—工作台；2—主轴；3—鼓轮式刀库；4—数控柜

尽管出现了各种类型的加工中心，外形结构各异，但从总体来看由以下几部分组成：

1. 基础部件

由床身、立柱和工作台等大件组成，它们是加工中心结构中的基础部件。这些大件有铸铁件，也有焊接的钢结构件，它们要承受加工中心的静载荷以及在加工时的切削负载，因此必须具备更高的静动刚度，也是加工中心中质量和体积最大的部件。

2. 主轴组件

由主轴箱、主轴电动机、主轴和主轴轴承等零件组成。主轴的启动、停止等动作和转速均由数控系统控制，并通过装在主轴上的刀具进行切削。主轴部件是切削加工的功率输出部件，是加工中心的关键部件，其结构的好坏，对加工中心的性能有很大的影响。

3. 数控系统

由 CNC 装置、可编程序控制器、伺服驱动装置以及电动机等部分组成，是加工中心执行顺序控制动作和控制加工过程的中心。CNC 系统一般由中央处理器和输入、输出接口组成。中央处理器又由存储器、运算器、控制器和总线组成。CNC 系统主要特点是输入存储、数据处理、插补运算以及机床各种控制功能都通过计算机软件来完成，能增加很多逻辑电路中难以实现的功能。计算机与其他装置之间可通过接口设备连接。当控制对象改变时，只需改变软件接口。

4. 伺服系统

伺服系统的作用是把来自数控装置的信号转换成机床移动部件的运动，其性能是决定机床的加工精度、表面质量和生产率的主要因素之一。加工中心普遍采用半闭环、闭环和混合环三种控制方式。

5. 自动换刀装置

由刀库、机械手和驱动机构等部件组成。刀库是存放加工过程使用的全部刀具的装置。刀库有盘式、鼓式和链式等多种形式，容量从几把到几百把。当需要换刀时，根据数控系统指令，由机械手（或通过别的方式）将刀具从刀库取出装入主轴中，机械手的结构根据刀库与主轴的相对位置及结构的不同也有很多形式，如单臂式、双臂式、回转式和轨道式等。有的加工中心不用机械手而利用主轴箱或刀库的移动来实现换刀。尽管换刀过程、选刀方式、刀库结构、机械手类型等各种不同，但都是在数控装置及可编程序控制下，由电动机和液压或气动机构驱动刀库和机械手来实现刀具的选择与交换。当机构中装入接触式传感器时，还可以实现对刀具和工件误差的测量。

6. 辅助系统

包括润滑、冷却、排屑、防护、液压和随机检测系统等部分。辅助系统虽不直接参加切削运动，但对加工中心的加工效率、加工精度和可靠性起到保障作用，因此，也是加工中心不可缺少的部分。

7. 自动托盘更换系统

有的加工中心为进一步缩短非切削时间，配有两个自动交换工件托盘，一个安装在工作台上进行加工，另一个则位于工作台外进行装卸工件。当完成一个托盘的工件加工后，便自动交换托盘，进行新零件的加工，这样可减少辅助时间，提高加工工效。如图 6－3 为加工中心自动托盘。

图 6-3　加工中心自动托盘

6.1.5 加工中心的主要加工对象

加工中心主要适用于加工形状复杂、工序多、精度要求高的工件。

1. 箱体类零件

箱体类零件一般是指具有一个以上孔系，内部有型腔，在长、宽、高方向有一定比例的零件。这类零件在机床、汽车、飞机制造等行业用的较多。

箱体类零件一般都需要进行多工位孔系及平面加工，公差要求较高。特别是形位公差要求较为严格，通常要经过铣、钻、扩、镗、铰、锪，攻丝等工序，需要刀具较多，在普通机床上加工难度大，工装套数多，费用高，加工周期长，需多次装夹、找正，手工测量次数多，加工时必须频繁地更换刀具，工艺难以制定，更重要的是精度难以保证。在加工中心上加工时，一次装夹可完成普通机床 60%～95%的工序内容。

加工箱体类零件的加工中心，当加工工位较多，需工作台多次旋转角度才能完成的零件时，一般选卧式镗铣类加工中心。当加工的工位较少，且跨距不大时，可选立式加工中心，从一端进行加工。

2. 复杂曲面类零件

复杂曲面类零件如图 6-4 所示，在机械制造业，特别是航天航空工业中占有特殊重要的地位。复杂曲面采用普通机加工方法是很难甚至无法完成的。在我国，传统的方法是采用精

(a)箱体类零件

(b)叶片零件

图 6-4　复杂曲面类工件

密铸造，可想而知其精度是低的。复杂曲面类零件，如各种凸轮、凸轮机构、整体叶轮、叶轮、导风轮、球面、各种曲面成形模具，螺旋桨及水下航行器的推进器，以及一些其他形状的自由曲面，一般可以用球头铣刀进行三坐标联动加工，加工精度较高，但效率低。如果工件存在加工干涉区或加工盲区，就必须考虑采用四坐标或五坐标联动的机床。

3. 异形件

异形件是外形不规则的零件，大都需要点、线、面多工位混合加工。异形件的刚性一般较差，如手机外壳等，形状越复杂，精度要求越高，夹压变形难以控制，加工精度也难以保证，甚至某些零件的部分加工部位用普通机床难以完成。用加工中心加工时应采用合理的工艺措施，一次或二次装夹，利用加工中心多工位点、线、面混合加工的特点，完成多道工序或全部的工序内容。

4. 盘、套、板类工件

带有键槽，或径向孔，或端面有分布的孔系；曲面的盘套或轴类零件，如带法兰的轴套，带键槽或方头的轴类零件等，还有具有较多孔加工的板类零件，如各种电机盖等。端面有分布孔系，曲面的盘类零件宜选择立式加工中心，有径向孔的可选卧式加工中心。

5. 特殊加工

在熟练掌握了加工中心的功能之后，配合一定的工装和专用工具，利用加工中心可完成一些特殊的工艺工作，如在金属表面上刻字、刻线、刻图案；在加工中心的主轴上装上高频电火花电源，可对金属表面进行线扫描表面淬火；用加工中心装上高速磨头，可实现小模数渐开线圆锥齿轮磨削及各种曲线、曲面的磨削等。

6.1.6 加工中心的分类

1. 按加工工艺范围分类

按加工范围可分为：车削加工中心、钻削加工中心、镗铣加工中心、磨削加工中心和电火花加工中心等。一般镗铣加工中心简称加工中心。

2. 按加工中心的布局方式分类

(1)立式加工中心　立式加工中心是指主轴轴心线为垂直状态设置的加工中心，如图6－5所示为立式镗铣加工中心外形图，其结构形式多为固定立柱式，工作台为长方形，无分度回转功能，具有3个直线运动坐标(沿 X、Y、Z 轴方向)，适合加工盘类零件。如在工作台上安装一个水平轴的数控回转台，就可用于加工螺旋线类零件。立式加工中心的结构简单、占地面积小、价格低。

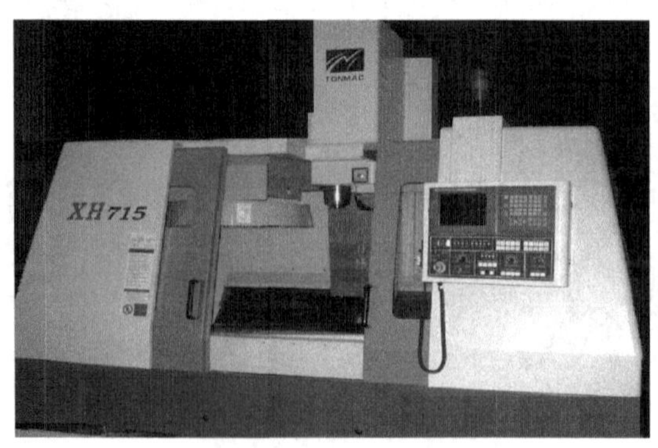

图6－5　立式加工中心

(2)卧式加工中心　卧式加工中心有多种形式,如固定立柱式和固定工作台式。固定立柱式的卧式加工中心的立柱固定不动,主轴箱沿立柱做上下运动,而工作台可在水平面内做前后左右 4 个方向的移动;固定工作台式的卧式加工中心,安装工件的工作台是固定不动的(不做直线运动),沿坐标轴 3 个方向的直线运动由主轴箱和立柱的移动来实现。与立式加工中心相比,卧式加工中心的结构复杂,占地面积大,重量大,价格也较高,如图 6-6 所示。

图 6-6　卧式加工中心

(3)龙门式加工中心　龙门式加工中心如图 6-7 所示,其形状与龙门铣床相似,主轴多为垂直状态设置。它带有自动换刀装置及可更换的主轴头附件,数控装置的软件功能也较齐全,能够一机多用。龙门型布局具有结构刚性好的特点,容易实现热对称性设计,尤其适用于加工大型或形状复杂的工件,如航天工业及大型汽轮机上的某些零件的加工。

图 6-7　龙门式加工中心

(4)万能加工中心(复合加工中心)　万能加工中心具有立式和卧式加工中心的功能,工件一次装夹后就能完成除安装面外的所有侧面和顶面(5 个面)的加工,也称为五面加工中心。常见的五面加工中心有两种形式:一种是主轴可实现立、卧转换;另一种是主轴不改变方向,工作台带动工件旋转 90°,来完成对工件 5 个表面的加工。由于五面加工中心结构复杂、占地面积大、造价高,因此它的使用数量和生产数量远不如其他类型的加工中心,如图 6-8 所示。

图 6-8 万能加工中心

3. 按换刀形式分类

(1)带刀库机械手的加工中心 这种加工中心的换刀装置是由刀库和机械手组成的,换刀动作由机械手完成。

(2)无机械手的加工中心 无机械手的加工中心的换刀是通过刀库和主轴箱的配合动作来完成的,一般是采用把刀库放在主轴箱可以运动到的位置,或者是整个刀库或某一刀位能移动到主轴箱可以到达的位置的办法。

(3)转塔刀库式加工中心 小型立式加工中心一般采用转塔刀库形式,它主要以孔加工为主。ZH5120 型立式钻削加工中心就是转塔刀库式加工中心。

4. 按数控系统分类

按数控系统的不同有两种分类方法:一种可分为两坐标加工中心、三坐标加工中心和多坐标加工中心;另一种可分为半闭环加工中心和全闭环加工中心。

5. 按加工中心运动坐标数和同时控制的坐标数分类

有三轴二联动、三轴三联动、四轴三联动、五轴四联动、六轴五联动等。

6. 按工作台的数量和功能分类

有单工作台加工中心、双工作台加工中心和多工作台加工中心。

6.1.7 加工中心的机械结构

1. 加工中心对结构的要求

(1)具备更高的静、动刚度 加工中心价格昂贵,其加工费用比传统机床要高得多,这就要求必须采取措施大幅度地压缩单件加工时间。压缩单件加工时间包括两个方面:一方面是新型刀具材料的发展,使切削速度成倍地提高,大大缩短了切削时间;另一方面,采用自动换刀系统,加快装夹变换等操作,这又大大减少了辅助时间。这些措施大幅度地提高了生产率,获得了好的经济效益,然而,也明显地增加了机床的负载及运转时间。另外,机床床身、导轨、工作台、刀架和主轴箱等部件的结构刚度将影响它们本身的几何精度及因变形所产生的误差。所有这些因素都要求数控机床具有更高的静刚度。

切削过程中的振动不仅直接影响零件的加工精度和表面质量,还会降低刀具寿命,影响生产率。而加工中心又是连续作业,不可能在加工中人为调整(如改变切削用量或改变刀具的几何角度)来消除或减少振动,因此,还必须提高加工中心的动刚度。

在设计加工中心结构时,考虑到这些因素,其基础大件通常采用封闭箱形结构,合理地配置加强筋板以及加强各部件的接触刚度,有效地提高了机床的静刚度。另外,调整构件的质量可能改变系统的自振频率,增加阻尼可以改善机床的阻尼特性,是提高机床动刚度的有效措施。

(2)有更小的热变形　加工中心在加工中受切削热、摩擦热等内外热源的影响,各部件将发生不同程度的热变形,这将影响工件的加工精度。由于加工中心的主轴转速、进给速度及切削量等都大于传统机床,而且工艺过程自动化常常是连续加工,因而产生的热量也多于传统机床,这就要求必须采取措施减少热变形对加工精度的影响。主要措施有:对发热源采取有效的液冷、风冷等方法来控制温升;改善机床结构,使构件的热变形发生在非误差敏感方向上。例如卧式加工中心的立柱采用框式双立柱结构,左右对称,热变形对主轴轴线产生垂直方向的平移,它可以由坐标修正量进行补偿,减少发热,尽可能将热源从主机中分离出去。

(3)运动件间的摩擦小并消除传动系统间隙　加工中心工作台的位移是以脉冲当量作为它的最小单位,在对刀、工件找正等情况下,工作台常以极低的速度运动。这就要求工作台能对数控装置发出的指令作出准确响应,它与运动件的摩擦特性有关。加工中心采用滚动导轨和静压导轨,滚动导轨和静压导轨的静摩擦力较小,并且在润滑油的作用下,它们的摩擦力随运动速度的提高而加大,这就有效地避免了低速爬行现象,从而使加工中心的运动平稳性和定位精度都有所提高。进给系统中采用滚珠丝杠代替滑动丝杠,也是基于同样的道理。另外,采用脉冲补偿装置进行螺距补偿,消除了进给传动系统的间隙,也有的机床采用无间隙传动副。

(4)寿命高、精度保持性好　良好的润滑系统保证了加工中心的寿命,导轨、进给丝杠及主轴部件都采用新型的耐磨材料,使加工中心在长期使用过程中能够保持良好的精度。

(5)宜人性　加工中心采用多主轴、多刀架及自动换刀装置,一次性完成多工序的加工,节省了大量装卡换刀时间。由于不需要人工操作,故采用了封闭或半封闭式加工,使人机界面明快、干净、协调。机床各部分的互锁能力强,可防止人身事故发生,改善了操作者的观察、操作和维护条件,并设有紧急停车装置,以避免发生意外事故。所有操作都集中在一个操作面板上,一目了然,减少了误操作。

2. 加工中心的结构特点

(1)机床的刚度高、抗震性好　为了满足加工中心高自动化、高速度、高精度、高可靠性的要求,加工中心的静刚度、动刚度和机械结构系统的阻尼比都高于普通机床。

(2)主轴系统结构简单,无齿轮箱变速系统(特殊的也只保留1～2级齿轮传动)　主轴功率大,调速范围宽,并可无级调速。目前加工中心95%以上的主轴传动都采用交流主轴伺服系统,速度可从10～20000r/min无级变速。驱动主轴的伺服电机功率一般都很大,是普通机床的1～2倍,由于采用交流伺服主轴系统,主轴电动机功率虽大,但输出功率与实际消耗的功率保持同步,不存在大马拉小车那种浪费电力的情况,因此其工作效率高,从节能角度看,加工中心又是节能型的设备。

(3)机床的传动系统结构简单,传递精度高,速度快　加工中心传动装置主要有三种,即滚珠丝杠副;静压蜗杆-蜗母条;预加载荷双齿轮-齿条。它们由伺服电机直接驱动,省去齿轮传动机构,传递精度高,速度快。一般速度可达15m/min,最高可达100m/min。

(4)加工中心的导轨都采用了耐磨损材料和新结构,能长期保持导轨的精度,在高速重切削下，保证运动部件不振动，低速进给时不爬行及运动中的高灵敏度。

导轨采用钢导轨，与导轨配合面用聚四氟乙烯贴层。这样处理的优点是：①摩擦系数小；②耐磨性好；③减振消声；④工艺性好。所以加工中心的精度寿命比一般的机床高。

(5)设置有刀库和换刀机构　这是加工中心与数控铣床和数控镗床的主要区别，使加工中心的功能和自动化加工的能力更强了。加工中心的刀库容量少的有几把，多的达几百把。这些刀具通过换刀机构自动调用和更换，也可通过控制系统对刀具寿命进行管理。

(6)控制系统功能较全　它不但可对刀具的自动加工进行控制，还可对刀库进行控制和管理，实现刀具自动交换。有的加工中心具有多个工作台，工作台可自动交换，不但能对一个工件进行自动加工，而且可对一批工件进行自动加工。随着加工中心控制系统的发展，其智能化的程度越来越高，如 FANUC i6 系统可实现人机对话、在线自动编程，通过彩色显示器与手动操作键盘的配合，还可实现程序的输入、编辑、修改、删除，具有前台操作、后台编辑的前后台功能。加工过程中可实现在线检测，检测出的偏差可自动修正，保证首件加工一次成功，从而可以防止废品的产生。

3. 加工中心的主传动系统

(1)主传动系统的要求　有更大的调速范围并实现无级变速；具有更高的精度与刚度，传动平稳，噪声低；良好的抗震性和热稳定性；具有刀具自动夹紧功能。

(2)主传动系统的组成　主传动系统由主轴动力(主轴电机)、主轴传动、主轴组件等部分组成。

低速主轴常采用齿轮变速机构或同步带构成主轴传动系统，从而达到增强主轴的驱动力矩，适应主轴传动系统性能与结构的目的。

如图 6-9 所示为 VP1050 加工中心的主轴结构，其主轴转速范围为 10～4000r/min。当滑移齿轮 3 处于下位时，主轴在 10～1200r/min 间实现无级变速。当数控加工程序要求较高的主轴转速时，PLC 根据数控系统的指令，主轴电动机自动实现快速降速，主轴转速在低于 10r/min 时，滑移齿轮 3 开始向上滑动，当达到上位时，主轴电动机开始升速，使主轴转速达到程序要求的转速。反之亦然。

主轴变速箱由液压系统控制，变速箱滑移齿轮的位置由液压缸驱动，通过改变三位四通换向阀的位置实现改变液压缸的运动方向。三位四通换向阀具有中位锁定机能。当变速箱滑移齿轮移动完成后，由行程开关发出变速动作完成信号，数控系统 PLC 发出控制信号，切断相应的电磁铁电源，三位四通换向阀恢复为中间状态，锁定变速齿轮位置，同时机床操作面板上以 LED 指示灯显示机床主轴处于“高速”或“低速”状态。

高速主轴要求在极短时间内实现升降速、在指定位置上快速准停，这要求主轴具有很高的角加速度。通过齿轮或传送带这些中间环节，常会引起较大的振动和噪声，而且增大了转动惯量。为此，将电动机与主轴合二为一，制成电主轴，实现无中间环节的直接传动，是主轴高速单元的理想结构，如图 6-10 所示。

(3)主轴电动机　加工中心常用的主轴电动机为交流调速电动机和交流伺服电动机。交流调速电动机通过改变电动机的供电频率可以调整电动机的转速。加工中心的电机多为专用电机与调速装置配套使用，电机原理与普通交流电机相同，但为了便于安装，结构不完全相同。交流调速电动机成本低，但不能实现电动机轴在圆周任意方向准确定位。

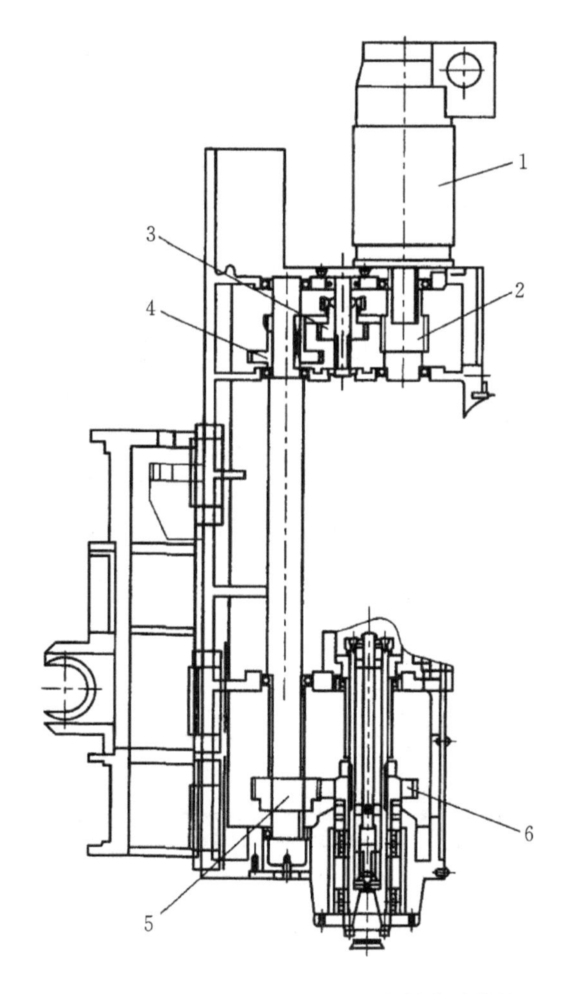

图 6-9　VP1050 加工中心的主轴传动结构

1—主轴电动机；2、5—与-主轴齿轮；3—滑移齿轮；4、6—从动齿轮

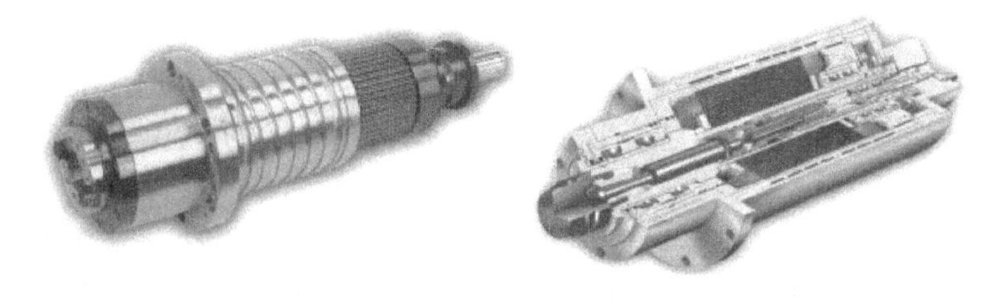

图 6-10　高速电主轴

交流伺服主轴电动机的工作原理与交流伺服进给电动机的工作原理相同，但是其工作转速更高。交流伺服电动机能实现电动机轴在圆周任意方向准确定位，并且以很大的转矩实现微小位移。交流伺服主轴电动机功率通常在十几千瓦到几十千瓦之间，功率大，成本高。

(4)锥环无键联轴器　联轴器是利用锥环之间的摩擦实现轴与毂之间的无间隙联接而传递扭矩。且可以任意调节两联接件之间的角度位置。通过选择所用锥环的对数，可以传递不同大小的扭矩。如图 6-11 所示为采用锥环无键消隙联轴器，可使动力传递没有反向间隙。

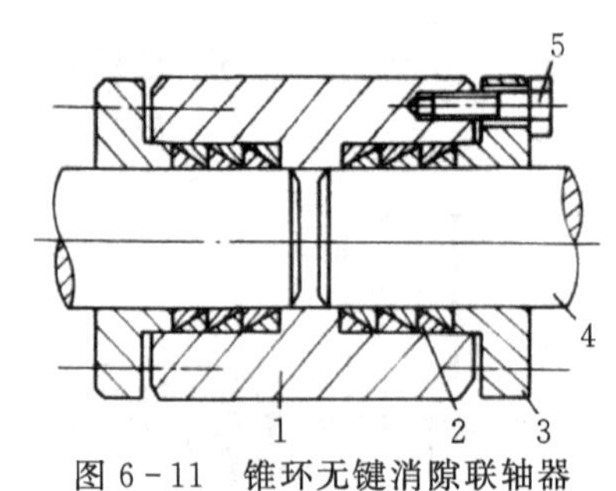

图 6-11 锥环无键消隙联轴器

1—套筒;2—内外锥环;3—发兰盘;4—轴;5—螺钉

如图 6-12 所示,锥环无键消隙联轴器接触面正压力依次递减。该联轴器的工作原理是:当拧紧螺钉 5 时,法兰盘 3 对内外锥环 2 施加轴向力,由于锥环之间的楔紧作用,内外锥环分别产生径向弹性变形(内锥环的外径扩大,外锥环的内径收缩),消除轴 4 与套筒 1 之间的配合间隙,并产生接触压力,通过摩擦传递扭矩,而且套筒 1 与轴 4 之间的角度位置可以任意调节。

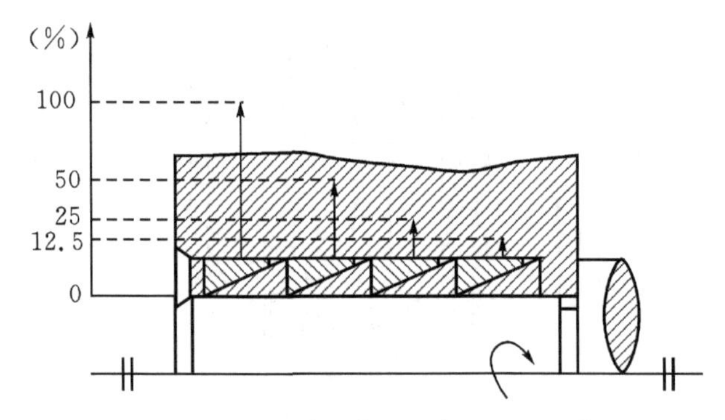

图 6-12 锥环无键消隙联轴器接触面正压力依此递减

这种联轴器定心性好,承载能力强,传递功率大、转速高、使用寿命长,具有过载保护能力,能在受振动和冲击载荷等恶劣条件下连续工作,安装、使用和维护方便,作用于系统中的载荷小,噪声低。

(5)主轴组件 主轴组件包括主轴、主轴轴承、安装在主轴上的传动件、密封件,还包括为了实现主轴自动装卸与夹持功能的刀具自动夹紧装置、主轴准停装置、主轴锥孔清理装置。

1)主轴部件

如图 6-13 中,主轴 1 的前支承 4 配置了 3 个高精度的角接触球轴承,用以承受径向载荷和轴向载荷,前两个轴承大口朝下,后一个轴承大口朝上。前支承按预加载荷计算的预紧量由预紧螺母 5 来调整。后支承 6 为一对小口相对配置的角接触球轴承,它们只承受径向载荷,因此轴承外圈不需要定位。该主轴选择的轴承类型和配置形式满足主轴高转速和承受较大轴向载荷的要求。主轴受热变形向后伸长,但不影响加工精度。

2)刀具的自动夹紧机构

如图 6-13 所示,主轴内部和后端安装的是刀具自动夹紧机构。它主要由拉杆 7、拉杆端部的四个钢球 3、碟形弹簧 8、活塞 10 和液压缸 11 等组成。机床执行换刀指令,机械手从主轴拔刀时,主轴需松开刀具。这时,液压缸上腔通压力油,活塞推动拉杆向下移动,使碟形弹簧压缩,钢球进入主轴锥孔上端的槽内,刀柄尾部的拉钉(拉紧刀具用)2 被松开,机械手拔刀。之后,压缩空气进入活塞和拉杆的中孔,吹净主轴锥孔,为装入新刀具做好准备。当机械手将下一把刀具插入主轴后,液压缸上腔无油压,在碟形弹簧 8 和弹簧 9 的恢复力作用下,拉杆、钢球和活塞退回到图示的位置,即碟形弹簧通过拉杆和钢球拉紧刀柄尾部的拉钉,使刀具被夹紧。

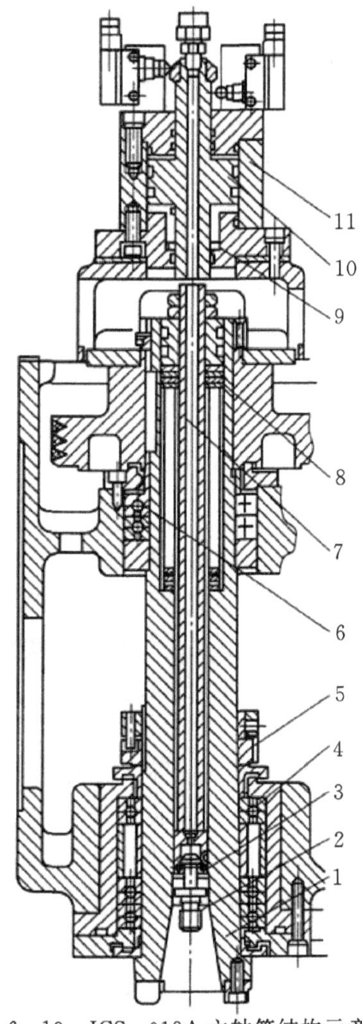

图 6 - 13　JCS - 018A 主轴箱结构示意图

1—主轴;2—拉钉;3—钢球;4、6—角接触球轴承;5—预紧螺母;
7—拉杆;8—碟形弹簧;9—圆柱螺旋弹簧;10—活塞;11—液压缸

刀杆夹紧机构用弹簧夹紧,液压放松,以保证在工作中突然停电时,刀杆不会自行松脱。夹紧时,活塞 10 下端的活塞杆端与拉杆 7 的上端部之间有一定的间隙(约为 4mm),以防止主轴旋转时端面摩擦,其具体受力情况如图 6 - 14 所示。

机床采用的是 7∶24 号锥柄刀具,锥柄的尾端安装有拉钉 2,拉杆 7 通过 4 个钢球拉住拉钉 2 的凹槽,使刀具在主轴锥孔内定位及夹紧。拉紧力由碟形弹簧 8 产生。碟形弹簧共有 34 对 68 片,组装后压缩 20mm 时弹力为 10kN,压缩 28.5mm 时弹力为 13kN。拉紧刀具的拉紧力等于 10kN。换刀时,活塞 10 推动拉杆 7,直到钢球进入主轴锥孔上部的 ϕ37mm 环槽,这时钢球已不能约束拉钉的头部。拉杆继续下降,拉杆的 a 面与拉钉的顶端接触,把刀具从主轴锥孔中推出，机械手即可将刀取出。

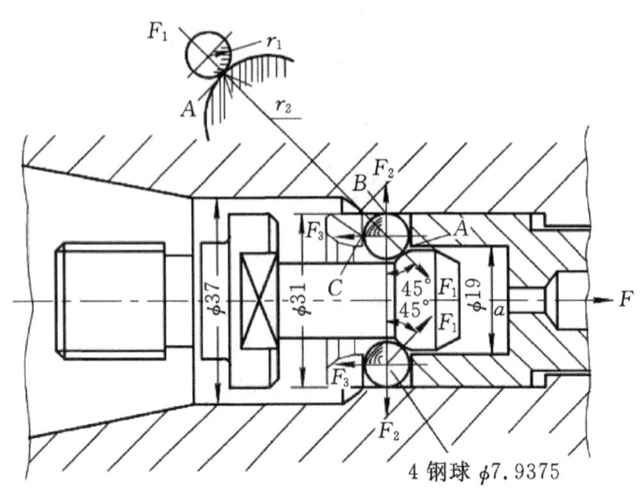

图 6－14　刀具夹紧受力情况

3)切屑清除装置

自动清除主轴孔内的灰尘和切屑是换刀过程中一个不容忽视的问题。如果因主轴锥孔小而落入了切屑、灰尘或其他污物，在拉紧刀杆时，锥孔表面和刀杆锥柄会被划伤，甚至会使刀杆发生偏斜，破坏刀杆的正确定位，影响零件的加工精度，致使零件超差报废。为了保持主轴锥孔的清洁，常采用的方法是使用压缩空气吹屑。图 6－14 所示的活塞的心部钻有压缩空气通道，当活塞向右移动时，压缩空气经过活塞由孔内的空气嘴喷出，将锥孔清理干净。为了提高吹屑效率，喷气小孔要有合理的喷射角度，并均匀布置。

4)主轴准停装置

机床的切削扭矩由主轴上的端面键来传递，每次机械手自动装取刀具时，必须保证刀柄上的键槽对准主轴的端面键，如图 6－15 所示。在加工中心，当主轴停转进行刀具交换时，主轴需停在一个固定不变的位置上，即主轴准停，从而保证主轴端面上的键也在一个固定的位置。这样，换刀机械手在交换刀具时，能保证刀柄上的键槽对正主轴端面上的定位键。

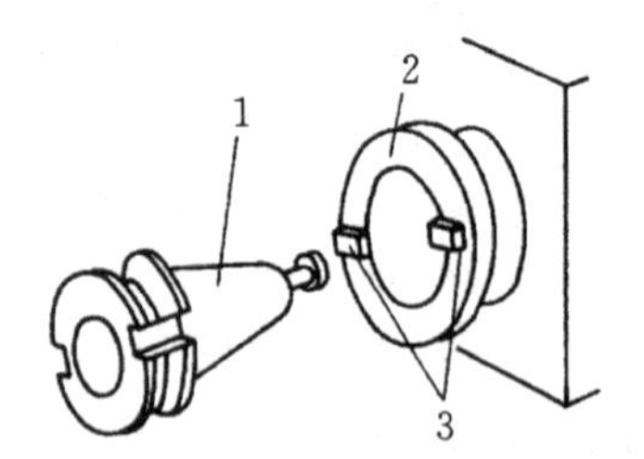

图 6－15　刀具与主轴通过端面键传递扭矩

1—锥柄；2—主轴端面；3—端面键

在精镗孔退刀时，为了避免刀尖划伤已加工表面，采用主轴准停控制，使刀尖停在一个固定位置（X 轴或 Y 轴上），以便主轴偏移一定尺寸后，使刀尖离开工件表面进行退刀。如图 6－16 所示。

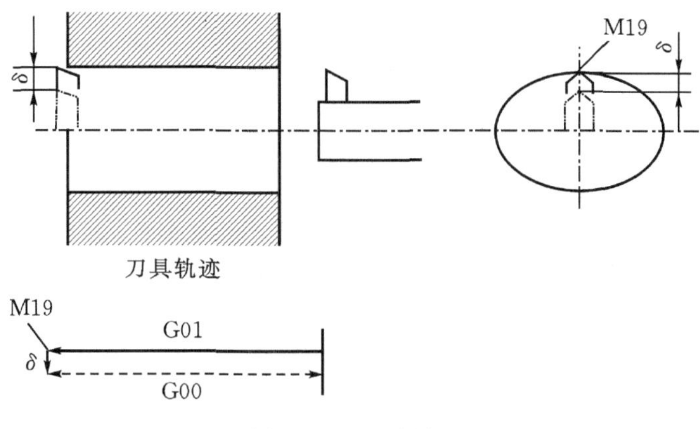

图 6-16　镗孔退刀

另外通过小孔镗大孔，主轴准停控制，使刀尖停在一个固定位置（ X 轴或 Y 轴上），以便主轴偏移一定尺寸后，使刀尖能通过前壁小孔进入箱体内对大孔进行镗削，如图 6-17 所示。因此，镗孔加工时也需要主轴准停。

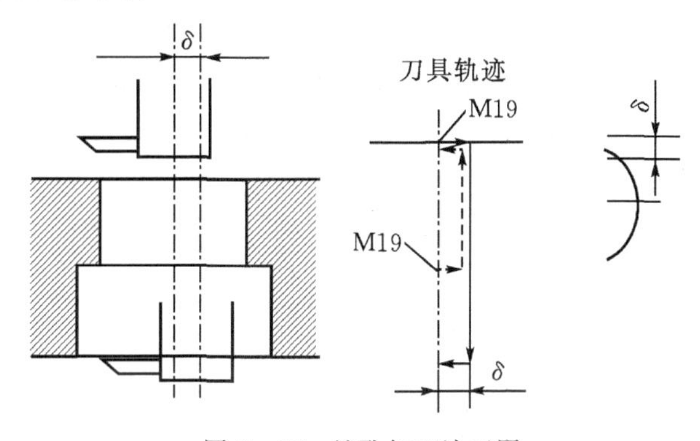

图 6-17　镗孔加工让刀图

这就要求加工中心的主轴具有主轴准停功能。为满足主轴这一功能而设计的装置称为主轴准停装置或称为主轴定向装置。主轴准停装置有机械准停和电气准停，电气准停又分磁传感器准停、编码器准停、数控系统准停。

机械准停控制：如图 6-18 为典型的 V 形槽轮定位盘准停结构。带有 V 形槽的定位盘与主轴端面保持一定的位置关系，以确定定位位置。当指令为准停控制 M19 时，首先使主轴减速至可以设定的低速转动，当检测到无触点开关有效信号后，立即使主轴电动机停转，此时主轴电动机与主轴传动件依惯性继续空转，同时准停液压缸定位销伸出，并压向定位盘。当定位盘 V 形槽与定位销正对时，由于液压缸的压力，定位销插入 V 形槽中。LS2 准停到位信号有效，表明准停动作完成。这里 LS1 为准停释放信号。采用这种准停方式，必须有一定的逻辑互锁，即当 LS2 有效时，才能进行换刀等动作。而只有当 LS1 有效时，才能启动主轴电动机正常运转。上述准停功能通常由数控系统的可编程控制器完成。

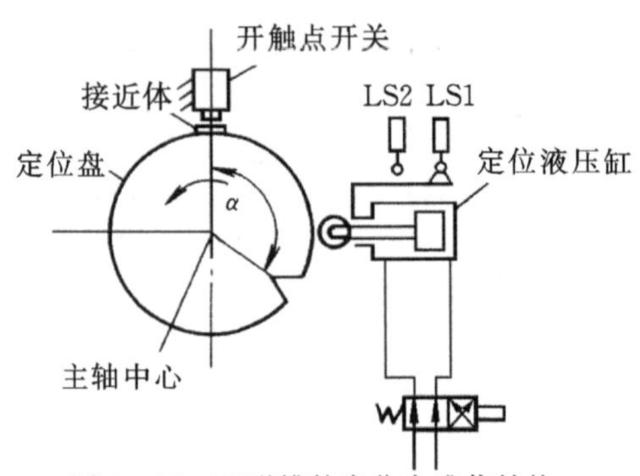

图 6-18　V 形槽轮定位盘准停结构

磁传感器主轴准停控制:磁传感器主轴准停控制由主轴驱动装置本身完成。当执行 M19 时,数控系统只需发出主轴准停启动命令 ORT 即可。主轴驱动完成准停后会向数控装置输出完成信号 ORE,然后数控系统再进行下面的工作。其基本结构如图 6-19 所示。采用磁传感器准停的步骤如下:当主轴转动或停止时,接收到数控装置发来的准停开关信号量 ORT,主轴立即加速或减速至某一准停速度(可在主轴驱动装置中设定)。主轴到达准停速度且到达准停位置时(即磁发体与磁传感器对准),主轴立即减速至某一爬行速度(可在主轴驱动装置中设定)。当磁传感器信号出现时,主轴驱动立即进入磁传感器的作为反馈元件的位置闭环控制,目标位置为准停位置。准停完成后,主轴驱动装置输出准停完成信号 ORE 给数控装置,从而可进行自动换刀(ATC)或其他动作。

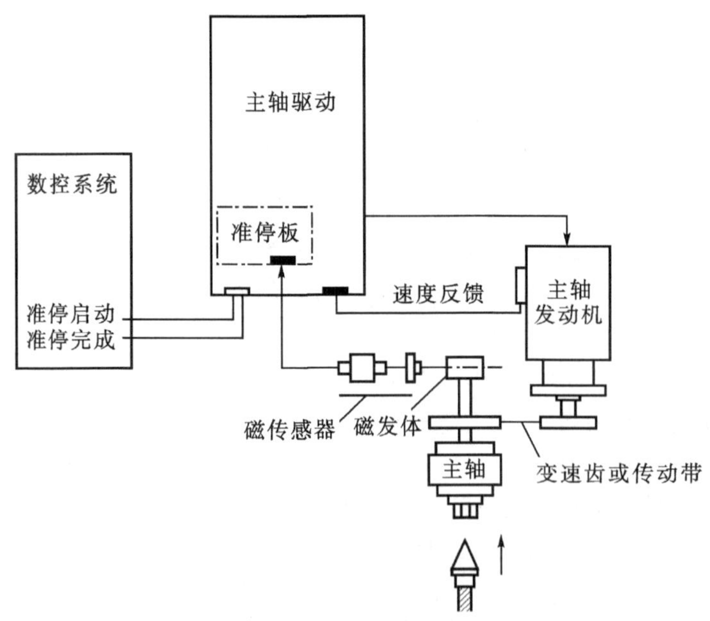

图 6-19　磁传感器准停

磁发体与磁传感器在主轴上的位置如图 6-20 所示,由于采用了传感器,故应避免产生磁场的元件(如电磁线圈、电磁阀等)与磁发体和磁传感器安装在一起。另外磁发体(通常安装在主轴旋转部件上)与磁传感器(固定不动)的安装有严格的要求,应按说明书要求的精度安装。

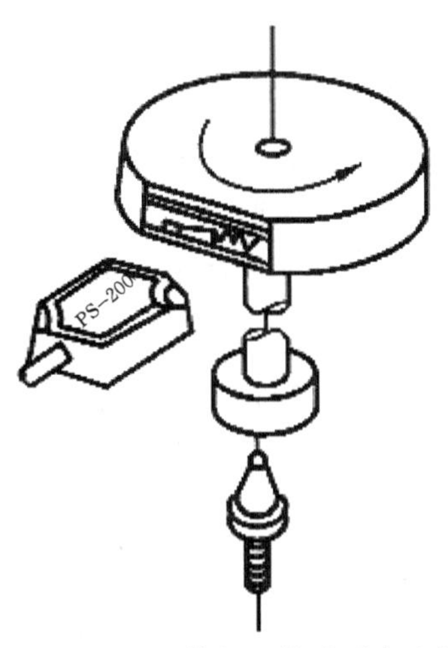

图 6-20　磁发体与磁传感器在主轴上的位置

编码器主轴准停控制：编码器主轴准停功能也是由主轴驱动完成的，CNC 只需发出 ORT 信号即可。主轴驱动完成准停后输出准停完成信号 ORE。这种准停方式可采用主轴电动机内部安装的编码器信号(来自于主轴驱动装置)，也可以在主轴上直接安装其他编码器。主轴驱动装置内部可自动转换状态，使主轴驱动处于速度控制或位置控制状态。准停角度可由外部开关量信号(12 位)设定，这一点与磁传感器准停不同。磁传感器准停的角度无法随意设定，要调整准停位置，只有调整磁发体与磁传感器的相对位置。

数控系统准停控制：这种准停控制方式的准停功能是由数控系统完成的，数控系统控制主轴准停的原理与进给位置控制的原理非常相似，如图 6-21 所示。数控系统准停的步骤如下：数控系统执行 M19 或 M19 S* * * * 时，首先将 M19 送至可编程控制器。可编程控制器经译码送出控制信号，使主轴驱动进入伺服状态，同时数控系统控制主轴电动机降速，寻找零位脉冲 C，然后进入位置闭环控制状态。如执行 M19 而无 S 指令，则主轴定位于相对零位脉冲 C 的某一缺省位置(可由数控系统设定)。如执行 M19 S* * * *，则主轴定位于指令位置，也就是相对零位脉冲 S* * * * 的角度位置。

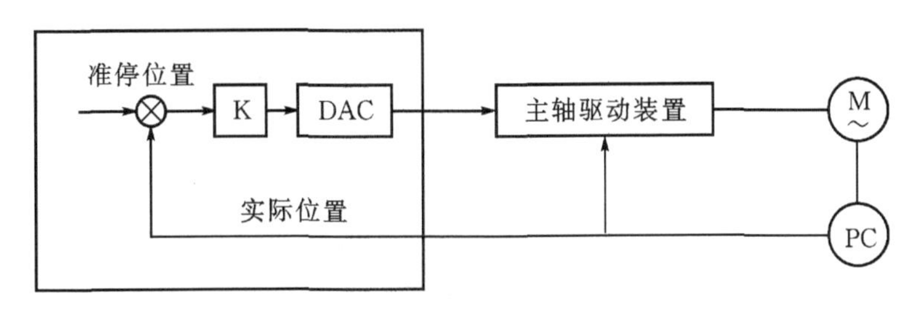

图 6-21　数控系统准停控制

4. 加工中心的进给传动系统

1)进给系统的要求

(1)提高传动精度和刚度　数控机床本身的精度，尤其是进给传动装置的传动精度和定位精度对零件的加工精度起着关键性的作用，是数控机床的特征指标。目前普通精度级定位精度已达到 0.005～0.008mm，精密级已达到 0.0015～0.003mm/全行程。重复定位精度 0.001mm。

(2)减少各运动零件的惯量　传动件的惯量对进给传动系统的启动和制动特性都有影响，尤其是高速运转的零件，其惯量的影响更大。在满足传动强度和刚度的前提下，尽可能减小执行部件的质量，减小旋转零件的直径和质量，以减少运动部件的惯量。

(3)减少运动件的摩擦阻力　机械传动结构的摩擦阻力，主要来自丝杠螺母副和导轨。在数控机床进给传动系统中，为了减小摩擦阻力，消除低速进给爬行现象，提高整个伺服进给系统稳定性，广泛采用滚珠丝杠和滚动导轨以及塑料导轨和静压导轨等。

(4)响应速度快　所谓快速响应特性是指进给传动系统对输入指令信号的响应速度及瞬态过程结束的迅速程度，反映了系统的跟踪精度。进给传动系统响应速度的大小不仅影响到机床的加工效率，而且影响加工精度。设计中应使机床工作台及传动机构的刚度、间隙、摩擦以及转动惯量尽可能达到最佳值，以提高伺服进给系统的快速响应性。

(5)较强的过载能力　由于电动机频繁换向，且加减速度很快，电动机可能在过载条件下工作，这就要求电动机有较强的过载能力，一般要求在数分钟内过载 4～6 倍而不损坏。

(6)稳定性好，寿命长　稳定性是伺服进给系统能够正常工作的最基本条件，特别是在低速进给情况下不产生爬行，并能适应外加负载的变化而不发生共振。

所谓伺服进给传动系统的寿命，主要指其保持数控机床传动精度和定位精度的时间长短，即各传动部件保持其原来制造精度的能力。为此，应合理选择各传动部件的材料、热处理方法及加工工艺，并采用适当的润滑方式和防护措施，以延长其寿命。

(7)使用维护方便　数控机床属于高精度自动控制机床，主要用于单件、中小批量、高精度及复杂的生产加工，机床的开机率相应就高，因而进给传动系统的结构设计应便于维护和保养，最大限度地减少维修工作量，以提高机床的利用率。

2)进给系统的组成

进给系统由进给伺服电机、联轴器、丝杠螺母副、工作台、回转工作台等组成。如图 6 - 22 所示。

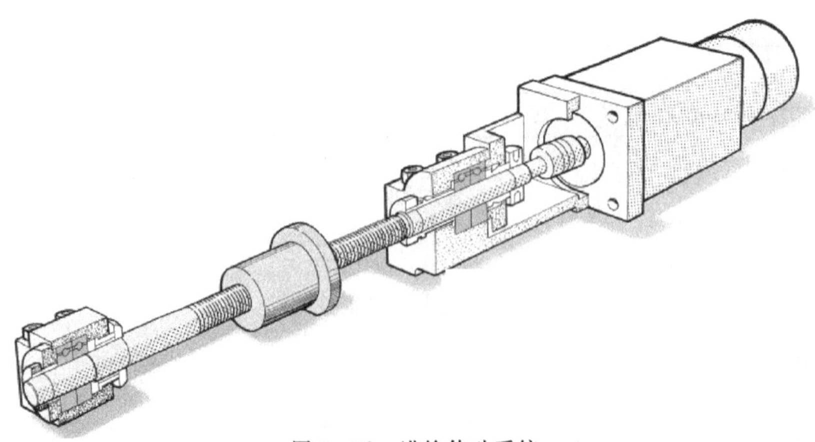

图 6 - 22　进给传动系统

3)JCS－018A 加工中心

JCS－018A 加工中心有三套(X、Y、Z 轴)相同的伺服进给系统。如图 6－23 为工作台的纵向(X 向)伺服进给系统，该系统由脉宽调速直流伺服电动机 1 驱动，采用无键连接方式，用锁紧环将运动传至十字滑块联轴节 2 的左连接件。联轴节的右连接件与滚珠丝杠 3 用键相连，由滚珠丝杠 3、螺母 4 和螺母 7 驱动工作台移动。滚珠螺母由左螺母 4 和右螺母 7 组成，并固定在工作台上。十字滑块联轴节 2 的左连接件与电机轴靠锥形锁紧环摩擦连接。锥形锁紧环每套有两环，内环为内柱外锥，外环为外柱内锥，此处共用了两套。采用这种连接办法不用开键槽，没有间隙。

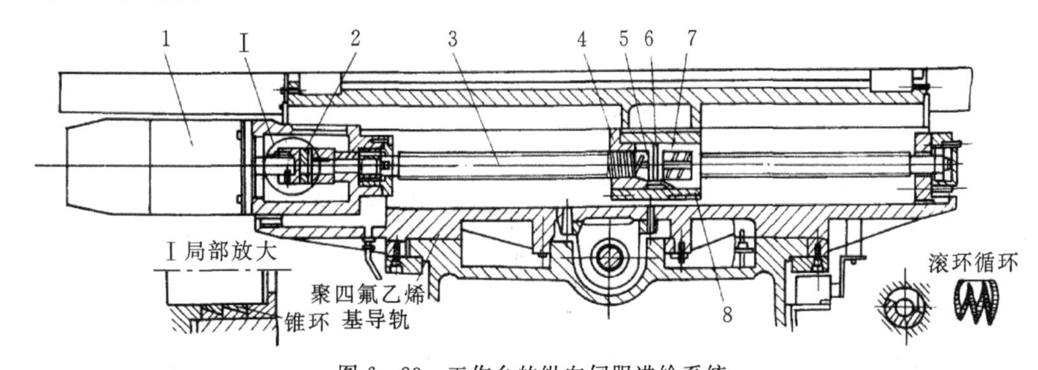

图 6－23　工作台的纵向伺服进给系统

1—直流伺服电动机；2—十字滑块联轴节；3—滚珠丝杠；4—左螺母；5—键；6—半圆垫片；7—右螺母；8—螺母座

横向(Y 轴)伺服进给系统与纵向伺服进给系统结构相同。滚珠丝杠直径为 40mm，导程为 10mm。左支承为成对的向心推力球轴承，其精度为 D 级，背靠背安装，大口向外，承受径向和轴向双向载荷，预紧力为 1kN。右支承为一向心球轴承，外圈轴向不定位，仅承受径向载荷，丝杠升温后可向右伸长。虽然这种结构较简单，但轴向刚度比两端轴向固定方式低。滚珠丝杠的螺母座固定在工作台下侧，螺母座中安装两个滚珠螺母 4 和 7，两个螺母用连接键 5 固定它们之间的轴向位置，螺母 4 固定在螺母座 8 中，螺母 7 可轴向调整位置。在两个螺母间安装两个适当厚度的半圆垫圈 6，以消除丝杠和螺母间的间隙，并适当预紧，以提高传动刚度。

在垂直向(Z 向)伺服进给系统中，由于滚珠丝杠没有自锁能力，为了保证工作台能够停止在所需要的位置上，在电机上加有制动装置。当电机停转时，切断电磁线圈的电流，由弹簧压紧摩擦片使其制动。如图 6－24 为 Z 轴进给装置中电机轴与滚珠丝杠的连接结构。电机轴 2 与轴套 3 之间采用锥环无键连接结构，4 为相互配合的锥环。锥面有相互配合的内外锥环，当拧紧螺钉时，外锥环向外膨胀，内锥环受力后向电机轴收缩，从而使电机轴与轴套连接在一起。

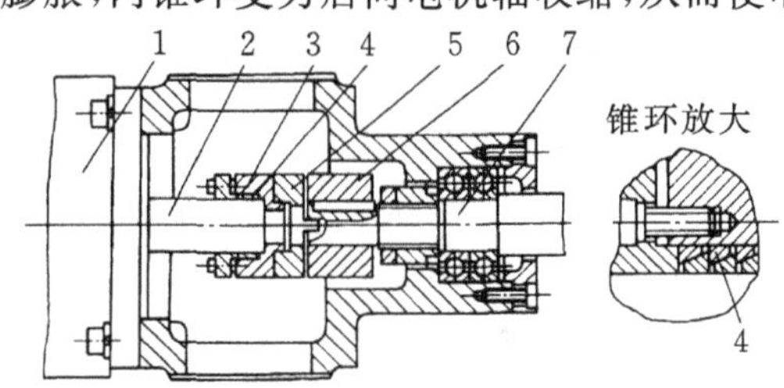

图 6－24　Z 轴进给装置中电机轴与滚珠丝杠的连接结构

1—直流伺服电动机；2—电机轴；3—轴套；4—锥环；5—联轴节；6—轴套；7—滚珠丝杠

这种连接方式无须在连接件上开键槽，两锥环的内、外圆锥面压紧后，可以实现无间隙传动，而且对中性较好，传递动力平稳，加工工艺性好，安装与维修方便。选用锥环对数的多少，取决于所传递扭矩的大小。

4)回转工作台

一般数控机床的圆周进给运动由回转工作台来实现。数控铣床的回转工作台除了用来进行各种圆弧加工或与直线进给联动进行曲面加工外，还可以实现精确的自动分度，这给箱体零件的加工带来了便利。对于自动换刀的多工序加工中心来说，回转工作台已成为一个不可缺少的部件。数控机床中常用的回转工作台有数控回转工作台和分度工作台两种。

(1)分度工作台　由于结构上的原因，分度工作台只能完成分度运动(如 45°、60°或 90°等)，而不能实现圆周连续进给运动。在需要分度时，按照数控系统的指令，将工作台及其工件回转规定的角度，以改变工件相对于主轴的位置，完成工件各个表面的加工。分度工作台按其定位机构的不同分为定位销式和鼠牙盘式两类。

①定位销式分度工作台　图 6-25 所示是 THK6380 型数控卧式镗铣床的定位销式分度工作台。这种工作台的定位分度主要靠定位销和定位孔来实现。分度工作台置于长方形工作台中间，在不单独使用分度工作台时，两个工作台可以作为一个整体使用。回转分度时，工作台需经过松开、回转、分度定位、夹紧四个过程。工作台 1 的底部均匀分布着个削边圆柱定位销 7，在工作台底座 21 上有一定位孔衬套 6 以及供定位销移动环形槽。因为定位销之间的分布角度为 45°，因此工作台只能作二、四、八等分的分度运动。

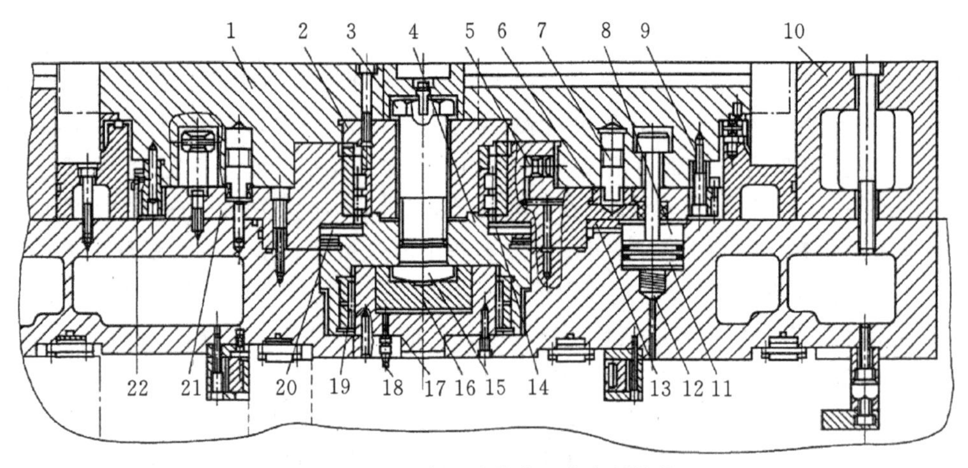

图 6-25　定位销式分度工作台的结构

1—分度工作台；2—锥套；3—螺钉；4—支座；5—消隙液压缸；6—定位孔衬套；7—定位销；8—锁紧液压缸；9—齿轮；10—长方工作台；11—锁紧缸活塞；12—弹簧；13—油槽；14、19、20—轴承；15—螺栓；16—活塞；17—中央液压；18—油管；21—底座；22—挡块

定位销式分度工作台的分度精度，主要由定位销和定位孔的尺寸精度及坐标精度决定。最高可达±5″。为适应大多数的加工要求，应当尽可能提高最常用的 180°分度销孔的坐标精度，而其他角度(如 45°、90°和 135°)可以适当降低。

②鼠牙盘式分度工作台　鼠牙盘式分度工作台主要由工作台面底座、夹紧液压缸、分度液压缸和鼠牙盘等零件组成，其结构如图 6-26 所示。回转分度时，工作台也需经过松开、回转、分度定位、夹紧四个过程。

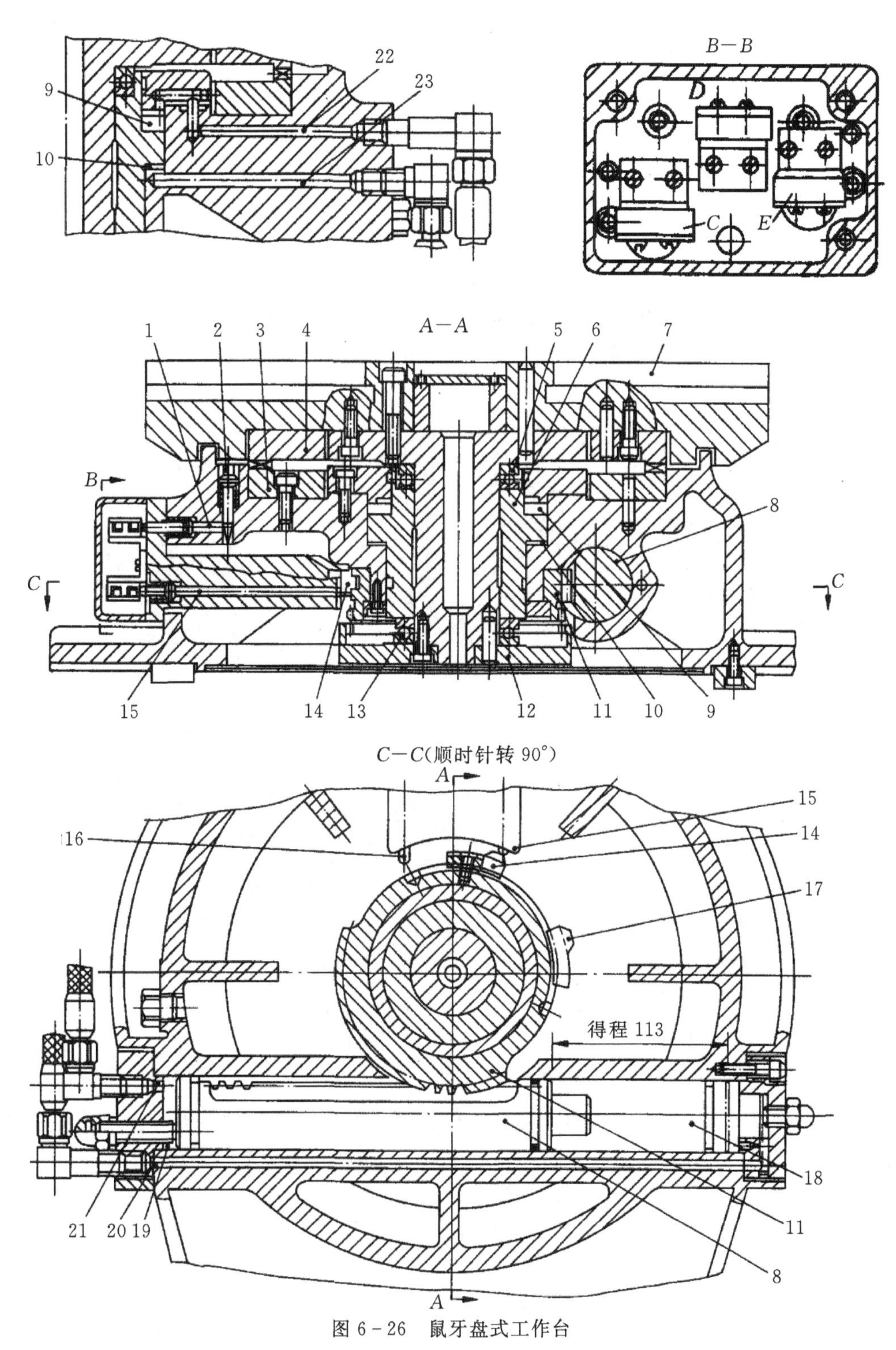

图 6-26　鼠牙盘式工作台

1、2、15、16—推杆；3—下鼠牙盘；4—上鼠牙盘；5、13—推力轴承；6—活塞；7—工作台；8—齿条活塞；9—夹紧液压缸上腔；10—夹紧液压缸下腔；11—齿轮；12—内齿圈；13—油槽；14、17—挡块；18—分度液压缸右腔；19—分度液压缸左腔；20、21—分度液压缸回油管道；22、23—升降液压缸回油管道

(2)数控回转工作台　数控回转工作台主要用于数控镗铣加工中心。它的功用是按照控制系统的指令,使工作台进行圆周进给运动,以完成切削工作,并使工作台进行分度运动。数控回转工作台外形和通用机床的分度工作台相似,为了实现进给运动,其内部结构和数控机床进给驱动机构有许多共同之处。数控回转工作台可以分为开环和闭环两种。

图6-27为闭环数控回转工作台的结构,数控回转工作台的进给、分度转位和定位锁紧都由给定的指令进行控制。工作台的运动由伺服电机驱动,通过减速齿轮和带动蜗杆,再传递给蜗轮,使工作台回转。为了消除传动间隙和反向间隙,齿轮和相啮合的间隙,是靠调整偏心环来消除;齿轮与蜗杆是靠楔形拉紧圆柱销来连接,此法能消除轴与套的配合间隙;为消除蜗杆副的传动间隙,采用双螺距渐厚蜗杆,通过移动蜗杆的轴向位置来调整间隙。这种蜗杆的左右两侧面具有不同的螺距,因此蜗杆齿厚从头到尾逐渐增厚。但由于同一侧的螺距是相同的,所以仍然保持着正常的啮合。

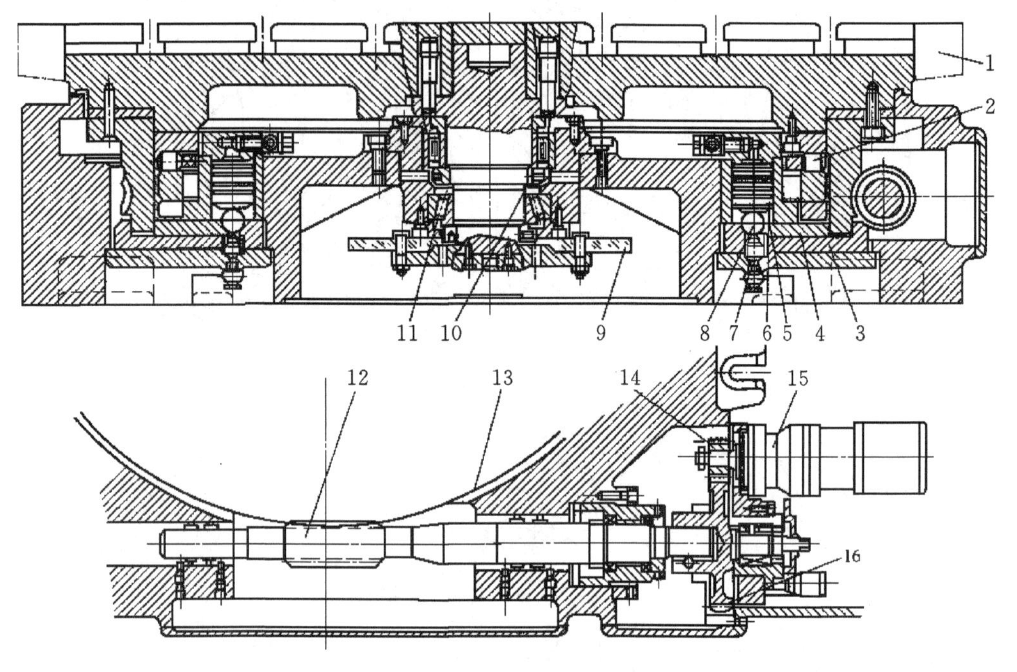

图6-27　闭环数控回转工作台

1—工作台;2—镶钢滚柱导轨;3、4—夹紧瓦;5—液压缸;6—活塞;7—弹簧;8—钢球;9—光栅;10、11—轴承;12—蜗杆;13—蜗轮;14、16—齿轮;15—电动机

当工作台静止时,必须处于锁紧状态。工作台面用沿其圆周方向分布的8个夹紧液压缸进行夹紧。当工作台不回转时,夹紧液压缸的上腔进压力油,使活塞向下运动,通过钢球、夹紧瓦及将蜗轮夹紧。当工作台需要回转时,数控系统发出指令,使夹紧液压缸的上腔的油流回油箱。在弹簧的作用下,钢球抬起,夹紧瓦及松开蜗轮,然后由伺服电机通过传动装置,使蜗轮和工作台按照控制系统的指令作回转运动。

数控回转工作台设有零点,当它作返回零点运动时,先用挡块碰撞限位开关,使工作台降速,然后通过感应块和无触点开关,使工作台准确地停在零位。数控回转工作台在任意角度转位和分度时,由光栅进行读数控制,因此能够达到较高的分度精度。

【任务实施】

一、实施步骤

THK6380 加工中心主轴部件的拆卸与调整，如图 6－28 所示。

1. 主轴部件的拆卸

在切断总电源和做好拆卸前的准备工作后，可按如下顺序进行拆卸工作：

(1)拆下主轴前端压盖螺钉，卸下压盖。

(2)拆下主轴后端防护罩壳。

(3)拆卸与主轴部件相连接的油、气管路，排放完余油，包扎好管口，以防尘屑进入管内。

(4)拆下液压缸支架 19 上的螺钉，取出液压缸支架 19 及隔圈，并包扎好管口。

(5)拆卸套筒 21 前，先测量好碟形弹簧 18 的安装高度，做好记录供装配时参照。拆下右端圆螺母，分别取出套筒 21、垫圈 22 和碟形弹簧 18。

(6)拆下锁紧螺母和圆螺母 13，再拆下连接座 15 的螺钉 17，取出弹簧 16 和连接座 15。在拆卸螺钉 17 前，测出弹簧 16 的压缩量或螺钉 17 头部端面到连接座 15 端面距离尺寸，做好记录供装配时参照；另外还应保持每个螺钉 17 和其组合的弹簧 16 原组合不变，装配时原配组装到原安装位置上。

(7)抽出主轴上右端(图螺母 13 前)的轴向定位套(也可拆下主轴箱盖后进行)。

(8)拆下主轴箱盖及凸轮 27 右边两圆螺母，做好凸轮 27 上 V 形槽与主轴在圆周上相对位置记号，拆下凸轮 27，取出平键。

(9)拆下前支承调整用圆螺母，同时做好凸轮 28 的相对安装位置记号。

(10)将主轴向左拉动移位(最好使用专用拆卸工具)，一边拉动主轴移位，一边用敲击方法拆凸轮 28，传动齿轮 12 及背对背安装的角接触球轴承。在主轴向左移位过程中，应注意防止支承轴脱离定位面时主轴自重产生忽然倾斜造成主轴表面碰伤和弯曲变形。在主轴支承即将脱离定位面前，应采取加装浮动支承等方法来保证安全拆卸。

(11)当齿轮 12 与其平键处于脱离状态后，取出平键，然后向右拆卸凸轮 28 组件，同时将主轴 11 及部分剩下零件向左从主轴箱抽出，然后将主轴 11 妥善安放，待进一步拆卸，再从主轴箱体中取出凸轮 28 组件及齿轮 12。

(12)拆卸前支承主件。

(13)测出垫圈 22 右边锁紧圆螺母端面到拉杆 9 或拉套 10 右端面的安装距离尺寸，并做好记录供装配时参考。然后依次拆下锁紧螺母的紧定螺钉，拆下两个圆螺母。

(14)拆下定位小轴上的定位螺钉 5。

(15)拆下定位小轴 6。

(16)将主轴内刀具夹紧装置从主轴孔(前锥孔内)抽出。

(17)分解刀具自动夹紧装置。

(18)将分解出来的主轴 11、拉杆 9、拉套 10 等细长零件清洗，涂油保护后垂直挂放，防止弯曲变形，然后再分别分解和清洗其余各零件，并妥善存放保管。

以上介绍的主轴部件拆卸顺序，并非固定的唯一顺序，有些顺序是可以变换或同时进行的，操作时应根据具体情况安排拆卸顺序。

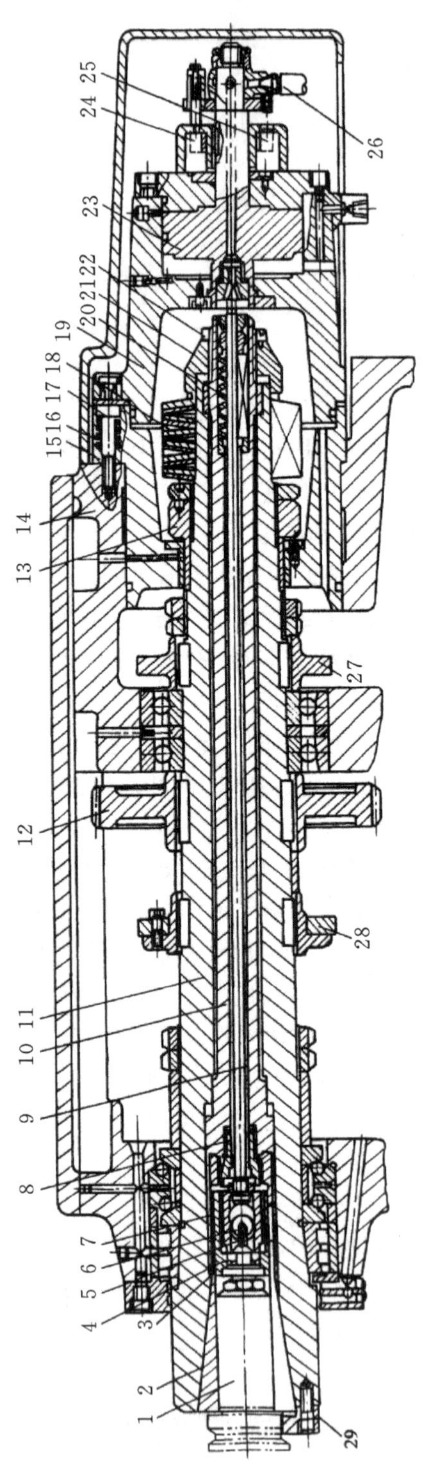

图 6-28　THK6380 加工中心主轴部件

1—刀夹；2—弹簧夹头；3—套筒；4—钢球；5—定位螺钉；6—定位小轴；7—定位套筒；8—锁紧件；9—拉杆；10—拉套；11—主轴；12—齿轮；13—圆螺母；14—主轴箱；15—连接座；16—连接弹簧；17—螺钉；18、20—碟形弹簧；19—液压缸支架；21—套筒；22—垫圈；23—活塞；24、25—继电器；26—压缩空气管接头；27、28—凸轮；29—定位块

2. 主轴部件的装配及调整

装配前应做好准备工作，各零部件应严格清洗，需预先加涂油的部位应加涂油。装配设备、工具及装配方法根据装配要求和配合性质选取。对于装配顺序，大体可依据前述拆卸顺序逆向操作即可。对于主轴部件的调整，重点要注意以下几个部位：

(1)主轴前端轴承安装方向和预紧量调整。

(2)凸轮 28 的相对安装位置。

(3)凸轮 27 上 V 形槽与主轴在圆周上的相对位置。

(4)弹簧 16 的压缩量。

(5)碟形弹簧的安装高度。

(6)主轴重要表面的防护。

(7)注意夹紧行程储备量的调整。

二、教学组织实施建议(表 6－1)

表 6－1　教学组织实施

内　容	方　法	媒　体	教学阶段
布置任务、分组	项目教学法、引导文法	加工中心、教材、PPT、网络	明确任务
学生分组动手操作 教师巡视并解答疑问	引导文法、小组合作法、头脑风暴法	加工中心、工量具	实施任务
小组讨论 自我评价和总结	小组合作法、头脑风暴法	实训任务书	学生汇报展示
教师进行点评，总结本学习情境的学习效果	小组合作法、头脑风暴法	PPT	总结
工量具擦拭、清洁、数控机床擦拭、维护	小组合作法	加工中心、工具、量具	清扫实验室

【实训任务书】(表 6－2)

表 6－2　任务实施表

<table>
<tr><td>机床型号</td><td>学生姓名</td><td>实训地点</td><td>实训时间</td></tr>
<tr><td></td><td></td><td></td><td></td></tr>
<tr><td colspan="4">1. 本实训的加工中心主轴部件典型机械结构名称：________、________、________、________、________、________</td></tr>
<tr><td colspan="4">2. 描述典型零部件结构</td></tr>
<tr><td colspan="2">画出零部件简图并标注其名称</td><td colspan="2">叙述其工作原理和特点</td></tr>
<tr><td colspan="2"></td><td colspan="2"></td></tr>
<tr><td colspan="4">3. 拆卸(或安装调试步骤)</td></tr>
<tr><td colspan="4"></td></tr>
<tr><td>4. 使用工具</td><td colspan="3"></td></tr>
<tr><td>5. 优化(或创新)</td><td colspan="3"></td></tr>
</table>

【知识拓展】

加工中心的高速化

加工中心的高速化是指主轴转速、进给速度、自动换刀和自动交换工作台的高速化。加工中心的高速化是加工中心主要发展趋势。

新一代加工中心只有通过高速化大幅度缩短切削工时才能进一步提高其生产率。超高速加工(特别是超高速铣削)与新一代高速数控机床(特别是高速加工中心)的开发应用紧密相关。高速切削研究可追溯至30年代由所罗门所提出并获得的专利。经过几十年的努力,高速切削的相关技术逐渐地成熟。如今,高速切削技术正在成为迅速崛起的一项先进制造技术,对机械制造业发展产生了深远的影响。

实现高速切削的最关键技术是研究开发性能优良的高速切削机床,自20世纪80年代中期以来,开发高速切削机床便成为国际机床工业技术发展的主流。目前适应高速切削加工要求的高速加工中心和其他高速数控机床在工业发达国家内已是普及应用的趋势。

90年代以来,国外一些机床厂家先后开发出一批高速加工中心,其主要技术参数为:主轴最高转速:一般为12000～15000r/min,有的高达40000～60000r/min。坐标轴的加工进给最高速度:30～60m/min,快速移动速度高达70～80m/min。换刀时间普遍在1.5～3.5s,有的快到0.8～0.9s。托板交换时间普遍在6～8s。如图6-29所示为Mikron HSM 400高速加工中心。

图6-29 Mikron HSM 400高速加工中心

1. 主轴转速高速化

高速主轴是高速加工中心最关键的部件之一。20世纪80年代初期主轴最高转速为4000～5000r/min,目前主轴转速在20000～40000r/min,一些欧洲的高速加工中心的主轴转速已经高达100000r/min以上。实现加工中心主轴转速高速化,主要采取了以下措施:

(1)电主轴　采用主轴、电机一体化的电主轴部件,主轴也是电机的转子,定子装入主轴套筒内,取消了传统的电机经齿轮和皮带传动主轴的结构。这种主轴结构实现无中间环节的直接传动,减少了关键零件,减少了振动,增加了可靠性,可获得高转速和高的加(减)角速度。

(2)主轴轴承　主轴轴承也是决定主轴寿命和负荷容量的关键部件。为了适应高速切削加工，高速加工中心的主轴设计采用了高性能轴承，先进的主轴轴承的润滑，散热技术。

目前高速主轴主要采用陶瓷轴承(滚动体为陶瓷材料 Si3N4，内、外圈为轴承钢)、静压轴承、动压轴承、空气轴承、磁力轴承等。主轴轴承一般采用油气润滑或喷注润滑，同时主轴轴承还采用预紧可调方式。

2. 进给速度高速化

进给速度高速化是指快速移动和切削进给速度的高速化。由于采用32位甚至64位微处理器、全数字智能伺服驱动方式以及先进的检测反馈系统，进给系统传动链短，目前高速加工中心的切削进给速度一般为20～40m/min，有的直线电机驱动 X,Y 轴的立式加工中心超高速定位速度达140m/min，有的高速加工中心进给速度甚至高达208m/min 。

3. 自动换刀和自动交换工作台的高速化

采用新型换刀机构和伺服驱动的托板交换装置，大大提高了换刀速度和托板交换速度。为克服传统加工中心使用的7∶24实心锥柄刀杆在高转速时的致命弱点，开发了“双定位刀杆”。这种新结构刀柄的定位方式为靠1∶10的锥部与主轴内锥面定心，同时刀柄凸缘端面与主轴前端面紧贴，从而获得高转速的连接刚性。采用凸轮联动式机械手换刀速度可达0.9s。自动交换托盘在交换时移动速度最高已达40m/min。

任务 6.2　加工中心换刀操作

【知识准备】

6.2.1　加工中心的自动换刀装置

加工中心种类多，自动换刀方式也很多，换刀的原理和结构的复杂程度也各不相同，有刀库换刀、自动更换主轴箱、自动更换刀库换刀等形式。刀库换刀是最常用的形式。刀库换刀又可分为无机械手换刀和有机械手换刀。由刀库和机械手组成的换刀装置是加工中心的重要组成部分。

换刀装置型式：各种加工中心自动换刀装置的结构取决于机床的型式、工艺范围及刀具的种类和数量等因素。换刀装置主要有以下三种型式：

1. 更换主轴换刀装置

在带有旋转刀具的数控机床中，更换主轴头是一种简单换刀方式。主轴头通常有卧式和立式两种，而且常用转塔的转位来更换主轴头，以实现自动换刀。在转塔的各个主轴头上，预先安装有各工序所需的旋转刀具。当发出换刀指令时，各主轴头依次转到加工位置，并接通主轴运动，使相应的主轴带动刀具旋转，而其他处于不加工位置上的主轴都与主运动脱开。

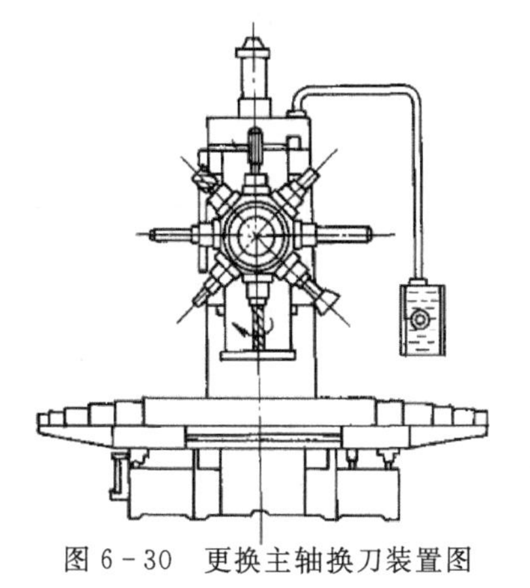

图6-30　更换主轴换刀装置图

更换主轴换刀比较简单，多用在数控钻镗床上。这种机床的主轴头就是一个八方，通常有卧式和立式两种，如图6-30为更换主轴换刀装置。八方形上装有8根主轴，每根主轴有一把刀具。加工时，根据换刀指令，自动的把刀具所在的主轴转到工作位置上，实现换刀，并接通主传动。

这种换刀装置的优点是省去了自动松、夹、卸刀、装刀及刀具搬运等一系列复杂操作，从而缩短了换刀时间，并提高了换刀的可靠性。但是由于空间位置所限制主轴部件结构不能设计的很坚实，影响到主轴系统的刚度。为保证主轴系统的刚度，必须限制主轴数，也就是限制了可换的刀具数目。因此这只能用在工序比较少的机床上，如数控钻镗铣床。

2. 更换主轴箱换刀装置

有的加工中心采用多主轴的主轴箱，利用更换这种主轴箱达到换刀的目的，如图 6-31 所示。机床立柱后面的主轴箱库两侧的导轨上，装有同步运行的小车 11 和 12，它们在主轴箱库与机床动力头之间进行主轴箱的运输。根据加工要求，先选好所需的主轴箱，等两小车运行至该主轴箱处，将它推到小车 11 上，小车 11 载着它与空车 12 同时运行到机床动力头两侧的更换位置。当上一道工序完成后，动力头带着主轴箱 1 上升到更换位置，动力头上的夹紧机构将主轴箱松开，定位销也从定位孔中拔出，推杆机构将用过的主轴箱 1 从动力头上推到小车 12 上。同时又将待用主轴箱从小车 11 推到机床动力头上，并进行定位与夹紧。然后，动力头沿立柱导轨下降开始新的加工。与此同时，两小车回到主轴箱库，停在待换的主轴箱旁。由推杆机构将下次待换的主轴箱推上小车 11，并把用过的主轴箱从小车 12 推入主轴箱库中的空位。小车又一次载着下次待换的主轴箱运行到动力头的更换位置，等待下一次换箱。图示机床还可通过机械手 10，在刀库 9 与主轴箱 1 之间进行刀具交换。这种形式的换刀，对于加工箱体类零件，可以提高生产率。

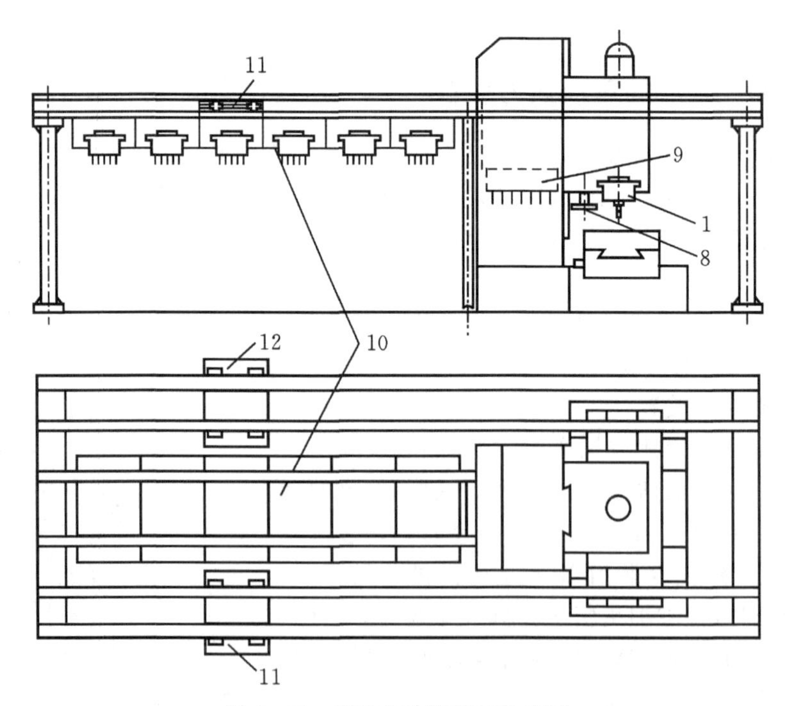

图 6-31　更换主轴箱换刀装置图

1—工作主轴箱；2～7—备用主轴箱；8—机械手；9—刀库；10—主轴箱库；11、12—搬运小车

3. 带刀库的自动换刀系统

带刀库的自动换刀系统由刀库、选刀机构、刀具交换机构及刀具在主轴上的自动装卸机构等四部分组成，应用广泛。刀库可以装在机床的立柱上、主轴箱上、工作台上，当刀库容量很大时，也可以装在机床之外。带刀库的自动换刀系统换刀过程复杂，刀具装在标准刀柄上，并机外预调后插入刀库；换刀时，根据换刀指令先在刀库选刀，由刀具交换机构从刀库和主轴上取刀并进行刀具交换，然后主轴带着新刀返回加工，更换过的刀具存入刀库。这种刀库只有一根主轴，主轴刚度高，加工精度高，刀库容量大，可以加工复杂零件。但换刀动作多，时间长，可靠性降低。随着科技的进步，现在的这种刀库已克服这方面的不足。

为缩短换刀时间，可采取带刀库的双主轴或多主轴换刀系统，如图 6－32 所示，该机床采取双主轴结构，当刀具主轴 4 加工时，刀具主轴 3 通过机械手 2 与刀库 1 完成刀具交换，换刀和加工同时进行，减少了辅助时间，提高了生产效率。

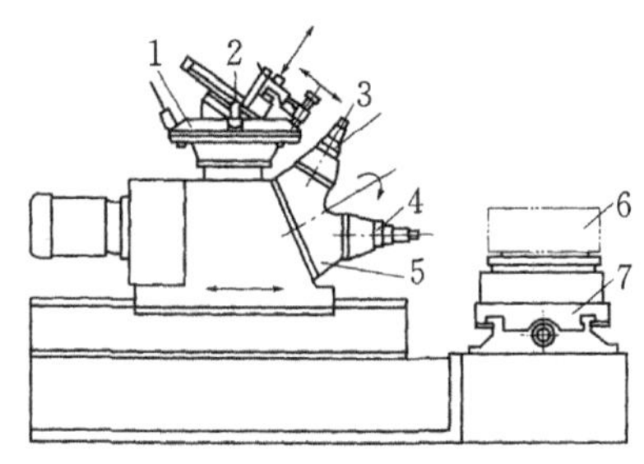

图 6－32 机械手和转塔头配合刀库换刀的自动换刀装置

1—刀库；2—机械手；3、4—刀具主轴；5—转塔头；6—工件；7—工作台

6.2.2 加工中心刀库形式

加工中心刀库的形式很多，结构也不同，最常用的有鼓盘式刀库、链式刀库和格子盒式刀库。

1. 鼓盘式刀库

如图 6－33 所示鼓盘式刀库。鼓盘式刀库为最常用的一种形式，每一刀座均可存放一把刀具。鼓盘式刀库结构紧凑、简单，成本较低，换刀可靠性较高。在钻削中心应用较多，一般存放刀具不超过 32 把。

(a)刀具轴线与鼓盘轴线平行

(b)刀具轴线与鼓盘线不平行

图 6－33 鼓盘式刀库

2. 链式刀库

链式刀库是在环形链条上装有许多刀座,链条由链轮驱动。链式刀库适用于刀库容量较大的场合。链式刀库结构有较大的灵活性,存放刀具的数量也较多,选刀和取刀动作十分简单。当链条较长时,可以增加支承链轮数目,使链条折叠回绕,提高空间利用率。一般刀具数量在 30～120 把。常用的链环形式有:单链环式、多单链环式、链条折叠式,如图 6－34所示。

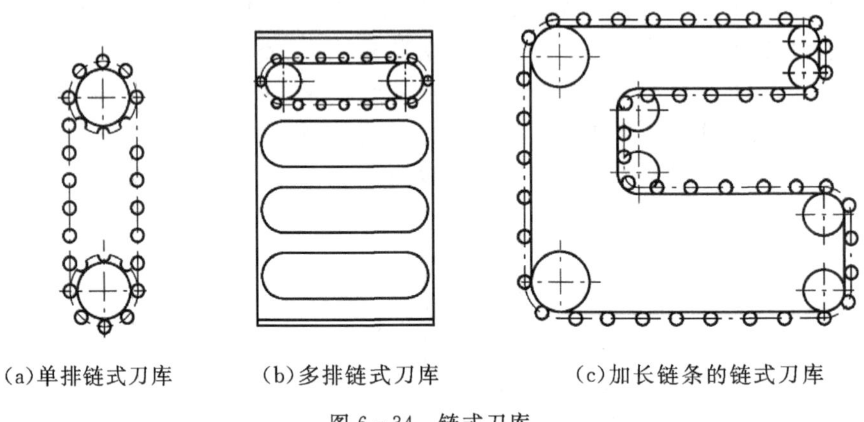

(a)单排链式刀库　(b)多排链式刀库　(c)加长链条的链式刀库

图 6－34　链式刀库

3. 格子盒式刀库

固定型格子盒式刀库,刀具分几排直线排列,有纵、横向移动的机械手,这种刀库具有纵横排列十分整齐的很多格子,每个格子中均有一个刀座,可储存一把刀具,这种刀库可将其单独安置于机床外,由机械手进行选刀及换刀,如图 6－35 所示。这种刀库选刀及取刀动作复杂,应用较少。

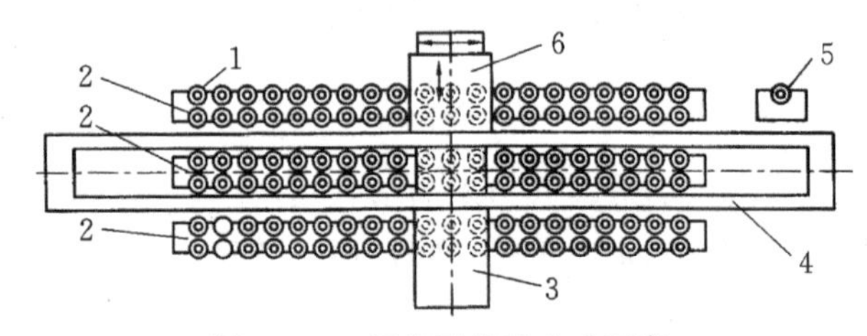

图 6－35　固定型格子盒式刀库

1—刀座;2—刀具固定板架;3—取刀机械手横向导轨;4—取刀机械手纵向导轨;
5—换刀位置刀座;6—换刀机械手

6.2.3　几种典型换刀过程

1. 加工中心机械手换刀

以 JCS－018A 型立式加工中心为例,在机床自动换刀装置中,刀库的回转运动是由直流伺服电动机经蜗杆副驱动实现的。机械手的回转、取刀、装刀机构均由液压系统驱动。该自动换刀装置结构简单,换刀可靠,由于它安装在立柱上,故不影响主轴箱移动精度。随机换刀,采用记忆式的任选换刀方式,每次选刀运动,刀库正转或反转均不超过 180°。

如图 6－36 表达了刀库上刀具、主轴上刀具和机械手的相对位置关系。上一工序加工完毕，主轴处于“准停”位置，由自动换刀装置换刀。其过程如下：

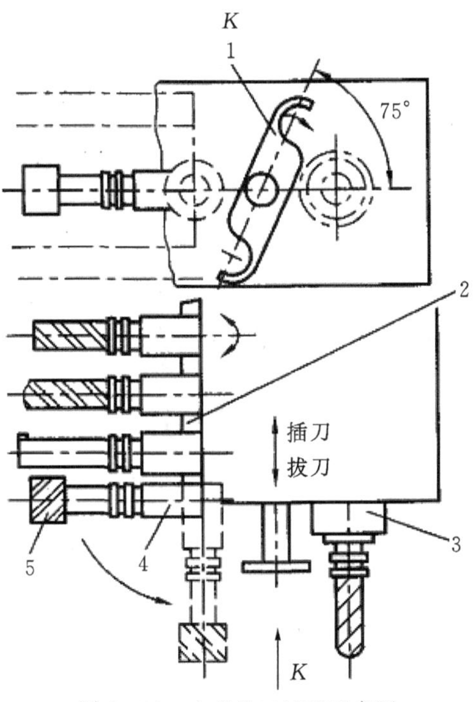

图 6-36 自动换刀过程示意图

1—机械手；2—刀库；3—主轴；4—刀套；5—刀具

(1)刀套下转 90°。本机床的刀库位于立柱左侧，刀具在刀库中的安装方向与主轴垂直。换刀之前，刀库 2 转动将待换刀具 5 送到换刀位置，之后把带有刀具 5 的刀套 4 向下翻转 90°，使得刀具轴线与主轴轴线平行。

(2)机械手转 75°。如 K 向视图所示，在机床切削加工时，机械手 1 的手臂中心线与主轴中心到换刀位置的刀具中心的连线成 75°，该位置为机械手的原始位置。机械手换刀的第一个动作是顺时针转 75°，两手爪分别抓住刀库上和主轴 3 上的刀柄。

(3)刀具松开。机械手抓住主轴刀具的刀柄后，刀具的自动夹紧机构松开刀具。

(4)机械手拔刀。机械手下降，同时拔出两把刀具。

(5)交换两刀具位置。机械手带着两把刀具逆时针转 180°(从 K 向视察)，使主轴刀具与刀库刀具交换位置。

(6)机械手插刀。机械手上升，分别把刀具插入主轴锥孔和刀套中。

(7)刀具夹紧。刀具插入主轴锥孔后，刀具的自动夹紧机构夹紧刀具。

(8)液压缸复位。驱动机械手逆时针转 180°的液压缸复位，机械手无动作。

(9)机械手逆转 75°。机械手逆转 75°，回到原始位置。

(10)刀套上转 90°。刀套带着刀具向上翻转 90°，为下一次选刀做准备。整个换刀过程详解如图 6-37 所示。

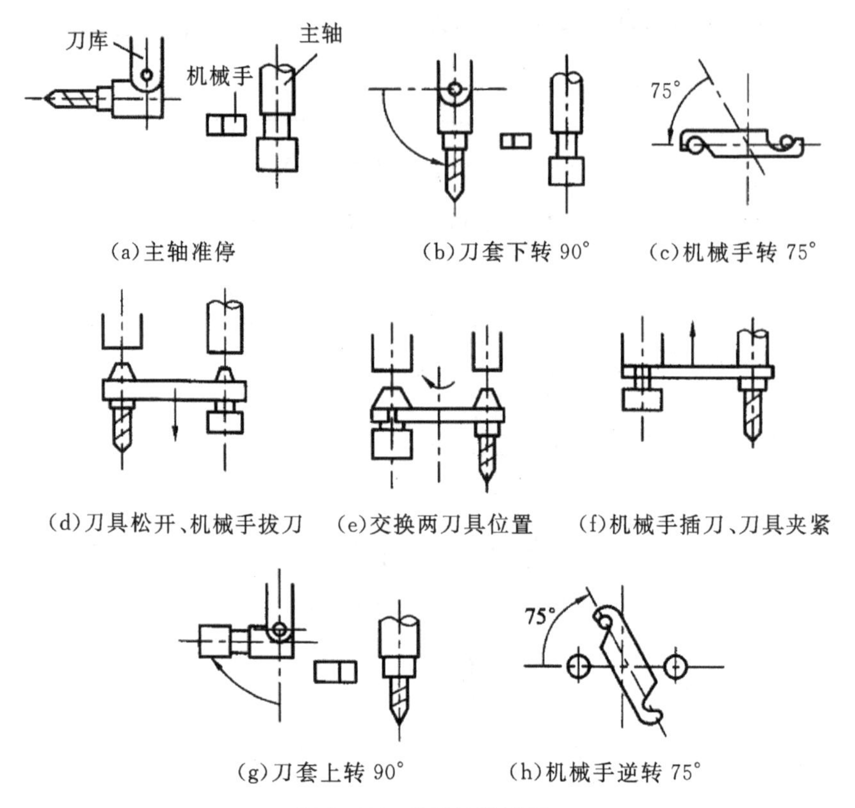

图 6-37　换刀过程详解

加工中心机械手抓刀部分结构如图 6-38，手臂两端各有一个抓手，刀具被带弹簧 1 的活动销和固定爪 5 紧紧抓住。锁紧销 2 被弹簧 3 弹起，使活动销 4 被锁住，不能后退，从而保证了机械手爪运动过程中，手爪中的刀具不会被甩出。当手臂在上方位置从初始位置转过 75°时，锁紧销 2 被挡块压下，活动销 4 就可以活动了，使得机械手可以抓住(或放开)主轴和刀套中的刀具。

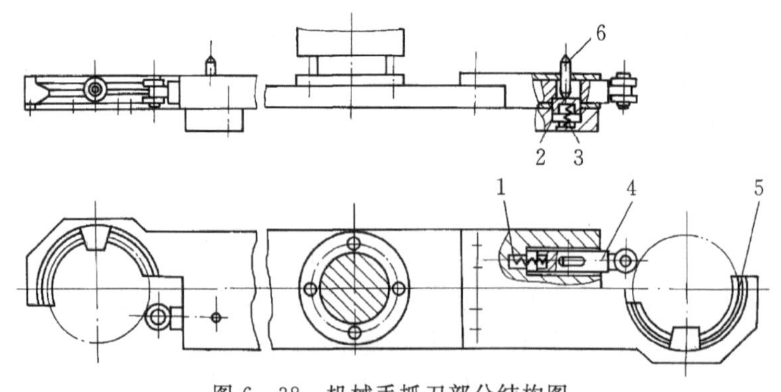

图 6-38　机械手抓刀部分结构图

1、3—弹簧；2—锁紧销；4—活动销；5—固定爪；6—推销

2. 加工中心无机械手换刀

无机械手的加工中心的换刀是通过刀库和主轴箱的配合动作来完成的，一般是采用把刀库放在主轴箱可以运动到的位置，或者是整个刀库或某一刀位能移动到主轴箱可以到达的位

置的办法。刀库中刀具存放位置方向与主轴装刀方向一致。换刀时，主轴运动到刀位上的换刀位置由主轴直接取走或放回刀具。

如图 6-39 所示为卧式加工中心无机械手换刀动作过程。

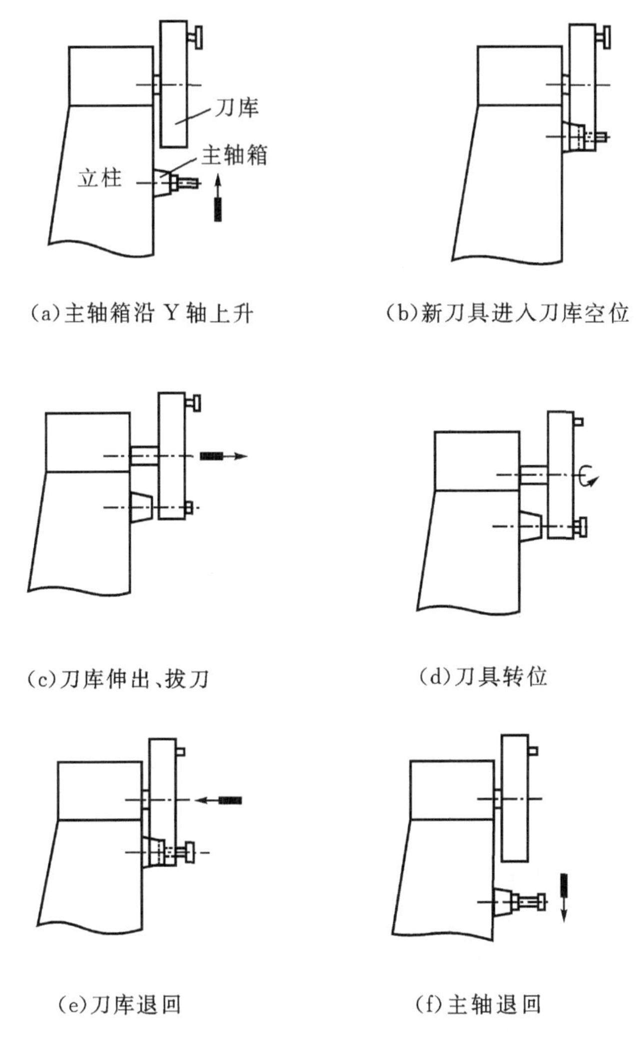

(a)主轴箱沿 Y 轴上升　(b)新刀具进入刀库空位

(c)刀库伸出、拔刀　(d)刀具转位

(e)刀库退回　(f)主轴退回

图 6-39　无机械手换刀动作过程

图 6-39(a)为上工步结束后，主轴准停定位，主轴箱上升；图 6-39(b)为主轴箱上升到顶部换刀位置，刀具进入刀库的交换位置空穴，刀具被刀库上的夹爪固定，主轴上的刀具自动夹紧装置松开；图 6-39(c)为刀库前移从主轴孔中把要更换的刀具拔出；图 6-39(d)为刀库转位，根据程序把下一工序要用的刀具转到换刀位置。同时主轴孔清洁装置清洁主轴上的刀具孔；图 6-39(e)为刀库后退，把需要的刀具插入主轴孔，主轴上的刀具夹紧装置把刀具夹紧；图 6-39(f)为主轴箱下降到工作位置，开始进行下一步工作。

无机械手换刀装置的优点是结构简单、成本低、换刀可靠性也较高。其缺点是由于结构所限，刀库的容量不多，且换刀时间较长，一般需要 10～20s。因此，多为中、小型加工中心采用。

【任务实施】

一、教学组织实施建议(表6-3)

表6-3　教学组织实施

内容	方法	媒体	教学阶段
布置任务、分组	现场教学法	加工中心、教材、PPT、网络	明确任务
教师现场演示,学生分组动手操作,并做记录;教师巡视并解答疑问	现场教学法、小组合作法、头脑风暴法	加工中心	实施任务
小组讨论 自我评价和总结	小组合作法、头脑风暴法	实训任务书	学生汇报展示
教师进行点评,总结本学习情境的学习效果	小组合作法、头脑风暴法	PPT	总结
场地清洁、加工中心擦拭、维护	小组合作法	加工中心	清扫实验室

【实训任务书】(表6-4)

表6-4　任务实施表

<table>
<tr><td colspan="2">机床型号</td><td colspan="2">学生姓名</td><td colspan="2">实训地点</td><td>实训时间</td></tr>
<tr><td colspan="2"></td><td colspan="2"></td><td colspan="2"></td><td></td></tr>
<tr><td colspan="4">1. 本次实训采用加工中心刀库形式</td><td colspan="3">叙述其特点</td></tr>
<tr><td colspan="4"></td><td colspan="3"></td></tr>
<tr><td colspan="3">2. 无机械手换刀简图</td><td colspan="3">无机械手换刀过程描述</td><td>无机械手换刀特点</td></tr>
<tr><td colspan="3"></td><td colspan="3"></td><td></td></tr>
<tr><td colspan="3">3. 机械手换刀过程描述</td><td colspan="3">机械手换刀动作过程</td><td>机械手换刀特点</td></tr>
<tr><td colspan="3"></td><td colspan="3"></td><td></td></tr>
<tr><td colspan="7">4. 刀库简易维修与保养:</td></tr>
</table>

【教学评价】(见附录C)

【学后感言】

【思考与练习】

一、填空题

1. 第一台加工中心是________年由________国首先研制成功的。
2. 加工中心按换刀形式分类可分为带刀库机械手的加工中心、________________和转塔刀库式加工中心。
3. 加工中心的刀库形式很多，最常用的有鼓盘式刀库、________________和格子盒式刀库。
4. 无机械手换刀的加工中心，通过________________之间的相对运动来完成刀具的交换，而有机械手换刀的加工中心，通过________________之间的相对运动来实现刀具的交换。

二、选择题

1. 数控回转工作台能实现(　　)运动。

   A. 径向进给　　B. 轴向进给　　C. 圆周进给　　D. 圆周和径向进给
2. 数控机床如长期不用时最重要的日常维护工作是(　　)。

   A. 清洁　　B. 干燥　　C. 通电
3. 盘式刀库沿轴线方向移动动作由(　　)来实现。

   A. 液压缸　　B. 气缸　　C. 电气方式　　D. 机械方式
4. 分度工作台常用的定位方式有(　　)。

   A. 螺母定位式　　B. 齿盘定位　　C. 鼠牙盘定位　　D. 定位销定位
5. 分度工作台的传动装置——齿条活塞，其动力可来自(　　)。

   A. 液压马达　　B. 气缸　　C. 液压缸中的液压油　D. 气动泵

三、判断题

1. 鼓盘式刀库一般存放刀具较少，而链式刀库存放刀具较多适用于刀具容量较大的场合。(　　)
2. 加工中心与数控铣床最大的区别是带有刀库和自动换刀装置。(　　)
3. 卧式加工中心与立式加工中心比较，卧式加工中心排屑较困难，但占地面积小，价格便宜。(　　)
4. 链式刀库的刀具容量没有盘式刀库大。(　　)

四、简答题

1. 说明 JCS－018 型立式加工中心的传动系统。
2. 说明 JCS－018 型自动换刀装置的结构组成、功能及特点。
3. 自动换刀装置有哪几种形式？各有何特点？
4. 简述机械手类型、特点及适应范围。
5. 主轴为何需要“准停”？如何实现“准停”？
6. 刀库有哪几种形式？各适用于什么场合？

项目七　特种加工机床的认知

【学习目标】

(一)知识目标

(1)理解电火花加工原理、特点及在模具制造中的应用。

(2)掌握数控电火花线切割机床的组成、各部分的功用和主要结构。

(3)掌握数控电火花机床机械传动系统及装置。

(4)了解数控压力机、数控激光机、数控火焰等离子切割机等的主要组成、传动系统及工作原理。

(二)技能目标

(1)会讲解数控电火花机床的组成、各部分的功用和主要结构。

(2)会讲解数控电火花线切割机床的组成、各部分的功用和主要结构。

【工作任务】

任务 7.1　数控电火花机床的认知

任务 7.2　数控线切割机床的认知

任务 7.3　数控压力机与数控折弯机的认知

任务 7.4　数控热切割机床的认知

任务 7.1　数控电火花机床的认知

【知识准备】

7.1.1　特种加工的产生及发展

1943 年,前苏联拉扎林柯夫妇在研究开关触点遭受火花放电腐蚀损坏的现象和原因的过程中,发现电火花的瞬时高温可使局部金属熔化甚至气化而被蚀除掉,因而发明了电火花加工方法。至此,人们初次脱离了传统加工的旧导轨、利用电能、热能,在不产生切削力的情况下,以低于工件金属硬度的工具去除工件上多余的部位,成功地获得了“以柔克刚”的技术效果。后来,由于各种先进技术的不断应用,产生了多种有别于传统机械加工的新加工方法。这些新加工方法从广义上定义为特种加工(NTM, Non-Traditional Machining),也被称为非传统加工技术。特种加工就是应用物理(力、热、声、光、电)或化学的方法,对具有特殊要求(如高精度)或特殊加工对象(如难加工的材料、形状复杂或尺寸特微小的材料、刚度极低的材料)进行加工的手段。

这里指出几点:

(1)某些产品,如高压液压活门、航空陀螺、精密光学透镜,其尺寸精度要求到0.1μm,表面粗糙度 R_a 达到0.01μm。

(2)某些材料,如钛合金、硬质合金、耐热不锈钢、淬火工具钢、金刚石、陶瓷、玻璃、锗、硅等,其特点是高硬度、高强度、高脆性,或高韧性、高熔点、高纯度。

(3)某些产品,如各种模具的立体型面、喷气涡轮机叶片、特殊断面形状的微孔以及狭缝的加工,其特点是结构特殊、形状复杂或尺寸微小。

(4)某些产品,如细长和薄壁工件、弹性元件,其特点是刚度极低。

对于上述产品或材料的加工,应用传统的切削加工方法难以实现,正是在这种情况下,特种加工发展起来。

7.1.2　特种加工的特点

特种加工与传统切削(或磨)加工的本质区别在于应用加工的能量形式不同。传统切削加工依靠机械能并通过其刀具实现,而特种加工可能用机械能或其他形式的能,且不一定要通过刀具来实现。这就决定了特种加工具备以下特点。

1)不用机械能,与加工对象的机械性能无关

有些特种加工方法,如激光加工、电火花加工、等离子弧加工、电化学加工等,是利用热能、化学能、电化学能,这些加工方法与工件的硬度、强度等机械性能无关,故可加工各种高强度、高硬度材料。

2)非接触加工,不一定需要工具

有些特种加工不需要工具,有的虽使用工具,但与工件不接触,因此,工件不承受大的作用力,工具硬度可低于工件硬度,故使刚度极低元件及弹性元件得以加工。

3)微细加工,工件表面质量高

有些特种加工,如超声、电化学、水喷射、磨料流等,加工余量的去除大都是微细加工,故不仅可加工尺寸微小的孔或狭缝,还能获得高精度、极低粗糙度的加工表面。

4)简单进给运动,加工复杂型面工件

有些特种加工,仅需简单的进给运动,即可加工出复杂的型面。

7.1.3　特种加工待解决的问题

特种加工是20世纪40年代以后才发展起来的新技术,虽然已解决了传统切削(或磨)加工难以加工的许多问题,在提高产品质量、生产效率和经济效益上显示出很大的优越性,但目前它还存在不少有待解决的问题。

1)加工机理、参数选择及稳定性

不少特种加工的机理(如超声、激光等加工)还不十分清楚,其工艺参数选择、加工过程的稳定性均需进一步提高。

2)废液、废气处理

有些特种加工(如电化学加工)加工过程中的废液、废气若排放不当,会产生环境污染,影响工人健康。

3)加工精度及生产率

有些特种加工(如快速成形、等离子弧加工等)的加工精度及生产率有待提高。

4)经济性

有些特种加工(如激光加工)所需设备投资大、使用维修费高,亦有待进一步解决。

尽管特种加工有上述欠缺,但已成为制造业中不可缺少的一部分,且特种加工中各项技术均处于迅速发展中,必将不断完善并扮演着重要角色。

7.1.4 电火花加工概述

1. 电火花加工原理

电火花加工方法可用软的工具加工任何硬度的金属材料。工程上常用易加工、导电性好、熔点较高的石墨、铜、铜钨合金和铝等耐电蚀材料做工具电极。如图 7-1 所示为最简单的数控电火花加工机床原理图。工具电极和工件分别接脉冲电源的负、正两极,浸入工作液中,计算机数控系统控制工具电极向工件进给,当间隙达到一定值时,两极上施加的脉冲电压将间隙中的工作液击穿,产生火花放电,在放电的微细通道中,瞬时集中大量的热量,温度可达10000℃以上,压力也急剧变化,从而使工件表面局面金属立刻熔化、气化,并爆炸式地飞溅到工作液中,迅速冷凝成金属微粒,被工作液带走。这时在工件表面则留下一个微细的凹坑痕迹,放电短暂停歇,两电极间工作液恢复绝缘状态。紧接着,下一个脉冲电压又在两电极相对接近的另一点处击穿,产生火花放电。重复上述过程,电极不断下降,金属表面也不断被蚀除,这样电极的轮廓形状便可复印在工件上而达到加工的目的。只要改变工具电极的形状和工具电极与工件之间的相对运动方式就能加工出各种复杂的型面。

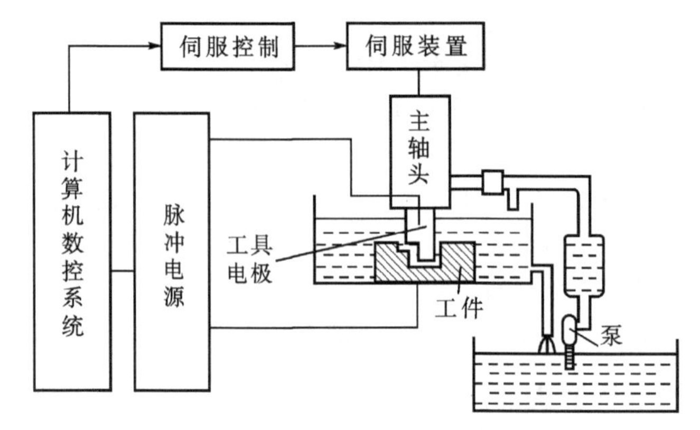

图 7-1 数控电火花加工机床原理图

2. 电火花加工特点

(1)由于电火花加工是基于脉冲放电时的蚀除原理,其脉冲放电的能量密度很高,因而可以加工任何硬、脆、韧、软、高熔点的导电材料。此外,在一定条件下还可以加工半导体材料和非导电材料。

(2)加工时,工具电极与工件材料不接触,有利于小孔、薄壁、窄槽以及各种复杂截面的型孔、曲线孔、型腔等的加工,也适合于精密细微加工。

(3)当脉冲放电的持续时间很短时,放电时所产生的热量来不及传散,可以减小材料被加工表面热影响层,提高材料加工后的表面质量,同时,还适合于加工热敏感性较强的材料。

(4)脉冲参数可以在一个较大的范围内调节,可以在同一台机床上连续进行粗、半精及精加工。精加工时精度一般为 0.01mm,表面粗糙度 R_a 为 0.63～1.25μm;微精加工时精度可达 0.002～0.004mm,表面粗糙度 R_a 为 0.04～0.16μm。

(5)直接利用电能进行加工,便于实现自动化。

其不足之处是加工效率较低、工具电极也有损耗、影响尺寸加工的精度等。

3. 电火花加工在模具制造中的应用

自从电火花加工发明以来,它在金属加工领域已成为不可缺少的加工工艺之一。而首先获得大量使用的就是模具制造行业,最初是冲裁模的加工,后来在成形模具的加工方面也得到广泛的使用,例如锻模,它的70%的工作量可由电火花加工来完成。

电火花加工在模具制造中的应用,主要有以下几个方面。

1)加工各种模具零件的型孔

如冲裁模、复合模、连续模等各种冲模的凹模;凹凸模、固定板、卸料板等零件的型孔;拉丝模、拉深模等具有复杂型孔的零件等。

2)加工复杂形状的型腔

如锻模、塑料模、压铸模、橡皮模等各种模具的型腔加工。

3)加工小孔

对各种圆形、异形孔的加工(可达 ϕ0.1mm),如线切割的穿丝孔、喷丝板型孔等。

4)电火花磨削

如对淬硬钢件、硬质合金工件进行平面磨削、内外圆磨削、坐标孔磨削以及成形磨削等。

5)强化金属表面

如对凸模和凹模进行电火花强化处理后,可提高耐用度。

6)其他加工

如刻文字、花纹、电火花攻螺纹等。

7.1.5 数控电火花机床

1. 电火花加工机床的型号

20世纪60、70年代,晶体管脉冲电源还没有广泛使用,我国早期生产的电火花穿孔加工机床(采用RC、PLC和电子管、闸流管等窄脉冲电源)和电火花成型加工机床(采用长脉冲发电机电源)分别命名为D61系列(如D6125、D6135、D6140型等)和D55系列(如D5540、D5570型等)。20世纪80年代大量采用晶体管脉冲电源,电火花加工机床既可用作穿孔加工,又可用作成型加工,因此,1985年起国家把电火花穿孔成型加工机床定名为D71系列,其型号表示方法如下:

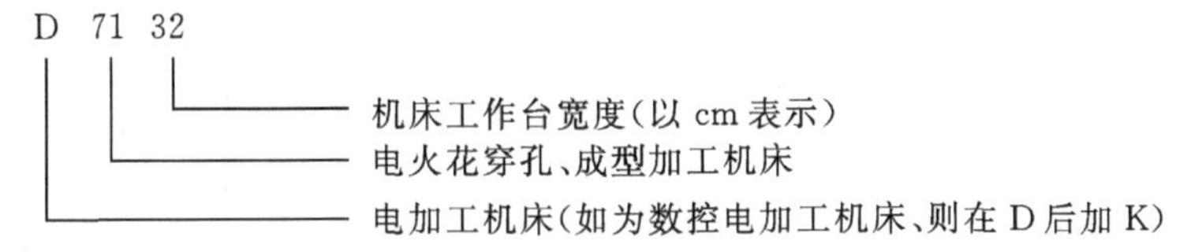

2. 电火花加工机床的分类

电火花穿孔、成型加工机床按其大小可分为小型(D7125以下)、中型(D7125～D7163)和大型(D7163以上);按数控程度可分为非数控、单轴数控或三轴数控型;按精度等级可分为标准精度型和高精度型;按工具电极的伺服进给系统的类型可分为液压进给、步进电机进给、直流或交流伺服电动机进给驱动等类型。随着模具工业的需要,国外已经大批生产微机三坐标数字控制的电火花加工机床,以及带工具电极库能按程序自动更换电极的电火花加工中心。我国汉川机床厂和少数中外合资厂也已研制、生产出三坐标微机数控电火花加工机床。

目前国产电火花机床的型号命名往往加上本厂厂名拼音代号及其他代号，如汉川机床厂加 HC，北京凝华实业公司加 NH 等，中外合资及外资厂的型号更不统一，采用其自定的型号系列表示方法。

3. 电火花穿孔成型加工机床基本组成

电火花成型机床一般由机床主体、脉冲电源、工作液系统、自动控制系统组成，如图 7－2 所示。机床主体包括床身、主轴头、工作台和工作液槽等。电极被安装在主轴头上，由自动控制系统控制主轴头进行上、下运动。工件被安装在位于工作液槽内的工作台上，随工作台前后、左右移动。

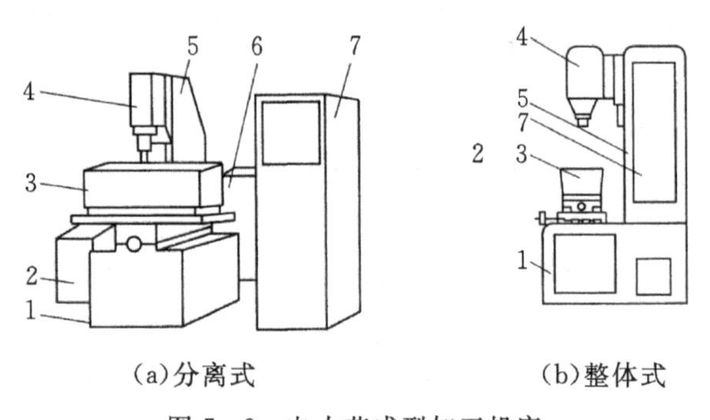

(a)分离式　　(b)整体式

图 7－2　电火花成型加工机床

1—床身；2—液压油箱；3—工作液槽；4—主轴头；5—立柱；6—工作液箱；7—电源箱

下面介绍一下电火花成型机床主要部件结构：

1)主轴头

主轴头是电火花成型机床中关键的部件，是自动调节系统中的执行机构，它上面安装电极(即工具)。对主轴头的要求是：结构简单，传动链短，传动间隙小，热变形小，具有足够得精度和刚度，以适应自动调节系统的惯性小、灵敏度好、能承受一定负载的要求。主轴头主要由进给系统、导向防扭机构、电极装夹及其调节环节组成。其中伺服进给机构保证电极不断地、及时地进给以维持所需的放电间隙。现在电火花机床中多采用电—机械式主轴头。它的传动链短，可由电动机直接带动进给丝杠，主轴头的导轨可采用矩形滚柱或滚针导轨。

图 7－3 是主轴伺服进给系统的结构示意图，从图中可以看出，该伺服系统有下面这样几部分组成：控制系统(CNC 系统)、伺服驱动系统、执行装置和反馈装置等组成。

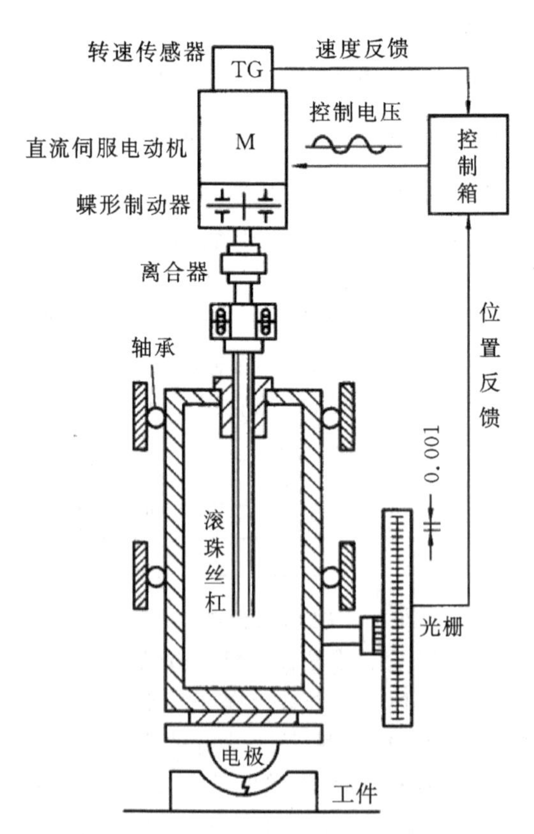

图 7－3　电火花机床主轴伺服进给机构

其工作原理是:CNC 系统根据输入程序经过运算后发出指令,信号经过放大驱动直流伺服电动机,带动滚珠丝杠副运动,此时制动器自动放开,主轴作上下伺服运动。同时主轴的旋转速度及主轴的上下升降位移通过安装在主轴上的速度传感器传递给 CNC 系统,与程序要求的理论速度及位移进行比较,由比较的结果决定主轴的旋转速度的大小和位移走向,从而保证工具电极和工件之间的合适的放电间隙。

当在任何位置切断主轴伺服主回路电源时,与滚珠丝杠副直联的电磁制动器将同时断电,依靠制动器内的弹簧力进行位移而产生制动作用。确保主轴位移与指令要求在任意位置一致。

2)平动头

平动头是电火花加工机床最重要的主轴头附件,也是实现单电极型腔电火花加工所必备的工艺装备。在加工大间隙冷冲模和零件上的异形孔等方面,平动头也经常得到应用。

(1)平动头的作用　电火花加工时粗加工的火花间隙比中加工的要大,而中加工的火花间隙比精加工的又要大一些。当用一个电极进行粗加工,将工件的大部分余量蚀除掉后,其底面和侧壁四周的表面粗糙度值很大,为了将其修光,就得转换规准逐挡进行修整,如图 7-4 所示。由于后挡规准的放电间隙比前一挡小,对工件底面可通过主轴进给进行修光,而四周侧壁就无法修光了。而平动头就是为解决修光侧壁和提高其尺寸精度而设计的。

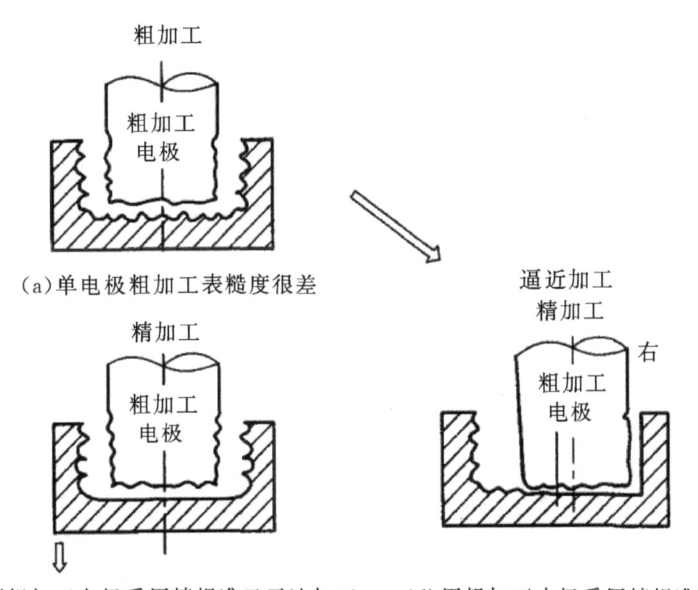

(a)单电极粗加工表糙度很差

(b)用粗加工电极采用精规准已无法加工　(d)用粗加工电极采用精规准平动加工

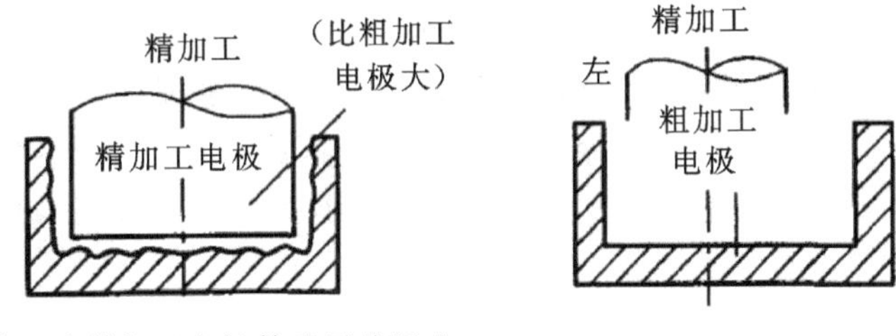

(c)更换一个精加工电极并采用精规准

图 7-4　普通加工与平动加工的比较

(2)对平动头的技术要求。

① 精度高,刚性好 在最大偏心量平动时,椭圆度允差要求<0.01mm,其回转平面与主轴头进给轴线的不垂直度要求<0.01/100mm,其扭摆允差要求<0.01/100mm,最小偏心量(即回零精度)要求<0.02mm。平动头在承受一定的电极质量和冲油压力等外力作用下,变形应小,还要保证各项精度要求。

② 调偏心量方便 最好能微量调节偏心量,能在加工过程中不停机调节。

③ 平动回转速度可调,方向可变中规准 $n=10\sim100$r/min,精规准 $n=30\sim120$r/min。

④ 结构简单,体积小,质量小,便于制造和维修保养。

(3)平动头间隙补偿原理 平动头的动作原理是:利用偏心机构,将伺服电动机的旋转运动通过平动轨迹保持机构,转化成电极上每一个质点都能围绕其原始位置在水平面内作平面小圆周运动,许多小圆的外包络线就形成加工表面,如图 7-5 所示。其运动半径 Δ 通过调节可由零逐步扩大,以补偿粗、中、精加工的火花放电间隙 δ 之差,从而达到修光型腔的目的。其中每个质点运动轨迹半径就称为平动量。

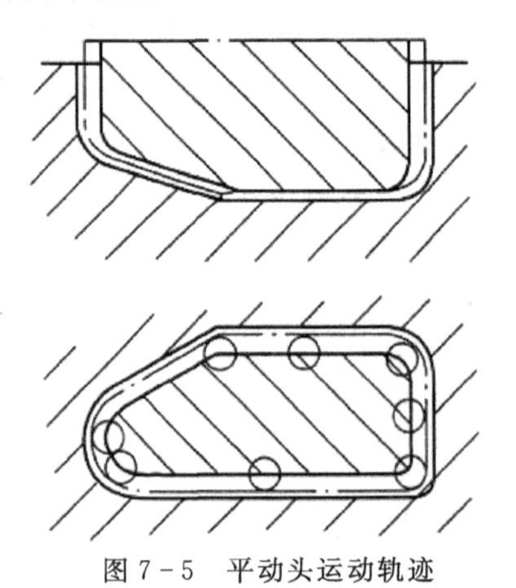

图 7-5 平动头运动轨迹

(4)平动头的结构 平动头常见的结构形式有停机手动调偏心量平动头、不停机调偏心量平动头和数控平动头。一般平动头由两部分构成:电动机驱动的偏心机构及平动轨迹保持机构。

图 7-6 是停机手动调偏心量平动头结构示意图。整个装置通过壳体 8 用螺钉固定在主轴头上。电极的平面圆周平移动作是由平动头的旋转副和平面圆周平移机构来完成的。当加工间隙的电压信号使伺服电动机 20 转动时,可通过一对蜗杆 10、蜗轮 9 带动偏心套 11 转动,蜗轮与偏心套之间由键连接。螺母 7 将偏心轴 13 在某一角度上与偏心套锁紧在一起共同旋转。支承板 12 通过向心球轴承与偏心轴相连,又通过推力轴承在与壳体相接的圆盘上,并与其有较大的径向间隙。支承板与链片的轴 23 连接,轴 23 另一端通过链片 19、轴 22 与过渡板 18 连接。轴 21 一端与壳体连接,另一端通过链片 19,轴 22 与过渡板连接,从而构成四杆机构。当偏心轴旋转时,支承板 12 由于受到四杆机构的约束而给定偏心量的平面圆周作平移运动。

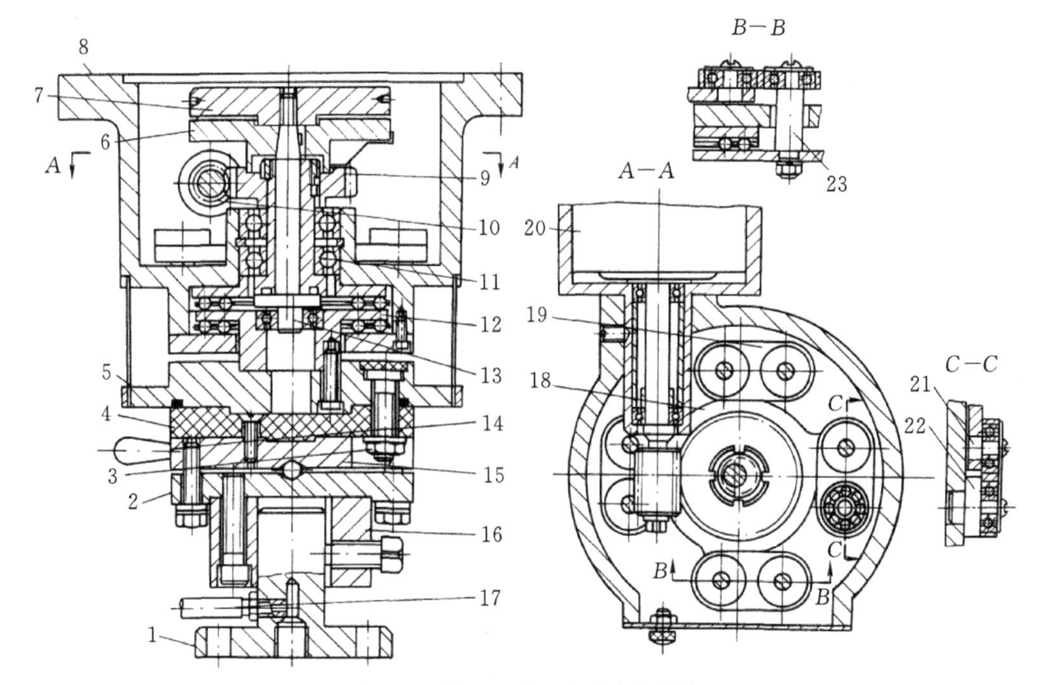

图 7-6　停机调偏心量平动头结构

1—电极柄；2、5、15—法兰；3、7—螺母；4—绝缘板；6—刻度盘；8—壳体；9—蜗轮；10—蜗杆；11—偏心套；12—支承板；13—偏心轴；14—手柄；16—钳口体；17—油管；18—过渡板；19—链片；20—伺服电动机；21、22、23—轴

偏心量的调节机构是由偏心轴 13、偏心套 11、刻度盘 6 及螺母 7 等组成。偏心轴与偏心套的偏心量相等($\delta_1=\delta_2=1$)，调节偏心量时可将螺母 7 松开，脱开轴与套的摩擦力，再旋转刻度盘 6，通过键带动偏心轴使它相对偏心套转过一个角度 α，该角度可通过与蜗轮 9 连接的指针在刻度盘上指示的角度值读出。当两个偏心的方向重合(即 $\alpha=0°$)，则偏心量为 0；当两个偏心的方向相反(即 $\alpha=180°$)，则偏心量最大且为两个偏心之和。在调节得到所需的适当偏心量之后，须将螺母锁紧。加工时还可继续调节偏心量，即可得到所需的旋转轨迹半径，从而实现工具电极的侧向进给。

不停机调偏心量平动头主体部分的结构及工作原理与停机手动调偏心量平动基本相同，所不同的是偏心量调节部分，如图 7-7 所示，转动手轮 4 由螺旋蜗杆 5 带动螺旋蜗杆 17 旋转，而使螺杆 19 产生升降，并带动偏心套 15 同时升降。由于在偏心轴上开有螺旋槽，偏心套上的顶丝即插在螺旋槽内。因此，当偏心套 15 升降时，迫使偏心轴 14 产生相对转角，从而进行偏心量的调节。

数控平动头的结构如图 7-8 所示，由数控装置和平动头两部分组成。当数控装置的工作脉冲送到 X、Y 两方向的步进电动机时，丝杠和螺母就相对移动，使中间溜板和下溜板按给定轨迹作平动。平动时，相对运动由上、下两组圆柱滚珠导轨支承，可保证较高精度和刚度。

3)油杯

油杯是实现工作液冲油或抽油强迫循环的一个主要附件。工件置于其上并一起置于工作液槽中。油杯侧壁和底边上开有冲油和抽油孔，如图 7-9 所示。在放电电极间隙冲油或抽油，可使电蚀产物及时排出。因此油杯的结构好坏，对加工效果有很大影响。

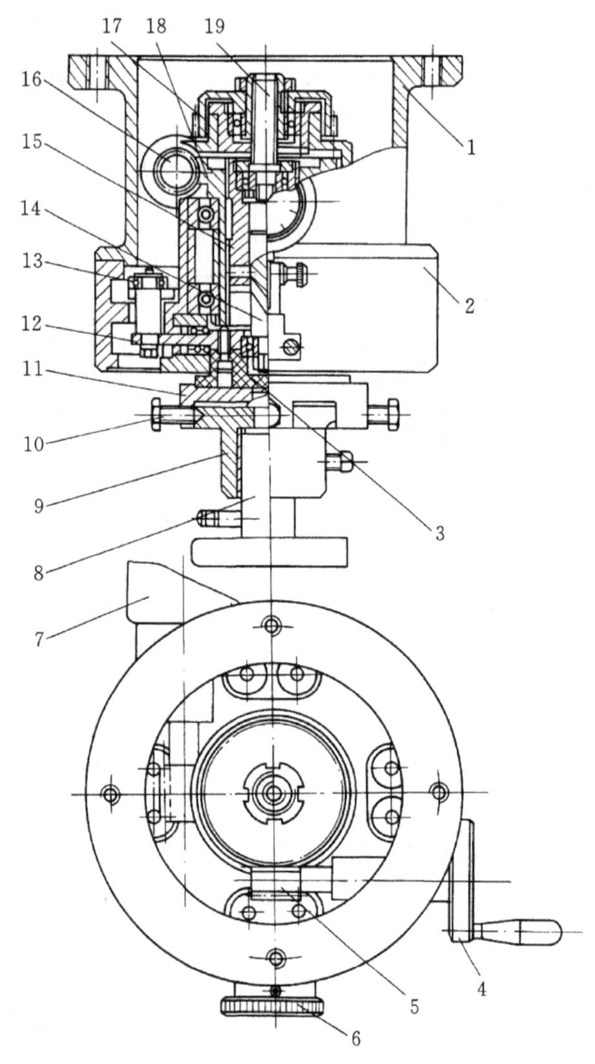

图 7-7 不停机调偏心量平动头结构

1、2—壳体；3—绝缘垫板；4—手轮；5—螺纹齿轮；6—百分表；7—伺服电动机；8、9—工具电极夹头；10—螺钉；11—夹盘；12—支承板；13—连接板；14—偏心轴；15—偏心套；16—蜗杆；17—螺旋蜗轮；18—蜗轮；19—螺杆

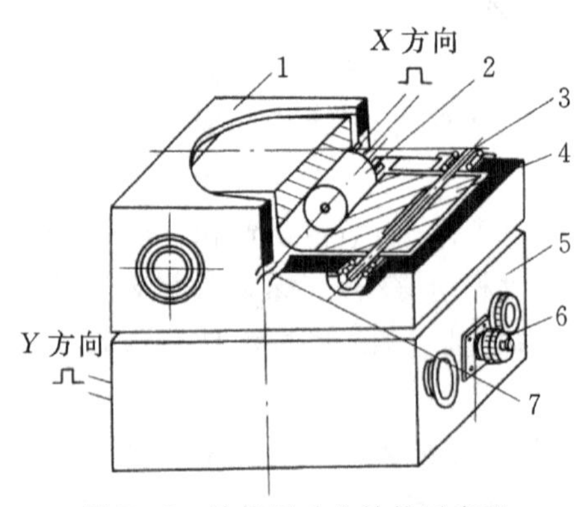

图 7-8 数控平动头结构示意图

1—上溜板；2—步进电动机；3—圆柱滚珠导轨；4—中间溜板；5—下溜板；6—刻度端盖；7—丝杠、螺母

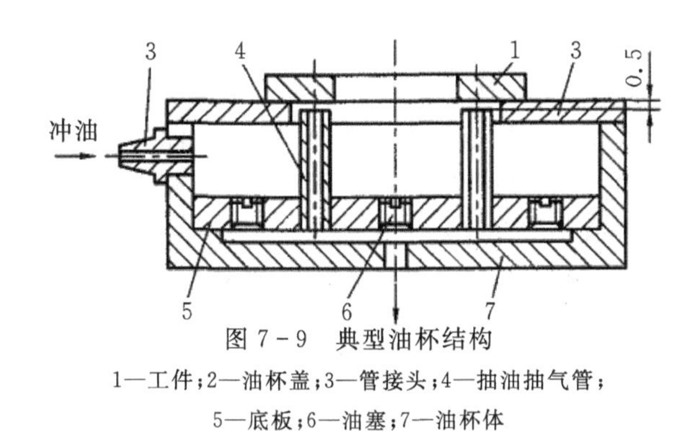

图 7-9　典型油杯结构

1—工件；2—油杯盖；3—管接头；4—抽油抽气管；
5—底板；6—油塞；7—油杯体

4)工作液系统

电火花加工是在液体介质中进行的，工作液循环系统是电火花加工机床不可缺少的部分。工作液通过工作液循环系统能保持工作液的清洁和良好的绝缘性，使每个脉冲放电结束后迅速消除电离，恢复绝缘状态，避免电弧现象的发生。并且能够根据加工的需要，采用适当的强迫循环方式(冲油或抽油)，及时带走电蚀产物及加工热量，保证加工的顺利进行。

工作液液压系统如图 7-10 所示。它既能冲油，又可抽油。储油箱的工作液首先经粗过滤器 1、单向阀 2 吸入液压泵 3，这是高压油经过不同形式的精过滤器 7 输向机床工作液槽，液流安全阀 5 控制系统的压力不超过 400kPa，快速进油控制阀 10 供快速进油用，待油注满油箱时，可及时调节冲油选择阀 13，由阀 9 来控制工作液循环方式及压力，当阀 13 在冲油位置时，补油和抽油都不通，这时油杯中油的压力由阀 9 控制。当阀 13 在抽油位置时，补油和抽油两路都通，这时压力工作液穿过射流抽吸管 12，利用流体速度产生负压，达到实现抽油的目的。

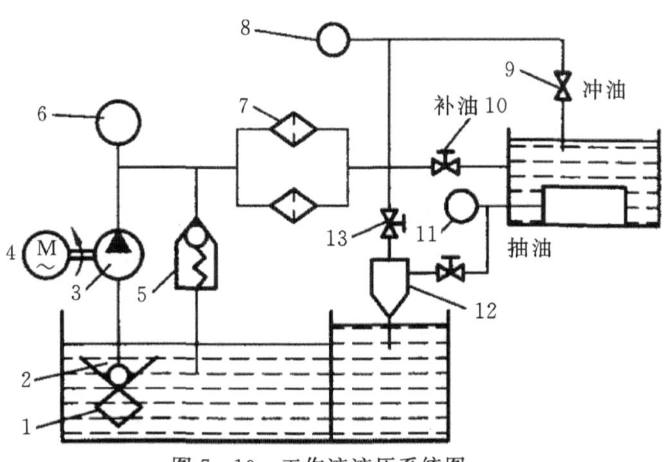

图 7-10　工作液液压系统图

1—粗过滤器；2—单向阀；3—涡旋泵；4—电动机；5—安全阀；6—压力表；
7—精过滤器；8—冲油压力表；9—压力调节阀；10—快速进油控制阀；
11—抽油压力表；12—射流抽吸管；13—冲油选择阀

4. 电火花机床的数控系统及技术参数

(1)数控系统　电火花加工数控机床有 X、Y、Z 三个坐标轴方向的移动和绕这三个坐标轴的转动。电火花机床数控系统有单轴数控系统和多轴数控系统。作为单轴数控系统，主要控制主轴的伺服进给运动；而多轴数控系统，可以实现工具电极和工件之间复杂的相对运动，如摇动，满足各种模具的加工要求。

(2)机床主要技术参数 电火花成型加工机床的主要技术参数通常包括工作台纵横向行程、主轴伺服行程、最大工件质量、最大电极质量、X 和 Y 坐标读数精度、最大加工电流、最大电源功率、最大生产率、最小电极损耗和所能达到的表面粗糙度等。现列举如表 7-1 所示。其他规格的机床可查相关手册或产品样本。

表 7-1 电火花成型加工设备主要参数

机床型号	工作台纵、横行程/mm×mm	主轴伺服行程/mm	最大工件质量/kg	最大电极质量/kg	X、Y 坐标读数精度/mm	最大加工电流/A	最大电源功率/kW	最大生产率/mm^3r^{-1}	最小电极损耗/%	表面粗糙度值/$R_a\mu m^{-1}$
DM7140	300×200	250	600	100	±0.01	100	8	850	<1	1.25
DM7180	1000×700	300	1000	300	±0.01	200	10	2000	<0.3	0.63

【任务实施】(表 7-2)

表 7-2 数控电火花加工任务实施表

内 容	方 法	媒 体	教学阶段
通过引导文引入学习情境，学习有关数控电火花机床结构专业知识	引导文法；学生自主学习法	数控电火花机床、教材、PPT、网络	明确任务
学生分组学习、讨论——拆去机床外壳，观察并记录该机床的组成，及时填写实训报告单；教师巡视并解答疑问	引导文法、小组合作法、头脑风暴法	数控电火花机床、PPT、网络	实施任务
小组讨论、汇报 自我评价和总结	小组合作法、头脑风暴法	计算机 实训任务书	学生汇报展示
教师进行点评，总结本学习情境的学习效果	小组合作法、头脑风暴法	PPT	总结
清理工具和场地	小组合作法	数控电火花机床	清扫实训室

【实训任务书】

1. 写出本次实训学习体会或收获，记录学习问题。
2. 拆开机床外壳，记录其组成、部件名称及功能，画出示意图。
3. 填写下表。(表 7-3)

表 7-3　数控电火花机床结构观察认知实训

<table>
<tr><td colspan="5">1. 本次实训所观察的数控电火花加工机床名称：________、________、________
机床设备型号：________、________、________</td></tr>
<tr><td colspan="5">2. 描述设备的观察内容</td></tr>
<tr><td>序号</td><td colspan="2">观察的设备 1</td><td>序号</td><td>观察的设备 2</td></tr>
<tr><td>①</td><td colspan="2"></td><td>①</td><td></td></tr>
<tr><td>②</td><td colspan="2"></td><td>②</td><td></td></tr>
<tr><td>③</td><td colspan="2"></td><td>③</td><td></td></tr>
<tr><td colspan="5">3. 描述观察特种加工机床时的步骤</td></tr>
<tr><td>序号</td><td colspan="2">观察的设备 1</td><td>序号</td><td>观察的设备 2</td></tr>
<tr><td>①</td><td colspan="2"></td><td>①</td><td></td></tr>
<tr><td>②</td><td colspan="2"></td><td>②</td><td></td></tr>
<tr><td>③</td><td colspan="2"></td><td>③</td><td></td></tr>
<tr><td colspan="5">4. 简述所观察设备的结构与组成及各部分的主要功能</td></tr>
<tr><td rowspan="2">序号</td><td colspan="2">观察的设备 1</td><td colspan="2">观察的设备 2</td></tr>
<tr><td>设备观察部分</td><td>该部分的主要功能</td><td>设备的观察部分</td><td>该部分的主要功能</td></tr>
<tr><td>①</td><td></td><td></td><td></td><td></td></tr>
<tr><td>②</td><td></td><td></td><td></td><td></td></tr>
<tr><td>③</td><td></td><td></td><td></td><td></td></tr>
<tr><td colspan="5">5. 小结</td></tr>
</table>

任务 7.2　数控线切割机床的认知

【知识准备】

电火花线切割加工是在电火花加工基础上于 20 世纪 50 年代末发展起来的一种新的工艺形式，是用线状电极（钼丝或铜丝）靠火花放电对工件进行切割，故称为电火花线切割，简称为线切割。它已获得广泛的应用，目前国内外的线切割机床已占电加工机床的 60%以上。

7.2.1　电火花线切割加工的原理

电火花线切割加工的基本原理是利用移动的细金属导线（铜丝或钼丝）作电极，对工件进行脉冲火花放电、切割成形。

根据电极丝的运行速度，电火花线切割机床通常分为两大类：一类是高速走丝电火花线切割机床，这类机床的电极丝作高速往复运动，一般走丝速度为 8～10m/s，这是我国生产和使用的主要机种，也是我国独创的电火花线切割加工模式；另一类是低速走丝电火花线切割机床，这类机床的电极丝作低速单向运动，一般走丝速度低于 0.2m/s，这是国外使用的主要机种。

图 7-11(a)、(b)为高速走丝电火花线切割工艺及装置的示意图。利用细钼丝 4 作工具

电极进行切割,贮丝筒7使钼丝作正反向交替移动,加工能源由脉动电源3供给。在电极丝和工件之间浇注工作液介质,工作台在水平面两个坐标方向各自按预定的控制程序并根据火花间隙状态作伺服进给移动,从而合成各种曲线轨迹,使工件切割成形。

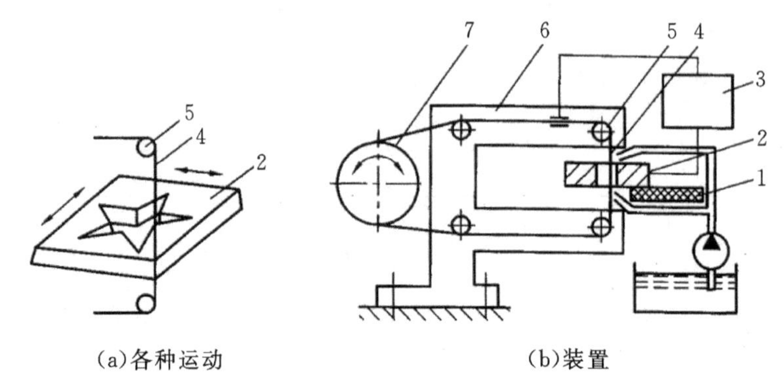

(a)各种运动　　(b)装置

图7-11　电火花线切割工作原理

1—绝缘底板;2—工件;3—脉冲电源;4—钼丝;5—导向轮;6—支架;7—贮丝筒

7.2.2　电火花线切割加工的特点

(1)由于电极工具是直径较小的细丝,故脉冲宽度、平均电流等不能太大,加工工艺参数的范围较小,属中、精正极性电火花加工,工件常接电源正极。

(2)采用水或水迹工作液,不会引燃起火,容易实现安全无人运转,但由于工作液的电阻率远比煤油小,因而在开路状态下,仍有明显的电解电流。电解效应有易于改善加工表面粗糙度。

(3)一般没有稳定电弧放电状态。因为电极丝与工件始终有相对运动,尤其是快速走丝点火花线切割加工,因此,线切割加工的间隙状态可以认为是由正常火花放电、开路和短路这三种状态组成,但往往在单个脉冲内有多种放电状态,有“微开路”、“微短路”现象。

(4)电极与工件之间存在着“疏松接触”式轻压放电现象。近年来的研究结果表明,当柔性电极丝与工件接近到通常认为的放电间隙(例如8～10μm)时,并不发生火花放电。甚至当电极丝已接触到工件,从显微镜中已看不到间隙时,也常常看不到火花。只有当工件将电极丝顶弯,偏移一定距离(几微米到几十微米)时,才发生正常的火花放电。亦即每进给1μm,放电间隙并不减小1μm,而是钼丝增加一点张力,向工件增加一点侧向压力,只有电极丝和工件之间保持轻微接触压力,才形成火花放电。可以认为,在电极丝和工件之间存在着某种电化学产生的绝缘薄膜介质,当电极丝被顶弯所造成的压力和电极丝相对工件的移动摩擦使这种介质减薄到可被击穿的程度,才发生火花放电。放电发生之后产生的爆炸力可能使电极丝局部振动而脱离接触,但宏观上仍是轻压放电。

(5)省掉了成形的工具电极,大大降低了成形工具电极的设计和制造费用,缩短了生产准备时间,加工周期短,这对新产品的试制是很有意义的。

(6)由于电极丝比较细,可以加工微细异形孔、窄缝和复杂形状的工件。由于切缝很窄,且只对工件材料进行“套料”加工,实际金属去除量很少,材料的利用率很高,这对加工、节约贵重金属有重要意义。

(7)由于采用移动的长电极丝进行加工,使单位长度电极丝的损耗较少,从而对加工精度的影响比较小,特别在低速走丝线切割加工时,电极丝一次性使用,电极丝损耗对加工精度的影响更小。

电火花线切割加工有许多突出的长处，因而在国内外发展都较快，已获得了广泛的应用。

7.2.3 电火花成型加工与电火花线切割加工的区别

1. 共同特点

(1)二者的加工原理相同，都是通过电火花放电产生的热来熔解去除金属的，所以二者加工材料的难易与材料的硬度无关，加工中不存在显著的机械切削力。

(2)二者的加工机理、生产率、表面粗糙度等工艺规律基本相似，可以加工硬质合金等一切导电材料。

(3)最小角部半径有限制。电火花加工中最小角部半径为加工间隙，线切割加工中最小角部半径为电极丝的半径加上加工间隙。

2. 不同特点

(1)从加工原理来看，电火花加工是将电极形状复制到工件上的一种工艺方法，如图7-12(a)所示。在实际中可以加工通孔(穿孔加工)和盲孔(成型加工)，如图7-12(b)、(c)所示，而线切割加工是利用移动的细金属导线(铜丝或钼丝)做电极，对工件进行脉冲火花放电，切割成型的一种工艺方法。

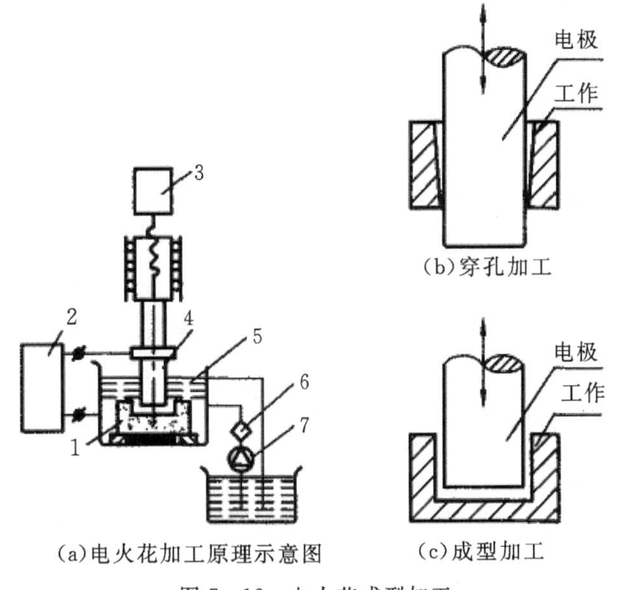

图7-12 电火花成型加工

1—工件；2—脉冲电源；3—自动进给调节系统；4—工具；5—工作液；6—过滤器；7—工作液泵

(2)从产品形状角度看，电火花加工必须先用数控加工等方法加工出与产品形状相似的电极；线切割加工中产品的形状是通过工作台按给定的控制程序移动而合成的，只对工件进行轮廓图形加工，余料仍可利用。

(3)从电极角度看，电火花加工必须制作成型用的电极(一般用铜、石墨等材料制作而成)；线切割加工用移动的细金属导线(铜丝或钼丝)做电极。

(4)从电极损耗角度看，电火花加工中电极相对静止，易损耗，故通常采用多个电极加工；

而线切割加工中由于电极丝连续移动，使新的电极丝不断地补充和替换在电蚀加工区受到损耗的电极丝，避免了电极损耗对加工精度的影响。

(5)从应用角度看，电火花加工可以加工通孔、盲孔，特别适宜加工形状复杂的塑料模具等零件的型腔以及刻文字、花纹等，如图 7－13(a)所示；而线切割加工只能加工通孔，能方便地加工出小孔、形状复杂的窄缝及各种形状复杂的零件，如图 7－13(b)所示。

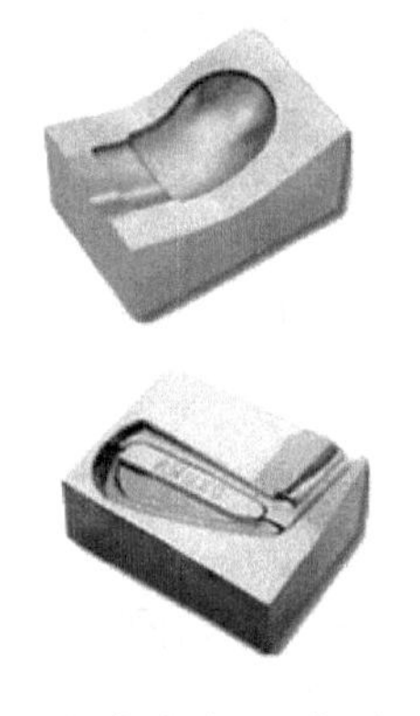

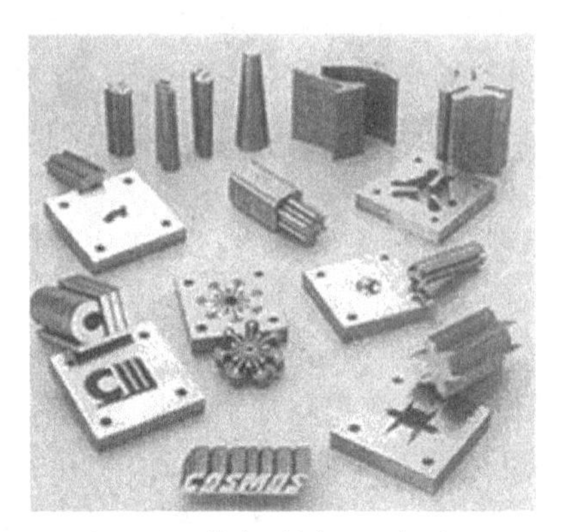

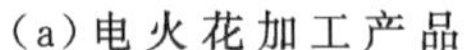

(a)电火花加工产品　　　　(b)线切割加工产品

图 7－13　加工产品实例

7.2.4　数控电火花线切割机床

1. 数控电火花线切割加工机床的分类和型号

1)分类

线切割加工机床可按多种方法进行分类，通常按电极丝的走丝速度分成快速走丝线切割机床(WEDM—HS)与慢速走丝线切割机床(WEDM—LS)。

此外，电火花线切割机床按控制方式可分为：靠模仿形控制、光电跟踪控制、数字程序控制等；按加工尺寸范围可分为：大、中、小型及普通型与专用型等。目前国内外 95％以上的线切割机床都已采用数控化。

(1)快速走丝线切割机床。如图 7－14 所示的快速走丝线切割机床。这类机床的线电极

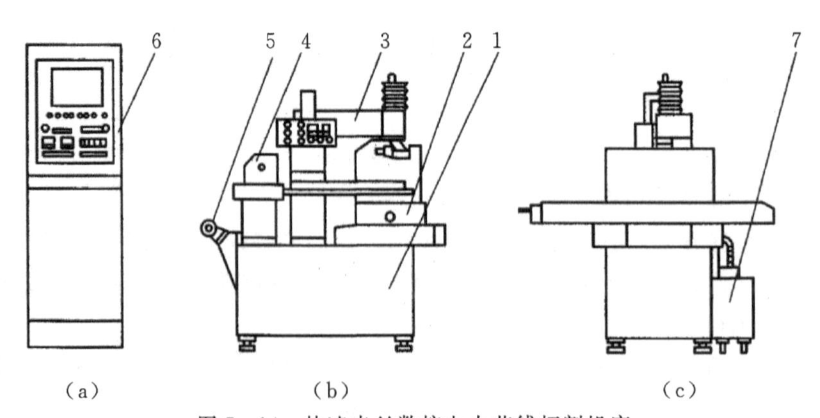

图 7－14　快速走丝数控电火花线切割机床

1—床身；2—工作台；3—丝架；4—贮丝筒；5—走丝电动机；6—数控箱；7—工作液循环系统

运行速度快(钼丝电极做高速往复运动 8～10m/s),而且是双向往返循环地运行,即成千上万次反复通过加工间隙,一直使用到断线为止。线电极主要是钼丝(0.1～0.2mm),工作液通常采用乳化液,也可采用矿物油(切割速度低,易产生火灾)、去离子水等。由于电极线的快速运动能将工作液带进狭窄的加工缝隙,起到冷却作用,同时还能将加工的点蚀物带出加工间隙,以保持加工间隙的“清洁”状态,有利于切割速度的提高。相对来说快速走丝电火花线切割加工机床结构比较简单。但是由于它的运丝速度快、机床的振动较大,线电极的振动也大,导丝导轮耗损也大,给提高加工精度带来较大的困难。另外线电极在加工返复运行中的放电损耗也是不能忽视的,因而要得到高精度的加工和维持加工精度也是相当困难的。

数控线切割机床的床身是安装坐标工作台和走丝系统的基础,应有足够的强度和刚度。坐标工作台由步进电动机经双片消隙齿轮、传动滚珠丝杠螺母副和滚动导轨实现 X、Y 方向的伺服进给运动,当电极丝和工件间维持一定间隙时,即产生火花放电。工作台的定位精度和灵敏度是影响加工曲线轮廓精度的重要因素。

走丝系统的贮丝筒由单独电动机、联轴节和专门的换向器驱动,作正反向交替运转,走丝速度一般为 6～10m/s,并且保持一定的张力。

为了减小电极丝的振动,通常在工件的上下采用蓝宝石 V 形导向器或圆孔金刚石模导向器,其附近装有引电部分,工作液一般通过引电区和导向器再进入加工区,可使全部电极丝的通电部分冷却。

(2)慢速走丝线切割机床　如图 7-15 所示的慢速走丝线切割机床,运行速度一般为 3m/min左右,最高为 153m/min。可使用纯铜、黄铜、钨、钼和各种合金以及金属涂覆线作为线电极,其直径为 0.03～0.35mm。这种机床线电极只是单方向通过加工间隙,不重复使用,可避免线电极损耗给加工精度带来的影响。工作液主要用去离子水、煤油等,生产率较高,没有引起火灾的危险。慢速走丝线切割机床,由于解决了能自动卸除加工废料,自动搬运工件,自动穿电极丝和自适应控制技术的应用,因而已能实现无人操作的加工。

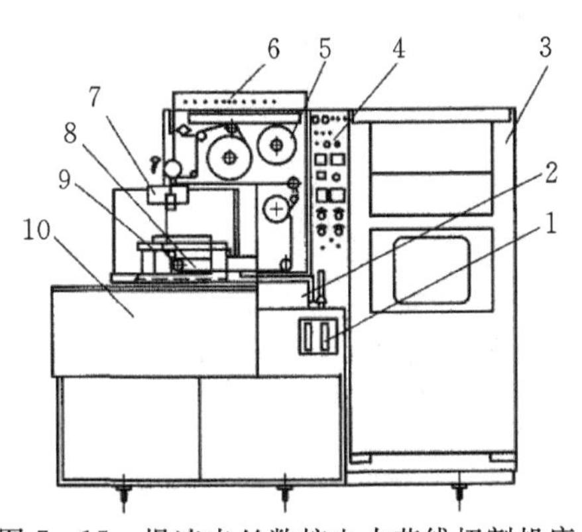

图 7-15　慢速走丝数控电火花线切割机床

1—工作液流量计;2—画图工作台;3—数控箱;4—电参数设定面板;5—走丝系统;6—放电电容箱;7—上丝架;8—下丝架;9—工作台;10—床身

慢走丝机床主要由日本、瑞士等国生产,目前国内有少数企业引进国外先进技术与外企合作生产慢走丝机床。

2)型号

我国机床型号的编制是根据 GB/T16768—1997《金属切削机床型号编制方法》的规定进

行的，机床型号由汉语拼音字母和阿拉伯数字组成，分别表示机床的类别、组别、结构特性和基本参数。

数控电火花线切割机床型号的含义如下：

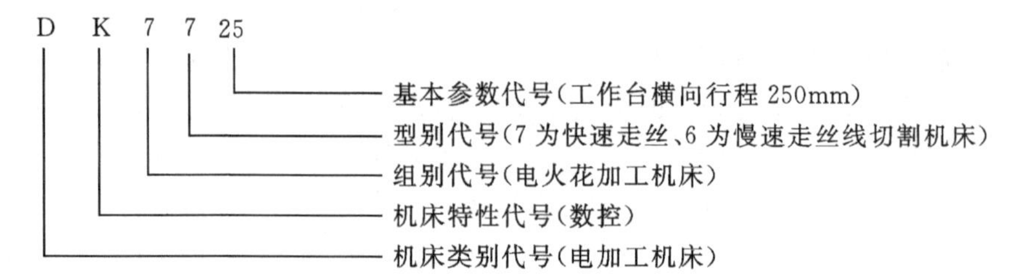

2. 数控电火花线切割加工机床的组成

数控电火花线切割机床主要由机械装置、脉冲电源装置、工作液供给装置、数控装置和编程装置所组成。

1)机械装置　机械装置是由床身、坐标工作台、走丝机构、锥度切割装置等组成

(1)坐标工作台　坐标工作台是安装工件，相对线电极进行移动的部分。由工作台驱动电动机(直流或交流电动机和步进电动机)、测速反馈系统、进给丝杠(一般使用滚珠丝杠)、X 向拖板、Y 向拖板、安装工件工作台和工作液盛盘所组成。工作台驱动系统与其他数控机床一样，有开环、半闭环和闭环方式。

(2)锥度切割　为了切割有落料角的冲模和某些有锥度(斜度)的内外表面，线切割机床一般具有锥度切割功能。一般可采用上(或下)丝臂沿 X 或 Y 方向平移如图 7－16(a)所示，这种方法锥度不宜过大，否则导轮易损坏；上、下丝臂同时绕一中心移动，如图 7－16(b)，此方法加工锥度也不宜过大；上下丝臂分别沿导轮径向平动和轴向摆动，如图 7－16(c)，此方法不影响导轮磨损，最大切割锥度通常可达 15°。

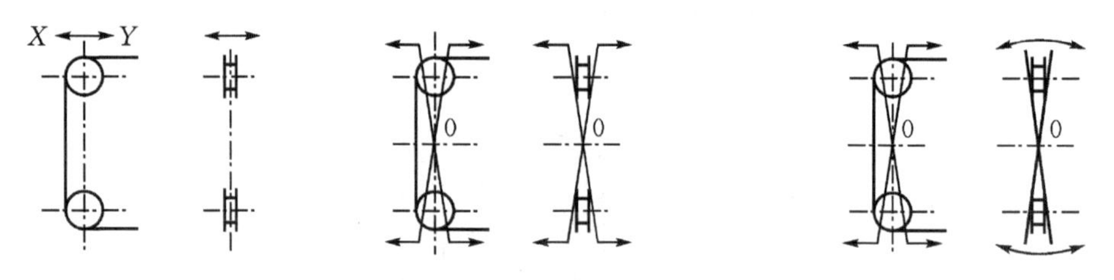

(a)上(下)丝臂平动法　(b)上(下)丝臂绕一中心移动　(c)上(下)丝臂沿导轮径向平动和轴向摆动

图 7－16　锥度切割

在一些高功能的线切割机床上，上导向器具有 U、V 轴(平行 X、Y 轴)的驱动，与工作台的 X、Y 轴形成四轴同时控制，如图 7－17 所示，这种方式的数控系统须强有力的软件支持。可实现上下异形截面形状的加工，最大倾斜角可达 5°，甚至达 30°。

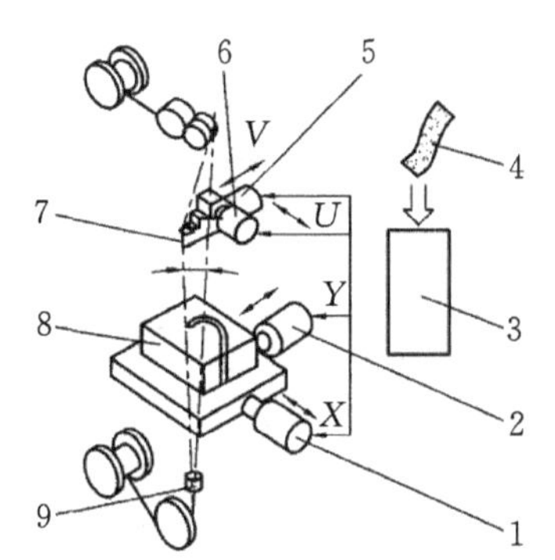

图 7-17　U、V、X、Y 四轴同时控制

1—X 轴伺服电机；2—Y 轴伺服电机；3—数控柜；4—穿孔纸带；5—V 轴伺服电机；
6—U 轴伺服电机；7—上导向器；8—工件；9—下导向器

(3)线电极驱动装置　线电极驱动装置也叫走丝系统。

快速走丝线切割的线电极，被排列整齐地绕在一只由电动机(交流或直流)驱动的贮丝筒上，如图 7-18 所示，线电极经丝架，由导轮和导向器定位，穿过工件，然后再经过导向器、导轮返回到贮丝筒。加工线电极在贮丝筒电动机的驱动下，将它经导轮、导向器送到加工间隙进行放电加工，从间隙出来后，再由导向器、导轮送回贮丝筒，并排列整齐地收回到贮丝筒上，这样反复地通过加工间隙。如果驱动贮丝筒的电动机是交流电动机，一般线电极通过加工区的速度(450m/min 左右，取决于贮丝筒的外径)是固定的。采用直流电动机驱动贮丝筒的，其结构大致相同，但是它可以根据加工工件的厚度调节线电极走丝速度，使加工参数更为合理。尤其在进行大厚度工件切割时，要有较高的走丝速度，这样会更有利于线电极的冷却和电蚀物的排除，以获得较小的表面粗糙度。为了保持加工时线电极有一个较固定的张力，在绕线时要有一定的拉力(预紧力)，以减少加工时线电极的振动幅度，以提高加工精度。

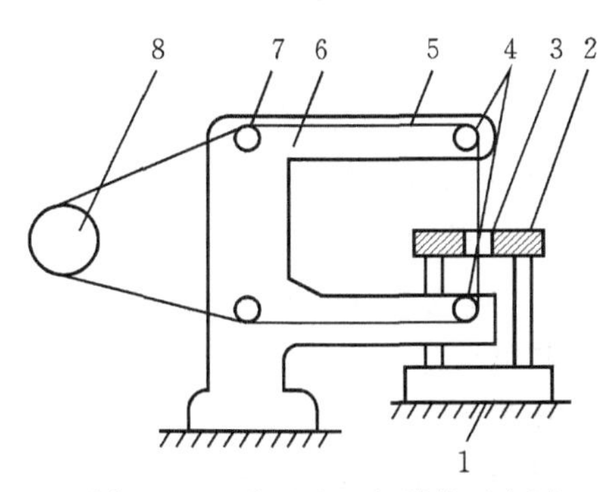

图 7-18　快速走丝架结构示意图

1—工作台；2—夹具；3—工件；4—导向器；5—线电极；6—丝架；7—导轮；8—贮丝筒

慢速走丝电火花线切割加工机床的走丝系统如图 7-19 所示。它是单向运丝，即新线电极只一次通过加工间隙，因而线电极的损耗对加工精度的影响较小。线电极通过加工间隙的速度(走丝速度)可根据工件厚度进行调节。加工时，要保持线电极的恒速、恒张力，因而使加工切缝能自始至终稳定(切缝的一致性还与脉动电源、伺服方式和导向器形式等有关)，具有更高的加工精度。

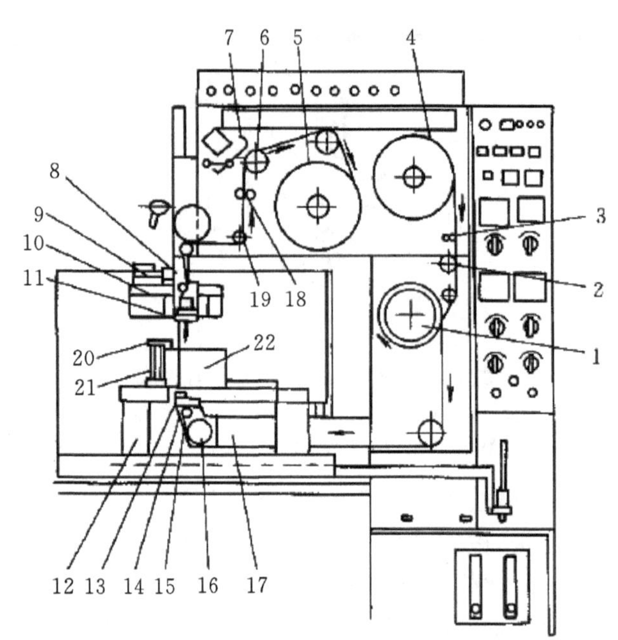

图 7－19　慢速走丝电火花线切割机走丝系统

1—张力轮；2—导轮；3—导线器；4—放线盘；5—收线盘；6—走丝速度轮；7—压丝轮；8—上导轮；9—U、V 形工作台；10—上导向器；11—上喷嘴；12—工件安装台；13—下喷嘴；14—下导向器；15—导电块；16—下导轮；17—下丝架；18—断丝检测杆；19—导轮；20—压板；21—线电极；22—工件

经过加工区，加工过的线电极，被收线轮绕在废丝轮上。在加工时，由于放电的反作用力，会引起线电极的复杂振动，所以要尽量缩短上下导向器之间的线电极的跨度。另外为了防止放电反作用力，引起线电极的振动对精度的影响，最好不要使用 V 形导向器，而要使用拉丝模作为导向器更为有利。

2）脉冲电源

脉冲电源是数控电火花线切割机床的最重要的组成部分，是决定线切割加工工艺指标的关键部件，即数控电火花线切割加工机床的切割速度、加工面的表面粗糙度、加工尺寸精度、加工表面的形状和线电极的损耗，主要决定于脉动电源的性能。

数控电火花线切割脉动电源与电火花成型加工电源基本相同，不过受表面粗糙度和电极丝允许承载电流的限制，线切割加工脉冲电源的脉宽较窄（2～60μs），单个脉冲能量、平均电流（1～5A）一般较小，所以线切割加工总是采用正极性加工。脉冲电源的形式品种很多，如晶体管矩形波脉冲电源、高频分组脉冲电源、并联电容型脉冲电源和低损耗电源等。

3）工作液系统

在电火花线切割加工过程中，需要稳定地供给有一定绝缘性能的工作液，以冷却电极丝和工件，排除电蚀物等，保证线切割加工的持续进行。工作液系统由工作液、工作液箱、工作液泵和循环导管等组成。工作液系

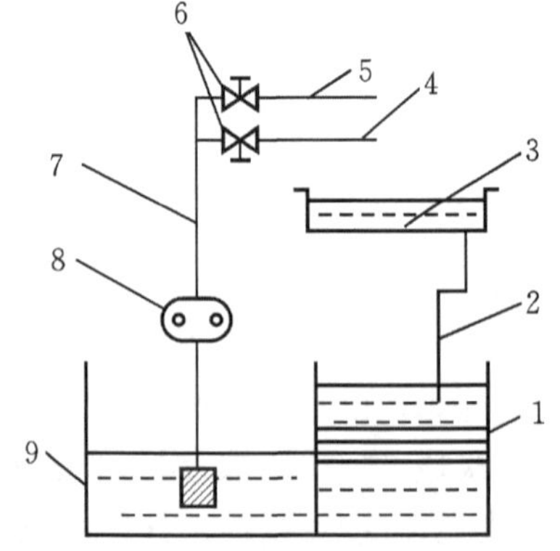

图 7－20　线切割机床工作液系统图

1—过滤器；2—回液管；3—工作台；4—下丝臂进液管；5—上丝臂进液管；6—流量控制阀；7—进液管；8—工作液泵；9—工作液箱

统图如图 7－20 所示。

工作液一般采用 7%～10%的植物性皂化液或 DX－1 油酸钾乳化油水溶液。工作方式由工作液泵提供工作液循环喷注的压力进行工作。每次脉冲放电后，工件与电极丝之间必须迅速恢复绝缘状态，这是靠工作液的绝缘作用实现的。工作液喷注在切口中，使得脉冲放电不能转变为稳定持续的电弧放电，否则会影响加工质量和精度。在加工过程中，工作液的喷注压力会将加工过程中产生的金属小颗粒迅速从电极之间冲走，保证正常加工。工作液还可以起冷却作用，冷却受热的电极和工件，防止工件变形。

工作液一般采用从电极丝四周进液的方法流向加工区域。通常是用喷嘴直接冲到工件与电极丝之间，如图 7－21 所示。由于液流实际上是不稳定的，容易使电极丝产生振动。当线架的跨距较大，且直接进液产生的冲击力和振动会影响到工件的精度时，建议采用环形喷嘴结构，如图 7－22 所示。

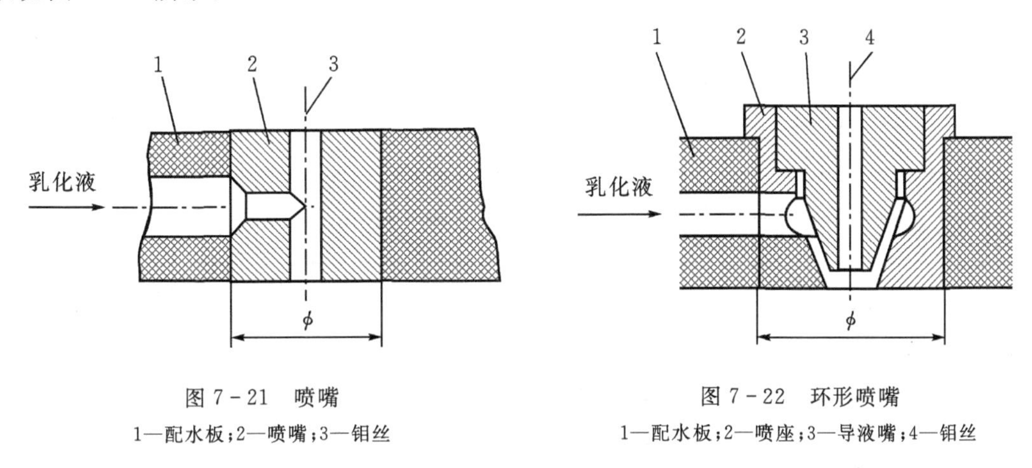

图 7－21　喷嘴

1—配水板；2—喷嘴；3—钼丝

图 7－22　环形喷嘴

1—配水板；2—喷座；3—导液嘴；4—钼丝

【任务实施】(表 7－4)

表 7－4　任务实施表

内容	方法	媒体	教学阶段
通过引导文引入学习情境，学习有关数控线切割机床结构专业知识	引导文法；学生自主学习法	数控线切割机床、教材、PPT、网络	明确任务
学生分组学习、讨论——拆去机床外壳，观察并记录该机床的组成，及时填写实训报告单；教师巡视并解答疑问	引导文法、小组合作法、头脑风暴法	数控线切割机床、PPT、网络	实施任务
小组讨论、汇报 自我评价和总结	小组合作法、头脑风暴法	计算机 实训任务书	学生汇报展示
教师进行点评，总结本学习情境的学习效果	小组合作法、头脑风暴法	PPT	总结
清理工具和场地	小组合作法	数控线切割机床	清扫实训室

【实训任务书】

1. 写出本次实训学习体会或收获，记录学习问题。
2. 拆开机床外壳，记录其组成、部件名称及功能，画出示意图。
3. 填写下表（表7－5）。

表7－5　数控电火花线切割机床结构观察认知实训

<table>
<tr><td colspan="5">1. 本次实训所观察数控电火花线切割机床名称：____________、____________、____________
机床设备型号：____________、____________、____________</td></tr>
<tr><td colspan="5">2. 描述设备的观察内容</td></tr>
<tr><td>序号</td><td colspan="2">观察的设备1</td><td>序号</td><td>观察的设备2</td></tr>
<tr><td>①</td><td colspan="2"></td><td>①</td><td></td></tr>
<tr><td>②</td><td colspan="2"></td><td>②</td><td></td></tr>
<tr><td>③</td><td colspan="2"></td><td>③</td><td></td></tr>
<tr><td>④</td><td colspan="2"></td><td>④</td><td></td></tr>
<tr><td>⑤</td><td colspan="2"></td><td>⑤</td><td></td></tr>
<tr><td colspan="5">3. 描述观察数控电火花线切割机床时的步骤</td></tr>
<tr><td>序号</td><td colspan="2">观察的设备1</td><td>序号</td><td>观察的设备2</td></tr>
<tr><td>①</td><td colspan="2"></td><td>①</td><td></td></tr>
<tr><td>②</td><td colspan="2"></td><td>②</td><td></td></tr>
<tr><td>③</td><td colspan="2"></td><td>③</td><td></td></tr>
<tr><td>④</td><td colspan="2"></td><td>④</td><td></td></tr>
<tr><td>⑤</td><td colspan="2"></td><td>⑤</td><td></td></tr>
<tr><td colspan="5">4. 简述所观察设备的结构与组成及各部分的主要功能</td></tr>
<tr><td rowspan="2">序号</td><td colspan="2">观察的设备1</td><td colspan="2">观察的设备2</td></tr>
<tr><td>设备观察部分</td><td>该部分的主要功能</td><td>设备的观察部分</td><td>该部分的主要功能</td></tr>
<tr><td>①</td><td></td><td></td><td></td><td></td></tr>
<tr><td>②</td><td></td><td></td><td></td><td></td></tr>
<tr><td>③</td><td></td><td></td><td></td><td></td></tr>
<tr><td colspan="5">5. 小结</td></tr>
</table>

任务7.3　数控压力机与数控折弯机的认知

【知识准备】

板材冲压加工设备主要有数控压力机、数控剪板机和数控折弯机三类，它们可对板卷进行冲压、剪压和折弯等铂金加工。下面介绍数控压力机和数控折弯机。

7.3.1　数控压力机床

常用数控压力机有：数控步冲压力机和数控冲模回转头压力机。如图 7－23 所示为J92K－30A型数控冲模回转头压力机，是济南铸造锻压机械研究所生产的高效精密数控钣金加工设备。可以进行冲孔、起伏成形(百叶窗、压筋，浅拉伸、翻边、切缝成形等)、半切断、压标记、打中心孔、步冲大孔、方孔、曲线孔等加工。

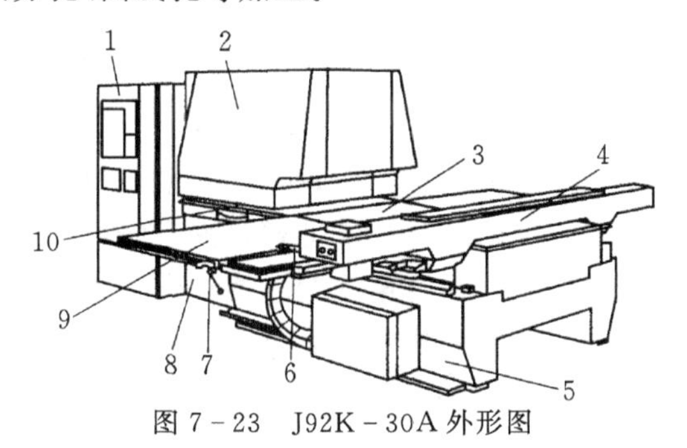

图 7－23　J92K－30A 外形图

1—数控柜；2—外罩；3—中心工作台(板材滑道)；4—滑动托架(*X* 轴传动)；5—基座(*Y* 轴传动)；6—板材夹钳及接近开关；7—原点定位器；8—机身；9—前工作台；10—补充工作台

J92K－30A 型数控系统采用 FANUC0－PC 系统可在屏幕上显示零件形状，有图形功能指令，四轴控制，配有交流数字伺服系统和高性能交流电动机。

1. 主要组成

如图 7－23 所示外形图，主要组成可分为冲压主体、送进工作台和数控柜三大部分。主体部分包括主传动部件、转盘部件、转盘驱动部件等，这些均在外罩 2 内；送进工作台部分包括基座、工作台、滑动托架、板材夹钳，*X* 轴及 *Y* 轴传动系统和气动系统等。

2. 传动系统及工作原理

如图 7－24 为 J92K－30A 型数控压力机机械传动系统图。传动系统主要由三部分组成：主传动系统，转盘选模系统和进给传动系统。另外还有气动系统等。

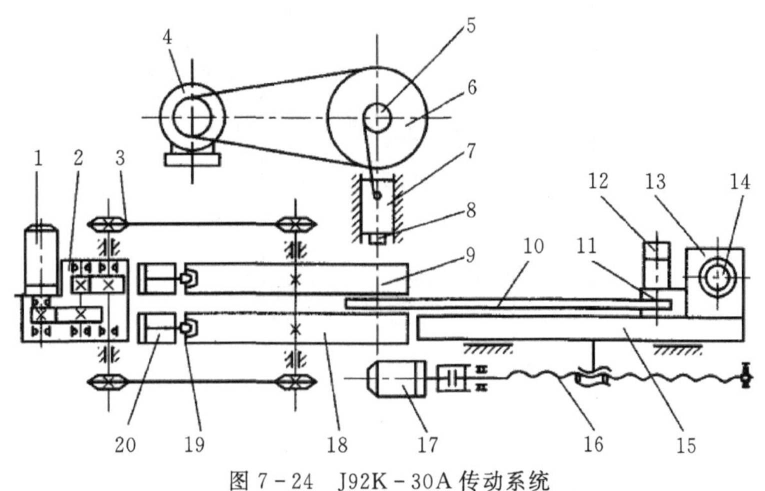

图 7－24　J92K－30A 传动系统

1—转盘伺服电动机；2—转盘减速器；3—链传动；4—主电动机；5—偏心轴；6—飞轮；7—滑块；8—打击器；9—上转盘；10—板材；11—夹钳；12—夹钳气缸；13—滑架；14—*X* 轴传动系统；15—工作台；16—*Y* 轴滚珠丝杠；17—*Y* 轴伺服电动机；18—下转盘；19—转盘定位锥销；20—转盘定位气缸

转盘选模系统的作用是将所需模具转到打击器下。上下转盘实际是一个可回转的模具库，设有 40 个模具位置，可装 40 套模具，其中两套为自转模，一套自转模本身又带 12 套模具（自转模是一个单独的数控轴，称为 C 轴，由伺服电动机驱动，能在 360°范围内任意旋转定位，可扩大冲孔功能，如冲放射形孔、多边孔等）。上转盘装上模具，下转盘装下模具，板材在上下转盘之间。进给传动系统的作用是将板材的冲压部位准确定位在冲模打击器处，主传动系统驱动打击器进行冲压。

工作时，在数控程序的指令下，板材由夹钳 11 夹持在工作台上，伺服电动机 17 通过联轴器直接与滚珠丝杠相连接，带动活动工作台作 Y 轴移动；X 轴传动系统 14 带动滑架 13 作 X 轴移动，使板材在 X 轴，Y 轴方向移动定位。与此同时，伺服电动机 1 通过减速器 2 以及上下一对链条传动副带动上下转盘同步转动，将所需冲模迅速、准确地转到打击器下，并由定位气缸将锥销插入转盘侧面定位锥孔中，然后主电动机 4 通过带传动和偏心轴 5 推到滑块 7 使打击器 8 压上模具下形，进行冲压。板材一次装夹后，可进行多个模具的冲压，完成各种形状、尺寸和孔距的加工，减少装夹、测量和调整时间，提高精度和效率。

7.3.2 数控折弯机床

折弯机是利用所配备的模具（通用或专用模具）将冷态下的金属板材折弯成各种几何截面形状的工件，如图 7-25 所示。

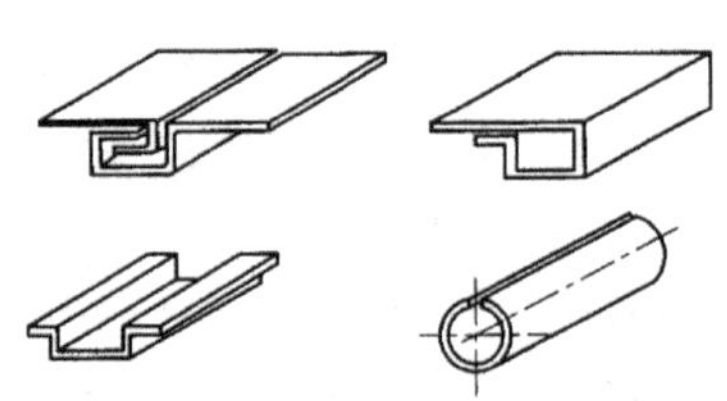

图 7－25　各种成形工件截面图

1. 数控折弯机的主要组成

如图 7－26 所示为 WC67K 系列数控折弯机外形图，主要由床身、滑块、前托料架、凸模、挡块机构、悬挂式操作台、凹模、电气箱、脚踏开关等组成。

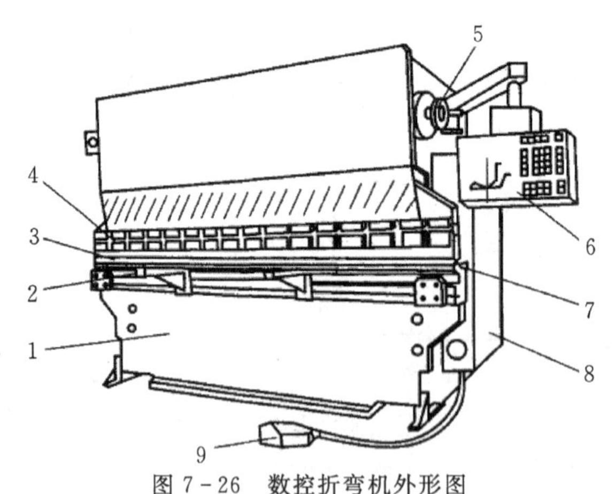

图 7－26　数控折弯机外形图

1—床身；2—前托料架；3—凸模；4——滑块；5—挡块机构；
6—悬挂式操作台；7—凹模；8—电气箱；9—脚踏开关

2. 工作性能

如图 7－27 所示为折弯时将板材放于前托料架 5 上，推入凹凸模之间，板材顶上后挡料器的挡块，踏动脚踏开关或按压按钮，滑块下移，凹凸模将板材折成要求的角度。

折弯机一般采用折弯机专用数控系统，目前坐标轴已由单轴发展到 12 轴，可由数控系统自动实现滑块运行深度控制、滑块左右倾斜调节、后挡料器前后调节、左右调节、压力吨位调节及滑块趋近工作速度调节等等。可使折弯机方便地实现滑块向下、点动、连续、保压、返程和中途停止等动作，一次上料完成相同角度或不同角度的多弯头折弯。

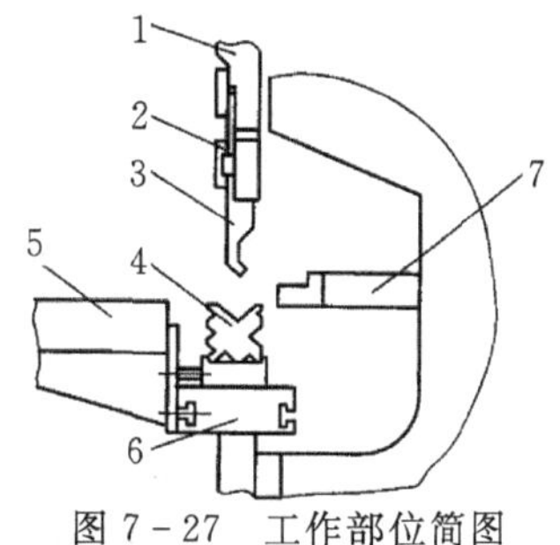

图 7－27　工作部位简图

1—滑块；2—压板；3—凸模；4—凹模；5—前托料架；6—工作台；7—后档料器

3. 部件简介

1)滑块

滑块由液压缸、滑块体、导轨等组成，滑块体两侧装有导轨，床身左右固定有两个单杆液压缸，推动滑块上下移动，在床身中部还装有柱塞缸以增大折弯力。上部装有滑块位移转换装置，以便实现数控系统对滑块位移量的监控。

2)后挡料器

装于工作台后面，用于保证板材在折弯机上的准确定位，伺服电动机通过齿形带驱动滚珠丝杠带动挡料架作前后移动并准确定位，挡料器还可通过升降丝杠及滚轮作上下方向移动，保证模具作不同角度折弯的需要。

3)滑块同步反馈机构

反馈机构由同步轴、摆臂、调节杆及杠杆组成，将滑块作用两液压缸活塞运动的不同步误差反馈到同步阀，控制两液压缸的活塞趋于同步。

4)挡块调节机构

行程限位挡块可起到保证滑块在下死点准确定位的作用，其调节也由伺服电动机通过齿形带蜗杆蜗轮及螺母副实现。

【任务实施】(表 7－6)

表 7－6　任务实施表

内容	方法	媒体	教学阶段
通过引导文引入学习情境，学习有关数控压力机、数控折弯机结构专业知识	引导文法；学生自主学习法	数控压力机、数控折弯机、教材、PPT、网络、校办工厂	明确任务
学生分组学习、讨论，拆去机床外壳，观察并记录该机床的组成，及时填写实训报告单；教师巡视并解答疑问	引导文法、小组合作法、头脑风暴法	数控压力机、数控折弯机、PPT、网络	实施任务
小组讨论、汇报 自我评价和总结	小组合作法、头脑风暴法	计算机 实训任务书	学生汇报展示
教师进行点评，总结本学习情境的学习效果	小组合作法、头脑风暴法	PPT	总结
清理工具和场地	小组合作法	数控压力机、数控折弯机	清扫场地

【实训任务书】

1. 写出本次实训学习体会或收获,记录学习问题。
2. 拆开机床外壳,记录其组成、部件名称及功能,画出示意图。
3. 填写下表(表 7-7)。

表 7-7 数控压力机与数控折弯机结构观察认知实训

<table>
<tr><td colspan="5">1. 本次实训所观察的特种加工机床名称:__________、__________、__________
机床设备型号:__________、__________、__________</td></tr>
<tr><td colspan="5">2. 描述设备的观察内容</td></tr>
<tr><td>序号</td><td colspan="2">观察的设备 1</td><td>序号</td><td>观察的设备 2</td></tr>
<tr><td>①</td><td colspan="2"></td><td>①</td><td></td></tr>
<tr><td>②</td><td colspan="2"></td><td>②</td><td></td></tr>
<tr><td>③</td><td colspan="2"></td><td>③</td><td></td></tr>
<tr><td>④</td><td colspan="2"></td><td>④</td><td></td></tr>
<tr><td>⑤</td><td colspan="2"></td><td>⑤</td><td></td></tr>
<tr><td colspan="5">3. 描述观察特种加工机床时的步骤</td></tr>
<tr><td>序号</td><td colspan="2">观察的设备 1</td><td>序号</td><td>观察的设备 2</td></tr>
<tr><td>①</td><td colspan="2"></td><td>①</td><td></td></tr>
<tr><td>②</td><td colspan="2"></td><td>②</td><td></td></tr>
<tr><td>③</td><td colspan="2"></td><td>③</td><td></td></tr>
<tr><td>④</td><td colspan="2"></td><td>④</td><td></td></tr>
<tr><td>⑤</td><td colspan="2"></td><td>⑤</td><td></td></tr>
<tr><td colspan="5">4. 简述所观察设备的结构与组成及各部分的主要功能</td></tr>
<tr><td rowspan="2">序号</td><td colspan="2">观察的设备 1</td><td colspan="2">观察的设备 2</td></tr>
<tr><td>设备观察部分</td><td>该部分的主要功能</td><td>设备的观察部分</td><td>该部分的主要功能</td></tr>
<tr><td>①</td><td></td><td></td><td></td><td></td></tr>
<tr><td>②</td><td></td><td></td><td></td><td></td></tr>
<tr><td>③</td><td></td><td></td><td></td><td></td></tr>
<tr><td colspan="5">5. 小结</td></tr>
</table>

任务 7.4 数控热切割机床的认知

【知识准备】

数控热切割机床主要是指采用热切割法的 3 类切割机床,即数控激光切割机、数控等离子切割机和数控火焰切割机。这 3 类数控切割机床采用不同的原理,各有不同的优势,特别是数控激光切割机床的发展使热切割涉及到了相当广泛的领域。

7.4.1 数控激光切割机床

用激光作为工具(刀具)对工件进行切割加工的机床,称为激光切割机床。

1. 数控激光切割机床的主要组成

如图7-28(a)所示为济南铸造锻压机械研究所生产的LC系列数控激光切割机外形及组成,切割机主要由床身、工作台、横梁、切割头、数控电气箱和激光发生器等组成。工件放在中心工作台的板料滑道上,由气动夹钳固定,工作台进行X轴向运动,切割头在横梁上进行Y轴向运动,切割嘴与板材的距离随板材的起伏上、下(Z轴)移动。加工时,从激光器发出的激光经反射光道由切割嘴射出,聚焦在板材内部。由数控柜控制进行曲线轮廓切割和点位穿孔加工。这种加工的工件一般都较薄,切削力很小,故进给速度一般都接近快速进给速度。图(b)为ESAB ALpharex AXB7000激光切割机,AXB属于大型切割机,Y行程达5m,X行程由轨道长度决定,以1m为单位可无限延长,AXB的X行程比一般切割机长的原因是它把整台激光器放在横梁上,无须考虑激光束在超长光路中直径变化造成的精度下降。AXB的激光器切割厚度达到25mm,而且通过改换切割头可以进行倾斜切割,方便厚板的结合。

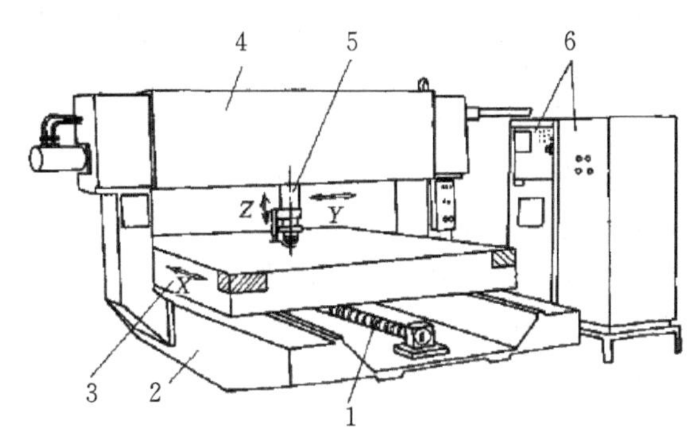

(a)外形组成结构图

(b)外形实体图

图7-28　LC系列数控激光切割机外形图

1—纵向滚珠丝杠;2—床身;3—工作台;4—横梁;5—切割头;6—数控电气箱和激光发生器控制箱

数控系统主要进行加工轨迹插补控制、补偿控制和作为辅助功能的开关、激光切割嘴的提升、落下等控制,还有显示、自诊断等功能。有些数控切割机还带有数字化仪,具有数字化仿形编程功能,使复杂零件的程序编制十分方便。

数控激光切割机工作台上插有板材支撑杆,使工作台不被激光束损坏,并能使切割下的废渣料落入下面的废料槽中,再由不锈钢拖链自动排出废渣料。

切割头下面带有压力传感器,压力传感器通过探脚将切割嘴距板材的距离信号传回数控系统，数控系统根据板材的上、下起伏，控制 Z 轴伺服电机使切割头上、下浮动，保持切割嘴与板材距离恒定，保证激光束的焦点落在板材内部。

目前常见的数控激光加工机床的结构形式有：龙门式、下动式和框架式。其中龙门式应用较多。龙门式的激光头在横梁上进行 Y 坐标移动。工作台带动工件进行 X 坐标移动，适合于加工尺寸较大的工件；下动式的激光头固定，工作台带动工件进行 X、Y 方向移动，它的光束固定，易于调整；框架式的激光头沿横梁进行 Y 向移动，横梁在框架上进行 X 方向移动，适合于不便移动的大型零件的加工。

激光加工的功率密度可达 $10^7 \sim 10^{11}\,W/cm^2$，几乎可以加工任何材料。激光光斑可以聚焦到 0.01mm 以下，甚至微米级，输出功率可以调节，故可进行精密微细加工。激光加工，没有机械力，没有工具损耗，加工速度快，热影响区小。激光加工影响因素很多，精密微细加工时，重复精度和表面粗糙度不易保证，需反复实验，寻求合理参数。

2. 激光器

产生激光的激光器是数控激光机床的重要部分。激光切割是指依靠激光发生器发射处理的激光束，经过聚焦后把光束的能量集中到一个极其微小的光斑上，光斑照射被加工材料，就可使材料的温度迅速升高并达到气化温度。激光束与材料之间相对移动，就可在平面或曲面上切割出所需的形状来。激光切割一般需要 600～1500W 的 CO_2 激光发生器，切割缝隙很小，约为 0.2mm，切割断面平齐，无熔渣、无变形，一般可节省材料 15%～30%，适于切割 6～10mm 以下的钢板。

激光是一种亮度高、方向性好、单色性好的相干光。由于激光散角小和单色性好，在理论上可聚焦到尺寸与光的波长相近的小斑点上，加上亮度高，其焦点处的功率密度可达 $10^7 \sim 10^{11}\,W/cm^2$。在此高温下，坚硬的材料将瞬时急剧熔化和蒸发，并产生强烈的冲击波，使熔化物质爆炸式地喷射去除。激光加工就是利用这个原理工作的。目前应用较多的是二氧化碳气体激光器，输出功率可达千瓦以上；其次是固体激光器，连续输出可达千瓦级功率。

图 7-29 所示为固体激光器加工原理示意图。当激光工作物质受到光泵（即激励脉冲氙灯）的激发后，吸收特定波长的光，在一定条件下可形成工作物质中亚稳态粒子大于低能级粒子数的状态。这种现象称为粒子数反转。此时一旦有少量激发粒子产生受激辐射跃迁，造成光放大，通过谐振腔中的全反射镜和部分反射镜的反馈作用产生振荡，由谐振腔一端输出激光。通过透镜将激光束聚焦到工件的加工表面上，即可对工件进行加工。常用的固体激光工作物质有红宝石、钕玻璃和掺钕钇铝石榴石等。

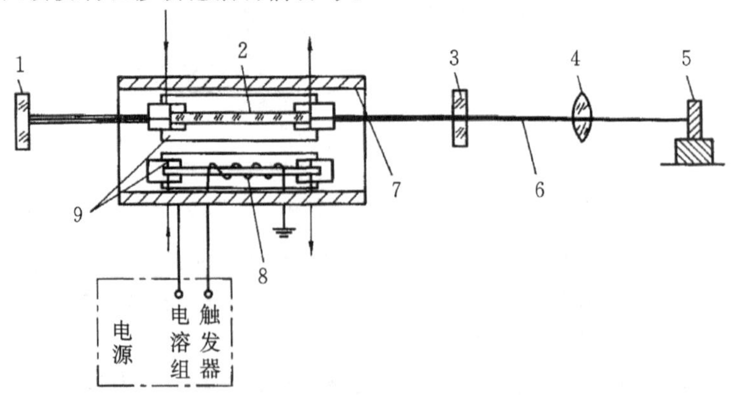

图 7-29　固体激光器加工原理示意图

1—全反射镜；2—工作物质；3—部分反射镜；4—透镜；5—工件；6—激光束；7—聚光器；8—光泵；9—玻璃管

7.4.2　数控火焰等离子切割机

数控火焰等离子切割机也是一种自动化的高效切割设备，它适用于各种厚度的碳钢、不锈钢以及有色金属板材、管件及轴类的精密切割下料。

1. 火焰切割原理及特点

火焰切割是利用氧乙炔火焰进行切割的，氧乙炔火焰是由易燃的乙炔气体和助燃气体氧化的混合气体点燃的火焰，乙炔气体火焰温度高，制取方便。氧气助燃十分活跃，易燃物质燃烧时会因氧气助燃发生剧烈的氧化而加速燃烧。火焰切割原理如图 7-30 所示，氧乙炔混合气体从割嘴外圈喷出，将金属切割部位预热到燃点以上，使金属燃烧。在从割嘴中心孔喷出的切割氧流作用下，金属急剧燃烧（氧化），热量通过熔渣逐渐向金属的下层传递，直至整个厚度。切割氧流将氧化物熔渣吹走，暴露出未氧化的金属，在氧流的作用下使其继续燃烧再被吹走，形成切口。火焰切割适用于碳钢和低合金钢，切割厚度大，割口宽度、角度较合适，设备成本低，应用广泛。

2. 等离子切割原理及特点

固态物质随温度升高可转化为液态、气态和等离子态（等离子体）。等离子体能通过很大的电流，具有很高的能量密度和极高的温度（1600K～3300K）。切割原理如图 7-31 所示。等离子切割机可切割所有金属材料，切割厚度在 0.1～150mm 之间，切割时的板材变形小，设备成本低，其最大特点是切割速度快，比火焰切割速度大 10 倍左右。

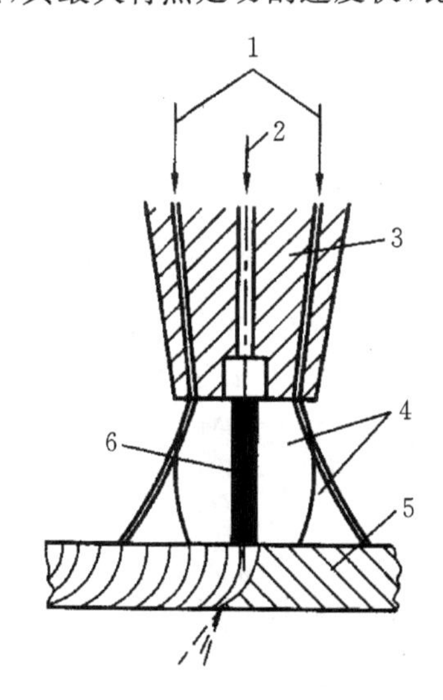

图 7-30　火焰切割原理

1—氧乙炔混合气体；2—切割气；3—割嘴；4—预热火焰；5—板材；6—切割氧流

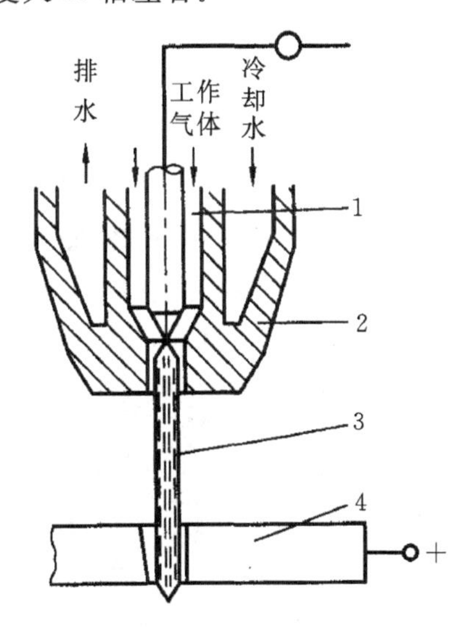

图 7-31　等离子切割原理

1—电极；2—割嘴；3—等离子流；4—板材

3. 数控火焰等离子切割机的组成

由于装备了数控系统的切割机，功能扩大、运行精度提高，所以切割机上往往带有多把火焰割炬和等离子割炬，使切割金属材料的种类和厚度范围扩大。如图 7-32(a)所示为数控火焰等离子切割机的外形图，主要运动有大车架纵向（*X* 轴）行走和溜板横向（*Y* 轴）移动，用于割炬按零件图形相对板材运动；割炬垂直（*Z* 轴）调整，使割嘴与板材直接保持合适的垂直距离；

还有三割炬自动回转，实现对曲线坡口的切割。大车架纵向运动采用滚动导轨，在左、右箱体上的每个齿轮箱内装有直流伺服电机、高精度齿轮和离合器等，齿轮箱的输出齿轮与固定在导轨侧面的精密齿条啮合，带动大车架移动。溜板的横向运动也由伺服电机带动齿轮与横梁上的齿条啮合实现。割炬的升降调整、三割炬的自动回转均由伺服电机和齿轮等机械传动机构实现。为保证传动精度，各电机内都有检测装置，用于半闭环控制。纵向运动为双边驱动。为保证纵向运动的同步精度，齿轮箱内装有同步检测装置。自动回转三割炬用于切割各种形式（X、Y、K、V）的曲线坡口，切割时，其回转运动必须与车架的纵向运动、溜板的横向运动实现三联动，因此在回转齿轮箱的输出端连接有回转角检测装置，回转时不断向数控系统反馈转角信号，数控系统保证回转与纵横运动的联动。割嘴上装有调高传感器，将割嘴距板材的距离变化反馈回数控系统，保证割嘴与板材的距离恒定。

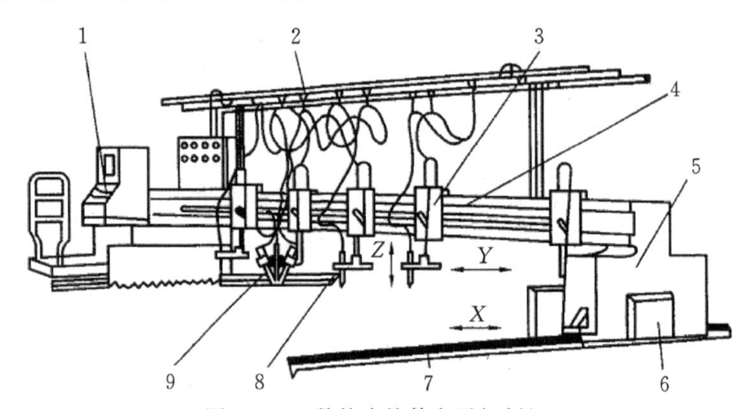

图 7－32　数控火焰等离子切割机

1—操作台；2—吊挂架；3—溜板；4—横梁；5—大车架；6—纵向右齿轮箱；7—纵向滚动导轨；8—割炬；9—三割炬

图 7－33 所示为无锡市赛阳焊割设备有限公司生产销售的 CN 型数控火焰等离子切割机的实操现场图。该型切割机为龙门式结构，横向跨度有 3m、4m、5m、6m 等多种规格，均采用双边驱动，多把割炬、成异型切割、抽条切割、自动调高系统可根据用户要求选配。控制系统采

图 7－33　数控火焰等离子切割机实操现场图

用工控机，现场可直接绘制要切割的CAD图形，切割时可图形跟踪。

数控火焰等离子切割机除具有同时控制四轴功能和调高功能以实现上述运动外，还具有保证拐弯处切割质量的自动加、减速的功能；实现自动排料、套料的功能；任意点中断退出后，自动返回断点功能；任意点中断后，按原轨迹任意返回重割的功能。数控系统还具有很强的抗干扰能力。

【任务实施】(表7-8)

表7-8　任务实施表

内容	方法	媒体	教学阶段
通过引导文引入学习情境，学习有关数控激光切割机床、数控火焰等离子切割机结构专业知识	引导文法；学生自主学习法	数控激光切割机床、数控火焰等离子切割机、教材、PPT、网络、校办工厂	明确任务
学生分组学习、讨论——拆去机床外壳，观察并记录该机床的组成，及时填写实训报告单；教师巡视并解答疑问	引导文法、小组合作法、头脑风暴法	数控激光切割机床、数控火焰等离子切割机、PPT、网络	实施任务
小组讨论、汇报 自我评价和总结	小组合作法、头脑风暴法	计算机 实训任务书	学生汇报展示
教师进行点评，总结本学习情境的学习效果	小组合作法、头脑风暴法	PPT	总结
清理工具和场地	小组合作法	数控激光切割机床、数控火焰等离子切割机	清扫场地

【实训任务书】

1. 写出本次实训学习体会或收获，记录学习问题。
2. 拆开机床外壳，记录其组成、部件名称及功能，画出示意图。
3. 填写下表(表7-9)。

表 7－9　数控激光切割机床、数控火焰等离子切割机结构观察认知实训

<table>
<tr><td colspan="5">1. 本次实训所观察的特种加工机床名称：________、________、________
机床设备型号：________、________、________</td></tr>
<tr><td colspan="5">2. 描述设备的观察内容</td></tr>
<tr><td>序号</td><td colspan="2">观察的设备 1</td><td>序号</td><td>观察的设备 2</td></tr>
<tr><td>①</td><td colspan="2"></td><td>①</td><td></td></tr>
<tr><td>②</td><td colspan="2"></td><td>②</td><td></td></tr>
<tr><td>③</td><td colspan="2"></td><td>③</td><td></td></tr>
<tr><td>④</td><td colspan="2"></td><td>④</td><td></td></tr>
<tr><td>⑤</td><td colspan="2"></td><td>⑤</td><td></td></tr>
<tr><td colspan="5">3. 描述观察特种加工机床时的步骤</td></tr>
<tr><td>序号</td><td colspan="2">观察的设备 1</td><td>序号</td><td>观察的设备 2</td></tr>
<tr><td>①</td><td colspan="2"></td><td>①</td><td></td></tr>
<tr><td>②</td><td colspan="2"></td><td>②</td><td></td></tr>
<tr><td>③</td><td colspan="2"></td><td>③</td><td></td></tr>
<tr><td>④</td><td colspan="2"></td><td>④</td><td></td></tr>
<tr><td>⑤</td><td colspan="2"></td><td>⑤</td><td></td></tr>
<tr><td colspan="5">4. 简述所观察设备的结构与组成及各部分的主要功能</td></tr>
<tr><td rowspan="2">序号</td><td colspan="2">观察的设备 1</td><td colspan="2">观察的设备 2</td></tr>
<tr><td>设备观察部分</td><td>该部分的主要功能</td><td>设备的观察部分</td><td>该部分的主要功能</td></tr>
<tr><td>①</td><td></td><td></td><td></td><td></td></tr>
<tr><td>②</td><td></td><td></td><td></td><td></td></tr>
<tr><td>③</td><td></td><td></td><td></td><td></td></tr>
<tr><td colspan="5">5. 小结</td></tr>
</table>

【教学评价】

见附件 C。

【学后感言】

____

____

____

【思考与练习】

一、填空题

1. 电火花线切割加工的基本原理是利用移动的细金属导线________作电极，对工件进行脉冲火花放电、切割成型。

2. 电火花穿孔、成型加工机床按其大小可分为__________、__________和大型(D7163以上)。
3. 从电极角度看，电火花加工必须制作成型用的电极__________；线切割加工用移动的细金属导线__________做电极。
4. 火焰切割是利用__________进行切割的。
5. 适用于激光加工用的激光器主要以__________和固体激光器为主。

二、选择题

1. 在电火花加工中存在吸附效应，它主要影响(　　)。
   A. 工件的可加工性　　B. 生产率
   C. 加工表面的变质层结构　　D. 工具电极的损耗
2. 电火花线切割加工属于(　　)。
   A. 放电加工　　B. 特种加工　　C. 电弧加工　　D. 切削加工
3. 用线切割机床不能加工的形状或材料为(　　)。
   A. 盲孔　　B. 圆孔　　C. 上下异性件　　D. 淬火钢
4. 关于电火花线切割加工，下列说法中正确的是(　　)。
   A. 快走丝线切割由于电极丝反复使用，电极丝损耗大，所以和慢走丝相比加工精度低
   B. 快走丝线切割电极丝运行速度快，丝运行不平稳，所以和慢走丝相比加工精度低
   C. 快走丝线切割使用的电极丝直径比慢走丝线切割大，所以加工精度比慢走丝低
   D. 快走丝线切割使用的电极丝材料比慢走丝线切割差，所以加工精度比慢走丝低
5. D7132代表电火花成型机床工作台的宽度是(　　)。
   A. 32mm　　B. 320mm　　C. 3200mm　　D. 32000 mm

三、判断题

1. 电火花加工方法可以用铜丝在淬火钢上加工出小孔，可以用软的工具加工任何硬度的金属材料。(　　)
2. 数控电火花线切割机床的工作台驱动系统没有开环、半闭环方式。(　　)
3. 对于在4mm、6mm，或10mm以下的钢板，采用激光切割最为有利。(　　)
4. 线切割机床常用滑动导轨。(　　)
5. 火焰切割适用于碳钢和低合金钢，设备成本低，应用广泛。(　　)

四、简答题

1. 简述电火花成型加工与电火花线切割加工的区别。
2. 高速与低速走丝线切割机床的主要区别有哪些?
3. 数控电火花线切割机床是如何实现多维加工控制的?
4. 数控压力机床是如何工作的?
5. 数控激光加工机床上有哪些控制可实现数控?

项目八　高速加工机床与多轴数控机床的认知

【学习目标】

(一)知识目标

(1)了解高速加工数控机床含义。

(2)了解多轴数控加工的含义。

(3)了解高速加工机床结构特点。

(4)了解多轴数控加工机床结构特点。

(二)技能目标

(1)能表述高速加工机床的特点。

(2)能表述多轴数控加工机床的特点。

【工作任务】

任务 8.1　高速加工技术的应用

任务 8.2　多轴数控机床的认知

任务 8.1　高速加工技术的应用

【知识准备】

8.1.1　高速加工的基本概念

根据 1992 年国际生产工程研究会(CIRP)年会主题报告的定义,高速切削通常指切削速度超过传统切削速度 5～10 倍的切削加工。因此,根据加工材料的不同和加工方式的不同,高速切削的切削速度范围也不同。高速切削包括高速铣削、高速车削、高速钻孔与高速车铣等,但绝大部分应用的是高速铣削。目前,加工铝合金的切削速度已达到 2000～7500m/min;加工铸铁的切削速度为 900～5000m/min;加工钢的切削速度为 600～3000m/min;加工耐热镍基合金的切削速度达 500m/min;加工钛合金的达到 150～1000m/min;加工纤维增强塑料的为 2000～9000m/min。

8.1.2　高速加工数控机床

1. 高速加工数控机床的特点

高速切削加工是先进制造技术的主要发展方向之一,由于高速加工数控机床不仅要有很高的切削速度,还要满足高速加工要求的一系列功能,因而与普通数控机床相比高速加工数控机床具有以下特点:

(1)主轴转速高、功率大　目前适用于高速加工的加工中心,其主轴最高转速一般都大于10000r/min,有的高达60000～100000r/min,是普通数控机床的10倍左右;主电动机功率为15～80kW,满足了高速铣削、高速车削等高效、重切削工序的要求。

(2)进给量和快速行程速度高　快速行程速度的值高达60～100m/min及以上,为常规值的10倍左右。这是为了在高速下保持刀具每齿进给量基本不变,以保证工件的加工精度和表面质量。在进给量大幅度提高以后,进一步增大快速行程速度也是提高机床生产率的必然要求。

(3)主轴和工作台(滑板)极高的运动加速度　主轴从起动到达最高转速(或相反)只用1～2s的时间。工作台的加、减速度也从常规数控机床的0.1g～0.2g提高到1～8g。需要指出,没有高的加速度,工作部分的高速度是没有意义的。零件加工的工作行程一般都不长,从几十毫米到几百毫米,不允许有太长的速度过渡过程,因为在进给速度变化过程中是不能进行零件加工的。因此高速加工中心,不论主轴还是工作台,速度的提升或降低都在瞬间完成,这就是要求高速运动部件有加速度的原因。

(4)机床优良的静、动态特性和热态特性　高速切削时,机床各运动部件之间作速度很高的相对运动,运动副接合面之间将发生急剧的摩擦并发热,高的运动加速度也会对机床产生巨大的动载荷,因此高速机床在传动和结构上采取了一些特殊的措施,使其除具有足够的静刚度外,还具有很高的动刚度和热刚度。

(5)高效、快速的冷却系统　在高速切削加工的条件下,单位时间内切削区域会产生大量的切削热,若不及时将这些热量迅速地从切削区域散出,不但妨碍切削工作的正常进行,而且会造成机床、刀具和工具系统的热变形,严重影响加工精度和机床的动刚性。因此,高速加工机床结构设计上采用了高效、快速的冷却系统。如日本的三森精机和J.E.公司共同开发的HJH系列高压喷射装置,把压力为7MPa、流量为60L/min的高压切削液射向机床的切削部位进行冷却,消除切削产生的热量。此外,有些高速加工的机床(如加工中心)则采用大量切削液由机床顶部淋向机床工作台,及时冲走大量热切屑,保持工作台的清洁,形成一个恒温小环境,保证了高的加工精度。

(6)安全装置和实时监控系统　高速机床为防止加工过程中刀具崩裂,飞出去造成人身伤害,在考虑便于操作者观察切削区工作状况时,用足够厚的钢板将切削区封闭起来。此外,采用主动在线监控系统,对刀具磨损、破损和主轴运行状况等进行在线识别和监控,确保操作人员和设备安全。

2. 高速车铣床

高速车铣床是集高速车、铣功能于一体的机床,这种机床既可以车削为主,也可以铣削为主。在高速车床上加工高速铣头便可形成具有车、铣功能的机床,车床的旋转称为旋转进给运动,适合加工对称旋转体的零件,可以满足一些特殊零件的高精度加工需要,特别是装在机床身上的高速铣头,不仅可以高速切削,提高加工效率,而且可以进行高速精加工,获得非常好的加工精度和表面质量。尤其是在一些圆柱面上切出各种凹槽的零件非常适合使用高速车铣床,如加工圆柱凸轮等。

由于高速车铣床结合了两种机床的加工特点,能够满足一些了特殊零件的高速、高精度加工,扩大了机床的应用范围,因此在一些生产领域受到欢迎。

3. 高速加工中心

高速加工中心虽是20世纪90年代初问世的，但到20世纪末已在发达国家普及。高速加工不仅要求主轴转速高、进给速度高、加速度高，而且零部件的加工精度也要高，即高速度、高精度和高刚度是现代高速加工中心的基本性能。

对高速加工中心机床性能的要求有：①高的主轴转速，一般在8000r/min以上（按机床规格的大小而不同）；②高的进给速度，一般在15m/min以上；③快的移动速度，一般在55m/min以上（按机床规格大小而不同）；④高的加（减）速度，一般在0.5g～1.5g甚至以上（按机床规格大小而不同）；⑤微米级的加工精度；⑥高的静、动态刚度和轻量化的移动部件。

现代高速加工中心不仅切削过程实现了高速化，而且进一步减少辅助时间，提高了空行程速度、刀具交换速度和装卸工件的速度。在大批量零件的生产线上，不仅实现了柔性生产，而且生产率很高。

高速加工中心按机床形态可分为立式高速加工中心、卧式高速加工中心、龙门式高速加工中心、虚拟轴高速加工中心。

(1)立式高速加工中心　立式高速加工中心采用普通立式加工的形式，刀具主轴垂直设置，能完成铣削、镗削、钻削、攻螺纹等多工序加工，适宜加工高度尺寸较小的零件。但立式高速加工中心在普通立式加工中心的基础上作了两大方面改进：一方面用电主轴单元代替了原来的主轴系统；另一方面改变了机床的进给运动分配方案，由工作台运动变成刀具主轴（立柱）作进给运动，工作台固定不动。为了减轻运动部件的质量，刀库和换刀装置（ATC）不宜再装在立柱的侧面，而把它固定安装在工作台的一侧，由立柱快速移动至换刀位置进行换刀。

图8-1所示为德马吉的HSC105linear高速立式加工中心，所有轴采用高动力性直线电动机，加速度达2g，快速移动速度为90m/min，刚性桥式设计、光栅尺直接测量系统与高处理速度的三维控制系统HEIDENHAIN ITNC530确保最高的精度。作为选项的五轴联动加工是该系列的又一项创新，它借助主轴头的回转摆动轴和数控回转工作台来实现。

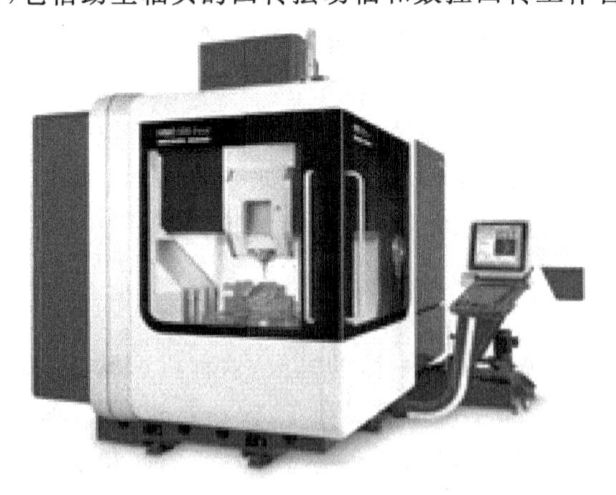

图8-1　HSC 105 linear高速立式加工中心

(2)卧式高速加工中心　卧式高速加工中心与普通卧式加工中心一样，刀具主轴水平设置，通常带有自动分度的回转工作台，具有3～5个运动坐标，适宜加工有相对位置要求的箱体类零件，一次装夹可对工件的多个面加工。卧式高速加工中心除主轴采用高速电主轴外，为了适应高速进给和大的加（减）速度的要求，与普通卧式加工中心相比在结构上也作了多种改变，因为卧式高速加工中心满足高速运动的同时，还须采用高刚度和抗震动的床身结构。

卧式高速加工中心在结构上有以下特点：

①主轴一般采用电主轴，具有结构紧凑、精密、转速高的特点。

②大多数采用“箱中箱”式结构。“箱中箱”式结构是几种形式中速度和加速度水平最高的。但一般移动速度在 50m/min 以下的加工中心大都采用新设计的立柱移动式结构，配上外置 Z 轴或外置 X 轴，则机床制造上非常简单，工艺性好，因而成本低，是一种比较经济的高速加工中心。由于立柱移动式加工中心的立柱本身是一种悬臂梁结构，切削力产生的颠覆力距将使立柱产生变形和位移，影响机床的精度，所以立柱一般设计成较重的；当驱动立柱移动时，较高的立柱将因头重脚轻而不适合较高的速度和加速度，因此高速移动的立柱一般不宜太高，以免影响上下移动的行程。

为了减小切削力产生的颠覆力矩，机床设计时常把立柱后导轨加高，与前导轨不在一个平面上，但是后导轨因空间限制不能提高太高，太高将与主轴电动机相干涉。当把后导程提高到立柱上端，问题得到解决，这样就产生拉力框架式结构，原来的立柱变成了有着上下导轨的滑架，加上前面支承主轴滑枕的框架合在一起形成了今天流行的“箱中箱”结构。所以，它上下两个导轨支承的滑架就相当于动柱式机床的立柱，这个立柱就由悬臂梁结构变成具有两端支承的简支梁结构，而简支梁的最大变形点在中间，同等条件下它的最大变形仅有悬臂梁的 1/16。这样这个滑架就可以在不影响刚性的情况下做的比较轻，为高速度和高加速度提供了条件，这就是“箱中箱”结构得以流行的主要原因。

如图 8 - 2 所示的 MAZAK FH - 12800 卧式加工中心是目前世界上最大、最快的卧式加工中心。MAZAK FH - 12800 卧式加工中心远远超出迄今为止最大加工中心的技术条件。与原有的加工中心相比，在轴传送、加速度、ATC 时间或托盘交换时间等所有方面都进行了功能升级；在标准主轴方面，有高速、大功率类型与高转矩类型这两种可以选择，所以可以应对任意的素材加工要求。

图 8 - 2　MAZAK FH - 12800 卧式加工中心

3. 龙门式高速加工中心

龙门加工中心的形状与龙门铣床相似，主轴多为垂直设置，除带有自动换刀装置外，还带有可更换主轴头附件，数控装置功能较齐全，能一机多用，通常用来加工尺寸比较大的工件和形状复杂的工件。为了实现龙门式加工中心的高速化，机床结构和运动分配要进行一些调整。

1)采用横梁运动替代工作台进给运动

普通龙门式加工中心一般采用工作台进给，但由于工作台质量大，加之加工的往往又是重型零件，要想实现工作台的高速和高加(减)速运动比较困难。其调整方法之一是采用双墙式结构支承横梁，横梁在墙式支承上可进行快速进给运动。双墙式支承的横梁在两面墙上采用双动力驱动，双驱动时为保证两边进给的同步性，采用直线电动机。

2)采用龙门式结构

由于龙门式比立柱式更容易实现高速运动且结构简单，因此一些小型加工中心也做成龙门式结构。如图 8-3 所示为德国 DMG 公司生产的 DMC70V 立式加工中心，其立柱与底座采用龙门框架结构。

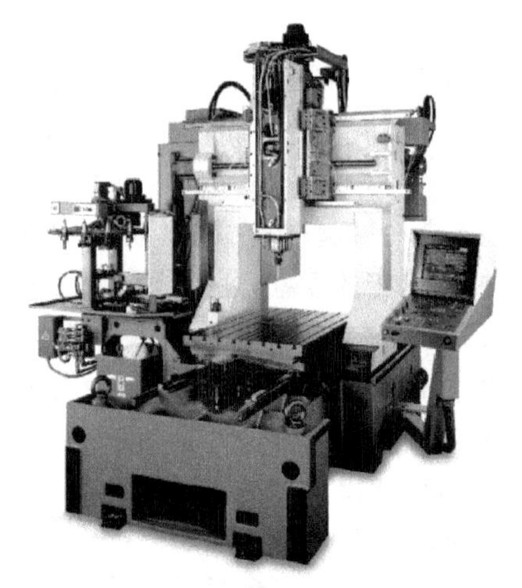

图 8-3　德国 DMG 公司 DMC70V 型立式加工中心

直线电动机驱动进给的加工中心可以达到比滚珠丝杠传动快得多的直线运动速度和加速度。现在，许多由直线电动机驱动的高速加工中心已经使汽车、模具和飞机制造等行业大大提高了生产率。如图 8-4 所示为济南第二机床厂生产的龙门五轴联动加工中心。

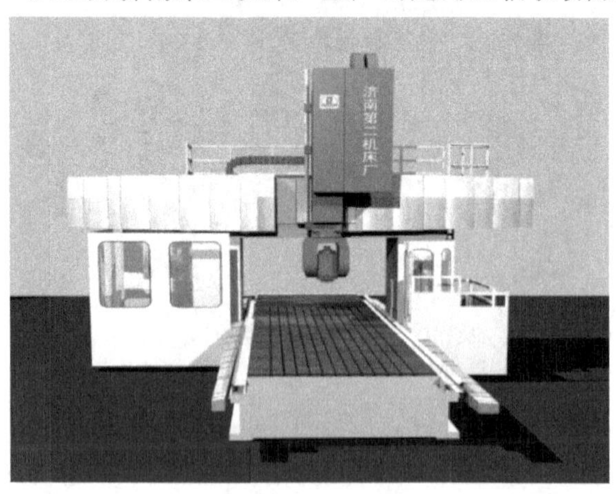

图 8-4　龙门式五轴联动加工中心

4. 虚拟轴高速加工中心

虚拟轴高速加工中心改变了以往普通加工中心机床的结构，通过连杆的运动，实现主轴多自由度运动，完成工件复杂曲面的加工。虚拟轴高速加工中心一般采用几根可以伸缩的伺服轴，支承并连接装有主轴头的上平台与装有工作台的下平台的构架结构形式，取代普通机床的床身、立柱等支承结构，它是一种并联式结构。

图 8-5 所示是德国 Metrom 公司生产的 P800M 型并联式结构高速五面加工数控铣床，它布局紧凑、结构新颖。该机床采用五杆并联机构和五环驱动的主轴部件，在并联运动机构设计理论上有所突破，从而实现主轴部件偏转角大于 90°，真正进行五面加工。

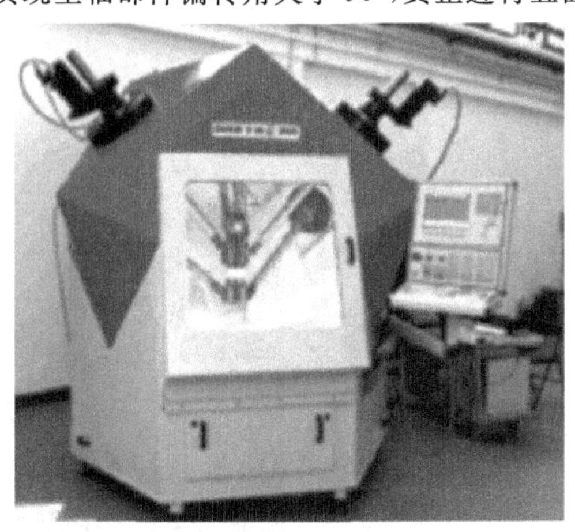

图 8-5　P800M 型并联式高速五面数控加工铣床

任务 8.2　多轴联动数控机床的认知

8.2.1　多轴加工的基本概念

多轴加工通常是指四轴和四轴以上联动加工，相对于传统的三轴加工而言，多轴加工改变了加工模式，增强了加工能力，提高了加工零件的复杂度和精度，解决了许多复杂零件的加工难题。高速和多轴加工技术的结合，使多轴数控铣削加工在很多领域都替代了原先效率很低的复杂零件的电火花和电脉冲加工。多数数控铣削常常用于具有复杂曲面零件和大型精密模具的精加工。多轴技工技术已经广泛用于航空航天、船舶、大型模具制造及军工领域，是目前复杂零件型面精加工的主要解决方法。

8.2.2　多轴联动数控机床结构

多轴联动数控机床的结构形式分为串联结构和并联结构。所谓串联结构，可简单理解为机床实现某一种运动的各个构件是串接起来的，例如“伺服电机—联轴器—滚珠丝杆—工作台”。而并联结构的机床实现某一种运动的各个构件相对独立，是并行关系。

在实际生产领域，传统串联结构的数控机床占据主要的大部分。下面就来重点介绍几种典型的、常见的传统串联结构多轴联动数控机床。

1. 四轴联动数控机床

典型的四轴联动数控机床是四个运动分配在刀具和工件侧的传统串联结构机床，其结构原理如图 8-6 所示。大部分四轴联动数控机床是在三轴联动数控铣床的工作台上，增加一个

绕 X 轴旋转的 A 轴或绕 Y 轴旋转的 B 轴，再由具备同时控制至少四根轴运动的数控系统支配以获得四轴联合运动。

如图 8-7 所示是四川长征机床公司生产的 KVC650 型四轴联动数控加工中心。该机床的四根运动轴分别为直线轴 X、Y、Z 和绕 X 轴旋转的 A 轴。这类机床是在三轴立式数控铣床或加工中心上，附加具有一个旋转轴的数控转台来实现四轴联动加工，即所谓 3+1 形式的四轴联动机床。由于是基于立式铣床或加工中心作为主要加工形式，所以数控转台只能算作是机床的一个附件。这类机床的优点是：

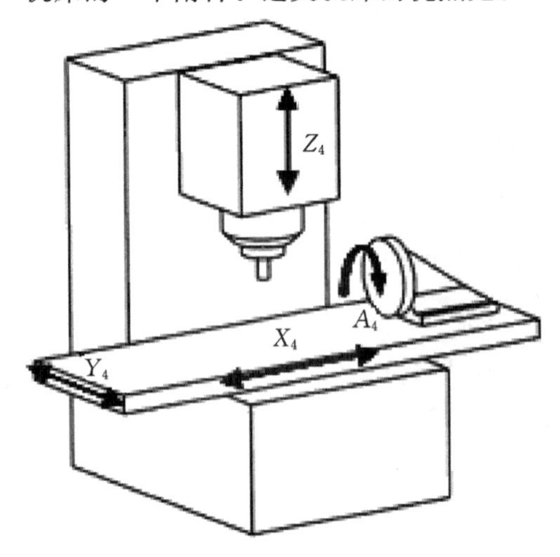

图 8-6　典型四轴机床轴配置

图 8-7　典型四轴机床实例

1)价格相对便宜

由于数控转台是一个附件，所以用户可以根据需要选配。

2)装夹方式灵活

用户可以根据工件的形状选择不同的附件。既可以选择三爪卡盘装夹，也可以选配四爪卡盘或者花盘装夹。

3)拆卸方便

用户在利用三轴加工大工件时，可以把数控转台拆卸下来。当需要时可以很方便地把数控转台安装在工作台上进行四轴联动加工。

这类机床主要用于加工非圆截面柱状零件，例如带螺旋槽的传动轴零件等。

2. 主轴倾斜型五轴联动数控机床

典型的主轴倾斜型五轴联动数控机床是五个运动全部分配在刀具侧的传统串联结构机床，其原理结构如图 8-8 所示。主轴倾斜型五轴联动数控机床通俗地称为双摆头机床，因为机床的两个旋转轴都分布在主轴头的刀具侧。结构实例如图 8-9 所示。大多数情况下，这两个旋转轴通常是绕 X 轴旋转的 A 轴与绕 Z 轴旋转的 C 轴组合或者是绕 Y 轴旋转的 B 轴与绕 Z 轴旋转的 C 轴组合。

如图 8-10 所示是西班牙 ZAYER 公司生产的 MEMPHIS 6000-U 型双摆头机床，该机床的五根运动轴分别为直线轴 X、Y、Z 和绕 X 轴旋转的 A 轴、绕 Z 轴旋转的 C 轴。

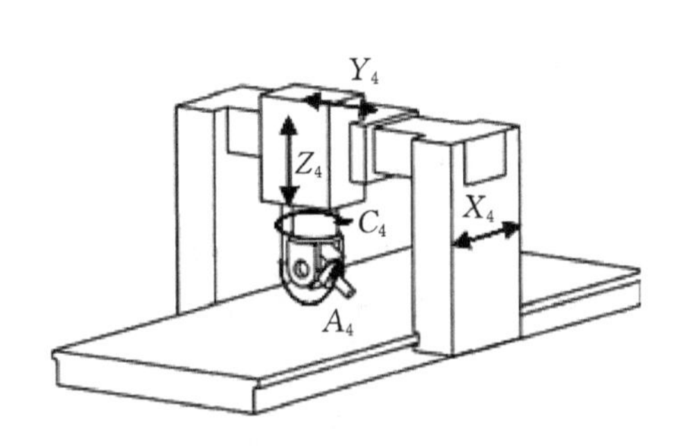

图 8 - 8　主轴倾斜型五轴机床结构

图 8 - 9　双摆头结构实例

图 8 - 10　MEMPHIS 6000 - U 五轴机床

主轴倾斜型五轴机床是目前主流的五轴机床轴配置的主要形式之一。这种结构设置方式的优点是主轴/刀具运动非常灵活，由于工件/工作台不运动，工作台尺寸可以设计得非常大，龙门式的结构可以具备较大的 X、Y、Z 方向工作行程，适合于加工具有复杂形面的大型、重型壳体件，如飞机龙骨、翼梁、大型发动机壳体等。

主轴倾斜型五轴机床的结构缺点在于，其一，机床运动部件质量大，惯性力大，功率消耗大且对控制系统的运动控制功能提出了较高的要求。其二，双摆头主轴头部件设计和制造要求高，难度大，特别是采用蜗轮/蜗杆和齿轮传动结构时，主轴头体积较大。同时，将两个旋转轴都设置在主轴头的刀具侧，使得两个旋转轴的角度行程受限于机床电路线缆的阻碍，一般 C 轴的连续转角范围小于 $\pm 360°$，A 轴或 B 轴的连续转角范围小于 $\pm 180°$。

这类机床通常应用在汽车覆盖件模具制造业、大型模型制造业，如飞机、轮船、汽车模型加工等。特别是在大型模具高精度曲面加工方面，非常受用户的欢迎，这是工作台回转式加工中心难以做到的。

3. 工作台倾斜型五轴联动数控机床

典型的工作台倾斜型五轴联动数控机床是两个旋转运动分配在工件侧，另外三个直线运动分配在刀具侧的传统串联结构机床，其原理结构如图 8 - 11 所示。工作台倾斜型五轴联动数控机床通俗地称为双摆台机床，因为机床的两个旋转轴都分布在工作台侧。结构实例如图 8 - 12 所示。这两个旋转轴通常是绕 X 轴旋转的 A 轴与绕 Z 轴旋转的 C 轴的组合或者是绕 Y 轴旋转的 B 轴与绕 Z 轴旋转的 C 轴的组合。

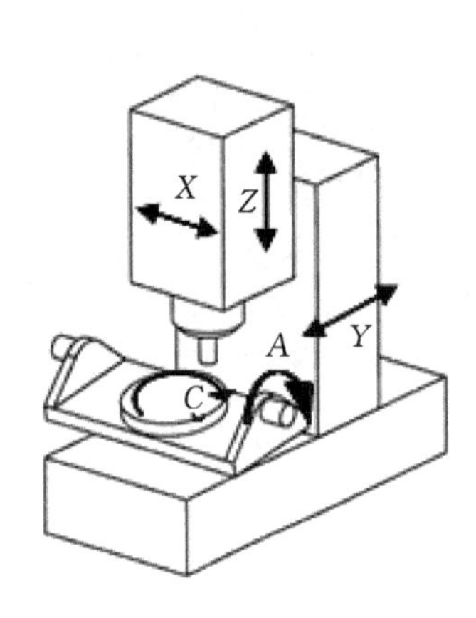

图 8-11　工作台倾斜型机床结构

图 8-12　双摆台结构实例

如图 8-13 所示是瑞士 MIKRON 公司生产 HPM600U 型双摆台机床，该机床的五根运动轴分别为直线轴 X、Y、Z 和绕 X 轴旋转的 A 轴、绕 Z 轴旋转的 C 轴。

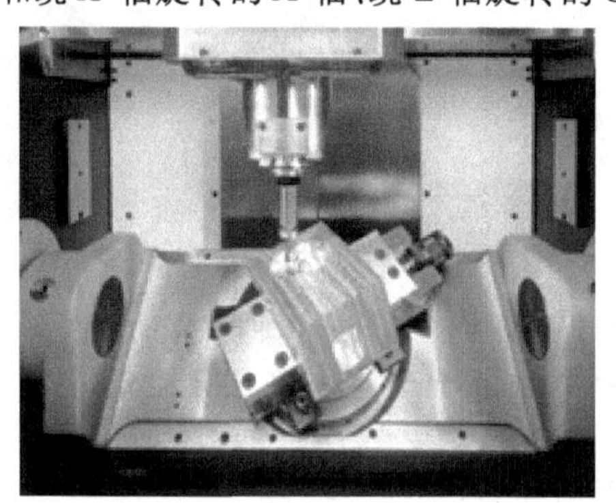

图 8-13　HPM600U 五轴机床

这种结构设置方式的优点是主轴的结构比较简单，主轴刚性非常好，制造成本比较低，同时，工作台倾斜型机床的 C 轴可以获得无限制的连续旋转角度行程，为诸如汽轮机整体叶片之类的零件加工创造了条件。由于两个旋转轴都放在工作台侧，使得这一类型机床的工作台大小受到限制，X、Y、Z 三轴的行程也相应受到限制。另外，工作台的承重能力也较小，特别是当 A 轴（或 B 轴）的回转角大于等于 90°时，工件切削时会对工作台带来很大的承载力矩。

4. 工作台/主轴倾斜型五轴联动数控机床

典型的工作台/主轴倾斜型五轴联动数控机床是一个旋转运动分配在工件侧，另外一个旋转运动和三个直线运动分配在刀具侧的传统串联结构机床，其原理结构如图 8-14 所示。

工作台/主轴倾斜型五轴联动数控机床通俗地称为摆头及转台机床。结构实例如图 8-15 所示。这一类机床的旋转轴结构布置有最大的灵活性，可以是 A、C 轴组合、B、C 轴组合或 A、B 轴组合。

如图 8-16 所示是德国 DMG 公司生产 DMU60PduoBLOCK 型摆头及转台机床，该机床的 5 根运动轴分别为直线轴 X、Y、Z 和绕 Y 轴旋转的 B 轴、绕 Z 轴旋转的 C 轴。

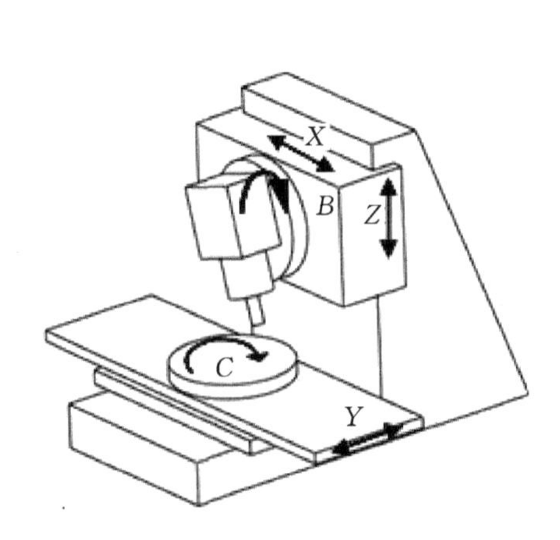

图 8－14　工作台/主轴倾斜型机床结构

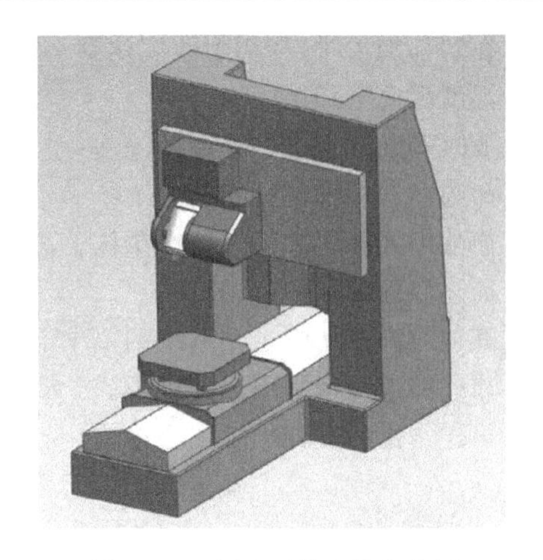

图 8－15　摆台及转台结构实例

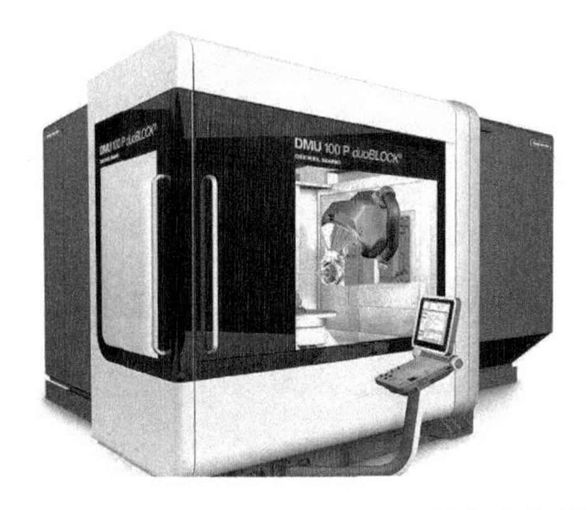

图 8－16　DMU60PduoBLOCK 五轴机床实例

大部分工作台/主轴倾斜型机床的旋转轴配置形式是绕 Y 轴旋转的 B 轴与工作台绕 Z 轴旋转形成的 C 轴组合。这种结构设置方式简单灵活，同时具备主轴倾斜型机床与工作台倾斜型机床的部分优点。这类机床的主轴可以旋转为水平状态和垂直状态，工作台只需分度定位，即可简单地配置为立、卧转换的三轴加工中心，将主轴进行立、卧转换再配合工作台分度，对工件实现五面体加工，制造成本降低，又非常实用。

【思考与练习】

一、填空题

1. 多轴加工通常是指________________________加工。
2. 多轴联动数控机床的结构形式分为__________和__________。
3. 高速加工中心按机床形态可分为__________、__________、__________、和虚拟轴高速加工中心。

二、判断题

1. 高速车铣床是集高速车、铣功能于一体的机床，这种机床既可以车削为主，也可以铣削为主。（　　）
2. 高速切削加工是指主轴转速大于 10000r/min 的加工。（　　）

3. 在切削加工时，当切削速度达到一个临界值之后的一个范围内，切削速度增加，则切削温度反而下降。（　　）

三、简答题

1. 简述高速切削的特点。
2. 简述卧式高速加工中心在结构上的特点。
3. 简述高速切削的应用。
4. 简述对高速切削主轴系统的要求。
5. 简述高速切削常用刀具种类。
6. 简述常见的五轴加工中心结构。

附　录

附录 A　金属切削机床类、组划分表

类别		组别									
类别		0	1	2	3	4	5	6	7	8	9
车床		仪表小型车床	单轴自动车床	多轴自动、半自动车床	回轮、转塔车床	曲轴及凸轮轴车床	立式车床	落地及卧式车床	仿形及多刀车床	轮、轴、辊、锭及铲齿车床	其他车床
钻床			坐标镗钻床	深孔钻床	摇臂钻床	台式钻床	立式钻床	卧式钻床	铣钻床	中心孔钻床	其他钻床
镗床				深孔镗床		坐标镗床	立式镗床	卧式铣镗床	精镗床	汽车拖拉机修理用镗床	其他镗床
磨床	M	仪表磨床	外圆磨床	内圆磨床	砂轮机	坐标磨床	导轨磨床	刀具刃磨床	平面及端面磨床	曲轴、凸轮轴、花键轴及轧辊磨床	工具磨床
	2M		超精机	内圆珩磨机	外圆及其他珩磨机	抛光机	砂带抛光及磨削机床	刀具刃磨床及研磨机床	可转位刀片磨削机床	研磨机	其他磨床
	3M		球轴承套圈沟磨床	滚子轴承套圈滚道磨床	轴承套圈超精机		叶片磨削机床	滚子加工机床	钢球加工机床	气门、活塞及活塞环磨削机床	汽车、拖拉机修磨机床

续表

类别	组别									
	0	1	2	3	4	5	6	7	8	9
齿轮加工机床	仪表齿轮加工机		锥齿轮加工机	滚齿及铣齿机	剃齿及珩齿机	插齿机	花键轴铣床	齿轮磨齿机	其他齿轮加工机	齿轮倒角及检查机
螺纹加工机床				套丝机	攻丝机		螺纹铣床	螺纹磨齿	螺纹车床	
铣床	仪表铣床	悬臂及滑枕铣床	龙门铣床	平面铣床	仿形铣床	立式升降台铣床	卧式升降台铣床	床身铣床	工具铣床	其他铣床
刨插床		悬臂刨床	龙门刨床			插床	牛头刨床		边缘及模具刨床	其他刨床
拉床			侧拉床	卧式外拉床	连续拉床	立式内拉床	卧式内拉床	立式外拉床	键槽、轴瓦及螺纹拉床	其他拉床
锯床			砂轮片锯床		卧式带锯床	立式带锯床	圆锯床	弓锯床	锉锯床	
其他机床	其他仪表拉床	管子加工机床	木螺钉加工机		刻线机	切断机	多功能机床			

附录 B　通用机床组、系代号及主参数

类	组	系	机床名称	主参数折算系数	主参数
车床	1	1	单轴纵切自动车床	1	最大棒料直径
	1	2	单轴横切自动车床	1	最大棒料直径
	1	3	单轴转塔自动车床	1	最大棒料直径
	2	1	多轴棒料自动车床	1	最大棒料直径
	2	2	多轴卡盘自动车床	1/10	卡盘直径
	2	6	立式多轴半自动车床	1/10	最大车削直径
	3	0	回轮车床	1	最大棒料直径
	3	1	滑鞍转塔车床	1/10	卡盘直径
	3	3	滑枕转塔车床	1/10	卡盘直径
	4	1	曲轴车床	1/10	最大工件回转直径
	4	6	凸轮轴车床	1/10	最大工件回转直径
	5	1	单柱立式车床	1/100	最大车削直径
	5	2	双柱立式车床	1/100	最大车削直径
	6	0	落地车床	1/100	最大工件回转直径
	6	1	卧式车床	1/10	床身上最大回转直径
	6	2	马鞍车床	1/10	床身上最大回转直径
	6	4	卡盘车床	1/10	床身上最大回转直径
	6	5	球面车床	1/10	刀架上最大回转直径
	7	1	仿形车床	1/10	刀架上最大回转直径
	7	5	多刀车床	1/10	刀架上最大回转直径
	7	6	卡盘多刀车床	1/10	刀架上最大回转直径
	8	4	轧辊车床	1/10	最大工件直径
	8	9	铲齿车床	1/10	最大工件直径
	9	0	落地镗车床	1/10	最大工件回转直径
	9	3	气缸套镗车床	1/10	床身上最大回转直径
	9	7	活塞环车床	1/10	最大车削直径
钻床	1	3	立式坐标镗钻床	1/10	工作台面宽度
	2	1	深孔钻床	1/10	最大钻孔直径
	3	0	摇臂钻床	1	最大钻孔直径
	3	1	万向摇臂钻床	1	最大钻孔直径
	4	0	台式钻床	1	最大钻孔直径
	5	0	圆柱立式钻床	1	最大钻孔直径
	5	1	方柱立式钻床	1	最大钻孔直径
	5	2	可调多轴立式钻床	1	最大钻孔直径
	8	1	中心孔钻床	1/10	最大工件直径

续表

类	组	系	机床名称	主参数折算系数	主参数
镗床	8	2	平端面中心孔钻床	1/10	最大工件直径
	9	1	数控印刷板钻床	1	最大钻孔直径
	9	2	数控印刷板铣钻床	1	最大钻孔直径
	4	1	立式单柱坐标镗床	1/10	工作台面宽度
	4	2	立式双柱坐标镗床	1/10	工作台面宽度
	4	3	卧式单柱坐标镗床	1/10	工作台面宽度
	4	4	卧式双柱坐标镗床	1/10	工作台面宽度
	6	1	卧式镗床	1/10	镗轴直径
	6	2	落地镗床	1/10	镗轴直径
	6	3	卧式铣镗床	1/10	镗轴直径
	6	9	落地铣镗床	1/10	镗轴直径
	7	0	单面卧式精镗床	1/10	工作台面宽度
	7	1	双面卧式精镗床	1/10	工作台面宽度
	7	2	立式精镗床	1/10	最大镗孔直径
	9	0	卧式电机座镗床	1/10	最大镗孔直径
磨床	0	4	抛光机		
	0	6	刀具磨床		
	1	0	无心外圆磨床	1	最大磨削直径
	1	3	外圆磨床	1/10	最大磨削直径
	1	4	万能外圆磨床	1/10	最大磨削直径
	1	5	宽砂轮外圆磨床	1/10	最大磨削直径
	1	6	端面外圆磨床	1/10	最大回转直径
	2	1	内圆磨床	1/10	最大磨削直径
	2	5	立式行星内圆磨床	1/10	最大磨削直径
	3	0	落地砂轮机	1/10	最大砂轮直径
	5	0	落地导轨磨床	1/100	最大磨削直径
	5	2	龙门导轨磨床	1/100	最大磨削直径
	6	0	万能工具磨床	1/10	最大回转直径
	6	3	钻头刃磨床	1	最大刃磨钻头直径
	7	1	卧轴矩台平面磨床	1/10	工作台面宽度
	7	3	卧轴圆台平面磨床	1/10	工作台面直径
	7	4	立轴圆台平面磨床	1/10	工作台面直径
	8	2	曲轴磨床	1/10	最大回转直径
	8	3	凸轮轴磨床	1/10	最大回转直径
	8	6	花键轴磨床	1/10	最大磨削直径
	9	0	曲线磨床	1/10	最大磨削长度

续表

类	组	系	机床名称	主参数折算系数	主参数
齿轮加工机床	2	0	弧齿锥齿轮磨齿机	1/10	最大工件直径
	2	2	弧齿锥齿轮铣齿机	1/10	最大工件直径
	2	3	直齿锥齿轮刨齿机	1/10	最大工件直径
	3	1	滚齿机	1/10	最大工件直径
	3	6	卧式滚齿机	1/10	最大工件直径
	4	2	剃齿机	1/10	最大工件直径
	4	6	珩齿机	1/10	最大工件直径
	5	1	插齿机	1/10	最大工件直径
	6	0	花键轴铣床	1/10	最大铣削直径
	7	0	碟形砂轮磨齿机	1/10	最大工件直径
	7	1	锥形砂轮磨齿机	1/10	最大工件直径
	7	2	蜗杆砂轮磨齿机	1/10	最大工件直径
	8	0	车齿机	1/10	最大工件直径
	9	3	齿轮倒角机	1/10	最大工件直径
	9	9	齿轮噪声检查机	1/10	最大工件直径
螺纹加工机床	3	0	套丝机	1	最大套丝直径
	4	8	卧式攻丝机	1/10	最大攻丝直径
	6	0	丝杠铣床	1/10	最大铣削直径
	6	2	短螺纹铣床	1/10	最大铣削直径
	7	4	丝杠磨床	1/10	最大工件直径
	7	5	万能螺纹磨床	1/10	最大工件直径
	8	6	丝杠车床	1/10	最大工件直径
	8	9	多头螺纹车床	1/10	最大车削直径
铣床	2	0	龙门铣床	1/100	工作台面宽度
	3	0	圆台铣床	1/10	工作台面宽度
	4	3	平面仿形铣床	1/10	最大铣削宽度
	4	4	立体仿形铣床	1/10	最大铣削宽度
	5	0	立式升降台铣床	1/10	工作台面宽度
	6	0	卧式升降台铣床	1/10	工作台面宽度
	6	1	万能升降台铣床	1/10	工作台面宽度
	7	1	床身铣床	1/100	工作台面宽度
	8	1	万能工具铣床	1/10	工作台面宽度
	9	2	键槽铣床	1	最大键槽宽度

续表

类	组	系	机床名称	主参数折算系数	主参数
刨插床	1	0	悬臂刨床	1/100	最大刨削宽度
	2	0	龙门刨床	1/100	最大刨削宽度
	2	2	龙门铣磨刨床	1/100	最大刨削宽度
	5	0	插床	1/10	最大插削长度
	6	0	牛头刨床	1/10	最大刨削长度
	8	8	模具刨床	1/10	最大刨削长度
拉床	3	1	卧式外拉床	1/10	额定拉力
	4	3	连续拉床	1/10	额定拉力
	5	1	立式内拉床	1/10	额定拉力
	6	1	卧式内拉床	1/10	额定拉力
	7	1	立式外拉床	1/10	额定拉力
	9	1	汽缸体平面拉床	1/10	额定拉力
锯床	2	2	卧式砂轮片锯床	1/10	最大锯削直径
	2	4	摆动式砂轮片锯床	1/10	最大锯削直径
	5	1	立式带锯床	1/10	最大锯削厚度
	6	0	卧式圆锯床	1/100	最大圆锯片直径
	7	1	夹板卧式弓锯床	1/10	最大锯削直径
其他机床	1	6	管接头螺纹车床	1/10	最大加工直径
	2	1	木螺钉螺纹加工机	1	最大工件直径
	4	0	圆刻线机	1/100	最大加工直径
	4	1	长刻线机	1/100	最大加工长度

附录C　教学评价表

	所要达到的目标	自评 （分A、B、C、D等级）	他评 （分A、B、C、D等级）	师评 （分A、B、C、D等级）
专业能力	专业资料学习能力			
	制定工作计划			
	实施步骤			
	任务分析，按规定填写			
	优化工作进程			
方法能力	探索功能原理			
	选择最佳方案			
	灵活克服障碍			
	解决复杂问题			
	成果汇报能力			
社会能力	自信，做决定能力			
	工作时全神贯注			
	协作能力			
	安全操作与环境保护意识			
	承担责任的意识			
	与他人交流能力			
	创新能力			

参考文献

[1] 熊光华．数控机床[M]．北京：机械工业出版社，2009.
[2] 王爱玲．数控机床结构及应用[M]．北京：机械工业出版社，2008.
[3] 蔡厚道．数控机床构造[M]．北京：北京理工大学出版社，2007.
[4] 李玉兰．数控机床安装与验收[M]．北京：机械工业出版社，2010.
[5] 周兰，常晓俊．现代数控加工设备[M]．北京：机械工业出版社，2009.
[6] 韩鸿鸾．数控机床的机械结构与维修[M]．山东：山东科学技术出版社，2005.
[7] 陈宇泽．数控机床的装配与调试[M]．北京：电子工业出版社，2009.
[8] 李雪梅．数控机床[M]．北京：电子工业出版社，2010.
[9] 付承云．安装调试及维修现场实用技术[M]．北京：机械工业出版社，2011.
[10] 穆拉耶夫．装配钳工工艺学[M]．北京：机械工业出版社，1959.
[11] 吴晓苏．数控机床结构与装调工艺[M]．北京：清华大学出版社，2010.
[12] 王海勇．数控机床结构与维修[M]．北京：化学工业出版社，2009.
[13] 数控培训网络天津分中心．数控机床[M]．北京：机械工业出版社，2001.
[14] 杨有君．数控技术[M]．北京：机械工业出版社，2005.
[15] 汤彩萍，等．数控系统安装与调试[M]．北京：电子工业出版社，2009.
[16] 胡传炘．特种加工手册[M]．北京：北京工业大学出版社，2005.
[17] 陈子银．数控机床结构原理及应用[M]．北京：北京理工大学出版社，2009.
[18] 李善术．数控机床及其应用[M]．北京：机械工业出版社，2005.
[19] 吴先文．机械设备维修技术[M]．北京：人民邮电出版社，2010.
[20] 朱克忆．PowerMILL 多轴数控加工编程实例与技巧[M]．北京：机械工业出版社，2013.
[21] 陆启建．高速切削与五轴联动加工[M]．北京：机械工业出版社，2011.